# まえがき

　本書は,雑誌「機械と工具」で25回に渡って連載された「精密研削技術を考え直そう」を単行本としてまとめたものである。

　この中で,脆性材料である研削砥石の物性に着目して今日の精密研削技術による加工精度の限界を示した上で,従来に比べ1桁を超える加工精度が要求される"超精密研削技術"の基本原理を明らかにし,かつ,大量生産を前提とする超精密研削加工法を提案する。

　今日の研削技術は,砥石,砥粒の脆性破壊現象によって生じた砥石形状,砥粒切れ刃により工作物材料を除去加工するという考え方で成り立っている。すなわち,基本的には砥石の成形および目立てを単石ダイヤモンドドレッサによる脆性破壊形除去加工によって行い,その結果生じた砥粒頂面の脆性破壊層が切れ刃として作用する。さらに,ツルーイング／ドレッシング后累積研削量とともに砥粒頂面の脆性破壊が進行し,これによる新生切れ刃の発生過程を"自生発刃現象"と呼んでいる。このような過程を前提とする研削砥石の材料除去機能を"自生発刃原理"と呼び,砥石機能設計の基本原理とされている。

　このような考え方は,脆性破壊現象に固有な統計的不連続性のため,研削工程の因果律に"不確実性"を与えており,研削盤による運動転写精度への攪乱原因となっている。このことは,研削加工における予見性の欠如にも通じる。

　また,研削砥石の脆性破壊形除去加工に伴う形状創成精度は,超精密ダイヤモンド工具に求められる形状精度に比べ原理的に1ないし2桁も劣り,その精度限界は明かである。

　超精密研削加工の基本原理は,砥石の成形,砥粒切れ刃の創成および再生過程における脆性破壊現象をすべて排除し,これに代わり脆性材料の延性形研削および延性形摩耗の概念を導入し,これによって得られる超精密形状の研削砥石,クラックフリーで切れ刃高さの一様な砥粒切れ刃および格段に大きな研削比の実現を超精密研削技術に結びつけている。その結果,きわめて微細な加工単位,たとえば,材料除去率$Z_w'$の値で従来の精密研削の場合の1ないし2桁より微少な除去加工を実現することとなる。この研削領域は,従来のラッピングあるいはポリッシングの一部に相当する除去加工領域である。大量生産における精密研削工程の生産性を阻害する深刻な要因として目直し間寿命がある。一種の工具寿命である目直し間寿命の支配要因として,(1)研削加工精度の劣化と,(2)研削加工系の自励的不安定振動の発生がある。

　前者は研削比の格段の向上により改善が見込まれるが,後者は研削系の動力学的モデルとその解析に基づく防止対策,およびこれに応える研削機械,研削砥石の各種パラメータの設計手法が必要となる。本書では,上記の動力学的モデルの提案とこれに基づく不安定振動防止対策を従来の精密研削工程を対象に理論解析と実験の双方の立場から検討し,研削砥石の特性としての不安定振動に対する"安定化指数"を提案し,研削機械の剛性対策とともに不安定振動防止対策の指針を与えている。さらに,これらの解析結果に基づき,高速研削および超精密研削に対する大量生産方式についても,研削系の不安定振動問題に対する指針を与えている。

　大量生産方式における超精密研削技術の具体的成果として,1984年に超精密心なし研削盤を米国機械学会で,1987年にシュータイプ心なし研削盤UG2000を円すいころ軸受内輪軌道面の総形プランジ研削用に,1990年に小形心なし研削盤Nanotronを米国精密工学会で発表するなど主として心なし研削盤を中心とする各種超精密研削機械の開発に役立っている。

　最後に,上述の技術的知見は,これまでの20年余に渡る金井彰(足利工大),大東聖昌(元日進機械製作所),橋本福雄(TIMKEN社)の諸兄および関係者多数と,とくに,企業の立場から技術の実用化に努力された日進機械製作所およびTIMKEN社の協力によるもので,改めて深く感謝したい。

著　者

# 自生発刃形研削技術の加工精度限界と超精密研削技術への道

まえがき・i

## 1. 精密研削技術の何が問題か？ ─── 001
   1.1 精密研削加工の精度水準とは・001
   1.2 産業界が望む精密研削技術の研究課題とは・002
      1.2.1 研削加工における因果律への疑問・002
      1.2.2 新しい研削加工技術への期待・003
      1.2.3 新技術で新素材をどう加工するか？・003
   1.3 研削加工プロセスの母性原理を疑う─線接触研削の場合─・004
   1.4 超砥粒ホイールで自励びびり振動問題はどう変わるか？・006
   1.5 砥石切り込みをサブミクロンにすると超精密研削になるのか？・006

## 2. 脆性材料としての研削砥石 ─── 008
   2.1 研削砥石の形状創成加工と損耗機構を理解するために・008
   2.2 脆性材料の押し込みテストにおける材料の破壊機構・008
   2.3 脆性材料の引っ掻きテスト・016
   2.4 脆性材料の切削テスト─延性・脆性遷移切り取り厚さ─・019
   2.5 脆性材料の遊離砥粒加工における材料除去機構
       ─伝統的光学的レンズ加工工程を中心に─・023
   2.6 脆性材料の脆性モード研削と延性モード研削・028
      2.6.1 遊離砥粒加工から固定砥粒加工へ─光学ガラス加工プロセスの変革─・028
      2.6.2 脆性モード研削から延性モード研削へ・029
   2.7 ツルア，ドレッサによる砥石の除去加工と砥粒切れ刃の創成・040
      2.7.1 ハンチングトン形ドレッシングから単石ダイヤモンドツルーイングへ・040
      2.7.2 ツルーイング／ドレッシングにおける材料除去機構・043
      2.7.3 ツルーイング／ドレッシングによる砥石形状と砥粒切れ刃の創成および再生・050

## 3. 砥石の損耗形態と砥粒切れ刃の創成 ─── 057
   3.1 超仕上げ加工に見る砥石の損耗形態と研削機能・057
   3.2 線接触研削加工における砥石接触面圧力は・066
   3.3 面接触研削，線接触研削および点接触研削の比較・077

# 目次

## 4. 砥石の損耗形態と研削作用 ── 081
### ─砥石切り込み操作形研削方式と研削力操作形研削方式─

- 4.1 砥石の切れ味から研削作用を見る・081
- 4.2 R. S. Hahn, R. P. Lindsayによる砥石の切れ味解析・084
  - 4.2.1 等価砥石直径を用いた研削方式の一般化・084
  - 4.2.2 研削比の最適化と研削領域・085
  - 4.2.3 ドレス条件と砥石切れ味 $\Lambda_w$ の関係・089
  - 4.2.4 難削材の研削領域・090
- 4.3 研削（切削）領域の境界における砥石平均接触圧力・091
  - 4.3.1 研削力操作形研削方式による研削現象の分類・091
  - 4.3.2 研削砥石の接触剛性の測定・094
  - 4.3.3 結合材破砕開始時の砥石平均接触圧力と結合度・099
  - 4.3.4 砥粒破砕開始までの微細研削現象の検討・101
- 4.4 研削力操作形研削方式と切り込み操作形研削方式における研削パラメータの互換性・111

## 5. 砥粒切れ刃から見た研削特性 ── 114
### ─脆性破壊形ドレッシングの場合

- 5.1 研削力の測定・114
  - 5.1.1 研削動力計に求められる振動特性・114
  - 5.1.2 八角リング動力計による研削力の測定・114
  - 5.1.3 圧電形動力計による単粒切削力の測定・116
  - 5.1.4 圧電形動力計と八角リング動力計による研削力測定値の比較・117
- 5.2 単粒切削力の分布・118

## 6. ツルーイング／ドレッシング工具の現状と ── 122
### これを用いた研削加工の限界

- 6.1 ツルーイング／ドレッシング工具の現状と適用指針・122
  - 6.1.1 単石ドレッサとフォーミングドレッサ・122
  - 6.1.2 多石ダイヤモンドドレッサ・124
  - 6.1.3 ブレードドレッサ・126
- 6.2 ツルーイング／ドレッシング工具による砥粒切れ刃の創成─砥粒の破壊現象─・131
- 6.3 ツルーイング／ドレッシング工具による砥石形状の創成・135
- 6.4 砥粒切れ刃の自生発刃に依存する研削加工の限界・142

## 7. 延性モードツルーイングの導入─超精密研削への道 ── 151

- 7.1 研削による超精密加工不可能説・151
- 7.2 今日の研削砥石の研削作用とは・152
- 7.3 延性モードツルーイングの試み・156
  - 7.3.1 心なし研削の調整砥石の研削ツルーイング・156
  - 7.3.2 スムーシング工程と研削砥石のツルーイングの比較・160
- 7.4 電着ダイヤモンド砥石の延性モードツルーイングと砥粒切れ刃の検討・166

## 8. 超精密研削加工の基礎とその特性 ── 170

- 8.1 延性モードツルーイングの試みが示す超精密研削加工へのガイドライン・170
- 8.2 延性モードツルーイングされた研削砥石による研削実験・171
  - 8.2.1 ボロシリケードガラスの平面研削・171
  - 8.2.2 心なし通し送り連続研削・176
- 8.3 超精密研削加工の特性と加工システムの構成
  ─自生発刃形研削から延性モード切れ刃再生形研削へ─・184

## 9. 超精密大量生産研削加工システムの試み ── 189
　　─フェルールの超精密心なし研削加工─

- 9.1 大量生産を可能とする超精密研削加工システムの構成と試み・189
- 9.2 複合滑り案内砥石ヘッドの運動特性─送り分解能とダンピング特性・192
- 9.3 砥石ヘッド送りがフェルール直径に転写される転写分解能・193

## 10. 超精密大量生産研削加工の事例が示す超精密研削と特性 ── 198
　　─超精密・高剛性心なし研削盤による研削事例─

- 10.1 VTRシャフトの超精密通し送り研削の特性・198
  - 10.1.1 超精密研削領域の特性─目直し間寿命・198
  - 10.1.2 寸法制御機能─運動転写分解能・200
- 10.2 超精密研削領域における研削比と研削特性・201
  - 10.2.1 低膨張鋳鉄製心なし研削盤によるニードルローラの通し送り研削─研削比・201
  - 10.2.2 円すいころ軸受内輪軌道面の総形プランジ研削─目直し間寿命と研削比─・202

## 11. 精密研削加工における生産性の課題 ── 205

- 11.1 研削砥石のメーカーとユーザー間の評価指数のギャップ・205
- 11.2 研削砥石の目直し間寿命と生産性・210

## 12. 研削精度と生産性を支配する研削盤の剛性とは ── 217

12.1 円筒プランジ研削における切り残し現象と自励びびり振動現象・217
12.2 研削系の静力学的パラメータと研削サイクルの設計・220
    12.2.1 研削サイクルの単純化モデル・220
    12.2.2 研削サイクルのためのパラメータの同定・225
    12.2.3 研削サイクルの設計と加工精度─数値計算例・227
    12.2.4 工作物支持剛性向上による研削時定数の抑制
        ─研削力補償形ワークレストの効果─・231
    12.2.5 自生発刃形研削領域における研削サイクルの精度限界・232

## 13. 自励びびり振動は何故生ずるか ── 234

13.1 研削加工系の動力学的モデルと自励びびり振動の発生・234
13.2 砥石再生形自励びびり振動と工作物再生形自励びびり振動の
    動力学的モデルの解法と再生形びびり振動特性の比較・239

## 14. 砥石再生形自励びびり振動根の解析解と振動抑制対策 ── 249

14.1 砥石再生形びびり振動根の求め方とその支配的パラメータの考察・249
14.2 最大振幅発達率とその抑制対策─砥石のびびり安定化指数の提案─・254

## 15. 砥石再生形自励びびり振動に関する実験と解析モデルの検討 ── 260

## 16. 超砥粒ホイールによる高速研削の生産性と
工作物再生形自励びびり振動発生条件の検討
─動力学的モデルに基づく推論 ── 275

16.1 超砥粒の物性と超砥粒ホイールに期待される新しい研削機能の開拓分野・275
16.2 研削サイクル時間の短縮・276
16.3 砥石再生形自励びびり振動現象から見た超砥粒ホイールの生産性・278
16.4 高速研削における工作物再生形自励びびり振動の発生
    ─研削サイクル時間の制約─・279

## 17. 超精密研削加工における因果律向上への期待 ── 284

17.1 因果律の向上─Deterministic Processとしての研削加工・284
17.2 超精密研削における砥石再生形びびり振動の抑制効果の検討・285
17.3 超精密研削における材料除去分解能の検討・286
17.4 Good Physics to Support High Precision and High Productivity Grinding Technology, and Good Technology to Meet It.・287

# 1. 精密研削技術の何が問題か？

## 1.1 精密研削加工の精度水準とは

焼き入れ鋼の研削加工に代表される工作物加工面の寸法，形状，粗さ，加工変質層（以後 subsurface damage，略して SSD と呼ぶ）を考えた場合，その精度範囲を示す一般的尺度として**図1.1**[1.1)] が例示される。

産業界が要求する精密研削加工の精度水準は，図1.1 の尺度範囲の左端，すなわち，

 寸法誤差  ≦1 μm

 仕上げ面粗さ$R_t$  ≦100nm

 残留応力層  ≦10 μm

 加工硬化層  ≦10 μm

 材料変質層  ≦1 μm

と考えることとする。

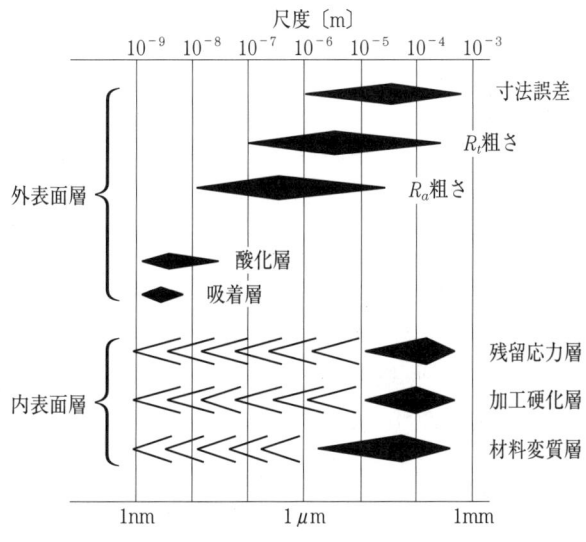

**図1.1** 加工表面の精度範囲[1.1)]

## 1.2 産業界が望む精密研削技術の研究課題とは

研削加工は，高精度部品を大量生産する加工法として産業界にとって重要な加工法である。しかし，同時に工学的原理，原則に基づくというよりも作業現場の経験や熟練に依存する分野の多い加工法ともいわれている。とくに，小ロット生産から成るバッチ生産方式においては，度々の段取り変えのためその都度作業者の技能に依存する度合いが大きい。

このような事情を背景として，SMEにおいては製造業，コンサルタント，工作機械メーカー，砥石メーカーを対象に大学の研究者等に望む今後の研究対象に関するアンケート調査を行い，172件の返答を得た。CIRP/STC-Gの依頼に応えてこれらを整理したものにR. Keggの"Industrial Problems in Grinding"[1.2]がある。ここに現れた研究課題を大別すると，研削加工における予見性あるいは，因果律の確立と，CBNホイールによる新しい研削技術および新素材，とくに，脆性材料の研削加工に関する技術の展開である。

### 1.2.1 研削加工における因果律への疑問

研削加工は精密加工の最終工程の大量生産方式として秀れた加工法であるが，その最大の欠点は研削パラメータを決定する段取り作業に熟練者が必要となる現状にある。その背景にある代表的問題点を列挙すると，

(1) 研削パラメータの段取り条件と研削特性の関係
(2) 各種研削液と研削特性の関係
(3) 研削開始後自励びびり振動が発生するまでの累積研削量とこれを支配する研削パラメータの関係
(4) 加工変質層が悪化しない範囲内で許される最大材料除去率の求め方，および
(5) 研削焼け発生条件の求め方

などである。

さらに，研削砥石の仕様と研削特性の関係を結びつける理論ないしデータよりも経験則に依存しなければならない現状への不満を挙げている。

これらの課題は，今日の研削技術が与える研削パラメータから結果として得られる研削特性に一義的関係を構成する論理的説明を十分与えられない現状を示している。研削加工における因果律の"あいまいさ"である。このような事態は，とくに，小ロットからなるバッチ生産方式では度重なる段取り作業による生産性の低下を招く。ある資料[1.3]によれば，研削盤の稼働率の中で，工程時間の約20％は段取り時間に費やされるという。

以上の課題を克服できれば，すなわち，研削工程における因果律および研削特性の制御性の向上により，研削条件のプログラム方式化，および研削加工のNC化が実現し，いわゆるマシニングセンタ方式化されることを産業界は望んでいる。上述の研削加工の研究者に対する批判

への反論としてJ. Petersによる労作[1.4]がある。これは当時に至る研削加工に関する研究成果の集成としてまとめられたもので貴重な資料である。

しかし，今日においても上述の研削条件のプログラム方式化が定着していない現状は，研削工程における因果律に大きな問題が残っていることを示している。

### 1.2.2 新しい研削加工技術への期待

CBN砥粒の特性を生かした新しい研削加工の展開が期待されている。具体的には，新しい研削機能を実現するためのCBNホイールの設計指針および研削パラメータの選択基準の解明である。研削力，クーラント，砥石周速，材料除去率の選択あるいは工作物材料との関係などの解明である。

CBNホイールの実用化に当っては，従来の普通砥石による研削技術を支える知見も新しい観点から再検討されなければならない。具体的には，砥石仕様の面では結合度の選択基準，また，ツルーイング／ドレッシングについては従来の単石ダイヤモンドドレッサに代わる新しい工具が，さらには，CBN砥粒の特性から見た砥粒切れ刃の自生発刃現象の再検討など多くの課題がある。

ツルーイング／ドレッシング工具として現在ロータリドレッサが広く用いられているが，その考え方は，砥粒頂面の脆性破壊によって生ずる切れ刃および砥石の脆性破壊による損耗過程で生ずる砥粒切れ刃の再生機構を研削作用の前提とするものである。この場合，研削作業の現場では，ツルーイング／ドレッシング直後の過渡的変化から定常値に至る研削作用において，たとえば，仕上面粗さが定常値に達する累積研削量の目安が必要となる。この過程は普通砥石に比べ著しく大きくなると推測されるが，作業現場ではこれにどのように対応するかの指針が必要である。

### 1.2.3 新素材を対象とする新しい研削加工技術への期待

超砥粒ホイールによる新素材，とくに，脆性材料の研削加工という新しい分野への期待である。量産的脆性材料部品の代表的加工例は光学的レンズの加工技術である。

従来延性材料を対象として発達してきた「研削理論」と光学レンズの「光学的加工技術―Optical Production Technology」との間では同じ砥粒加工でも技術用語が異なり，別々の分野の加工法の観があった。

アンケート実施当時は「脆性材料の延性モード研削」の概念が未だ一般的でなく，研削砥石は光学レンズ加工の一部で荒加工に採用されるに過ぎなかった。産業界の期待は，このギャップを新しい研削加工技術によって埋めようとの期待と解釈することもできる。非球面レンズを代表例とする延性モード研削による仕上げ加工に向けた努力は今日も進行中である。

## 1.3 研削加工プロセスの母性原理を疑う――線接触研削の場合

除去加工による工作物の表面創成の原理と呼ばれる母性原理—principles of copying—には，つぎの2つがある．
(1) 運動転写原理—principles of motion copying
(2) 圧力転写原理—principles of pressure copying

前者の代表例は旋削加工である．工具，工作物の相対的運動および工具刃先形状の包絡線が工作物表面に転写されると考える．この場合，旋削中工具摩耗は要求精度に比べ無視できるほど小さく，工具，工作物の相対的運動は切削負荷に対して十分高い保持剛性が与えられるものと考える．この間の力学的モデルが加工精度の解析を可能とする．

研削機械および研削加工系の設計原理も運動転写原理であると言われている．しかし，研削加工においては工具である研削砥石は，工作物材料の除去量に対して砥石がどれだけ損耗するかという研削比という尺度があるように，加工精度に比べて無視できないほど研削負荷に応じて損耗する．このような現象を理解するためには，研削負荷に対して脆性材料である砥石の損耗機構を明らかにしなければならない．

また，切削加工と異なり，砥石作業面の創成あるいは目立てを目的としてツルアーまたはドレッサと呼ばれるダイヤモンド工具で砥石を除去加工する．これも脆性材料工具で脆性材料の除去加工を行なう課題で，材料工学の基礎知識に基づく検討が不可欠である．このようなプロセスにおける運動転写原理に基づく転写精度はどこまで期待できるのであろうか．

最近運動転写精度を上げるために，研削機械の工作物，砥石支持系の剛性が著しく向上しており，工作物，砥石間接触部分の弾性変形も無視できなくなりつつある．この場合，結合剤の種類の影響が著しく，また砥石組織も関係する．この面でも旋削加工において工作物との干渉部分で工具を剛体と考える切削モデルとは明らかに異なる．

研削加工精度の要求レベルが向上するのに伴い，研削プロセスにおける因果律あるいは繰り返し精度の向上が期待されている．しかしながら，研削プロセスの特色として従来宿命的と考えられた特性に，ツルーイングまたはドレッシング直後から研削負荷または材料除去率に応じて研削時間とともに砥石損耗率および研削面粗さが過渡的に変化し，やがて定常状態に達する経過をたどる現象がある．過渡現象区間および定常値の予測は一般的に困難である．このような事象も研削プロセスの因果律向上のためには欠かせない問題解決の課題である．

運動転写原理に基づく研削加工系においては，工作物の寸法，形状創成原理は砥石，工作物の相対運動の制御である．NC制御研削盤がその具体例である．ここでは，研削砥石への入力は砥石切り込み量で，砥石の研削特性は砥石の切り込み量の関数として表示されることが期待される．教科書[1,5)]でも砥石の損耗形態である目つぶれ，自生発刃，目こぼれを砥石の切り込み量の関数として示されるのが一般である（**図1.2**）．

1. 精密研削技術の何が問題か？

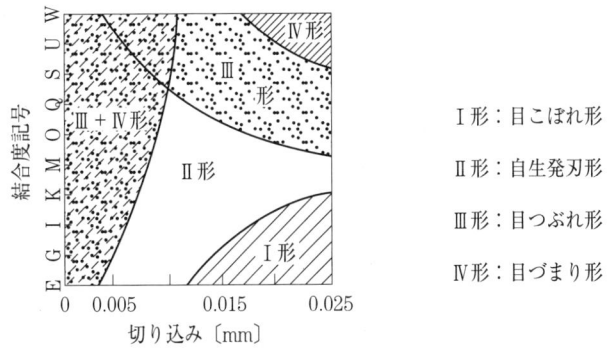

図1.2 砥石切り込みと砥石の損耗形態[1.5)]

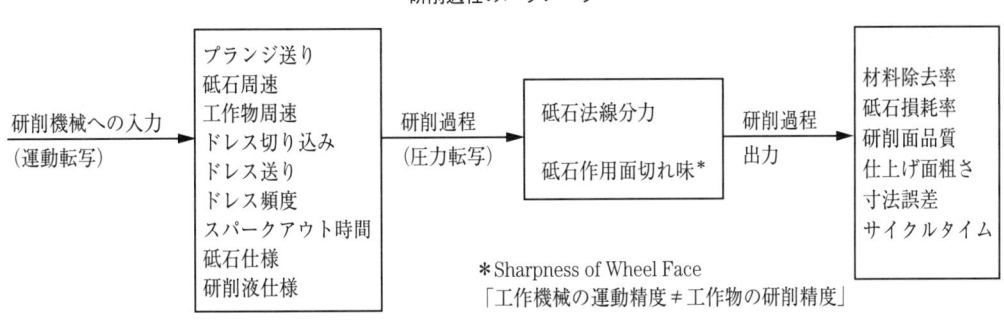

図1.3 課題：研削過程の因果律（R. Hahn）[1.6)]

　これに対し，R. S. Hahnらは研削プロセスへの入力信号として研削法線分力とこれに対応する砥石作用面の切れ味（sharpness）を考えている（**図1.3**）[1.6)]。この関係から研削機械の運動精度が必ずしも工作物の研削精度として転写されないとしている。

　研削砥石の研削機能を研削負荷の関数として分類する提案は，1952年，1954年にそれぞれ浅枝，佐々木らによって発表されており[1.7),1.8)]，研削加工におけるわが国の先導的研究に敬意を表したい。

　このような研削砥石の研削機能の複雑な特性を運動転写原理に基づく力学的モデルへと変換するためには，砥石切れ刃の再生機構が砥石の損耗機構そのものであると考え，脆性材料である砥石の損耗プロセスをモデル化する材料工学的説明が求められる。

　上述のような数々の課題の反映が1.2.1で述べた疑問として現れたものである。

　このような研削プロセスにおける因果律に対する産業界の不満は，基本的には今日もなお残っていると言ってもよい。

## 1.4 超砥粒ホイールで自励びびり振動問題はどう変わるか？

　研削加工の特性として，プランジ研削にしろトラバース研削にせよ工作物を繰り返し加工する重複研削がある。このことは，工作物一回転前の加工面のうねりが次回の研削負荷に影響を与えるいわゆる再生効果である。このため，研削プロセスの代表的トラブルの１つである自励びびり振動と言われる力学的不安定現象が生ずる。工作物再生形びびり，砥石再生形びびりと分類されるが，このような事象に対する動力学的モデルによる解析と，これに基づく研削加工系の安定化対策の具体化が今なお課題である。

　とくに，超砥粒ホイールによる高速研削の場合砥石周速が200m/sにも達しており，研削系の力学的安定問題は安全上きわめて重要な課題である。

　超砥粒ホイールは普通砥石に比べ研削比が100倍も高く，砥石再生形自励びびり振動の成長速度が遅く，目直し間寿命対策として有効であると期待できる。他方，砥石高速化に伴い工作物の回転数も高くなり，工作物再生形びびり振動の発生が危惧される。この形の自励びびり振動は振幅発達率が高く，秒単位の急成長の危険がある。これに対する現場の作業基準に対する十分な配慮が必要である。

　また，超砥粒ホイールによる仕上げ面粗さの改善のため，「高速鏡面研削」と呼ばれる微少な砥石切り込み研削が行なわれる。資料によれば$0.1\mu m/rev$以下の「鏡面研削」の実験例も見られる。このような場合，普通研削の例では目つぶれ，目つまりによる材料除去機能の低下，あるいは，研削剛性の増大などによる自励びびり振動のトラブルを経験している。超砥粒ホイールの場合，この種の同様の現象がどのように変わるのか検討はきわめて重要な課題である。

## 1.5 砥石切れ込みをサブミクロンにすると超精密研削になるか？

　一般的に砥石切り込みがサブミクロンの領域を鏡面研削と呼び，普通研削と区別して議論することが多い。

　鏡面研削は，仕上面粗さが$0.2\mu m R_{max}$に達し，鏡面を創成する加工と云われる。具体的作業においては，ツルーイング／ドレッシング条件，あるいは，"捨て研"と呼ばれる砥粒切れ刃の一種のコンディショニング操作などに技能の中心があると云われ，技術的解明に問題が残る。他方，寸法，形状精度においてはスパークアウトに依存するため運動転写精度に問題が残る。また，加工面品質についてもバーニッシング面，すなわち，工作物表面層が熱流動した結果得られた表面との解釈もあり，加工変質層の観点から問題視することもある。

　さらに，量産システムの場合には，自励びびり振動，あるいは，研削面に生ずる不規スクラッチの発生による目直し間寿命の低下の課題が残る。

　他方，この領域では，各砥粒切れ刃はラビング，プラウイング作用に留まり，材料除去率が

極端に低下し，正常な研削面が得られないとの解釈もある。

　このように考えると，現在の研削砥石の切り込みを単にサブミクロン以下に微細化しても，量産規模の超精密研削の実現はきわめて疑わしいと考えられる。

参 考 文 献

1.1) Brian Griffiths：Manufacturing Surface Technology. p21, 2001 Penton Press.
1.2) R. Kegg：Industrial Problems in Grinding. CIRPVol32/2/1983. p559.（訳）機械と工具，1986年2月号
1.3) Carter, C. F.: Trends and Developments in Grinding Machines. International Conf. on Grinding Technology, Univ of London, 1977.
1.4) J. Peters：Contribution of CIRP Research to Industrial Problem in Grinding. CIRPVol33/2/1984, p451.（訳）機械と工具，1986年3,4,5,6月号
1.5) 田中，津和，井川：精密工作法上，160頁，1955共立出版。
1.6) R. Hahn：A Survey on Precision Grinding for Improved Product Quality. MTDR, 1985.
1.7) 浅枝敏夫：東京工業大学学報，特別号A-3，140頁，1952.
1.8) 佐々木外喜雄，岡村健二郎：日本機械学会論文集20-90および20-98, 1954.

# 2. 脆性材料としての研削砥石

## 2.1 研削砥石の形状創成加工と損耗機構を理解するために

　切削加工と研削加工の決定的差異は，工具である砥石の形状創成，切れ刃の切れ味に支配的影響を与えるツルーイング／ドレッシングと呼ばれるダイヤモンド工具による砥石の除去加工を研削機械上で実施した後に初めて砥石は工具としての機能が与えられる点にある。ダイヤモンド工具も砥石除去量に対して当然ある程度の摩耗は避けられないが，その量は砥石除去量に比べてきわめて小さいものと考え実施されている。具体的数値がどれほどで，その材料学的根拠は何であろうか。

　また，ダイヤモンド工具も歴史的変遷を経て改良されてきているが，砥石形状創成のために運動転写精度はどこまで向上し，その根拠は何であろうか。

　さらに事象の複雑なのは形状創成プロセス自身が砥石の切れ味を同時に支配する点にある。

　以上の事象を理解するには，金属材料のような延性材料とまったく異なり，脆性材料は固有の材料破壊特性を有していることを知る必要がある。

　また，砥石の三要素，すなわち，砥粒率，ボンド率，空隙率などの組織は，上述の表面創成加工，研削負荷に応じた損耗機構の中で，どのような働きをするのか。砥石設計の立場からその関係を明らかにする必要がある。

## 2.2 脆性材料の押し込みテストにおける材料破壊機構

　材料破壊特性は，除去加工において母性原理における転写精度を支配する重要な因子である。ダイヤモンド工具による砥石の形状創成加工，すなわち，ツルーイングによる転写精度を論ずるには，研削砥石の脆性材料としての破壊特性を知らねばならない。

　材料の原子結合の形態別では，金属結合，イオン結合および共有結合があるが，これらのヤング率および，ビッカース硬度の関係から見た特徴を図2.1に示す。また，機械的特性の比較例を表2.1に示す。

　脆性材料の破壊機構の特性は，古くからダイヤモンド錐体の押し込みテストによる破壊過程を対象に数多く研究されている[2.1]。

　ビッカース圧子の押し込みテストによって発生する弾性／塑性接触に続く脆性破壊の実験例

2. 脆性材料としての研削砥石

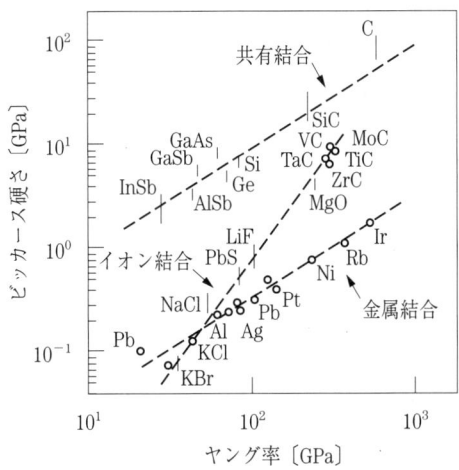

図2.1　各種材料のヤング率とビッカース硬さ

表2.1　脆性材料と金属材料の物性比較

| 特性 | 単位 | セラミックス | 鋼 | アルミニウム 6061-T6 | グラナイト |
|---|---|---|---|---|---|
| ヤング率 | Million PSI 〔GPa〕 | 44 (303) | 29 (200) | 10 (69) | 3.8〜12.5 (26〜86) |
| 圧縮強度 | PSI 〔MPa〕 | 300,000 (2,070) | 90,000 (621) | 45,000 (310) | 15,600 (107) |
| 吸水率 | %by Weight | None | Rusts | None | 0.07〜0.31 |
| 密度 | Lbs/Cu.In. 〔g/cc〕 | 0.134 (3.71) | 0.325 (9.0) | 0.098 (2.71) | 0.10〜0.11 (2.8) |
| 硬さ | R45N MOHS | 78 9 | 30 6 | | 7 |
| 引張り強度 | PSI 〔MPa〕 | 28,000 (193) | 90,000 (621) | 45,000 (310) | 700 (5) |
| 熱膨張係数 | IN/in/°F×10$^{-6}$ 〔cm/cm/℃×10$^{-6}$〕 | 3.4 (6.1) | 6.4 (11.5) | 12.5 (22.5) | 4.0 (7.2) |

とその破砕モデルを図2.2に示す。塑性変形領域（陰影部）から発生する亀裂を示し，引張り応力によって生ずる亀裂を縦割れと横割れに分類している。図2.3は，ヌープ圧子によって水晶の内部に発生する縦割れおよび横割れの観察例を示す。

　図2.4は，内部割れを可視化できる超音波顕微鏡によるHPSi$_3$N$_4$のビッカース圧子の押し込みテストの結果と，縦割れ，横割れのモデル表示を示す[2.2]。(b)に示す圧痕の周辺に拡がる白色の扇状の模様は材料内部の横割れを示している。

図2.5は，脆性材料の押し込みテストにおける材料の破壊過程の実験結果をモデル化して説明したものである[2.3]。ここで，（+）はダイヤモンド圧子の押し込み荷重を増加する過程を示し，（-）は荷重を減少させる除荷過程を示す。

Ⅰ）荷重が小さいときは，弾性変形を超えて塑性変形が生ずる。

Ⅱ）荷重が延性，脆性遷移破壊荷重という材料に固有な臨界荷重を超えて増加すると縦割れ

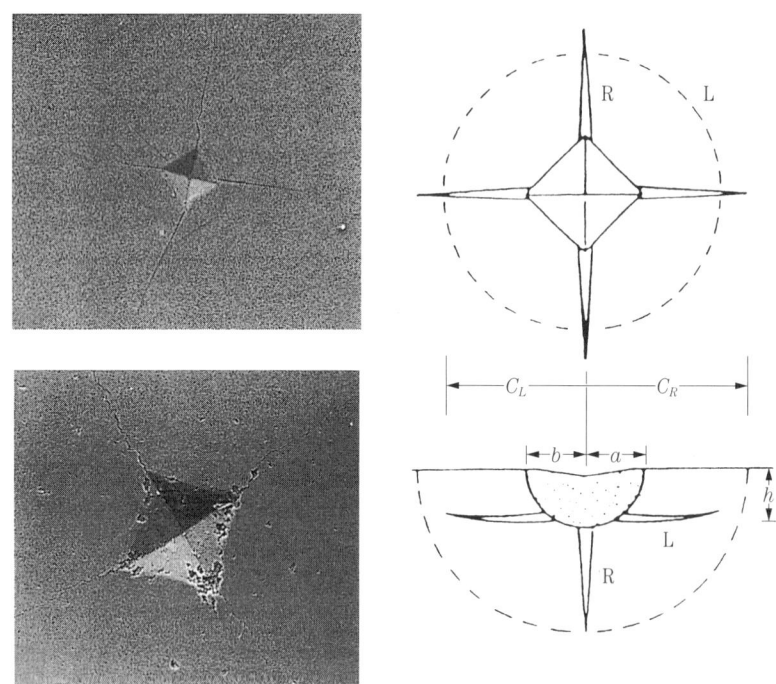

**図2.2** 弾性／延性接触破壊(a)アルミナのビッカース圧痕（上：単結晶（サファイア），下：多結晶（結晶粒3μm）のSEM写真，視野175μm），(b)表面，断面の破砕モデル（R：縦割れ，L：横割れ，陰影部，塑性変形）

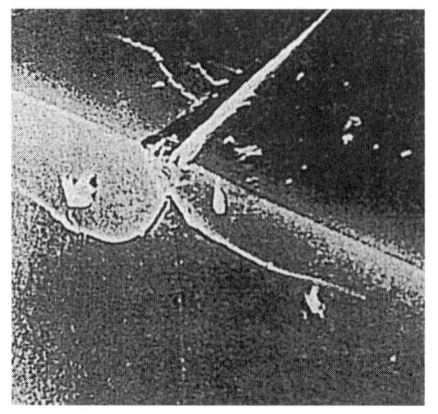

**図2.3** 水晶（0001）面のヌープ圧痕のSEM写真（圧子荷重：2 N，観測幅：100μm）[2.1]

2. 脆性材料としての研削砥石

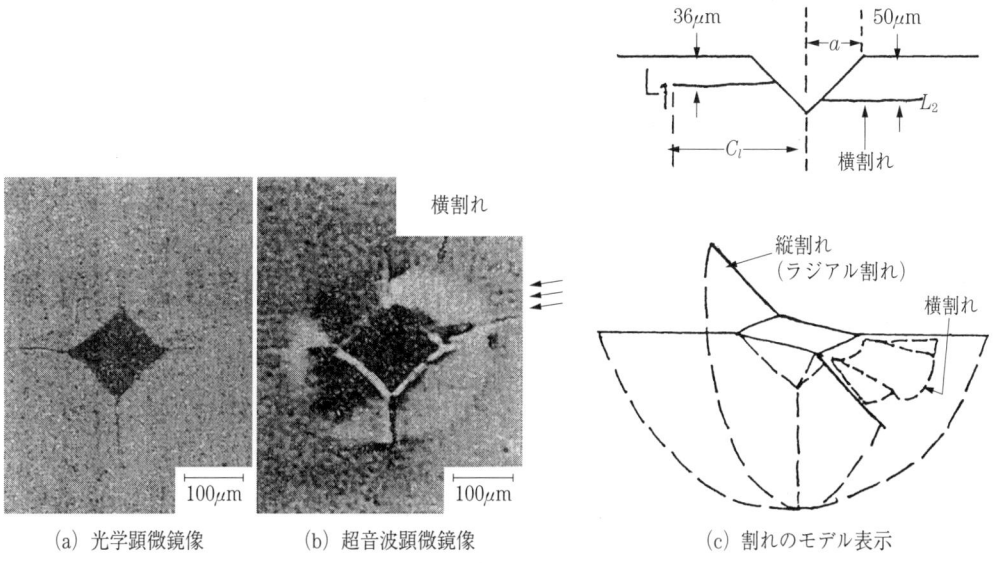

(a) 光学顕微鏡像　　(b) 超音波顕微鏡像　　(c) 割れのモデル表示

**図2.4** H.P.Si$_3$N$_4$の押し込みテストの割れの観察[2.2]

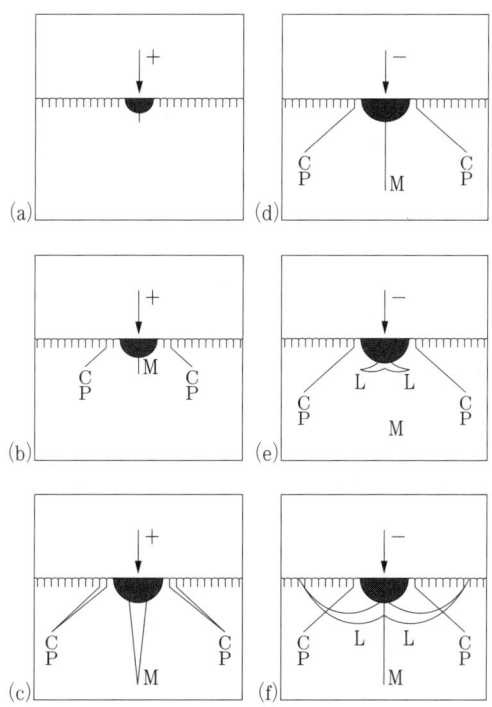

**図2.5** 脆性材料の押し込み試験：荷重時，除荷時の割れの発生過程
〔C, P：円錐割れ，M：縦割れ，L：横割れ〕
Swain & Lawn, 1976による)[2.3]

が生ずる。圧子端部の丸みが大きい場合には円錐割れが生ずる。
Ⅲ）さらに荷重が増加すると開口部が開く。
Ⅳ）荷重が減少して行くと，亀裂開口部が閉じる。
Ⅴ）その後，塑性変形領域の底部から横割れが発生する。
Ⅵ）完全に除荷する過程でさらに横割れが成長し，欠けに至る。

このような過程で生ずる縦割れ，横割れ発生の力学的説明図を図2.6に示す。荷重過程では，塑性変形領域の周辺に圧縮応力が発生し，荷重の増加とともに増加し，その水平分力が臨界点を超えると縦割れが発生し，さらに開口部を広げる。除荷過程では，縦割れの開口部が閉じ，さらに除荷すると，先に塑性変形領域に生じた応力が反転し，その垂直分力が塑性変形領域底

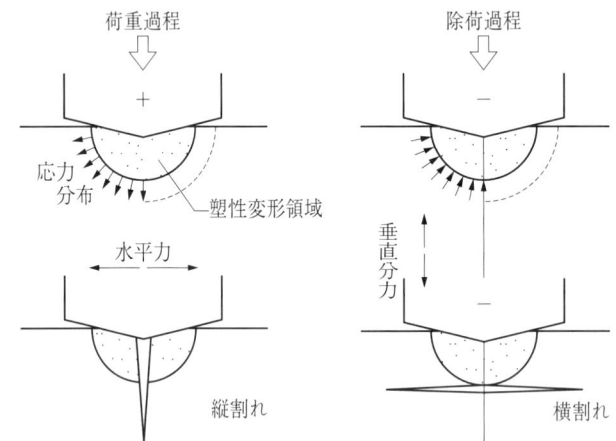

図2.6 荷重過程，除荷過程に生ずる縦割れ，横割れ発生の力学的説明図
（陰影部：塑性変形）

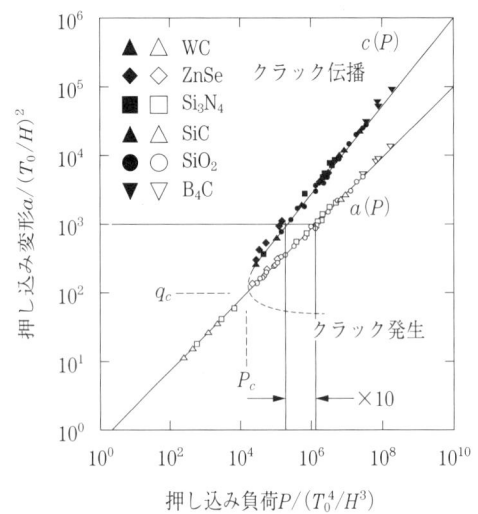

図2.7 各種材料の押し込み変形，破断特性の一般表示[2.4]

部から引張り応力として働き，横割れが発生し，除荷とともに成長する。

上述の脆性材料の押し込みテストによる破壊機構の解析は，遊離砥粒加工による材料除去過程の原理とされている。すなわち，個々の作用砥粒を脆性工作物表面に押し込み，横割れを起こして材料除去を進め，縦割れあるいは円錐割れが残留する。このような加工変質層（SSD）の発生を避けるためには，脆性材料に固有な境界圧力以下に押込み荷重を抑え，塑性変形領域内で材料除去を進めなければならない。図2.7[2.4)]は，各種脆性材料の臨界圧力を無次元化して表示したものである。押し込み荷重$P/(T^4/H^3)$に対して塑性変形した場合の押し込み変形$a/(T_0/H)^2$の値を$a(P)$，脆性破壊した場合を$C(P)$としている。たとえば，$a/(T_0/H)^2 = 10^3$のとき，脆性破壊を生ずる押し込み負荷は延性破壊に比べ約1/10となり，脆性破壊が実際に生ずることを示している。

表2.2[2.1)]は，各種単結晶，多結晶材料の硬さ，靱性，脆性および延性，脆性遷移点を例示する。この表の中から，SiCの臨界荷重0.1Nに比べ，ダイヤモンドの臨界荷重を図2.7に示す無次元化臨界圧力から以下に試算する。図2.7から，

$$P_c \propto T_0/H^3$$

上式からSiCの臨界圧力$P_{csic}$とダイヤモンドの$P_{cdia}$を比較すると，

$$\frac{P_{cdia}}{P_{csic}} = \frac{4^4}{80^3} \cdot \frac{19^3}{2.5^4} = 18.2$$

$$P_{cdia} = P_{csic} \times 18.2, \quad P_{csic} = 0.1\text{N}$$

$$P_{cdia} = 1.82\text{N}$$

この結果をダイヤモンドドレッサで炭化ケイ素砥石を脆性破壊で除去加工する場合に当てはめると，ダイヤモンドへの荷重が臨界圧力を超えない限り，

$$\text{炭化ケイ素の脆性破壊負荷} \approx \text{延性破壊負荷} \times 1/10$$

表2.2 単結晶，多結晶材料の硬さ$H$，靱性$T_0$，脆性$H/T_0$および延性，脆性遷移点$a_c$，$P_c$[2.1)]

| 材 料 | 硬さ$H$〔GPa〕 | 靱性$T_0$〔MPa m$^{1/2}$〕 | 脆性$H/T_0$〔MPa m$^{1/2}$〕 | 延性，脆性遷移点における圧子接触寸法 $a_c$〔$\mu$m〕 | 同左の負荷$p_e$〔N〕 |
|---|---|---|---|---|---|
| ダイヤモンド(mc) | 80 | 4 | 20 | 0.3 | |
| シリコン(mc) | 10 | 0.7 | 14 | 0.6 | 0.004 |
| 酸化マグネシウム(mc) | 9 | 0.9 | 10 | 1.2 | 0.01 |
| シリカ（ガラス） | 6 | 0.75 | 8 | 2 | 0.02 |
| シリコンカーバイト(mc) | 19 | 2.5 | 8 | 2 | 0.1 |
| サファイア(mc) | 20 | 3 | 7 | 3 | 0.2 |
| 窒化ケイ素(pc) | 16 | 4 | 4 | 8 | 1 |
| ジルコニア(pc) | 12 | 3 | 4 | 8 | 0.8 |
| タングステンカーバイト(pc) | 20 | 13 | 1.5 | 50 | 60 |
| セレン化亜鉛(pc) | 1.1 | 0.9 | 1.2 | 80 | 8 |
| 鋼(pc) | 5 | 50 | 0.1 | 12,000 | 800,000 |

と仮定すると，ダイヤモンドドレッサの強度は砥石に比べさらに強く，
　　約 $18.2 \times 10 = 182$ 倍
になると推定される。

つぎに上述の臨界圧力が存在する定性的説明につぎのようなものがある。
　$U$：塑性変形エネルギー
　$S$：亀裂面創成エネルギー
　$E$：ヤング率
　$R$：表面エネルギー密度
　$\sigma$：引張り応力

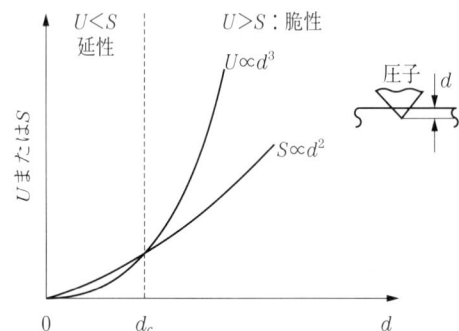

**図2.8**　押し込みテストにおける塑性変形エネルギーとき裂面創成エネルギーの比較

**表2.3**　各種材料の破壊特性パラメータ[2.1]

| 材　料 | 式 | ヤング率$E$〔GPa〕 | 靱性$T$〔MPa m$^{1/2}$〕 | 破砕抵抗エネルギー $R$〔Jm$^{-1}$〕 | 理論的表面エネルギー $2\gamma a$〔Jm$^{-1}$〕 |
|---|---|---|---|---|---|
| ダイヤモンド | C(111) | 1,000 | 4 | 15 | 12 |
| シリコン | S(111) | 170 | 0.7 | 3.0 | 2.4 |
| シリコンカーバイト | SiC(basal) | 400 | 2.5 | 15 | 8 |
| シリカ | SiO$_2$(ガラス) | 70 | 0.75 | 8.0 | 2 |
| サファイア | Al$_2$O$_3$(1010) | 400 | 3 | 25 | 8 |
| マイカ | KAl$_2$(AlSi$_3$O$_{10}$)OH$_2$(basal) | 170 | 1.3 | 10 | |
| 酸化マグネシウム | MgO(100) | 250 | 0.9 | 3 | 3 |
| フッ化リチウム | LiF(100) | 90 | 0.3 | 0.8 | 0.6 |
| アルミナ | Al$_2$O$_3$(pc) | 400 | 2〜10 | 10〜250 | |
| ジルコニア | ZrO$_2$(pc) | 250 | 3〜10 | 30〜400 | |
| シリコンカーバイト | SiC(pc) | 400 | 3〜7 | 25〜125 | |
| 窒化ケイ素 | Si$_3$N$_4$(pc) | 350 | 4〜12 | 45〜400 | |
| アルミナコンポジット | | 300〜400 | 4〜12 | 40〜500 | |
| ジルコニアコンポジット | | 100〜250 | 3〜20 | 30〜3,000 | |
| 繊維強化セラミックコンポジット | | 200〜400 | 20〜25 | 1,000〜3,000 | |
| ダクタイル-コンバージョンセラミックコンポジット | | 200〜400 | 10〜20 | 250〜2,000 | |
| セメントペースト | | 20 | 0.5 | 10 | |
| コンクリート | | 30 | 1〜1.5 | 30〜80 | |
| タングステンカーバイト | WC/Co | 500〜600 | 10〜25 | 300〜1,000 | |
| 鋼 | Fe＋添加物 | 200 | 20〜100 | 50〜50,000 | |

$A$：亀裂面積

$V$：塑性変形した体積

$d$：押し込み深さ

とおくと，塑性変形エネルギー$U$と亀裂変形エネルギー$S$は，それぞれ次のようになる。

$$U \propto \frac{\sigma^2}{E} \cdot V \tag{2.1}$$

**表2.4** 表2.2 表2.3のパラメータを（2.7）式に代入して得た延性・脆性押し込み深さ遷移点$d_c$の計算値

|  | $E$〔GPa〕 | $H$〔GPa〕 | $K_c$〔MPa m$^{1/2}$〕 | $d_c$〔$\mu$m〕 |
|---|---|---|---|---|
| Si(111) | 170 | 10 | 0.7 | 0.087 |
| SiO$_2$ | 70 | 6 | 0.75 | 0.180 |
| ZrO$_2$ | 250 | 12 | 3 | 1.31 |
| SiC | 400 | 19 | 2.5 | 2.50 |
| 鋼 | 200 | 5 | 50 | 4,000 |

(a) ビッカース圧子で(111)面に0.03Nの荷重を加えた場合のTEM電顕写真

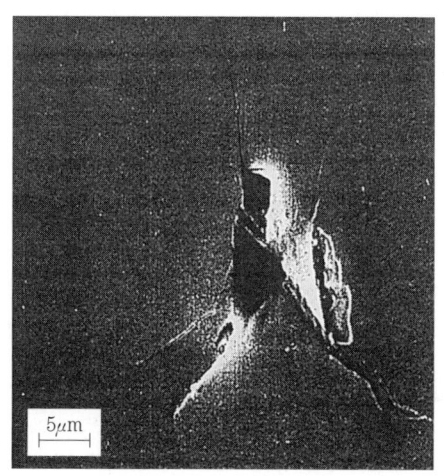

(b) 0.3Nの荷重を加えた場合のSEM電顕写真

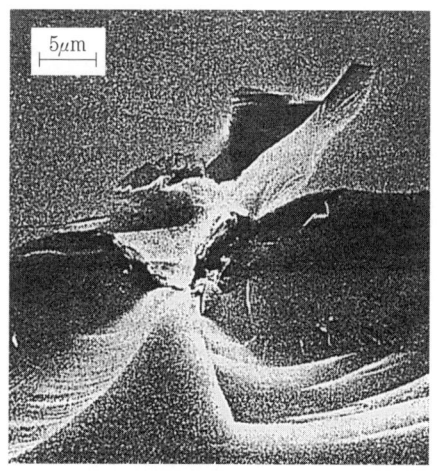

(c) 1Nの荷重を加えた場合

**図2.9** 単結晶シリコンにビーカース圧子を種々の荷重で押し込んだ場合の圧痕 (K.E.Puttick et al)[2.5]

$$S \propto R \cdot A \tag{2.2}$$

ここで，$U$および$S$の両エネルギーがほぼ等しい状態を考え，

$$V \propto d^3, \quad A \propto d^2 \tag{2.3}$$

と仮定すると，

$$\frac{塑性変形エネルギー}{亀裂創成エネルギー} \sim \frac{U}{S} \propto d \tag{2.4}$$

から，両エネルギーの大小の比は押し込み深さ$d$に支配され，延性脆性遷移点を表わす押し込み深さ遷移点$d_c$が存在することが定性的に推定することができる。この関係を図2.8に示す。

Griffthのき裂伝播解析から，延性・脆性押し込み深さ遷移点（critical-depth-indentation）$d_c$は，

$$d_c = \frac{ER}{H^2} \tag{2.5}$$

表面エネルギー密度$R$は，

$$R \sim \frac{K_c^2}{H} \tag{2.6}$$

ここで，
 $H$：硬さ
 $K_c$：破壊靭性

(2.5)，(2.6) 式から，

$$d_c \sim \frac{E}{H} \cdot \left(\frac{K_c}{H}\right)^2 \tag{2.7}$$

表2.2および表2.3のパラメータを (2.7) 式に代表して得た$d_c$値の計算値を表2.4に示す。

図2.9は，ビッカース圧子を単結晶シリコンに，荷重0.03N，0.3N，1Nと増大させた場合の塑性変形から脆性破壊に至るそれぞれの電顕写真である。圧子の荷重が0.03Nでは塑性変形の圧痕であるが，0.3Nを超えると明らかに脆性破壊を起こす。

## 2.3 脆性材料の引っ掻きテスト

乾式ラッピングや研削加工のように固定砥粒による除去加工は，各作用砥粒による引っ掻き現象の集合として進行すると考えられる。この立場から脆性材料の除去加工の機構を理解する基本モデルとしてダイヤモンド圧子による引っ掻きテストが古くから実施されている。このような引っ掻きテストによる脆性材料の圧痕の観察例を図2.10に示す[2.5]。単結晶シリコンを対象にビッカース圧子により荷重0.05Nおよび0.5Nの場合の引っ掻き痕である。図2.10(a)では塑性変形による引っ掻き溝のみで割れは見られない。これは図2.9(a)に示す0.03N荷重のビッカース圧痕の塑性変形に対応している。荷重が0.5Nの図2.10(b)では，引っ掻き方向に沿って鋭

## 2. 脆性材料としての研削砥石

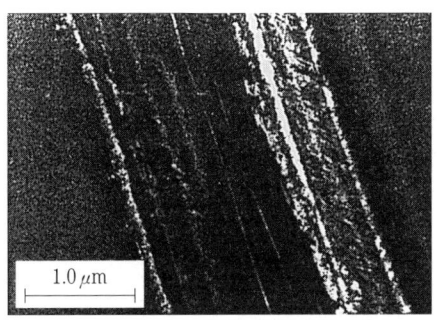

(a) ビッカース圧子の0.05N荷重時の引っ掻き条痕
$\bar{2}20$反射の暗視野TEM電顕写真

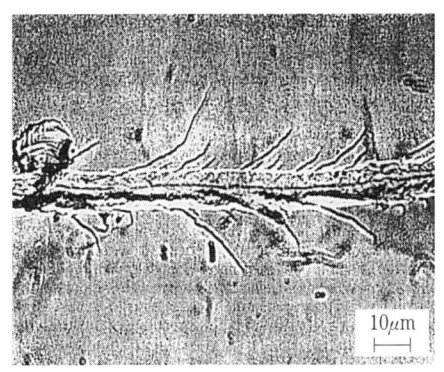 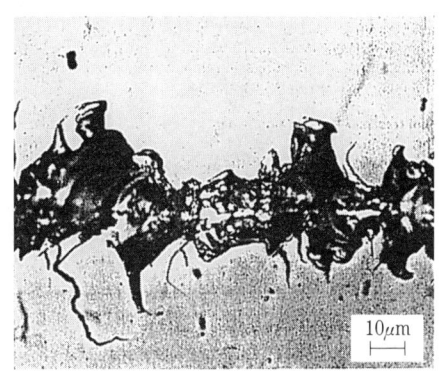

(b) 0.5N荷重時の引っ掻き条痕。光学顕微鏡写真
引っ掻き方向〔$1\bar{1}2$〕

(c) 0.5N荷重時の引っ掻き条痕。光学顕微鏡写真
引っ掻き方向〔$11\bar{2}$〕

**図2.10** ビッカース圧子による単結晶シリコンの引っ掻き条痕 (K.E.Puttick et al)[2.5]

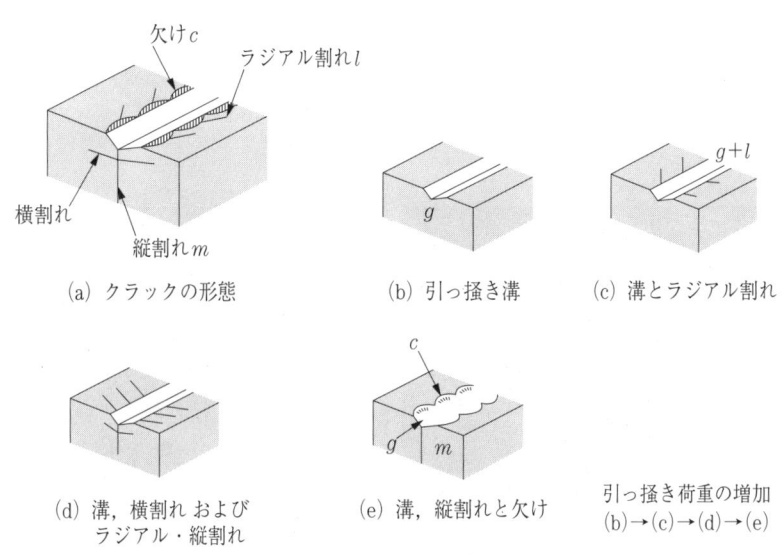

(a) クラックの形態
(b) 引っ掻き溝
(c) 溝とラジアル割れ
(d) 溝, 横割れ および ラジアル・縦割れ
(e) 溝, 縦割れと欠け

引っ掻き荷重の増加
(b)→(c)→(d)→(e)

**図2.11** 引っ掻き荷重と割れの形態 (J.D.B. Veldkamp)[2.6]

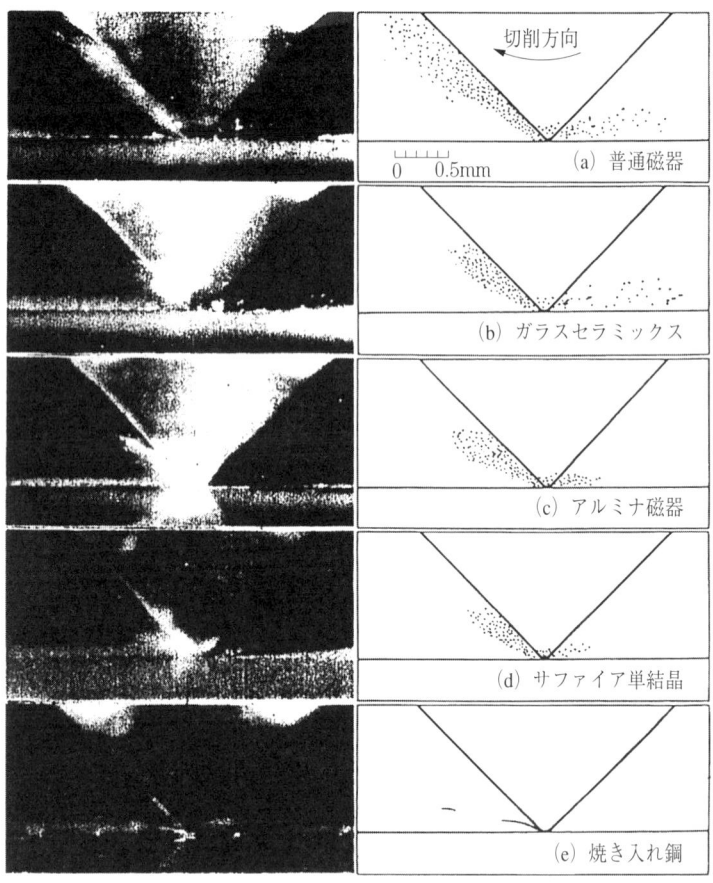

砥粒:ダイヤモンド角錐,研削速度:37.5m/s,
テーブル速度:7.5m/min,切り込み:3〜4μm

**図2.12** 単粒研削における各種材料のチップ排出状況(今中ら)[2.7]

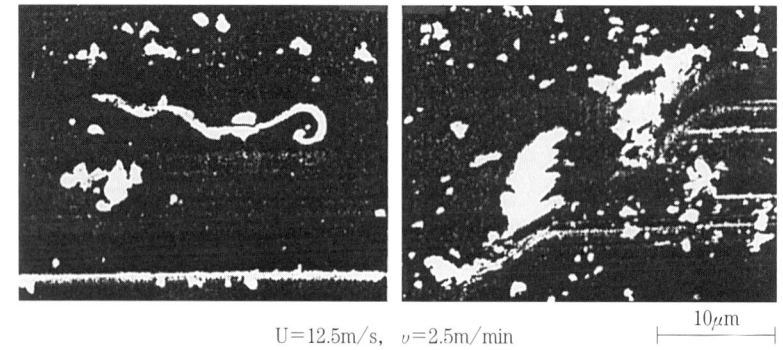

U=12.5m/s, υ=2.5m/min

**図2.13** $Al_2O_3$単結晶(0001)面の単粒(GC#46)研削によるチップ(今中ら)[2.7]

― 18 ―

角で魚の骨状に多数のラジアル割れが観察され,明らかに脆性破壊が生じており,図2.9(b)の圧痕に対応している。図2.10(c)は(b)と反対方向に引っ掻いた場合の観測結果で,著しい破砕が見られ,(b)と明らかな差異が見られる。これは,かんな掛けの場合の正目,逆目の関係に相当し,結晶構造に基因する現象である。

このような観測結果に基づき,引っ掻きテストにおける脆性材料の破壊過程を圧子の荷重の関数としてモデル化したのが**図2.11**[2.6]である。引っ掻き圧子の荷重が増加するにつれて,塑性変形による溝が先づ発生し,ついで溝に沿ってラジアル割れが進行方向に鋭角に多数発生し,さらに荷重の増加とともに縦割れ,圧子の通過に伴う横割れが生ずる。これらのラジアル割れ,横割れが成長して欠けとなる。

この場合も割れの発生し始める限界を示す溝の深さの延性・脆性遷移点を$d_c$で表示し,(2.7)式および表2.4の計算値が目安になると考えられる。

また,圧子通過後に横割れによって生ずる欠けの粉状チップが,平面研削盤を用いたダイヤモンドの単粒研削実験で観測された例を**図2.12**[2.7]に示す。これは,単粒研削による脆性破壊の瞬間を高出力のマイクロフラッシュ(閃光持続時間0.8 $\mu$s,出力10J)を用いて撮影したもので,除荷重過程で切屑が発生する現象の証拠写真である。。さらに,単粒の切り込み量を十分小さくし,延性破壊によって生ずる切屑の例を**図2.13**[2.7]に示している。

## 2.4 脆性材料の切削テスト―延性・脆性遷移切り取り厚さ

ダイヤモンド圧子を用いた押し込みテストおよび引っ掻きテストは,何れも荷重入力に対して材料破壊を出力とするもので,これから得られる延性・脆性臨界圧力をキーパラメータとして材料除去加工を設計する考え方である。これは圧力転写形除去加工に対応している。

これに対して1970年代後半から金属材料ないしプラスチック材をダイヤモンド工具で切削し,光学的表面を創成するいわゆる超精密ダイヤモンド旋盤が急速に発達し,運動転写原理による光学部品の加工手法が注目されるようになった。このことは,従来の光学部品の加工手法がPrestonの式,

$$MRR = C_p \cdot p \cdot v \qquad (2\text{-}8) \quad MRR;材料除去率$$

に従う圧力転写加工法であった従来の考え方に大きな変革をもたらすこととなった。

当然の成り行きとして,これまでの加工が比較的容易な延性材料に留まらず,脆性材料に対しても運動転写原理に基づき,かつ,加工割れから自由な延性モードで研削加工を実現する課題が現実的なものとなってきた。筆者ら[2.9], [2.10]は,水晶振動子を対象にGC120HmV砥石をダイヤモンド砥石を用いてトルーイング研削をして切れ刃高さを揃え,0.2$\mu$m切り込みで平面研削を行ない,塑性流動からなる研削条痕を得た。これが当時X線反射ミラーの研究を行なっていたNPL(王立物理学研究所)のA. Franksのグループの興味を引き,招待を受けたのは上述の時代背景から注目されたものと考える。

ここでは，ダイヤモンド圧子による引掻きテストから得られる延性・脆性遷移圧力の考え方から，研削砥石作用面上の個々の砥粒が遷移圧力を超えない砥粒切り取り厚さ以下に制御できれば研削割れの生じない延性モード研削が可能であるとの考え方はあっても，これを実証する切り込み入力に対する脆性材料の切削テストによる延性・脆性遷移切り取り厚さの実験的検証による定量的検討が欠けていた。これに応える実験がT. Bifanoらによって1987年に初めて発

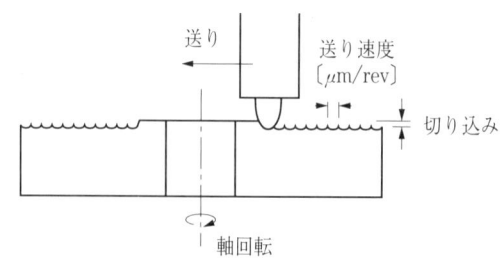

図2.14 ダイヤモンド工具（ノーズ半径：0.762mm）

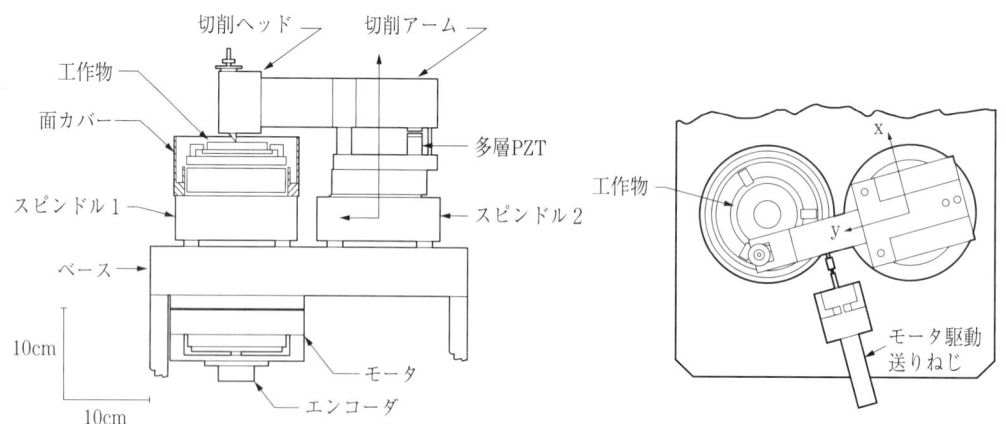

図2.15 PAULの切削テスト装置

表2.5 PAULの機械特性

| 工作物スピンドル | 直垂方向振れ | 横方向振れ |
|---|---|---|
| 振れ | 50nm | 50nm |
| 倒れ | 30nm | 15nm |
| 工具スピンドル | | |
| 振れ | 50nm | 50nm |
| 倒れ | 8nm | 15nm |
| 総合スピンドル誤差 | 138nm | 130nm |
| 工具・工作物スピンドル間の剛性 | $8.8 \times 10^6$ N/m | |
| 工具・工作物間の熱変形 | 40nm/℃ | |
| 工作物スピンドル速度 | $0 \sim 5000 \text{min}^{-1}$ | |

表された[2.11]。以下は，その内容の紹介である。

単結晶ゲルマニウムを対象に，延性・脆性遷移切り取り厚さ$d_c$を求めることを目的に卓上形のダイヤモンド切削テスト装置PAULを試作し，図2.14に示す正面切削を行なった。図2.15はPAULの構造を示し，表2.5はその機械的特性を示す。切削ヘッドの切り込みは多層PZTの伸縮で与え，工作物の回転テーブルはP. I.の空気軸受に直結されている。ダイヤモンド工具の形状は図2.16で，ノーズ半径0.762mm，切削速度2.5±0.5m/s，すくい角−7°である。図2.17は切屑の生成，図2.18は切り込み2μm，送り6μm/revの切り取り厚さ断面の幾何学を示す。切り取り厚さ$t_m$がある遷移点を境に延性モード切削，脆性モード切削に分かれる過程を実験的に求める。単結晶ゲルマニウムの（100）面を16種類の切り込み×送りの加工条件のもとで切削した加工面を図2.19に示す。この中から切り込み×送り＝2.25μm×5.83μm/revの部分を拡大して図2.20に示す。矢印間が送り量で，切り込み厚さ$t_m$が比較的大きい領域で多数の凹み群が見られ，微細な割れが生じていることを示している。

また，延性モード切削と見られる場合の単結晶ゲルマニウムの切屑と，銅の切屑を比較して

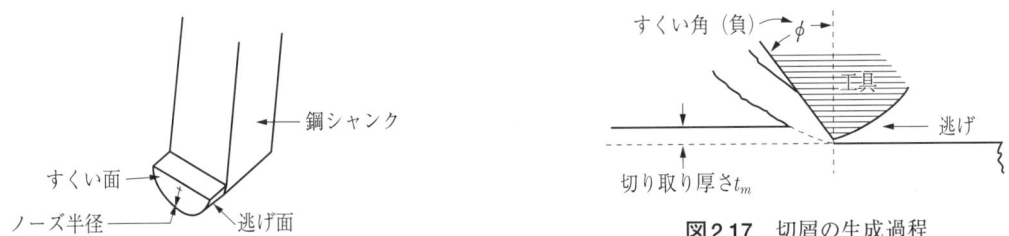

図2.16　切り取り厚さ断面　　　　　　図2.17　切屑の生成過程

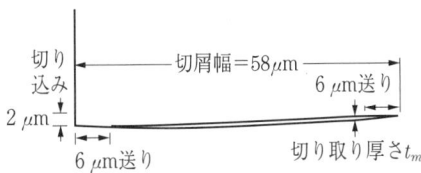

図2.18　切り取り厚さ断面

図2.19　16種類の切り込み×送りの単結晶Geの切削面（100）

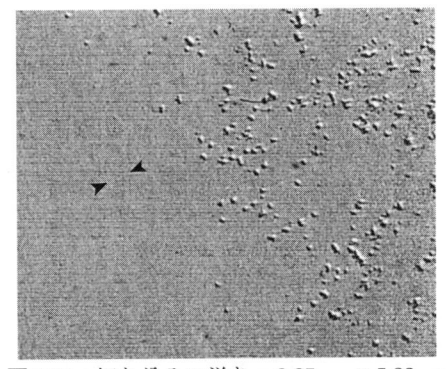

図2.20　切り込み×送り＝2.25μm×5.83μmの切削面に生じたピット

図2.21に示す。ゲルマニウムの切削条件は$0.5\mu m \times 1.5\mu m/rev.$で，$t_m = 0.025\mu m$となり，一連の実験結果から延性モード切削条件を満している。

さらに，延性モード切削のもとで，工具形状と送り運動が運動転写原理に従い，高い転写精

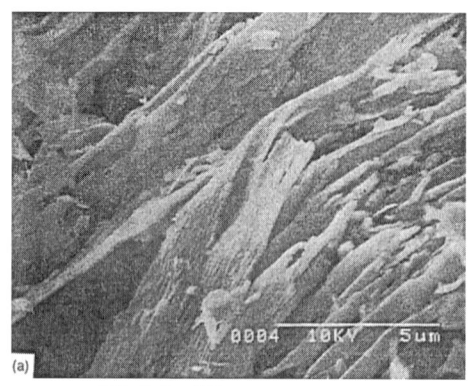
切り込み×送り=$2.3\mu m \times 6.3\mu m$
(a) Cuの切屑

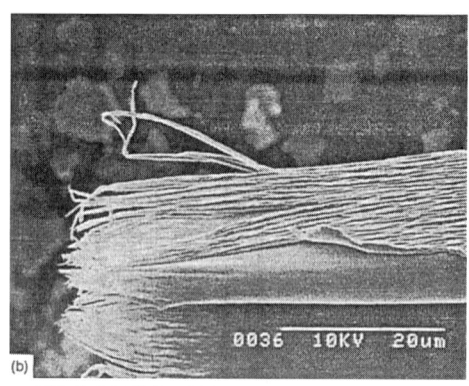
切り込み×送り=$0.5\mu m \times 1.5\mu m$　$t_m=0.025\mu m$
(b) Geの切屑

図2.21　切屑比較

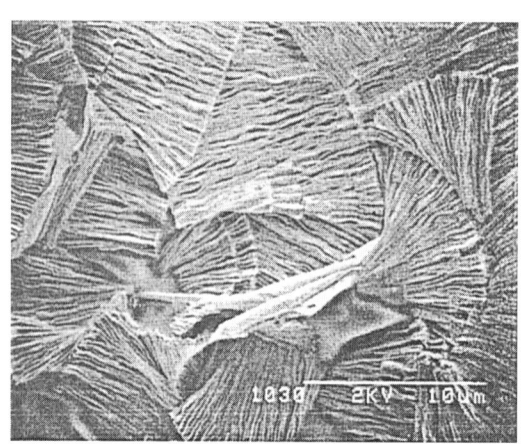

図2.22　リボン状連続切削を示すGeの切屑

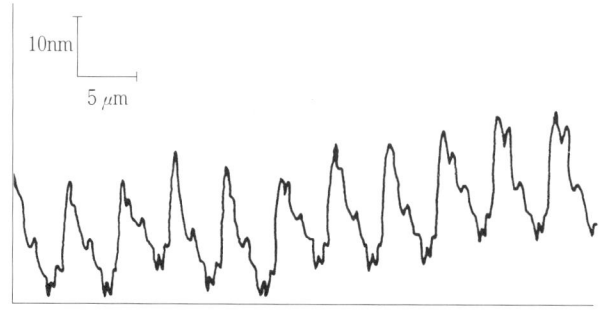

切り込み×送り=$4\mu m \times 6\mu m$
図2.23　Ge切削面の表面粗さ

― 22 ―

**表2.6** 切削条件（切り込み$d$×送り$f$），最大切り取り厚さ$t_m$と仕上げ面

| サンプル | 切り込み〔$\mu$m〕 | 送り〔$\mu$m〕 | $t_m$〔$\mu$m〕 | 仕上げ面の形状 |
|---|---|---|---|---|
| $\mathrm{I}_2$ | 2.3 | 2.1 | 0.08 | 滑らか |
| $\mathrm{I}_3$ | 2.3 | 4.2 | 0.16 | 4領域（±7°角度幅）でのみピッチングあり |
| $\mathrm{I}_4$ | 2.3 | 5.9 | 0.22 | 360°全域でピッチング |
| $\mathrm{II}_2$ | 1.1 | 2.1 | 0.06 | 滑らか |
| $\mathrm{II}_3$ | 1.1 | 4.2 | 0.11 | 4領域でのみピッチング |
| $\mathrm{II}_4$ | 1.1 | 5.9 | 0.15 | 360°全域で著しいピッチング |
| $\mathrm{III}_2$ | 0.46 | 2.1 | 0.04 | 滑らか |
| $\mathrm{III}_3$ | 0.46 | 4.2 | 0.07 | 滑らか |
| $\mathrm{III}_4$ | 0.46 | 5.9 | 0.10 | 滑らか |

**表2.7** 単結晶シリコンの延性・脆性切取り厚さ遷移点$d_c$とすくい角（LLNL）[2.12]

| 工具すくい角〔°〕 | $d_c$〔nm〕 |
|---|---|
| 0 | 80 |
| $-30$ | 120 |
| $-45$ | 180 |
| $-60$ | 260 |

度を示す実験例として**図2.22**および**図2.23**がある。図2.22では，延性モード切削を示すリボン状の連続した切屑を示しており，図2.23は，Talystepで測定した切削面のプロファイルで，ダイヤモンド工具形状と送り運動が忠実に転写されている。このときの切削条件は，4$\mu$m×6$\mu$m/revである。

以上の一連の切削テスト結果をまとめたのが**表2.6**である。仕上げ面のノマルスキー顕微鏡観察から滑らかな仕上げ面と，凹みが混在する仕上げ面を分類し，前者を延性モード切削面，後者を脆性モード切削面と判断している。材料切り取り厚さ$t_m$値から両者の遷移点を求めると，結晶方位の影響を受けるが，ほぼ$t_m \leq 0.1\mu$mのときに延性モード切削が成立すると判断できる。したがって，延性・脆性遷移切り取り厚さ$d_c$は，

$$d_c \approx 0.1\mu\mathrm{m}$$

また，ダイヤモンド工具のすくい角が$d_c$値にどのような影響を与えるかを単結晶シリコンについて求めた実験結果を**表2.7**[2.12]に示す。一般に脆性材料は静圧が加わると塑性的性質が増加すると言われているが，この結果はその特性を反映している。

## 2.5 脆性材料の遊離砥粒加工における材料除去機構
—伝統的光学的レンズ加工工程を中心に—

2.2で述べたように，ダイヤモンド圧子による押し込みテストは，脆性材料の遊離砥粒加工による材料除去機構を与える。これに関する経験則としてはPrestonの式（2.8）がある。

N.BrownはPrestonの係数$C_p$とダイヤモンド砥粒の粒径との関係を一連の実験から求め，材料の破壊形態の立場から検討している。実験の一例を次に示す[2.13]。

　加工機械：Strasbaugh Model 6DE

工作物　：BK7
前加工　：Al$_2$O$_3$砥粒径　5μm，スラリー混入率　10％vol
　　　　　取りしろ75μm，ラッピング時間　60min
〔**実験1**〕ダイヤモンド砥粒径　3μm，スラリー混入率　1％vol
　　　　　脱イオン水
　　　　　面圧　12.3kPa
　　　　　スピンドル回転数　39min$^{-1}$　回転数比＝素数比
　　　　　偏心回転数　47min$^{-1}$
　　　　　SSD（残留クラック層）≈砥粒径
　　　　　材料除去機構　脆性破壊
〔**実験2**〕ダイヤモンド砥粒径　1μm
　　　　　そのほかは実験1と同じ
　　　　　仕上げ面：鏡面
　　　　　材料除去機構：延性破壊

　これらの実験から，砥粒粒径とPrestonの係数$C_p$の関係を求めた結果を**図2.24**に示す[2.14]。図から砥粒の粒径によって材料の破壊機構が3つの領域に分けられることが明らかである。すなわち，粒径がほぼ10μmを超える領域では大破砕を，1μmから10μmの領域では小破砕を，1μm以下の領域では加工面が透明となり延性破壊の領域となる。このような実験結果と押し込みテストの解析結果から，材料の小破砕領域における除去機構として**図2.25**に示す加工単

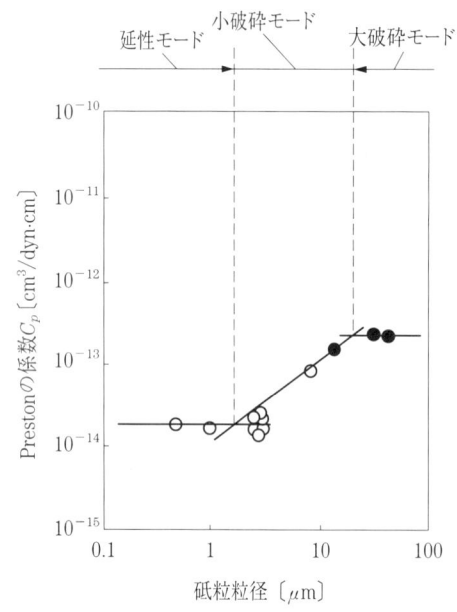

**図2.24**　ガラスのラッピングにおける材料除去機構（N. Brown, 他）[2.14]

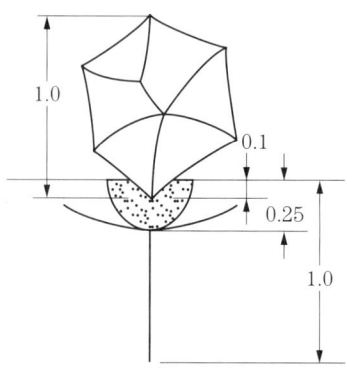

**図2.25**　ラッピングによる除去加工モデル（N. Brown）[2.14]

位モデル[2.14]を提案している。ここで，砥粒粒径の約10分の1が塑性変形溝を形成することになり，粒径1μm以下の領域で溝の深さが0.1μm以下となる。この数値は，脆性材料の延性・脆性遷移切り取り厚さ$d_c$値と同程度の値であり，2.4の切削テストの結果と符号する。遊離砥粒加工は人類の歴史とともに古い加工法と言われ，特に宝石を対象に独自で高度の加工技能として発展してきた。しかし，焼き入れ鋼を対象にこれを適用したのはブロックゲージの発明者であるJohansson以来と言われており，その歴史は新しい。これに比べ，わが国の焼き入れ鋼の伝統的磨き技術，すなわち合砥による砥汁を用いたポリッシングは加工の歴史の中できわめてユニークな地位を占めている。

何れにしても，ラッピングとポリッシングの違いは本来脆性材料の除去加工の形態によって

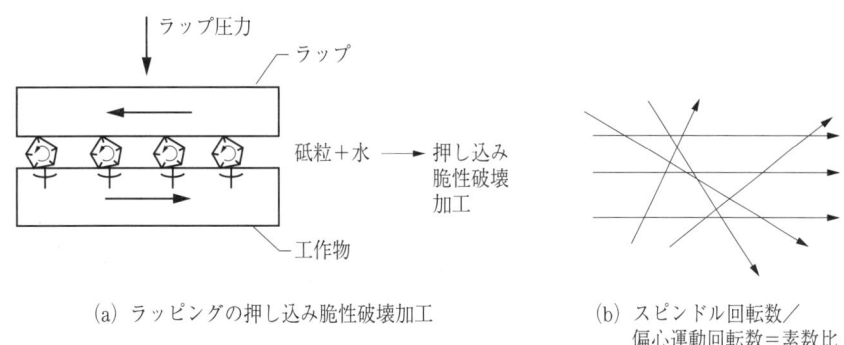

(a) ラッピングの押し込み脆性破壊加工　　(b) スピンドル回転数／偏心運動回転数＝素数比

**図2.26** ラッピングにおける材料除去機構[2.15]

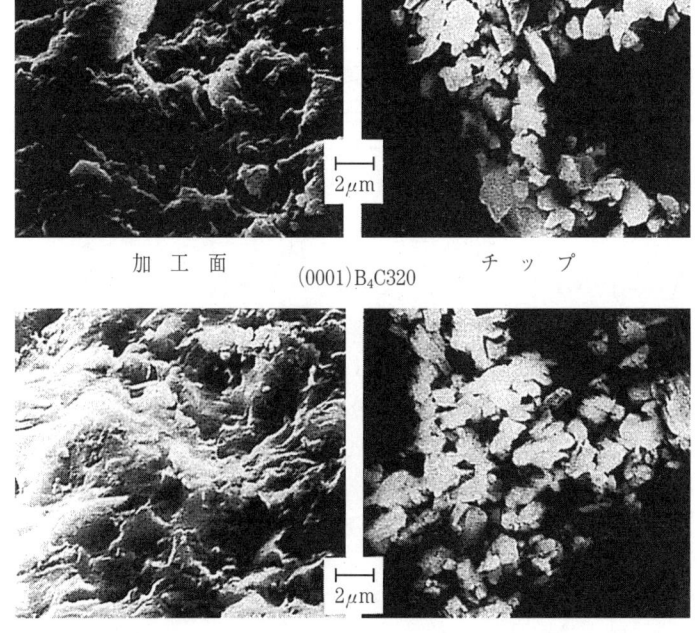

**図2.27** 人造サファイヤのラッピング加工面と貝殻状切屑（安永）[2.16]

区別されるもので，前者では脆性破壊，後者では延性破壊による除去加工を意味すると考えるのが歴史的に自然な分類と考えられる。図2.26(a), (b)[2.15]はラッピング加工の原理を示す。ラッピング作業の指針は，(a)に示す転動する砥粒による押し込み破砕に伴う横割れの切屑発生と，(b)に示すラップ，工作物間のランダムな運動方向による横割れの干渉による一様な切屑発生である。このため，工作物保持系の回転数とラップの偏心運動の回転数の比が素数比になるよう加工条件の設定が求められる。

図2.27は，人造サファイアを$B_4C$砥粒を用いてラッピングした加工面と発生した切屑の写真を示す。横割れによって生ずる貝殻状の切屑を示している[2.16]。

このようなラップ加工による除去加工は押し込みによる横割れが主役であるが，同時に発生する縦割れは残留する。

光学ガラス加工工程の最終工程は，残留割れの除去と鏡面仕上げを目的とするポリッシングで，延性破壊による除去加工である。したがって，ポリッシングによる取りしろはラッピングで残留する縦割れの深さが目安となる。

伝統的光学ガラスの加工工程は，ラッピングとポリッシングの工程からなり，この考え方をモデル化して表示したものを図2.28(a)[2.17]に示す。粗大なSiC砥粒を用いた荒ずり，微細な$Al_2O_3$砥粒を用いた砂かけと呼ばれるラッピング工程と$CeO_2$とピッチ張りによる磨き工程である。

これらの工程は作業者の熟練に依存する面が多く，いわゆる因果律の信頼性が低いと言われ

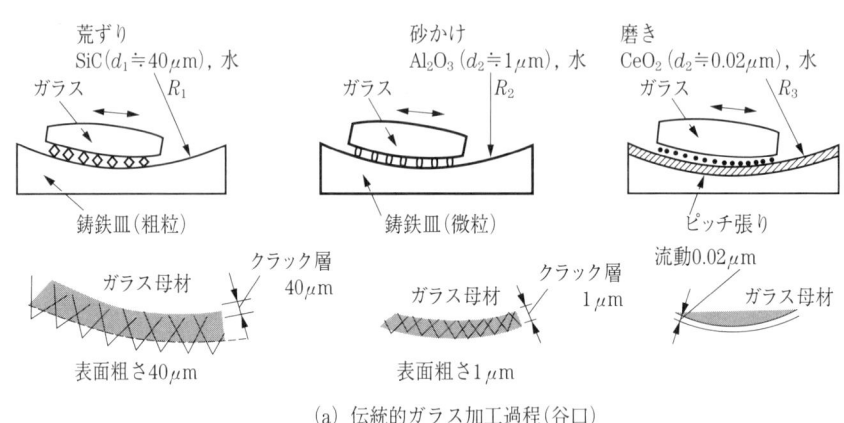

図2.28 伝統的光学ガラス加工プロセスと加工条件事例[2.17]

表2.8 光学ガラスのラッピング，ポリッシング用ダイヤモンド砥粒（Hyprez社）[2.15]

| 一般的用途 | 称呼寸法 | | | | 一般的用途 | 称呼寸法 | | | |
|---|---|---|---|---|---|---|---|---|---|
| | 〔μm〕 | 〔in〕 | メッシュ | 色 | | 〔μm〕 | 〔in〕 | メッシュ | 色 |
| 最終磨き | 0.1 | 0.000004 | 以下*140,000 | 灰 | ラッピングと磨きの前加工 | 14 | 0.00056 | *1,200 | 茶 |
| | 0.25 | 0.00001 | *25,000 | 青 | | 25 | 0.001 | 600 | 赤褐色 |
| | 1 | 0.00004 | *14,000 | 緑 | 荒ずり | 45 | 0.0018 | 300 | 紫 |
| | 3 | 0.000125 | *8,000 | | | | | | |
| ラッピングと磨きの前加工 | 6 | 0.000025 | *3,000 | 黄 | | 60 | 0.0024 | 230 | ダイダイ |
| | 8 | 0.000033 | *1,800 | 赤 | | 90 | 0.0036 | 170 | 白 |

*推測

ている。このため，部外者には技術的情報として伝えられることはきわめて困難であった事情がある。特に磨き工程についてはこの傾向が著しい。そこで，手掛りとしてラッピング，ポリッシング機械のメーカーおよび砥粒供給者から得られる情報から作業条件を推定した事例を**図2.28**(b)および**表2.8**に示す[2.15]。

ラッピング工程に関する作業現場の経験則として"3 to 1 crack depth rule"と言われる知識がある。すなわち，

残留縦割れ深さ≈砥粒粒径×3

現場では次工程の取りしろ配分を上式を目安として設定すると言われる。ここで，砥粒粒径は称呼粒径で，粒径のばらつきを考慮した経験則と言われる。最終工程のポリッシングにおいては，ラッピングと異なり，スラリーを介してガラスと接触するラップの接触剛性が著しく違う。ラッピングにおいては硬度の高い砥粒を加工面に押し込み亀裂を起こして切屑を発生させるため，ラップの接触剛性は高くなければならない。

他方，ポリッシングにおいては，磨き用ラップのパッド材料は，ピッチ，プラスチックあるいは布という接触剛性が低く，スラリーの保持能力の適切なものが選択される。このような選択は，ポリッシングにおける材料除去機構の考え方に基づいている。歴史的にはつぎの3つの考え方がある[2.15]。

a) 砥粒の引掻きによる機械的除去加工（Newton, Rayleighほか）
b) 分子規模の熱流動（Beilbyほか）
c) 加水分解によるシリカゲル（SiOH）の形成

この中で，水によるガラス表面の加水分解の結果生ずる破壊靱性の高い水和層に砥粒の引掻き作用が働き，機械除去が加速されるという考え方が広く受け入れられている。

特に，ガラスよりも硬度の低い$CeO_2$のスラリーが材料除去機能を持つ理由は，その化学的作用抜きに説明することは困難である。また，ピッチポリッシングにおいてピッチ粘性の選択と使用温度の管理が重要な加工パラメータと言われていることは，そのスラリー保持能力と強い関係を持つと考えられる。**図2.29**は，このような考え方を概念的に示す。$CeO_2$砥粒とガラ

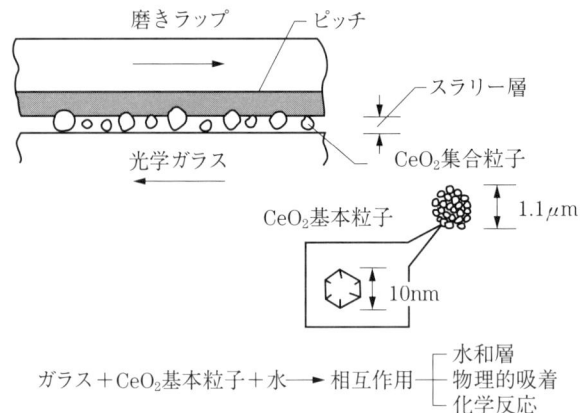

図2.29 磨き工程の磨きラップ（ピッチ），スラリー（$CeO_2$），およびガラス加工面

ス間の物理的吸着および化学反応の働きは，化学的切れ刃（Chemical tooth）と呼ばれ，ガラスのモノマー単位の除去機構を暗示する言葉として広く用いられている。その詳細は必ずしも明らかでない。

## 2.6 脆性材料の脆性モード研削と延性モード研削

### 2.6.1 遊離砥粒加工から固定砥粒加工へ―光学ガラス加工プロセスの変革―

　D.F.Horneによると，光学部品の大量生産のニーズが顕著になる1950年代からの遊離砥粒加工から固定砥粒加工，すなわち，研削加工へと変革が広がり，それと同時にダイヤモンド砥粒の採用が一般化する。つまり，ダイヤモンド砥石とダイヤモンドペレットが曲面創成とスムーシングの工程に採用され，その結果加工工程における因果律と安定性が著しく向上し，従来の熟練への依存度が大きく軽減されている。また，1962年にはRowland Products Inc.によって提案された発泡ポリウレタンシートを用いた高能率ポリッシングも広く採用されている。

　このような加工プロセスの変革の流れを図2.30に示す。図2.28に示した伝統的光学ガラス加工工程に比べ，全体として各工程の因果律が向上し，結果として生産性が著しく向上している。

　荒摺り工程には，1922年P.Nevenにより発明されたメタルボンドのダイヤモンド・カップ砥石による研削加工が代わり，精摺りまたは砂掛け工程には，ダイヤモンド焼結ペレットによるスムーシング工程が代わる。前者では，カップ砥石の幾何学的配置による球状包絡面を工作物表面に転写する運動転写原理の採用である。また，後者では，予め所定の球面を与えられた複数のダイヤモンドペレットが工作物と面接触し，引っ掻き除去加工を行なう。この場合，工作物加工面に対するペレット接触面の割り合いが重要で，工作物の曲率によって変化するが，ほぼ20％ないし40％の間で調節する。同じ面接触研削である超仕上げ研削の場合と同様に加工

## 2. 脆性材料としての研削砥石

1950年代

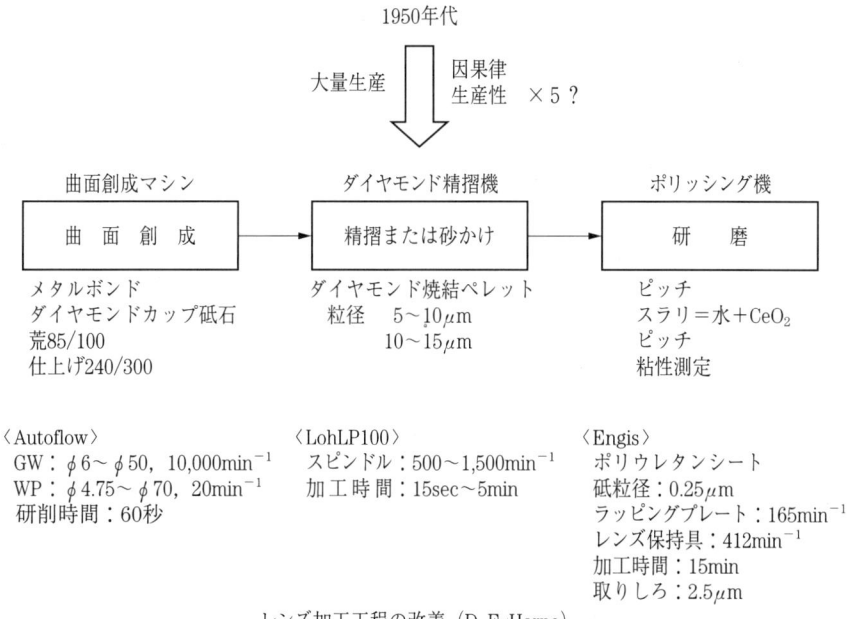

大量生産　因果律
生産性 ×5？

```
曲面創成マシン          ダイヤモンド精摺機        ポリッシング機
┌──────────┐      ┌──────────┐      ┌──────────┐
│ 曲 面 創 成 │ ───→ │精摺または砂かけ│ ───→ │  研   磨  │
└──────────┘      └──────────┘      └──────────┘
```

メタルボンド　　　　　　ダイヤモンド焼結ペレット　　ピッチ
ダイヤモンドカップ砥石　粒径　5～10μm　　　　　　スラリ＝水＋$CeO_2$
荒85/100　　　　　　　　　　　　10～15μm　　　　　ピッチ
仕上げ240/300　　　　　　　　　　　　　　　　　　　粘性測定

〈Autoflow〉　　　　　　　　〈LohLP100〉　　　　　　〈Engis〉
 GW：$\phi 6～\phi 50$, 10,000$min^{-1}$　スピンドル：500～1,500$min^{-1}$　ポリウレタンシート
 WP：$\phi 4.75～\phi 70$, 20$min^{-1}$　加工時間：15sec～5min　　砥粒径：0.25μm
 研削時間：60秒　　　　　　　　　　　　　　　　　　　　ラッピングプレート：165$min^{-1}$
　　　　　　　　　　　　　　　　　　　　　　　　　　　レンズ保持具：412$min^{-1}$
　　　　　　　　　　　　　　　　　　　　　　　　　　　加工時間：15min
　　　　　　　　　　　　　　　　　　　　　　　　　　　取りしろ：2.5μm

レンズ加工工程の改善（D.F.Horne）

**図2.30**　光学レンズ加工における遊離砥粒加工から固定砥粒加工への変革過程

**表2.9**　ダイヤモンドペレットによるスムージングの能率化の例（D.F.Horne）

| 主軸 | ダイヤモンドペレット | 砂かけ |
|---|---|---|
| 主軸 | 3,000$min^{-1}$ | 100$min^{-1}$ |
| 圧力 | 50kPa | 10kPa |
| 加工時間 | 15～20sec | 15～20min |

機構上重要なのは面圧の選択である。圧力転写原理の採用である。

ダイヤモンドペレットと砂かけによるスムージングの生産性の比較例を**表2.9**に示す。

### 2.6.2　脆性モード研削から延性モード研削へ

研削加工の砥石作用面上に分布する個々の砥粒が切れ刃となって工作物を除去加工する。したがって，脆性材料を研削加工する場合，工作物を脆性破壊か延性破壊で除去されるかを決める因子は，個々の砥粒の切り取り厚さ$d_g$で，これが重要な因子となる。

2.4の脆性材料の切削テストの結果が示すように，材料に固有な延性・脆性遷移切り取り厚さ$d_c$が存在するため，砥粒切り取り厚さ$d_g$が$d_c$値に比べ，その大小によって脆性破壊を伴う研削加工と，延性破壊によって亀裂を残さない研削加工に分類され，前者を脆性モード研削，後者を延性モード研削と呼ぶ。この関係をモデル化して**図2.31**に示す。このような二種類の研削加工を運動転写原理の立場からその優劣を比較し，運動転写精度を論じたものを**図2.32**[2.18)]に示す。

**図 2.31** 脆性材料の延性モード研削と脆性モード研削

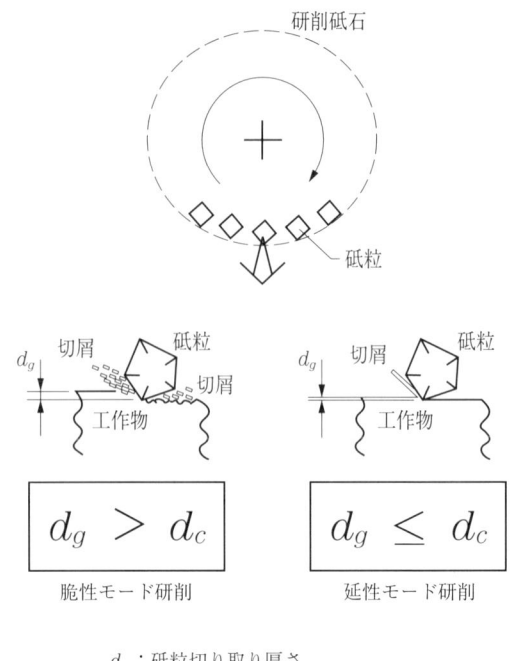

$d_g$：砥粒切り取り厚さ
$d_c$：延性・脆性遷移切り取り厚さ

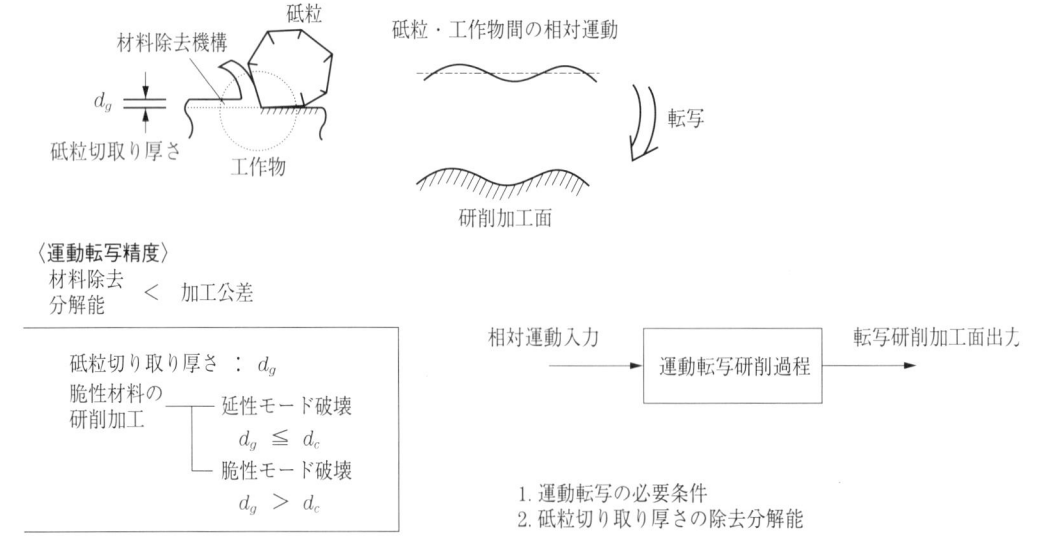

**図 2.32** 運動転写過程と転写精度[2.18)]

　金属材料の研削加工の場合と異なり，脆性材料の場合には，砥粒切り取り厚さの大小によって切削加工面に亀裂を残すか残さないかが決まり，それによって脆性材料部品としての機能を失う可能性が生ずる。このような理由から従来も永年議論されてきた砥粒切り取り厚さに関する課題は，100nmレベルという微細な精度水準の制御技術まで拡張しなければならなくなって

## 2. 脆性材料としての研削砥石

いる。これは、新しい技術を切り拓く時代の一里塚となるべき課題というべきであろう。

図2.30においてレンズの曲面創成工程に用いるメタルボンドダイヤモンドカップ砥石について各砥粒の切り取り厚さの面から考えると、砥石作用面の幾何学的形状精度、砥石回転軸の振れがミクロンオーダを超えているばかりでなく、砥石作業面上に分布する砥粒切れ刃高さ分布も砥粒粒径程度の不規則性を有すると考えるのが妥当である。したがって、曲面創成研削加工は当然脆性モード研削に属する。この工程の役割りは寸法および形状の創成であるが、研削面に残留する亀裂に代表される加工変質層SSDは、次工程の取りしろを決める重要な情報である。したがって、これに関する解析的検討が重要である。

これに関する研究が著しい分野の一つは光学ガラスの研削加工である。

Rochester大学に設置されたCOM（Center for Optics Manufacturing）は、1986年米国政府とAPOMA（American Precision Optics Manufacturers Association）の支持の下で組織された研究所である。以下の資料は、APOMA向けに年2回発行されるCOMのNewsletter "CONVERGENCE"による。COMでは遊離砥粒加工に代わる研削加工を因果律でより秀でた工程であるという意味を込めてdeterministic microgrindingと呼んでいる（以下マイクロ研削と略称）。図2.33[2.19)]は砥粒径が10ないし12$\mu$mのダイヤモンドリングツールと呼ぶカップ砥石を用い、BK7および溶融石英（FS）をマイクロ研削している配置を示す。J.C.Lambropoulosによれば、マイクロ研削においては研削面粗さは材料の持つ延性指数—index of ductility—$(K_c/H)^2$に比例して増加し、またSSDも仕上げ面粗さに比例する。

この関係を用いて、BK7およびFSを上記マイクロ研削によって得られたそれぞれ140nm r.m.s.および100nm r.m.s.の仕上げ面粗さからほかの光学ガラスXおよびYの場合の仕上げ面粗さを推定する手法を示している[2.19)]。図2.34にその推定手順を示す。その結果、光学ガラスXのマイクロ研削面粗さは130nm r.m.s.、Yは220nm r.m.s.の推定値となる。

上述の関係は図2.25に示したN.Brownのラッピングによる除去加工モデルからも説明する

カップ砥石
（10～12$\mu$mダイヤモンド
リング・ツール）

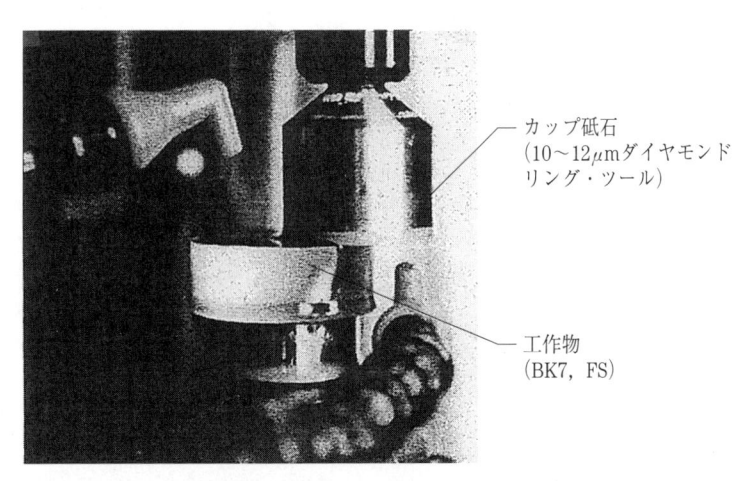

工作物
（BK7, FS）

**図2.33** 光学部品のマイクロ研削[2.19)]

| 材料 | E〔GPa〕 | HV〔GPa〕〔200gf〕 | $K_c$〔MPam$^{1/2}$〕 | マイクロ研削面粗さ |
|---|---|---|---|---|
| FS | 73 | 8.5 | 0.75 | 100nm r.m.s |
| BK7 | 81 | 7.2 | 0.82 | 140nm r.m.s |
| 光学ガラス | 52 | 3.5 | 0.38 | ？？？ |
| 光学ガラス | 126 | 10 | 1.54 | ？？？ |

(a) 材料特性とFS，BK7のマイクロ研削面粗さ

| 材料 | 表面粗さ〔nm〕 | $(K_c/H)^2$〔nm〕 |
|---|---|---|
| FS | 100 | 7.8 |
| BK7 | 140 | 13.0 |
| 光学ガラス | ？？？ | 12.0 |
| 光学ガラス | ？？？ | 23.0 |

(b) マイクロ研削面粗さと延性指数

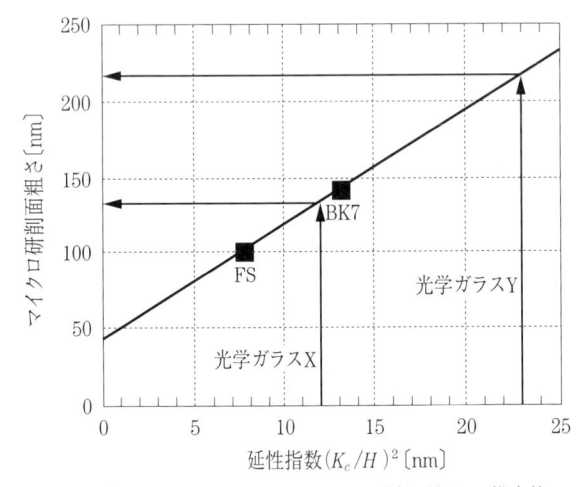

(c) 光学ガラスX，Yのマイクロ研削面粗さの推定値

**図2.34** FS，BK7のマイクロ研削面粗さからほかの光学ガラスX，Yのマイクロ研削面粗さを推定する方法[2.19)]

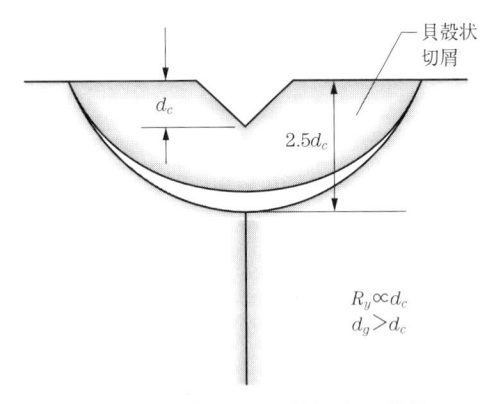

**図2.35** 脆性モード研削の加工単位

ことができる。

脆性モード研削によって生ずる貝殻状切屑を図2.25にしたがって**図2.35**によって示し研削面粗さがこの切屑厚さに比例すると仮定する。ここで，$d_c$値は，

## 2. 脆性材料としての研削砥石

$$d_c \approx \frac{E}{H}\left(\frac{K_c}{H}\right)^2 \tag{2.7}$$

上式の中で，$(K_c/H)^2$ を延性指数と定義している。そこで，$E/H$ が材料によってどのように変化するかを検討する。

図2.1に原子結合の形態を共有結合，イオン結合および金属結合に分類し，ヤング率 $E$ と硬度 $H$ の関係を示している。ここで示された原子結合形態別に平均的関係を示す点線から，$E/H$ の値を求めると，次の関係を得る。

共有結合の場合は，$E/H \approx 10$

イオン結合の場合，硬度の範囲をLiFからTiC，すなわち

$$E \gtrsim 10^2 \mathrm{GPa}$$

に限定すると，

$$E/H \approx 30 - 100$$

金属結合の場合は　$E/H \approx 250$

図2.34で扱った光学ガラスの場合は，

溶融石英：$E/H = 8.6$,

ガラスX：$E/H = 14.8$

BK7　　：$E/H = 11.3$

ガラスY：$E/H = 12.6$

上述の計算値から同種と考えられる材料については，

$$d_c \propto \left(\frac{K_c}{H}\right)^2$$

各種単結晶研削面のSSDとPV粗さ

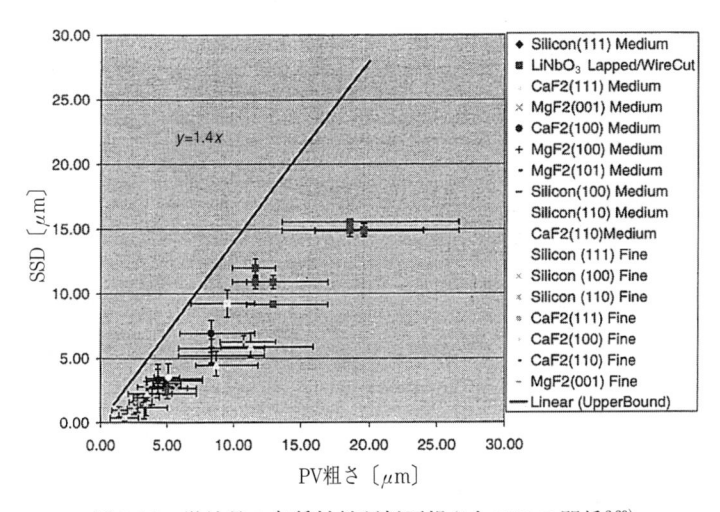

図2.36　単結晶の各種材料研削面粗さとSSDの関係[2.20]

∝ 研削面粗さ

∝ SSD

の関係を作業現場のガイドラインとして近似的に成り立つものと考えられる。最近各種単結晶材料についてマイクロ研削面の粗さと亀裂深さのSSDの関係を実験的に求めた報告がある。これを図2.36[2.20]に示す。研削面粗さとSSDとの間にはほぼ比例関係があり，

$$SSD \lesssim R_t \times 1.4$$

延性モード研削を実現するには第一歩として送り系の分解能が延性脆性遷移切り取り厚さに相当し，研削負荷による加工系の撓みが送り分解能に比べて小さく，かつ研削砥石作業面の振れもこれらに対応する精度が要求される。図2.37[2.21]はこのような目的で試作した平面研削盤で，送り分解能と剛性向上のため負荷補償装置を組み込んでいる。滑り案内の採用は動剛性向上のためである。図2.37(a)は全体像を，(b)は負荷補償装置の機構を，(c)は砥石ヘッドの運動特性を示す。

パルスモータによって送りねじに回転指令を与え，これによって生ずるスラスト負荷を検出

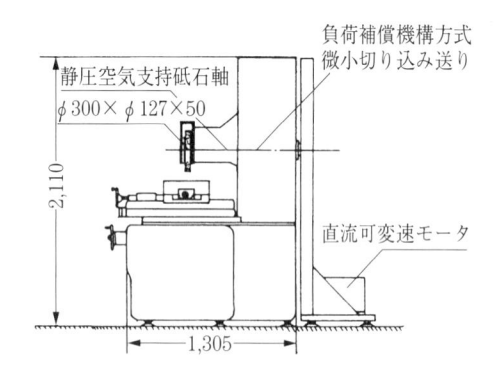

(a) 負荷補償装置付き平面研削盤

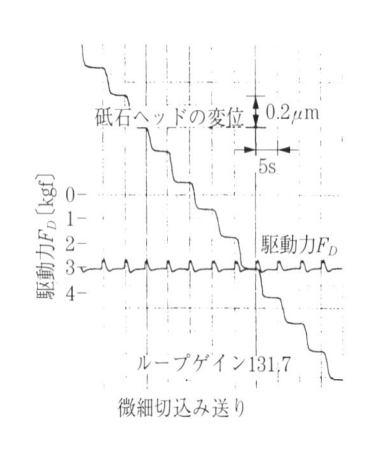

(b) 負荷補償付き砥石ヘッド縦送り機構

(c) 砥石ヘッドの0.2μm/stepの微細切り込み送り

**図2.37　負荷補償機構付き平面研削盤と運動特性**[2.21]

(a) 脆性モード研削加工面
　　（切り込み：1.7μm）

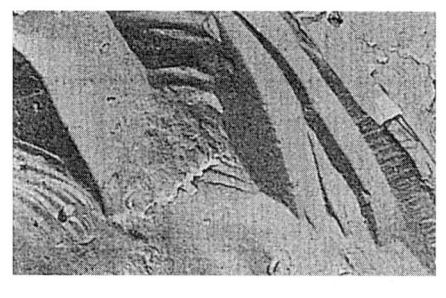

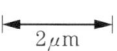

〈研削条件〉
　砥石：SD600P100B
　砥石周速：1,885m/min
　テーブル速度：6m/min
　切り込み：1.7μm
　ドレッシング条件：1μm×8回
　　C系#180
　湿式プランジ研削

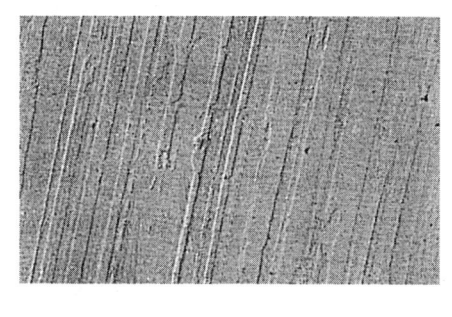

(b) 延性モード研削加工面
　　（切り込み：0.2μm）

〈研削条件〉
　砥石：GC120HmV
　砥石周速：1,724m/min
　　（1,800min$^{-1}$）
　テーブル速度：12m/min
　切り込み：0.2μm×30回
　ドレッシング条件
　　多石　25mm/min
　　20-10-5-1
　　-0.2-0μm

図2.38　水晶の脆性モード研削面と延性モード研削面[2.21]

し，力操作油圧アクチュエータによってスラスト負荷を最小とするよう補償力が働く。このときの砥石ヘッドの0.2μm/stepの送り特性と負荷補償後なお残留する送りねじに働く負荷$F_D$を(c)に示す。また，研削砥石軸は空気静圧支持されており，入念なツルーイングによって砥石作用面の振れを0.5μm以下に抑えている。このような試作機によって水晶振動子を研削した実験例を図2.38(b)に示す。砥石切り込み深さを0.2μmとし，粒度#120という粗い砥粒にも拘らず研削条痕が研削方向に走っており，金属研削面に似ており，水晶が延性破壊によって除去加工されたことを示す。比較のため普通の平面研削盤で粒度#600のメタルボンドダイヤモンド砥石，砥石切り込み深さ1.7μmの下で研削した場合の研削面を図2.38(a)に示す。明らかに脆性破壊している。

GC120HmVという粗い砥石で延性モード研削ができた理由は，砥粒切れ刃高さのばらつきが小さかったためと考えられる。

同様の設計思想に従い，砥石切り込みの分解能0.10μm/step，ループ剛性0.35KN/μmを実現した砥石によるツルーイング装置付き超精密高剛性平面研削盤（シチズン時計）を図2.39(a)，(b)[2.22]に示す。また，図2.40(a)，(b)に砥石ヘッドの送り特性と負荷補償特性を示す[2.23]。

本研削盤を用い，下記研削条件の下で得られた研削面粗さの測定例を図2.41[2.23]に示す。

　　研削砥石：SD1500B
　　砥石周速：1,200m/min

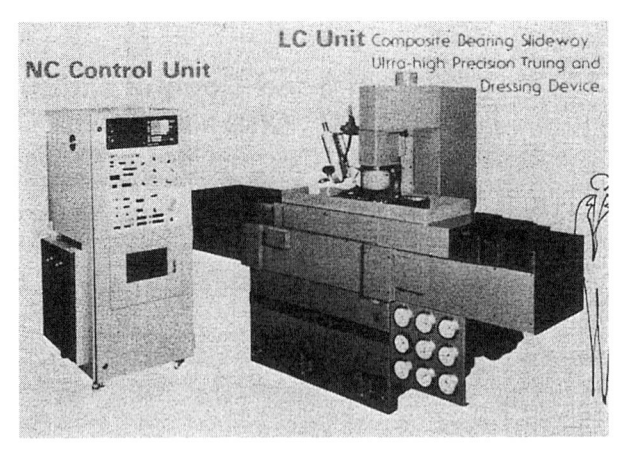

(a) 研削盤の外観

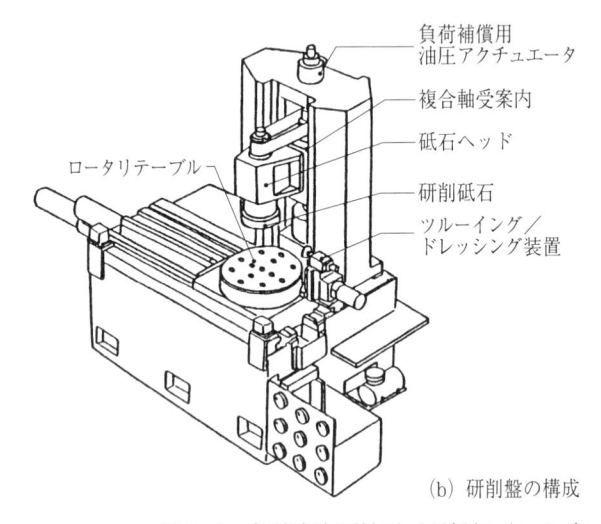

(b) 研削盤の構成

図2.39　超精密高剛性平面研削盤（シチズン時計）

　　　工作物送り速度：50mm/min
　　　砥石切り込み量：0.1μm×30回
　　　工作物寸法：10mm×10mm

同じ研削条件の下でも，スペクトロシル，溶融石英，水晶では研削仕上げ面粗さにかなり違いが見られ，$R_y$3nm～10nmの開きがある。このレベルの仕上げ面粗さは光学ガラスのポリッシングで得られる領域に属し，研削加工の新しい分野が開かれる可能性を示す。

加工変質層の要求レベルでもっとも厳しい分野の代表はシリコンウエハである。シリコンウエハをカップ砥石ではなく，砥石外周を用いて平面研削する形式の超精密高剛性平面研削盤HPG（日進機械製作所）の構成を図2.42[2.24]に示す。その特長は，X軸，Z軸のNC制御によりツルーイング用ダイヤモンド砥石3によってダイヤモンド研削砥石2のプロファイル創成加工ができる点にある。その基本的設計思想は図2.37に示した試作機の流れの中にある。

図2.43[2.25]は，シリコンウエハの加工工程におけるスライス加工面，ラッピング加工面およ

2. 脆性材料としての研削砥石

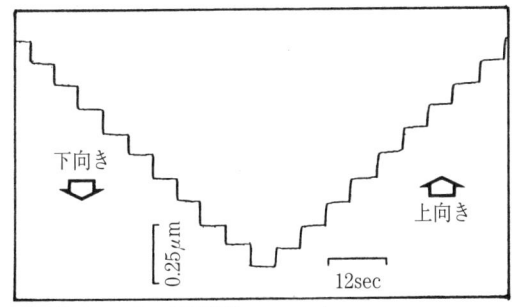

(a) 砥石ヘッドの運動特性－0.1μm/step

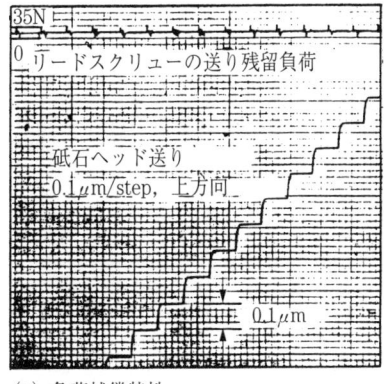

(b) 負荷補償特性

砥石ヘッド重量＝3kN
クーロン摩擦＝0.5kN
ループゲイン＝100
補償力＝3.465kN
残留負荷＝35N

**図2.40** 砥石ヘッドの送り分解能と負荷補償特性[2.22]

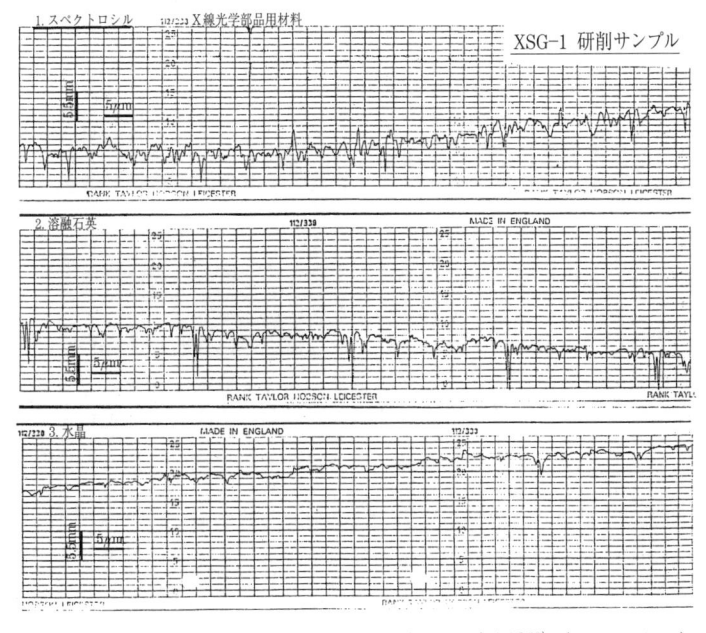

**図2.41** 超精密研削加工面の仕上げ面粗さ測定例[2.23]（NPLによる）

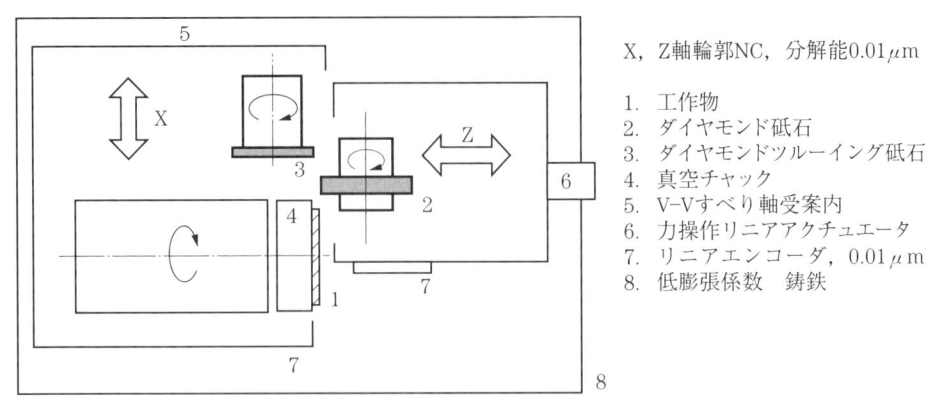

X, Z軸輪郭NC, 分解能0.01μm

1. 工作物
2. ダイヤモンド砥石
3. ダイヤモンドツルーイング砥石
4. 真空チャック
5. V-Vすべり軸受案内
6. 力操作リニアアクチュエータ
7. リニアエンコーダ, 0.01μm
8. 低膨張係数 鋳鉄

**図2.42** 横形超精密高剛性平面研削盤-HPG[2.24]（日進機械製作所）

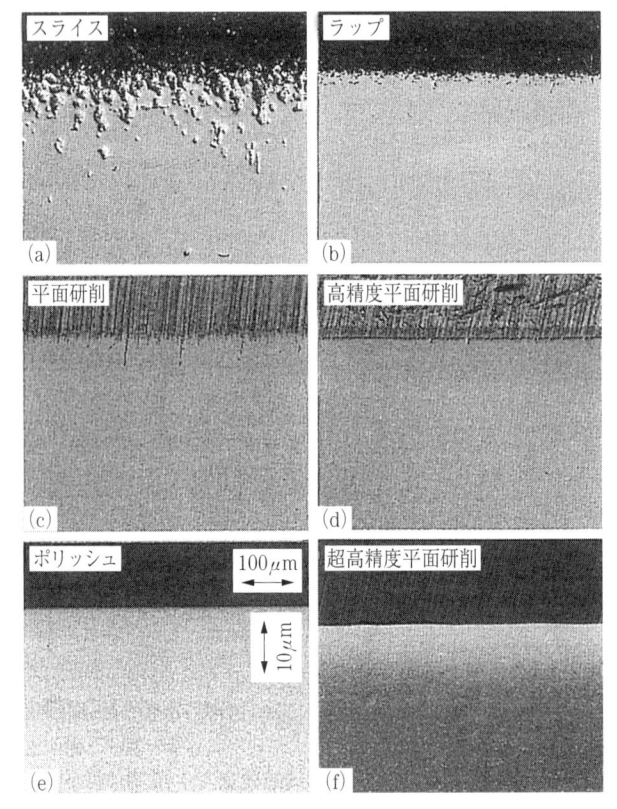

**図2.43** 角度研磨と選択エッチによる変質層深さの光学写真。スライス(a), ラップ(b), 平面研削(c), 高精度平面研削(d), ポリシ(e)と超高精度平面研削(f)[2.25]

びポリッシング加工面の加工変質層の比較, そして平面研削面について研削盤の加工精度水準別に普通研削, 精密研削およびHPGによる超精密研削の加工面の光学的写真による比較を示す。

さらに, 断面透過電顕（TEM）による研削加工面に生ずる転移層および微細なクラックの

2. 脆性材料としての研削砥石

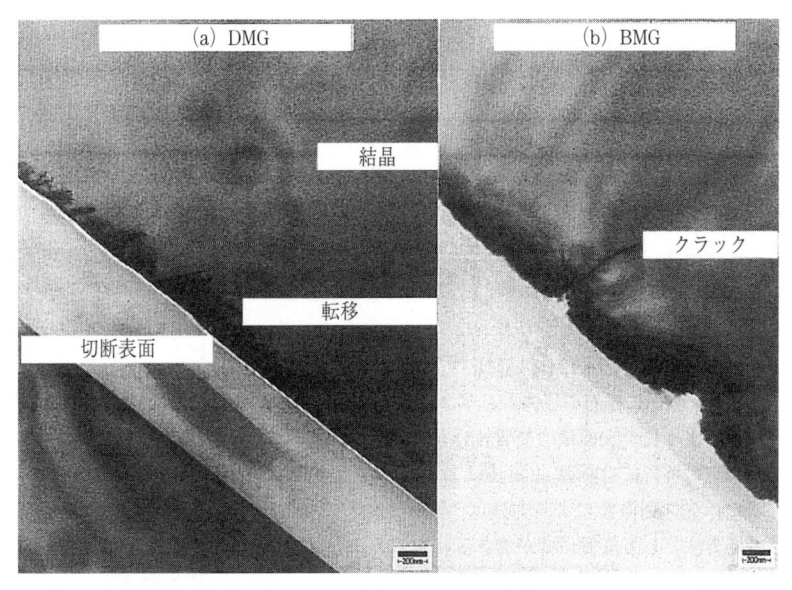

**図2.44** 断面TEM写真。転位のみのDMG(a)クラック，転位，アモルファス層のBMG(b)[2.26]

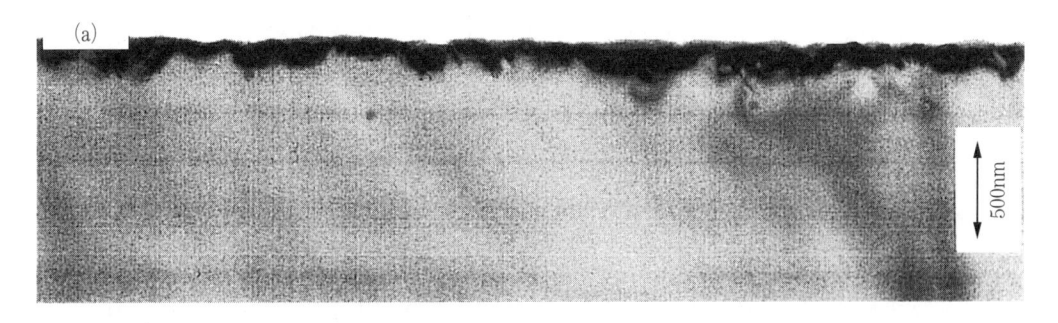

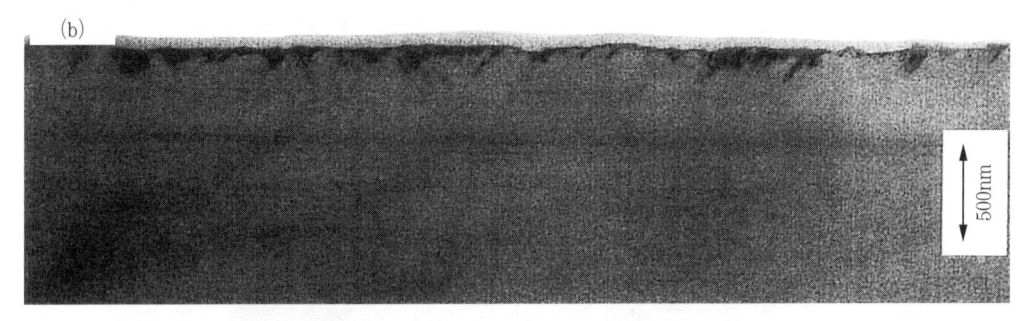

**図2.45**[2.25] 直径150mmのシリコンウエハの(a)メタルボンド砥粒径 20μmのダイヤモンド砥石による研削面と，(b)レジンボンド砥粒径 5μmのダイヤモンド砥石による研削面の断面TEM写真[2.25]

観察例をナノメータレベルで観測した図2.44[2.26]に示す。シリコンウエハ加工に求められる加工変質層はクラックフリーであるばかりではなく，転移層の厚さについても検討の対象となる。

図2.45[2.25]は，直径150mmのシリコンウエハをHPG上で粒径20μmのメタルボンドダイヤモンド砥石および粒径5μmのレジンボンド砥石により研削された加工面の断面TEM写真の比較である。

以上のように，延性モード研削面の評価は仕上げ面粗さばかりでなく，SSDに関して加工面に生ずる転位層の存在まで検討の対象とするもので，これは，従来の焼き入れ鋼の研削を主な対象とする研削加工技術とは異なる新しい分野と考えなければならない。

## 2.7 ツルア，ドレッサによる砥石の除去加工と砥粒切れ刃の創成

### 2.7.1 ハンチングトン形ドレッシングから単石ダイヤモンドツルーイングへ

19世紀半ばまでは，砂岩を工具として用いる天然砥石による焼き入れ鋼の研削加工が一般であった。その代表例として図2.46[2.27]に示すライフル銃の銃身の外径研削作業の絵が残されている。砥石は400min$^{-1}$でベルト駆動されている。

19世紀の研削加工技術の展開は，この図で見られるような荒研削の段階から寸法，形状精度のより高い精密研削への指向であり，その技術的課題は研削砥石の形状修正精度を支配するツルーイング／ドレッシング技術の発達の歴史から読み取ることができる。

このような流れをR.S.Woodburyによる "Studies in the History of Machine Tools"[2.27]の資料を用い，時代背景と比較して整理したものを表2.10に示す。天然砥石には，強度不足と回転時の不平衡という2つの障害のためその回転速度に大きな制約があり，研削能率が上がらないという課題があった。当時求められた天然砥石の機能の理想像は，作用砥粒が摩耗し，研削負荷が大きくなると砥粒が脱落し，その次に露出する砥粒が研削を継続するというものである。今日でいう目こぼれ状態の研削機能と推定される。しかし，実際にはそのような天然砥石を求めることは困難で，かつ，高価で，研削作業は技能者の経験に大きく依存していた。

このような荒研削加工が変わり始めたターニング・ポイントとなったのは，図2.47および図2.48に示す焼き入れ鋼工具を用いたハンチングトン形のドレッシングと単刃ツルーイングの提案である。その名の示すように，前者は天然砥石の砥粒切れ刃を積極的に露出し，研削能

図2.46 ライフル銃身の天然砥石による研削作業。Springfield Armory（1818年頃）（アメリカン・マシニスト）[2.27]

## 2. 脆性材料としての研削砥石

表2.10 ハンチントン・ドレッシングから，単石ダイヤモンドツルーイングへ[2.27]

| | 砥粒・砥石の開発 | ツルーイング・ドレッシングの推移 | 加工精度 |
|---|---|---|---|
| | 天然砥石<br>（砂岩砥石） | | 1853～'56. クリミヤ戦争<br>部品の互換性<br>（Whitworth）<br>GOゲージ，NOTGOゲージ |
| 1850 | | 1859. 焼き入れ鋼単刃ツルーイング<br>1860. ハンチングトン形ドレッシング | |
| | 1883. SiC砥粒<br>（Acheson） | | |
| | 1896. SiC砥石<br>1897. Al₂O₃砥粒<br>（Jacob） | 1891. 単石ダイヤモンドツルーイング<br>（Brown & Sharpe）<br>高剛性円筒研削盤<br>（C. H. Norton）<br>1905. ツルーイング/ドレッシングの基本原理<br>（C. H. Norton） | 1896. ブロックゲージ<br>（Johannsson） |
| 1900 | | | |
| | 1910. Al₂O₃砥石 | 1914. 砥粒切り込み深さ（G. I. Alden） | 1910's. 分業・大量生産方式 |
| | 1920's. 研削砥石の大量消費 | ～1925. ツルーイング技術重視 | |

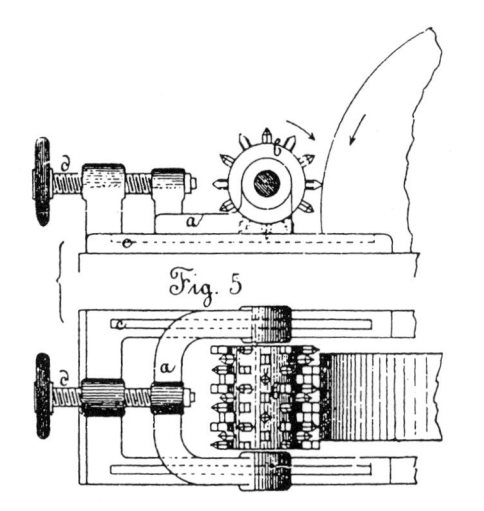

図2.47 Partickの砥石ドレッサ，1860
（Schroeder）[2.27]

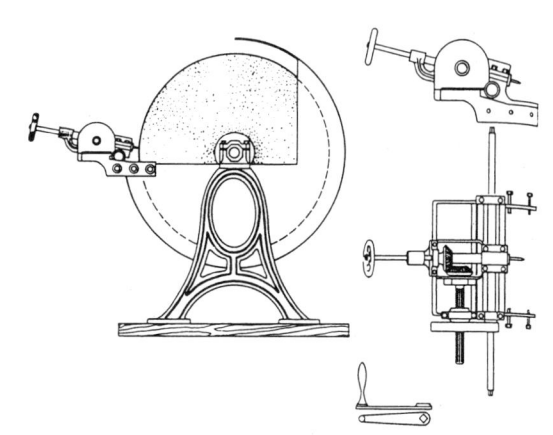

図2.48 Sammannのツルーイング装置，1859
（Schroeder）[2.27]

率の向上を意図したもので，後者は砥石の形状修正が目的である．何れも従来の手動による砥石の除去加工から機械的案内機構による運動転写方式への変換を目指している．また，焼き入れ鋼工具よりも砥粒の破壊強度が高い砥石の破壊機構は砥粒の結合材の破壊が中心である．

このような荒研削からいわゆる精密研削への指向の社会的背景は，当時クリミヤ戦争で英国が砲艦を多数短期間に建造することに成功したことと関係している．すなわち，その理由をWhitworthがタイムズ紙上で"部品の互換性"という技術革新にあったと解説している．部品寸法公差の導入である．具体的にはスナップゲージのGOゲージとNOT GOゲージの組み合わ

— 41 —

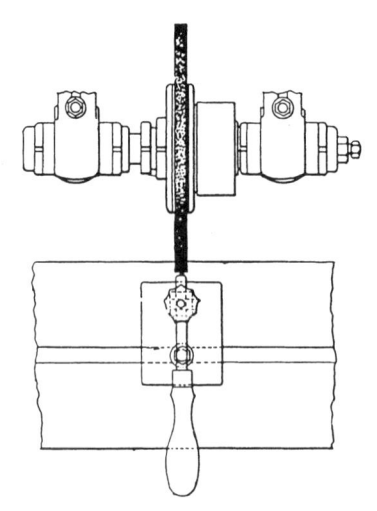

**図2.49** 研削砥石の単石ダイヤモンドツルーイング，
1891（Brown & Sharpe社）2.27)

せ寸法制御システムの導入である。

ツルーイングの概念は精密研削実現のためのキーテクノロジーとなり，**図2.49**に示す単石ダイヤモンドツルーイングが定着することとなる。当時Brown & Sharpe社では，焼き入れ鋼の時計部品を旋盤上に取り付けられた砥石台上の砥石で研削していた。1896年カーボランダムの商品名でSiC砥石が，また1910年アランダム砥石として$Al_2O_3$砥石が商品化され，天然砥石の制約から開放される時代を迎える。他方，工作機械の面ではCharles H.Nortonが，1890年代初めて人造砥石を取り入れた高剛性円筒研削盤を設計し，研削技術の新しい展開の道を開いた。その基本構成は，箱形ベッド，砥石台，主軸台，心押し台，テーブルおよびツルーイング装置からなり，今日の円筒研削盤の原形となっている。

さらに，彼は1905年アメリカン・マシニスト誌上で"ツルーイング／ドレッシングの基本原理"を発表した。これを要約すると，以下の通りである。

(1) 研削砥石をほかの砥石片で"ツルーイング"することが実用されているが，これは"ドレッシング"の作用があっても"ツルーイング"ではない。
(2) 精密研削にドレッシングは必要ない。
(3) 精密研削の第一の条件は"ツルーイング"である。
(4) 単石ダイヤモンドツルーイングは刃物台上で行なわなければならない。
(5) ツルーイングの切り込みは1,000分の数インチを超えてはならない。

今日の立場から見ると，"truing cut"の用語の下で，

(1) 砥石の形状修正に運動転写原理を導入し，
(2) ツルーイング切り込みを砥粒径よりも小さくし，過大な脆性破壊を起こしてはならない。
(3) (2)の条件から砥粒自体の脆性破壊を視野に入れている。

天然砥石の時代のドレッシングで砥粒単位の脱落を理想としていたのに比べ，単石ダイヤモンドによる砥粒自身の脆性破壊が視野に入り，後の自生発刃原理に基づく精密研削技術の時代への道が開かれる端緒になったと考えられる。

1910年代から本格化する自動車産業の発展とともに，分業による大量生産方式の考え方から研削加工技術が一段と重視され，これに応えて1914年G.I.Aldenの式が提案される[2.28]。これは研削砥石の個々の砥粒切れ刃の切削作用に着目するもので，次式で示す砥粒切取り厚さ$d_g$の概念を提案する。

$$d_g = 2a \frac{v_w}{v_s} \sqrt{\frac{d_w}{D_e}} \tag{2.8}$$

$$\frac{1}{D_e} = \frac{1}{D_s} \pm \frac{1}{D_w} \quad \begin{array}{l} +外径研削 \\ -内径研削 \end{array} \tag{2.9}$$

ここで，$a$：砥粒切れ刃間隔　$d_w$：砥石切り込み量　$D_e$：等価砥石直径　$v_w$：工作物周速　$D_w$：工作物直径　$v_s$：砥石周速　$D_s$：砥石直径

上式は，いわゆる研削理論の基礎として今日もなお広く採用されている。1920年代に入ると，心なし研削加工が自動車産業に広く適用されるとともに，研削砥石の大量消費が始まり，1925年頃には単石ダイヤモンドツルーイング技術の重要性が生産技術の中で広く一般化されたと言われる。

### 2.7.2　ツルーイング／ドレッシングにおける材料除去機構

単石ダイヤモンドによる砥石／砥粒の除去機構は，ダイヤモンドは摩滅・摩耗，砥石／砥粒は脆性破壊となるようにツルーイング／ドレッシング条件を設定することが前提といわれている。このことは，図2.7に示す脆性材料の臨界圧力を境とする延性破壊と脆性破壊の強度の著しい差から，上述の前提がダイヤモンド摩耗量がSiCあるいは$Al_2O_3$砥石の除去量に比べてきわめて少量に留まることを一般論として理解できる。

しかし，具体的には次の疑問が残る。

Q1. 単石ダイヤモンドの摩耗量と砥石除去量の比をドレッシング比（研削砥石の場合の研削比に相当）と定義するとドレッシング比はいくつか？

Q2. 一般に単石ダイヤモンドの粒径は砥石の砥粒径よりも大きいが，そのほかの選択肢はないのか？

Winterthurのカタログでは，単石ダイヤモンドの寿命を長く使用するためのガイドラインとして，

(1) びびり振動防止のためダイヤモンドのシャンク突き出し量はできるだけ短く，

(2) 砥石加工面に対して10～15°傾け，摩耗に備えて度々90°ずつ回転して使用し，

(3) 同じ理由から送り方向にも同じく傾け，そして，

(4) 上述のようにしてダイヤモンドの結晶方位を適切に選ぶと，ダイヤモンドの摩耗を

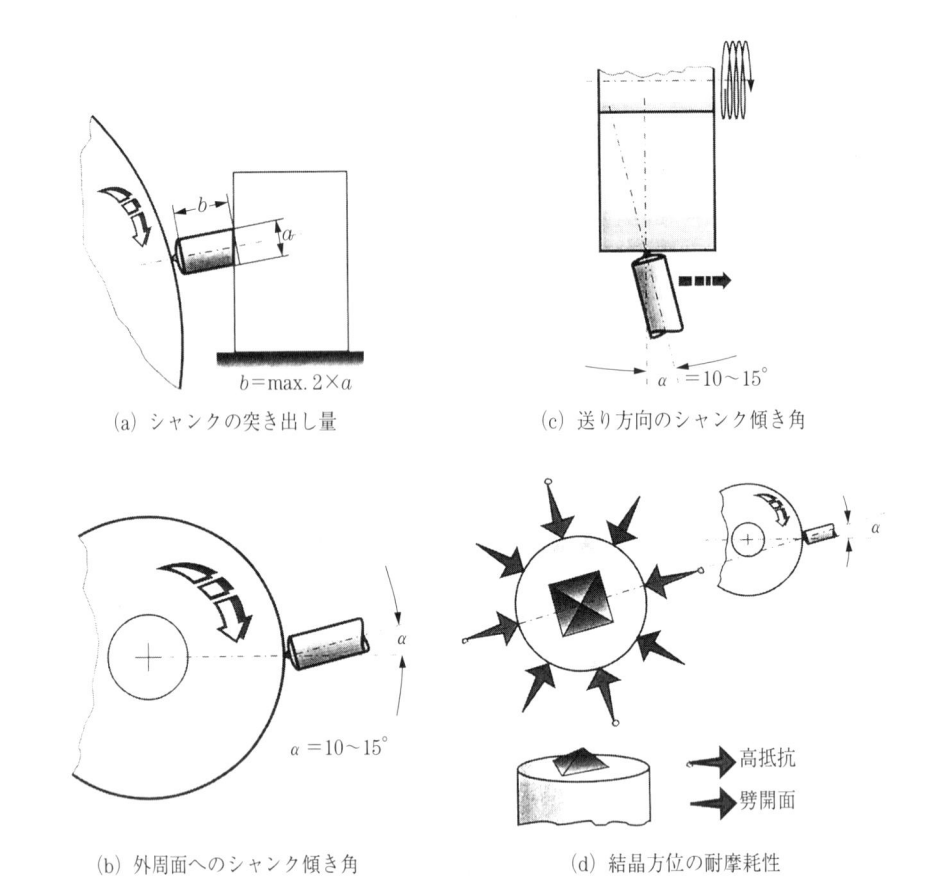

(a) シャンクの突き出し量　　　　　　(c) 送り方向のシャンク傾き角

$b = \text{max.} 2 \times a$

$a = 10 \sim 15°$

(b) 外周面へのシャンク傾き角　　　　(d) 結晶方位の耐摩耗性

$a = 10 \sim 15°$

→ 高抵抗
→ 劈開面

**図 2.50**　単石ダイヤモンドツルーイングの取り付けガイドライン（Winterthur カタログより）

**表 2.11**　アルミナセラミックスの脆性破壊形心なし研削の研削条件

| | |
|---|---|
| 研削方式 | 湿式プランジカット |
| 研削砥石 | SDC325P100B |
| 寸法 | $250^D \times 20^B$ |
| 周速 | 1,636 m/min |
| ドレス条件 | A：メタルD砥石に依る研削 |
| | B：メタルD砥石に依る研削後 |
| | 　　GC砥石に依る研削 |
| | C：GCスラリーを滴下させながら |
| | 　　メタルD砥石に依る研削 |
| 工作物 | アルミナセラミックス |
| 寸法 | $110^D \times 18$ |
| 周速 | 60 m/min |
| 研削幅 | 6〜10 mm |
| 研削液 | エマルジョン（×50） |

30％程抑えることができる。

この関係を**図2.50**(a)，(b)，(c)，(d)に示す。

図2.50(a)は，延性材料に比べ脆性材料を除去加工する場合に特有な性質を考慮した指針の1つである。その理由の具体例として，アルミナセラミックスを脆性破壊形のダイヤモンド研削した場合の研削負荷特性に関する実験例を示す。

**表2.11**は，アルミナセラミックス部品の外径を脆性破壊形で心なし研削した場合の研削条件を示す。ここに，ダイヤモンド砥石のドレス条件による研削特性の変化を知るためのいくつかのドレス条件を示す。

**図2.51**にアルミナセラミックスのプランジ研削負荷の測定例を示す。ここで，研削負荷の法線分力$F_n$と接線分力$F_t$は，調整砥石軸受パッドに内蔵する複数の圧力センサから合成したものである。また，$Z' = 5\,\mathrm{mm^3/mm \cdot s}$の研削条件から脆性破壊形研削であることは自明である。表2.11に示す一連の実験結果を**図2.52**に示す。ドレス条件Cは，砥粒突き出し量の見地から研削負荷がもっとも小さく，AおよびBがこれに次ぐのは当然と思われる。

これらの結果をガラスおよび焼き入れ鋼部品の研削結果と比較して示したのが**表2.12**である。

以上から，次のことが一般的傾向として結論される。

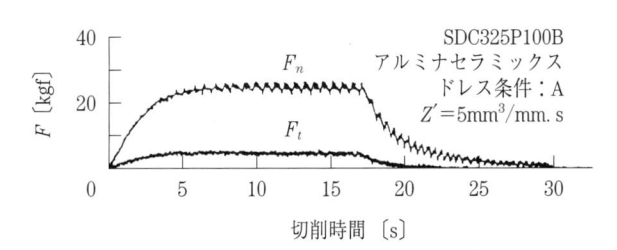

**図2.51** アルミナセラミックスのプランジ研削負荷の実験例

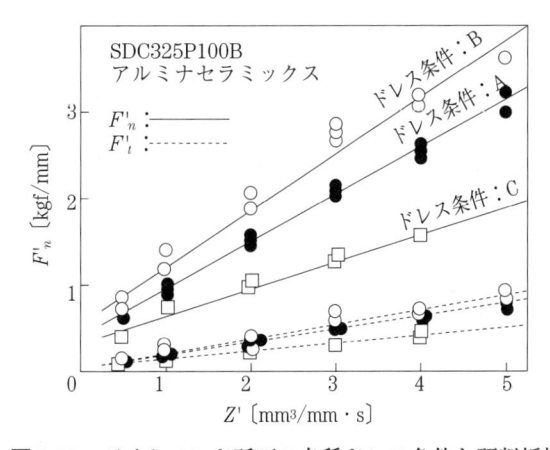

**図2.52** ダイヤモンド砥石の各種ドレス条件と研削抵抗

**表2.12　各種被削材の比研削抵抗と二分力比**

| 被削材 | 砥石 | ドレス条件 | 除去率 $Z'$mm$^3$/mm·s | 比研削抵抗 $k_z$kgf/mm$^2$ | 二分力比 $\eta$ |
|---|---|---|---|---|---|
| アルミナ | SDC325P100B | A | 3 | $4.4 \times 10^3$ | 4.3 |
| アルミナ | SDC325P100B | B | 3 | $4.7 \times 10^3$ | 4.6 |
| アルミナ | SDC325P100B | C | 3 | $3.1 \times 10^3$ | 3.8 |
| ガラス | GC100LmV | 単石ダイヤ | 0.003〜0.1 | $7.4 \times 10^3$ | 4.1 |
| 鋼 | WA80KmV | 単石ダイヤ | 1.6 | $5.6 \times 10^3$ | 2.0 |

(1) 焼き入れ鋼研削の場合，一般に2分力比$F_n/F_t$は，

$$F_n/F_t \approx 2$$

脆性材料の研削の場合，

$$F_n/F_t \gtrsim 4$$

(2) 比切削抵抗値を比較すると，アルミナセラミックスの脆性破壊形研削と焼き入れ鋼の延性破壊形研削とでは，比研削抵抗値は焼き入れ鋼の方が大きい。上述の研削実験例から，図2.50(a)に示す単石ダイヤモンドのシャンク取り付けのガイドラインは2分力比$F_n/F_t$が大きくこのため自励びびり振動が生じやすいことから示されたものである。

また，表2.12に示すガラスの研削条件$Z' = 0.003 〜 0.1$mm$^3$/mm·sの下では，割れの認められない透明な研削面が得られたことから，延性モード研削と認められる。このときの比研削抵抗値$k_z = 7.4 \times 10^3$kgf/mm$^2$は脆性モード研削のアルミナセラミックスに比べて著しく大きく，延性モード研削と脆性モード研削の負荷特性の差異を示す一般論を反映している。

単石ダイヤモンドの寿命の観点からWinterthurのカタログでは，スパークアウトの状態でツルーイング／ドレッシングしてはならないとしている。これは砥石の脆性破壊の前提が崩れると同時に発熱によるダイヤモンド強度の低下を恐れるためである。

図2.50(b)，(c)および(d)に示すガイドラインは，結晶方位による耐摩耗性の選択と，単石ダイヤモンドの再生を配慮したものである。

先に触れたようにC.H.Nortonは精密研削に不可欠な"truing cut"の原理として運動転写原理を導入している。この原理の成立条件のひとつに工具摩耗が限りなく小さいことが求められる。

J.BryanはZerodurの大形反射ミラーのダイヤモンド工具による切削加工を実施する場合この前提が成り立たないことに着目し，ダイヤモンド工具を切削ではなくマイクロ・クラッシングという微細な脆性破壊でZerodurを加工する提案をしたことがある[2.29]。この関係を**図2.53**に示す。脆性材料を細かく打ち砕くことによって，除去される工作物材料に比べダイヤモンド工具の摩耗量を小さくするという考え方である。Zerodurの場合，工作物除去量16.39cm$^3$に比べ工具摩耗は光干渉法で測定して0.254$\mu$mに過ぎないという。このような実験結果も単石ダイヤモンドのツルーイング，ドレッシングにおける働きを理解する根拠と言えよう。

精密研削の前提となる精密ツルーイングの場合はどうであろうか。そこで，Q1で指摘した

単石ダイヤモンドの耐摩耗性を具体的に示すドレッシング比が問題となる。これに関してはすでに高橋らによる詳細な報告がある[2.30]。研削砥石のプロファイル形状を精密に仕上げることを目的に使用される単石フォーミングドレッサを対象に，表2.13に示すドレッシング条件の下でドレッサの摩耗特性を求める一連の実験を行なっている。

ドレッサの原形状と摩耗実験後の形状の具体例を図2.54に示す。本論文では，砥石除去量とダイヤモンド摩耗量の比をドレッシング比 $\eta_d$ と名付けている。ダイヤモンド摩耗量は図の摩耗部分の幾何学的形状から求めている。

図2.55は，砥石結合度およびクーラントの供給方法がドレッシング比 $\eta_d$ に及ぼす影響を示す。クーラントを十分供給した場合，結合度がJからPまで変えたときドレッシング比は約半分に減少するが，その値は $(1～2)×10^7$ であり，ダイヤモンド砥石による焼き入れ鋼の研削比が $10^4$ オーダであるのと比べるとこれはきわめて大きい数値である。また，乾式ドレッシングは通常行なわれないが，実験結果ではダイヤモンドの摩耗が著しく進行する。これは，ダイヤモンドは高温にさらされるとその硬度が急速に低下することに起因する。とくに，クーラン

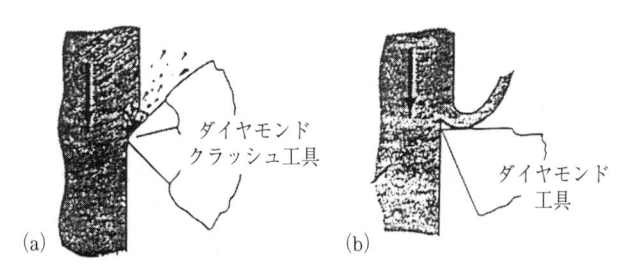

図2.53 (a)脆性材料の単石ダイヤモンド・クラッシュ加工と，(b)脆性材料のダイヤモンド切削加工の比較[2.29]

表2.13 ドレッシング条件[2.30]

| |
| --- |
| 使用研削盤　GP15-50形円筒研削盤 |
| 供試ダイヤモンドドレッサ：単石フォーミングドレッサ (Type 55-02) |
| クーラント供給法： クーラント：ユシローケンN（×70） |
| 　1）湿式ドレッシング： |
| 　　その1）ドレッサ側にクーラントノズル固定 |
| 　　その2）砥石側にクーラントノズル固定 |
| 　2）乾式ドレッシング：クーラント供給せず |
| 砥石周速：30, 60m/s |
| ドレッサ切り込み量：5, 10, 20, 30μm/pass |
| ドレッサ送り速度：0.05, 0.1, 0.2, 0.3mm/rev |
| 砥石種類：A54M, P |
| 　　　　　19A60J, K, L, M, P, |
| 　　　　　GC54Mのビトリファイド砥石 |

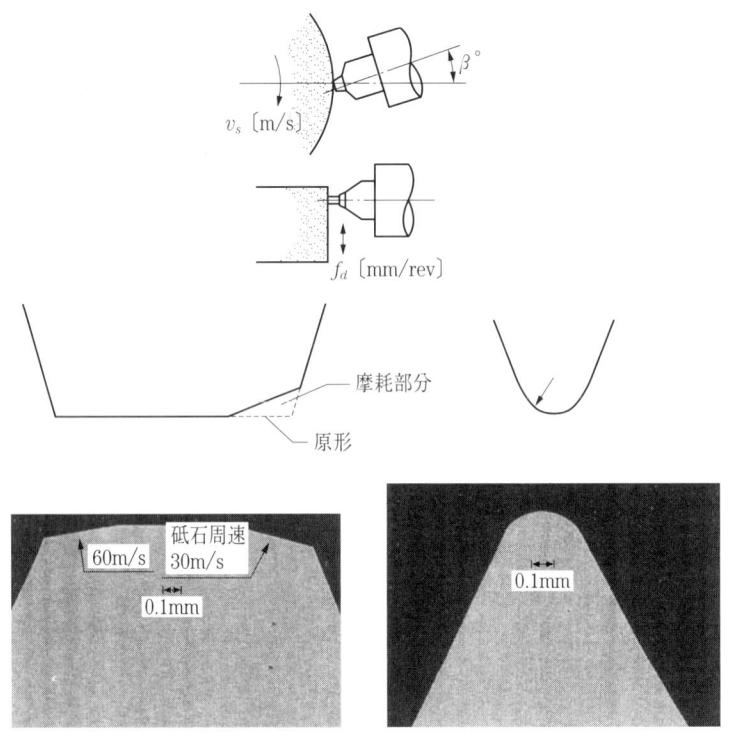

**図2.54** 単石フォーミングドレッサの形状と摩耗テスト後の写真[2.30)]

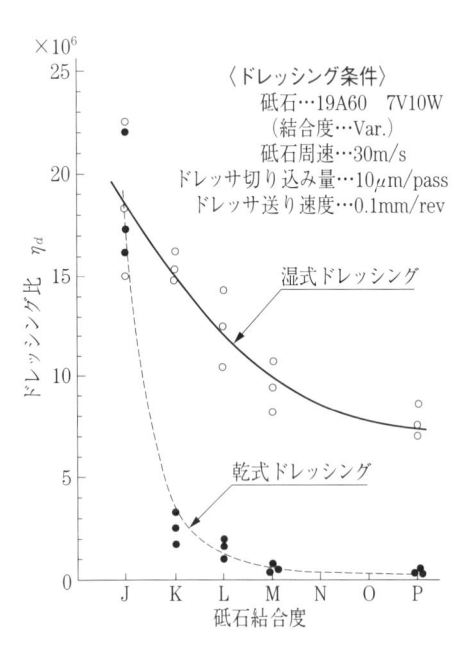

**図2.55** 砥石結合度がドレッシング比に及ぼす影響[2.30)]

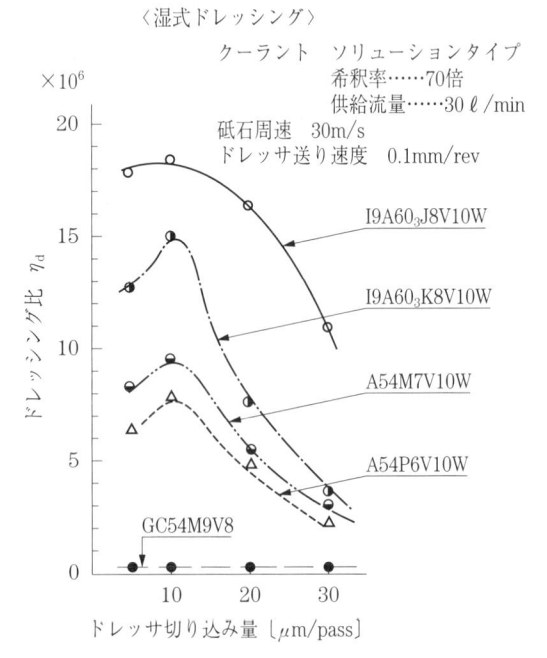

**図2.56** ドレッサ切り込み量がドレッシング比に及ぼす影響[2.30)]

トの供給が断続した場合，ダイヤモンドに割れが生ずる恐れがあることも同時に留意しなければならない。また，結合度がM以上になるとドレッシング比がほぼ一定になる。これはダイヤモンド摩耗の原因の中で結合材の破砕よりも砥粒の破砕が中心になることを示している。

図2.56は，ドレッサ切り込み量がドレッシング比に及ぼす影響を示す。

一般に多用される砥粒径より遙かに小さなドレッサ切り込み量$10\mu m$以下の場合にはAl$_2$O$_3$砥石についてドレッシング比は$10^6$前後であるが，切り込み量が$10\mu m$を超えると$10^5$オーダまで減小する。一般に脆性材料は大破砕になる程破砕エネルギーは小さく，ドレッシング比が増加すると考えられるが，ダイヤモンドが砥粒と衝突する頻度が増加し，そのため温度上昇が生じ，ダイヤモンドの硬度が低下した結果上述の実験結果が得られたと考えられる。このことは，クーラントの供給方法によってドレッシング比が著しく変化する図2.57の実験結果から推定できる。GC砥石のドレッシング比が著しく小さい結果も同様に温度上昇が影響しているものと考えられる。

図2.58はドレッサ送り速度がドレッシング比に及ぼす影響を示す実験結果である。フォーミングドレッサの幅よりも小さな0.05〜0.3mm/revの送り速度の範囲では，ドレッシング比に大きな差異は生じていない。

図2.56および図2.58に示すダイヤモンド摩耗特性からダイヤモンドドレッサの効率的使用法についての指針が考えられる。すなわち，荒研削から仕上げ研削に至る種々の目的に対して，砥石切り込み量は一定にし，送り速度を変える方式が合理的である。以上ツルーイング／ドレッシングにおける砥石除去量に対するダイヤモンドドレッサの摩耗量の比，すなわちドレッシング比が$10^6$ないし$10^7$オーダに達することを示したが，ダイヤモンド砥石の各種工作物材料を対象とする研削比を検討する場合の解析的基礎資料としてこれらはきわめて重要な資料とな

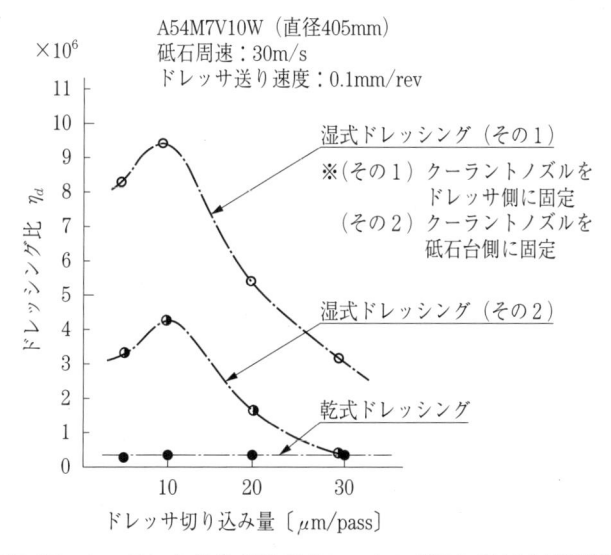

図2.57 クーラント供給方法がドレッシング比に及ぼす影響[2.30)]

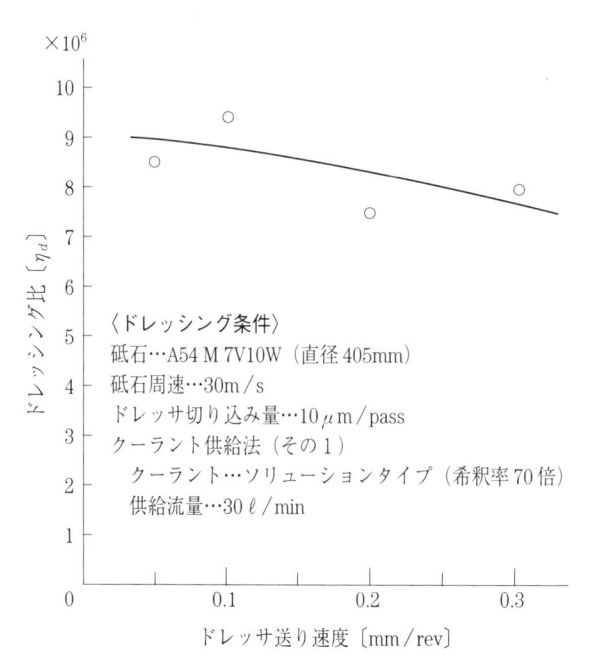

図2.58 ドレッサ送り速度がドレッシング比に及ぼす影響[230]

ることを期待したい。

## 2.7.3 ツルーイング／ドレッシングによる砥石形状と砥粒切れ刃の創成および再生

ツルーイング／ドレッシングの役割は砥石形状と砥粒切れ刃の創成である。2.7.1で述べたC.N.Nortonの示した"truing cut"は，ツルーイングにおける単石ダイヤモンドと砥石作業面の相対運動が砥石形状を創成するとの考えに基づく。いま，単石ダイヤモンドと砥石作業面の干渉量が正しく除去されると仮定すると，砥石作業面のプロファイルは**図2.59**(a)に示され，これをマクロプロファイルと呼ぶこととする。

ツルア／ドレッサの送り速度を$f_d$とし，ダイヤモンドの刃先半径を$r_d$とすると砥石プロファイルの粗さ$R_{ts}$は，

$$R_{ts} = \frac{f_d^2}{8r_d} \tag{2.10}$$

ただし，$f_d < r_d$，$R_{ts} < a_d$

　　　$a_d$：ドレス切り込み量

また，"truing cut"のガイドラインとして，ドレス切り込み量を1,000分の数インチ以下としているが，これは当時の砥粒の粒径として＃100以下の粗粒を用いていた実情を考えると，

　　　$a_d <$ 砥粒径

したがって，砥粒自身を単石ダイヤモンドで破砕することを考えていたことになり，

## 2. 脆性材料としての研削砥石

"truing cut" によるドレッシング／目立て作用である。

一方砥石の形状創成の立場から考えると，砥粒単位で脱落するか，または砥粒切れ刃の破砕で脱落するかによって砥石の形状精度に差異が生ずる。すなわち，

$f_d \gtrsim$ 砥粒径のとき，砥粒単位の脱落の確率が大，

$f_d <$ 砥粒径のとき，砥粒自体の破砕の確率が大

後者の場合を砥粒のマイクロ・プロファイルとして図2.59(b)に示す。脆性材料としての砥石の除去加工を考えた場合，実際には運動転写原理の中でも脆性モード除去加工のため転写精度は著しく低い。砥石構成の三要素などツルーイング／ドレッシング条件のほかの因子と複雑に関係すると思われる。

精密研削加工のツルーイング／ドレッシングの影響を総合的に論じたものに，J.Verkerkによる CIRP のキーノート[2.31]がある。以下の資料はこの文献による。

**図2.60**[2.32]は，ドレッサ送り速度 $f_d$ と切れ刃高さの分布の関係を求めた実験結果を示す。砥

(a) 砥石のマクロ・プロファイル  (b) 砥粒のマイクロ・プロファイル

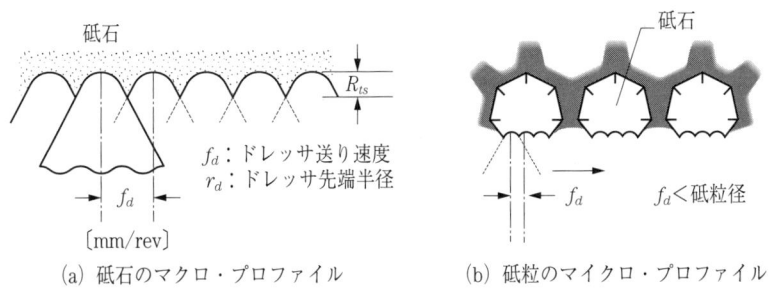

**図2.59** ツルーイング／ドレッシングされた砥石のプロファイル

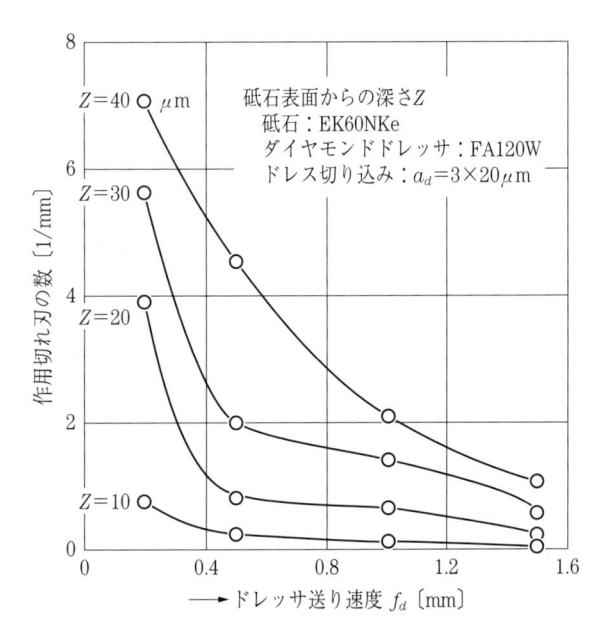

**図2.60** 砥石表面単位長さ当たりの切れ刃の数に及ぼすドレス送りの影響[2.32]

石外周面から深さ方向に有効切れ刃密度が変化する様子を示す。実験のドレッサ送り速度は0.2mm/revから1.6mm/revに至る範囲で，砥粒径0.25mmに比べ同等あるいはこれを超える領域の実験である。送り速度が増加し，砥粒単位の脱落の確率が高くなると有効切れ刃密度が急速に減小する関係を示す。図2.61[2.33)]では，板状のレプリカ用材料をドレッサの送り速度で移動させて研削ドレッシング後の研削作用面を転写する手法を採用している。各種研削負荷の下で砥石プロファイルの変化する様子と，これに対応して工作物のプランジ研削面粗さが変化する過程を示す。ドレッサ先端の形状と送り速度が砥石作業面に転写され，これが工作物研削面粗さに相似的に転写されている。

　図2.62[2.34)]はドレッサ先端の摩耗形状と送り速度が研削面粗さ$R_{ts}$に及ぼす影響を示す実験結果である。ドレッサの摩耗が進むと砥石作業面粗さが小さくなる。送り速度$f_d$ = 0.1mm/revの場合，(2.10)式から逆算するとドレッサ先端半径は0.2mmで，摩耗後は0.4mmである。同様に，$f_d$ = 0.2mm/revの場合等価的に0.6mmから1.2mmへと摩耗している。これらはダイヤモンド刃先半径が砥石作業面へと(2.10)式にしたがって転写されていることを示す。

　一般に単石ダイヤモンドドレッサの先端は半径0.2mmないし0.4mm程度の球状をなしていると言われる。このようなダイヤモンド工具で砥石作業面を強制的切り込み下で引っ掻いた場合，脆性材料である砥粒および結合材に重大な割れ，欠けを生ずることが予想される。したが

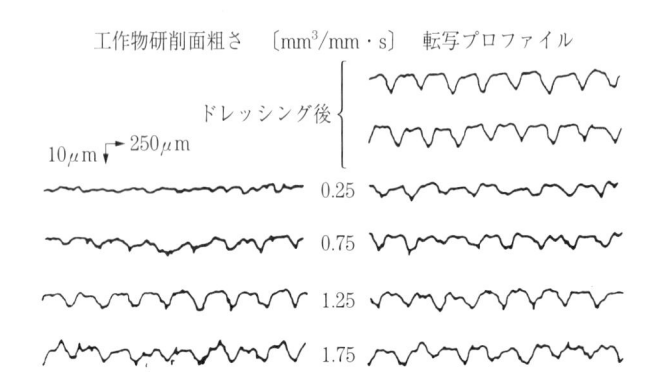

**図2.61** ドレッシングされた砥石作業面の転写プロファイルと工作物研削面の表面粗さの関係[2.33)]

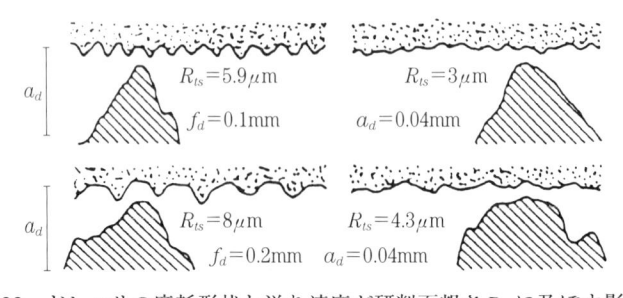

**図2.62** ドレッサの摩耗形状と送り速度が研削面粗さ$R_{ts}$に及ぼす影響[2.34)]

って，上述の砥石作業面粗さ$R_{ts}$は見掛けのもので，研削負荷の下では容易に破砕，減耗を起こし，マクロ的に見た研削砥石の摩耗が生じ，砥石寸法の半径減となる．代表的な研削砥石の摩耗特性を**図2.63**に示す．

単位研削幅当たりの工作物除去量の累積値$V'_w$の進行とともに砥石の減耗量が増加するからツルーイング／ドレッシングによって生じた割れ，欠けのため初期摩耗が著しく，過渡的段階を経て準定常領域に入り，ほぼ一定割合で摩耗が進行する．ここで，過渡領域における減耗機

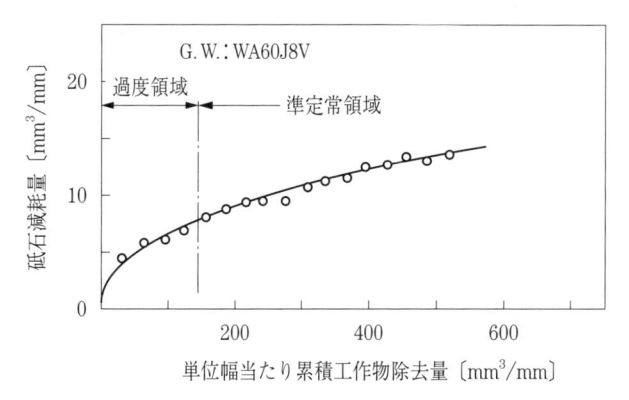

**図2.63** 単石ドレスされた研削砥石の摩耗特性実験例

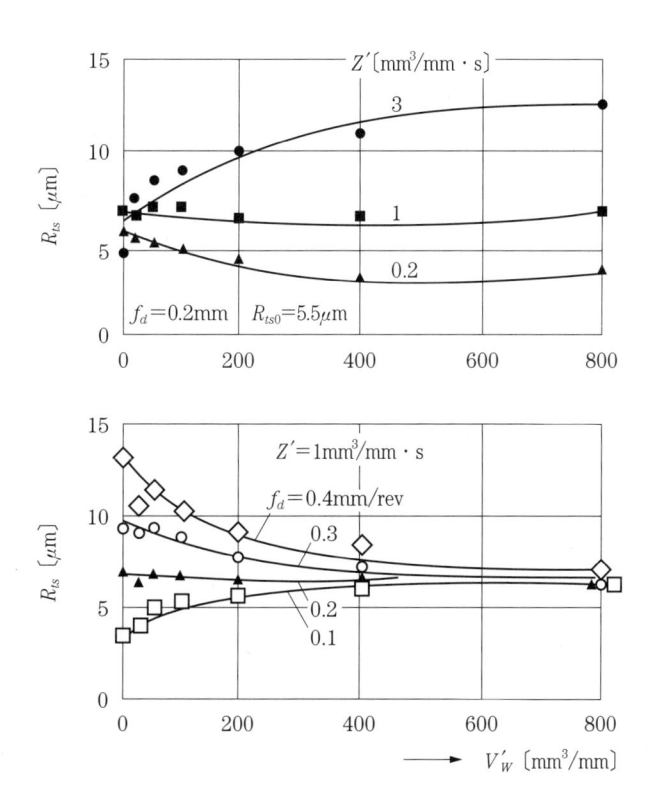

**図2.64** 材料除去率$Z'$と累積研削量が研削面粗さ$R_{ts}$に及ぼす影響（上図）と砥石減耗のためドレッシングの影響が低下する過程（下図）

構は準定常領域のそれと異なる機構と考えるべきである．具体的には，砥粒の破砕，結合材の破断の機構の変化である．このことは，研削過程とともに変化する研削面粗さに反映される．

図2.64[2.35)]は，材料除去率$Z'$と累積研削量$V'_w$が研削面粗さ$R_{ts}$に及ぼす影響（上図）と，砥石減耗のためのドレッシングの影響が低下する過程（下図）を示す．上図では，ドレッシング送り速度$f_d = 0.2$mm/revのとき，研削面粗さの初期条件$R_{ts0} = 5.5\mu$mで，その後工作物材料除去率$Z' = 0.2$，1および3mm$^3$/mm·sの研削負荷の下で，研削面粗さ$R_{ts}$が過渡的に変化し，それぞれ準定常的に$Z'$に対応する一定値に近づく．

これに対し，下図では，ドレッシング速度$f_d = 0.1$，0.2，0.3および0.4mm/revの下で得られる$R_{ts0} = 3.7$，7.1，9.6および13.3$\mu$mの初期砥石作業面粗さが研削負荷$Z = 1$mm$^3$/mm·sの下で累積研削量$V'_w$の増加とともに過渡的変化過程を経て何れもドレス条件とは無関係な一定値$R_{ts} \approx 7.1\mu$mに落ち着く．図2.64で示される研削面粗さの変化過程で見られる過渡領域と準定常領域の存在は，図2.63に示した砥石減耗過程で見られる同様の変化過程と対応している．

図2.65は上述の実験結果を砥粒切れ刃の創成および研削負荷の下での砥粒の破砕による切れ刃の変化過程と比較したものである．ツルーイング・ドレッシングによる砥石作業面粗さ$R_{ts0}$は(2.10)式を目安として切れ刃の創成機構を推定できるが，砥粒に加わる研削負荷による砥粒の破砕，すなわち砥粒切れ刃の再生機構は砥粒の破砕性（friability）の評価方法を含め永年研究対象とされてきたが不明な点が多い．最近は微粒結晶からなるセラミックAl$_2$O$_3$砥粒のように微細な砥粒破砕を特長とする砥粒が注目されるのは研削仕上げ面精度の向上のため，当然の方向と考えられる．図2.66はこの関係をモデル化したものである．

研削面粗さ$R_{ts}$の準定常値が材料除去率$Z'$に対応する研削負荷で決まることから，

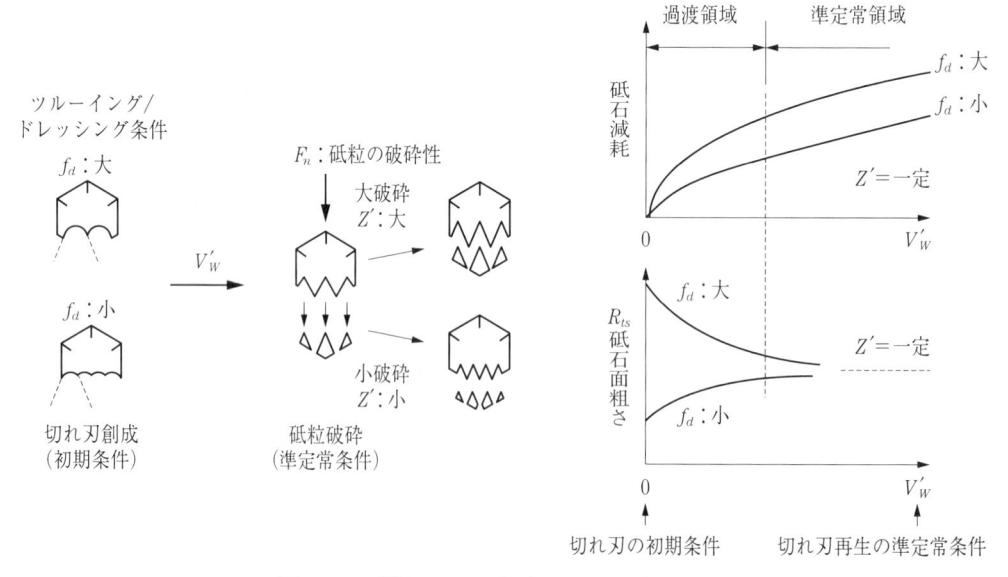

図2.65 砥粒切れ刃の創成と砥粒の破砕過程

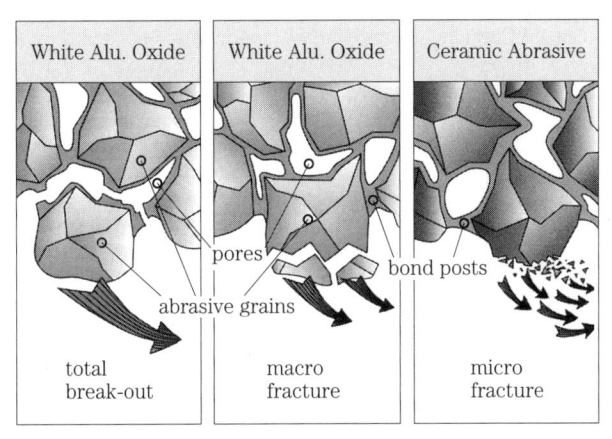

**図 2.66** 砥石の減耗形態と砥粒切れ刃の再生機構（Winterthurカタログより）

**表 2.14** 研削仕上げ面粗さと $Z'$ 基準値（Winterthurカタログより）

$Z'$ [mm³/mm·s]

| 工作物直径 [mm] | 荒 | 仕上げ（荒の1/3） | 精密仕上げ（荒の1/12） |
|---|---|---|---|
| >20mm（>3/4 in.） | 1 to 4 | 0.33 to 1.33 | 0.08 to 0.33 |
| <20mm（<3/4 in.） | 0.5 to 2 | 0.2 to 0.67 | 0.05 to 0.17 |

Winterthurのカタログでは荒研削，仕上げ研削および精密仕上げ研削の三段階に研削精度を分類し，各段階で必要とされる砥粒切れ刃の再生機構を与えるパラメータとして材料除去率 $Z'$ の基準値を表2.14の形で示している。ただし，この場合の $Z'$ 値と仕上げ面粗さの間の因果律は，過渡領域から準定常領域に移る累積研削量を超えた後に成り立つこととなる。

## 参 考 文 献

2.1) Brian Lawn：Fracture of Brittle Solids（2nd Edition），1993 Cambridge University Press.
2.2) 山中：超音波顕微鏡による固体表面のキャラクタリゼーション，表面科学第4巻3号（1983），P. 19頁。
2.3) J. E. Field edited：The Properties of Diamond. 1979 Academic Press.
2.4) Brian Lawn and D. Marshall：J. Amer. Ceram. Soc. Vol62, p347（1979）
2.5) K. Puttick, M. Shahid：IDR. July 1977. P228.
2.6) A. Broese van Groenou, et al：The Science of Ceramic Machining and Surface Finishing II, NBS Sp. Pub. No. 562, 1979, p. 43.
2.7) O. Imanaka, S. Fujino, S. Mineta.：NBS. Sp. Pub. No. 348, 1972. p. 37
2.9) M. Miyashita, J. Yoshioka：Development of Ultraprecision Machine Tools for Micro-cutting of Brittle Mateials Bull. JSPE. Vol16, No1 1982.
2.10) J. Yoshioka, K. Koizumi, M. Shimizu, H. Yoshikawa, M. Miyashita, A. Kanai.：Surface Grinding with a Newly Developed Ultra Precision Grinding Machine, 1983 SME Mfg. Eng. Trans., p18
2.11) T. Bifano. P. Blake, T. Dow, R. Scattergood：Precision Machining of Ceramics. Symposium：

Machining of Advanced Ceramic Materials and Components. Sponsored by A. Cer. Soc., ASME and Abrasive Eng. Soc. 7-SI-87. pp. 99-120, April 1987 Ceramic Bulletin, Vol. 67, No. 6, 1988.

2.12) C. K. Syn, J. S. Taylor : Ductile-Brittle Transition of Cutting Mode in Diamond Turning of Single Crystal Si and Glass. ASPE/IPES Conf. 1989.

2.13) N.J.Brown：私信

2.14) N.J.Brown, Lapping：Polishing and Shear Mode Grinding　精密工学会誌　56/5/1990, 24頁

2.15) D.F.Horne, Optical Production Technology. 2nd Edit Adams Hilger. 1981

2.16) 安永ほか，砥粒加工研究会23巻2号。1979

2.17) 谷口紀男，材料と加工，共立出版，1969

2.18) M.Miyashita et. al., Synthesis of Ultrapreasion Grinding Process. Nanotechnology Symposium. The 4th Joint Warwick/Tokyo at Warwick Univ 1994.

2.19) COM Newsletter. CONVERGENCE Sept/Oct. 1998.

2.20) J.A.Randi, J.C.Lambropoulos, S.D.Jacobs, S.N.Shafrir., Determination of Subsurface Damage in Single Crystalline Optical Materials. Optifab 2003, SPIE Vol TDO2, p. 84

2.21) M.Miyashita, J.Yoshioka., Development of Ultraprecision Machine Tools for Microcutting of Brittle Materials. Bull. JSPE. Vol. 16, No1（Mar. 1982）
宮下，金井，鈴木，三科，吉岡　$0.1\mu m$の微細切り込みよる平面研削に関する研究。昭和55年度科研費補助金研究成果報告書

2.22) J.Yoshioka, F.Hashimoto, M.Miyashita, A.Kanai, T.Abo, M.Daito., Ultraprecision Grinding Technology for Brittle Materials. Milton C.Shaw Grinding Symposium, ASME, PED-Vol. 16（1985）

2.23) A.Franks（NPL）私信，1985

2.24) 日進機械製作所，超精密高剛性平面研削盤HPG

2.25) T.Abe, Y.Nakazato, M.Daito, A.Kanai, M.Miyashita., The DuctileMode Grinding Technology Applied to Silicon Wafering Process. ed. H.R.Huff, Proc. Semiconductor Silicon. May 1994. Electrochem. Soc.

2.26) T.Abe, A.Uchiyama, Y.Nakazato., Semiconductor Bonding Science, Technology and Applications, ed. U.Gosele et. al., Electrochem. Soc., Pennington. 1992. p. 200.

2.27) Robert S. Woodbury：Studies in the History of Machine Tools.　The MIT Press（1972）

2.28) G.I.Alden：On the Action of Grinding Wheels in Machine Grinding.　Trans. ASME（1914）

2.29) G.Wright et al.：Proposed Method of Producing Large Optical Mirrors.　Opt. Eng.　Vol. 25, No. 9（1986）

2.30) 高橋，山田，高橋：ドレッシング比から見た単石フォーミングドレッサの摩擦特性とその改善策，トヨタ技報Vol. 14, No. 4（1973.12）

2.31) J.Verkerk, A.J.Pekelharing：The Influence of the Dressing Operation on Productivity in Precision Grinding.　Annals of the CIRP.　Vol. 28/1/1979.

2.32) Lortz, W.：Schleifscheibentopographie und Spanbildungsmechanismus beim Schleifen. Diss, TH Aachen 1975.

2.33) Pahlitzsch, G., Scheidemann, H.：Neue Erkenntinisse beim Abrichten von Schleifescheiben. Werkstattstechnik 61（1971）p. 22

2.34) Franken, H.：Das Abrichten von Schleifscheiben mit Diamanten und Einfluss auf das Schleifergebnis beim Aussenrund-Einstechschleifen. Diss. TH Aachen 1963.

2.35) Weinert, K.：Bedeutung und Auswirkung des Abrichtens auf der Schleifvorgung. Jahrbuch Schleifen, Hohnen, Läppen und Polieren. No. 49, 1979, Vulcan, Essen.

# 3. 砥石の損耗形態と砥粒切れ刃の創成

## 3.1 超仕上げ加工に見る砥石の損耗形態と研削機能

図3.1に超仕上げ加工の原理を示す[3.1]。この加工法は1934年クライスラーのD. A. Wallaceによって提案され，従来の研削加工に比べ研削熱の発生が少なく，加工変質層の発生を抑制する点で秀れており，仕上げ面粗さの向上とともに新しい加工法として当時大きな期待が寄せられた[3.2]。

砥石の振動によって生ずる研削条痕の交差角の大小により砥粒の脱落に影響を与えるが，基本的には砥石，工作物間の面圧による砥石の損耗が研削機能と密接な関係があるというのが経験則であった。これに関するわが国における基礎的研究は第2次世界大戦後間もなく本格化し，秀れた業績を残している[3.1]。その代表的業績の例として，浅枝による超仕上げ加工における砥石の工作物との接触圧力に臨界圧力が存在するとの指摘である[3.3]。図3.2は砥石の接触圧力と研削特性，特に砥石減耗量と工作物除去量との関係を示す。ここで，砥石圧力が$1.5 kgf/cm^2$を境として砥石減耗量と工作物除去量が同時に相似的に著しく変化することから，このような砥石圧力を臨界圧力と定義し，その後超仕上げ加工の研削条件を設定する目安として重視されている。さらに，佐々木らは軟鋼をWA600，RH60の砥石で超仕上げされた研削面を観察し，その研削条痕から，材料の除去機構には切削形，半切削形および鏡面形があることを指摘している[3.4]。切削形では工作物表面に無数の切削条痕が見られ，かつ，まったく光沢のない梨地状となり，目詰まりは見られない。また，研削液中にはせん断形切屑と脱落砥粒が混在する。

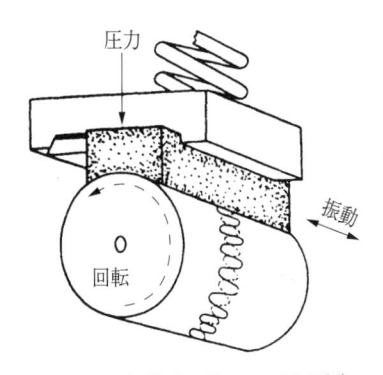

図3.1 超仕上げ加工の原理[3.1]

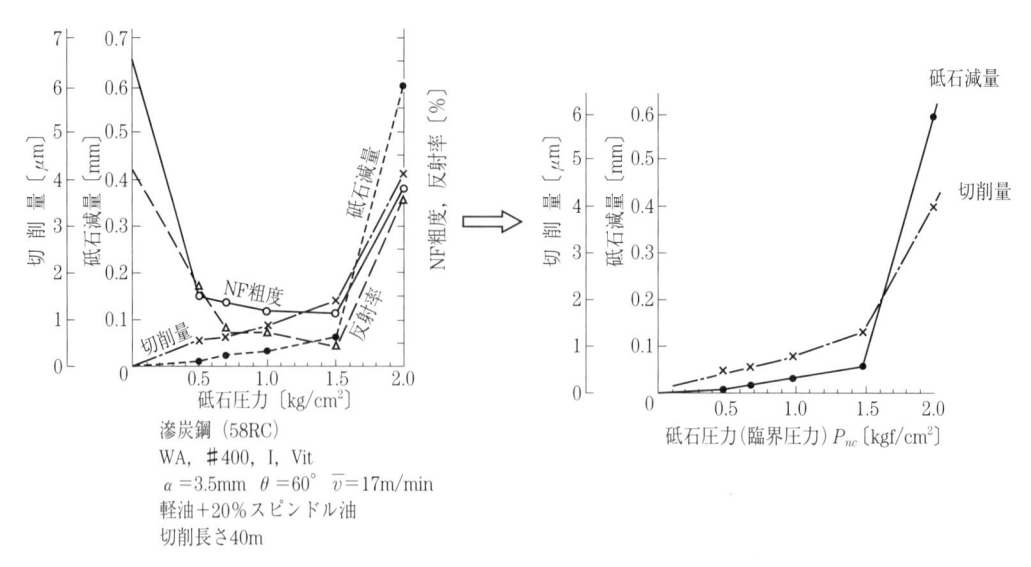

**図3.2** 砥石圧力と研削特性（浅枝）[3.3]

半切削形では工作物表面の研削条痕はさらに細かく，にぶい光沢が生じ，砥石表面に若干の目詰まりも見られ，研削液中には細かい切屑と若干の小さな脱落砥粒が混在する。鏡面形では工作物表面に研削条痕がほとんど見られず，全面光沢面となる。砥石作業面は目つぶれ，目詰まり状態となり，研削液中には切屑，脱落砥粒の何れも混在しない。このような三種類の材料除去機構の分類を砥石圧力と砥石の減耗特性と合わせて表示したものに**図3.3**がある[3.4]。

このような砥石の損耗現象と砥粒切れ刃による材料除去機構の関係を示す実験結果は，砥石

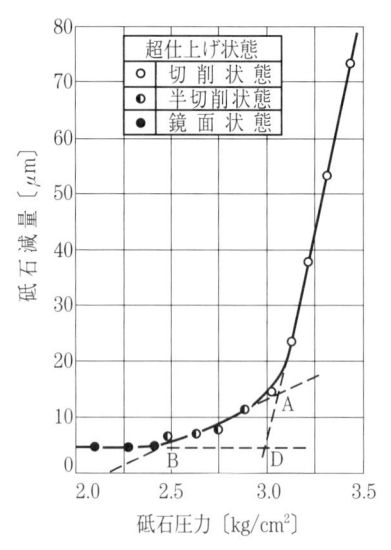

**図3.3** 超仕上げ加工における限界現象 （佐々木，岡村）[3.4]

## 3. 砥石の損耗形態と砥粒切れ刃の創成

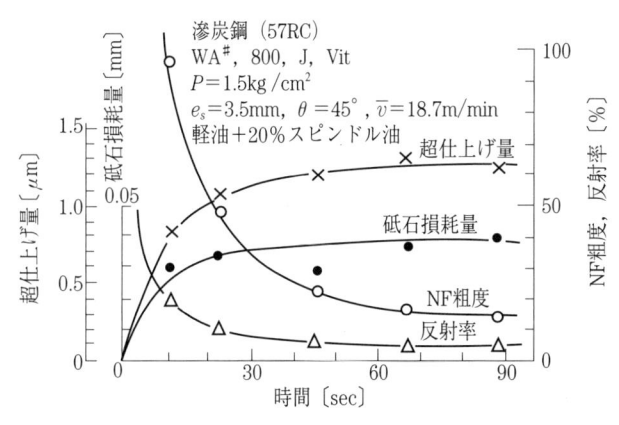

**図3.4** 理想的な超仕上げにおける諸量の時間的変化（浅枝）[3.3]

一般の材料除去機構を論ずる上できわめて重要であり，力学的立場から砥石の設計手法に指針を与えるものである。

図3.3において，A点は砥粒の脱落と砥粒のへき開の遷移点，B点は砥粒へき開と砥粒の目つぶれの遷移点を示し，D点は上述の臨界圧力である。

松井は[3.1]，砥粒切れ刃の創成機構から上記三種類の材料除去機構を砥粒脱落形研削，脱落目つぶれ形研削および目つぶれ形研削と定義し，つぎのように表現している。砥粒脱落形研削では砥粒の脱落が支配的で砥粒切れ刃はいつまでも鋭く，時間を経ても切削状態が定常的に続く。これに反して目つぶれ形では砥粒は最初から目つぶれ状態で目づまりを生じ，切削作用はほとんどなく，ポリッシング作用をする。

実際の加工では，工作物と砥石間の接触圧力は一様ではなく，作業開始後の砥石の著しい損耗を経て接触圧力が一様になり定常化する。**図3.4**[3.3]はこの過程を示す実験例である。松井は以上の考え方から設定砥石圧力によって超仕上げ作用を3つの形に分類し，材料除去率，研削抵抗および仕上げ面粗さの時間的変化過程を**図3.5**[3.1]に示すようにモデル化している。いわば，超仕上げ加工の荒加工，仕上げ加工および鏡面加工である。

砥粒切れ刃の創成形式から分類すると，

(1) 砥粒脱落形切れ刃—Bond Fracture Cutting Edges
(2) 砥粒へき解形切れ刃—Grain Fracture Cutting Edges
(3) 砥粒摩滅形切れ刃—Grain Attrition Cutting Edges

砥石の損耗形態は上述の3つの砥粒切れ刃の創成を伴って進行するものと理解できる。

超仕上げ加工条件のキーパラメータとして臨界圧力に関する実験結果について（株）ミズホの資料から**図3.6**および**図3.7**を示す。

図3.6においては，臨界圧力$P_{nc}$は約9kgf/cm²で，砥石面圧がこれを超えると砥石は砥粒脱落形で損耗し，材料除去率は向上する。また砥石面圧が$P_{nc}$より小さな領域では砥粒へき開形で減耗し，かつ，面圧の減少とともに砥粒へき解は微細化し，材料除去率も減少してゆく。

—59—

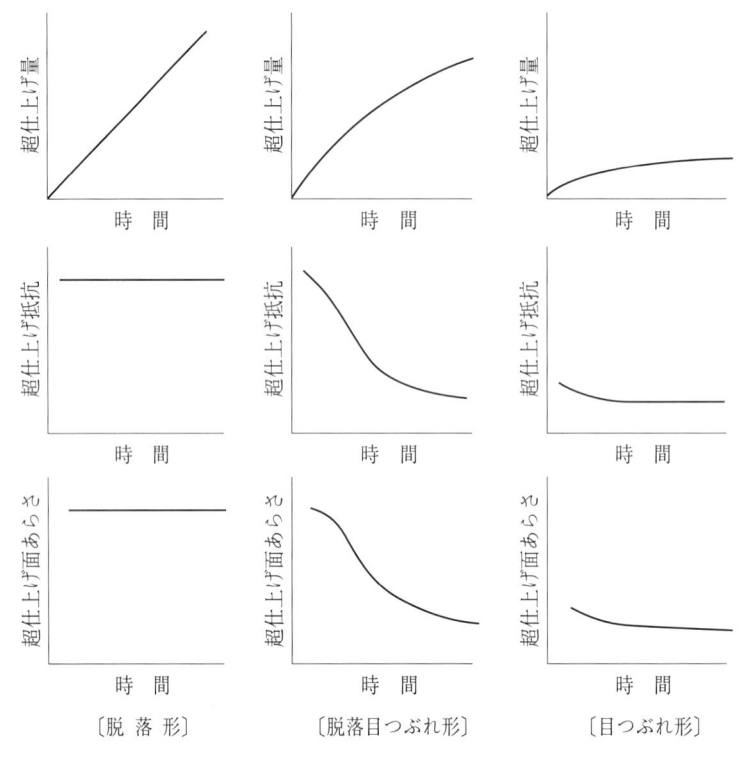

〔脱落形〕　〔脱落目つぶれ形〕　〔目つぶれ形〕

**図3.5** 超仕上げの時間的変化の三形態（松井）[3.1)]

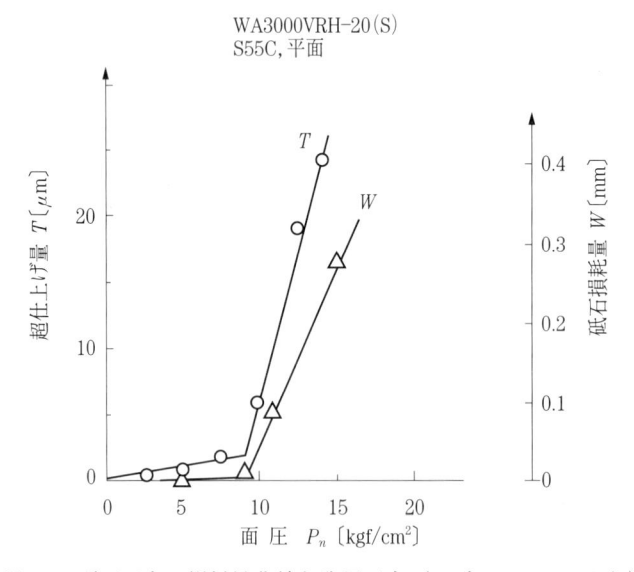

**図3.6** 砥石圧力―損耗量曲線と臨界圧力（ミズホカタログより）

## 3. 砥石の損耗形態と砥粒切れ刃の創成

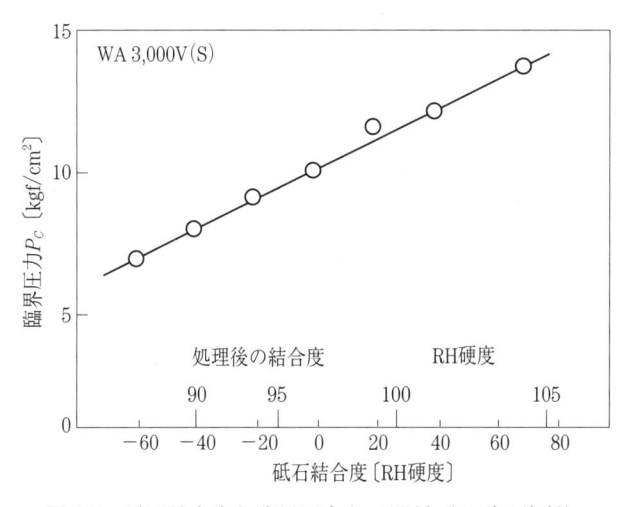

**図3.7** 砥石結合度と臨界圧力との関係（ミズホ資料）

図3.7は砥石結合度と臨界圧力$P_{nc}$との関係を示す実験結果である。臨界圧力は砥粒を保持する結合材の破砕強度と関連するパラメータであるから両者の関係は相似的関係と推定できる。ここで用いられる結合度を示すRH硬度は，直径3.175mmの鋼球を60kgfの押し込み荷重で圧痕を加え，その深さで硬度を表示するロックウエル硬度計Hスケールを用いる。圧痕深さは0.2〜0.3mm程度で，圧痕の直径に換算すると0.50〜0.68mm程に相当し，微細砥粒砥石の場合関与する砥粒数はかなり多く，これらの保持力の平均値を示すパラメータとしては妥当と考えられる。

従来は，超仕上げ加工においても生産性向上の観点から臨界圧力$P_{nc}$をまたがる面圧範囲，すなわち，結合材破砕形ないし，砥粒へき開形の切れ刃再生領域に関する加工工程を中心に研究が行なわれ，鏡面加工といわれる材料除去率の小さな領域は，目詰まりを生じやすいという理由から余り注目されることは無かった。

しかし，最近は脆性材料部品を始め，従来ラッピングないしポリッシングによって達成されていたナノメータオーダの仕上げ面粗さを固定砥粒工具で実現できないかというニーズが高くなりつつある。超仕上げ加工においてもこのような鏡面加工が要求されており，たとえば，フェルール球面の超仕上げ加工で西武自動機器(株)は$4nmR_a$の仕上げ面粗さを大量生産規模で実現している。

このようなニーズに応える研究に恩地による「高性能cBN超仕上げ砥石の研究」[3.5)]がある。砥石の減耗形態の分類から見ると**図3.8**に示すように，砥粒摩滅領域，すなわち，砥石面圧が砥粒へき開から砥粒摩滅ないし延性摩耗に変わる遷移面圧$P_{na}$以下の領域におけるcBN超仕上げ砥石の研削機能に関する研究である。ここで砥粒の延性脆性破壊遷移砥石面圧$P_{na}$は，さきに図2.7で示した脆性材料のクラック発生限界の押し込み負荷$P_c$に対応するパラメータであり，今後工学的に利用可能な砥石面圧との関係を明らかにする必要がある。cBN砥粒の減耗特性を

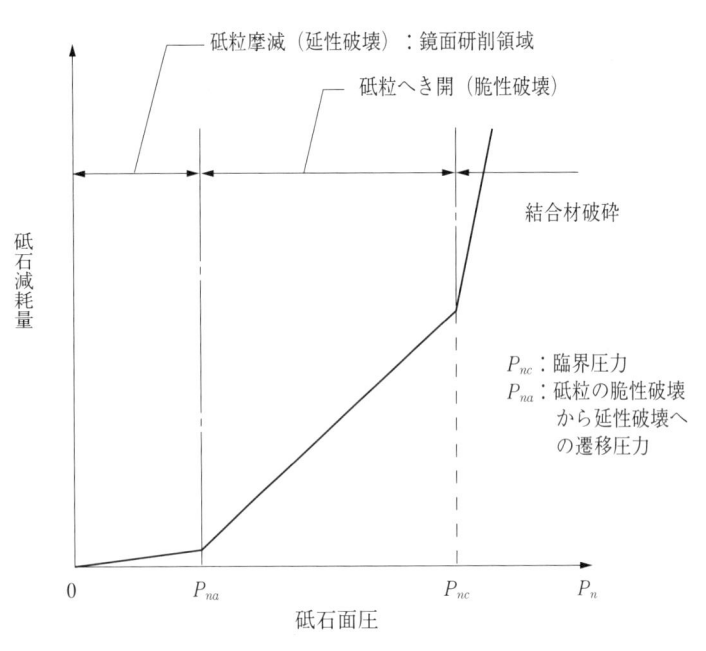

**図3.8** 超仕上げ加工における鏡面研削領域（$P_n \lesssim P_{na}$）

**表3.1** 実験条件（恩地）

| | |
|---|---|
| 加工物回転数　$f_w$ | 1,000 min$^{-1}$ |
| 砥石振動数　$f_s$ | 700 cpm |
| 最大砥石振り角度　$\alpha$ | 18° |
| 砥石圧力　$P_n$ | 1 MPa |
| 最大切削速度　$V_{max}$ | 70 m/min |
| 最大傾斜角　$\theta$ | 3.9° |

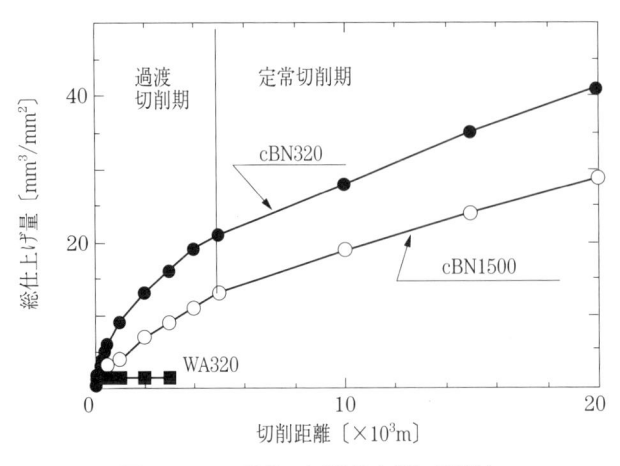

**図3.9** cBN砥粒の切削能力[3.5]（恩地）

## 3. 砥石の損耗形態と砥粒切れ刃の創成

求めるために，各砥粒の支持剛性も十分高い砥粒率7%の無気孔ビトリファイドボンド砥石を準備し，玉軸受内輪軌道面用超仕上げ機上で実験を行なっている。適用砥石面圧$P_n$は図3.8上で当然$P_n<P_{na}$である。実験条件を表3.1に示す。cBN砥粒の切削能力の時間的変化過程を図3.9[3.5]に示す。砥石作業面が軸受軌道面に馴み，一様な面圧分布に達するまでの過渡的切削期を経て定常的切削期に入る。この間に軌道面の切削距離にして約5,000mを要する。普通砥粒の超仕上げで砥粒脱落形研削の過渡的切削から砥粒破砕形定常切削期に至る過渡期が数分であるのに比べ，砥粒による耐摩耗性の形態と砥粒特性を反映している。

図3.10(a)に過渡切削期の切屑を示す。ここでは切屑が比較的大きく，かつ，大きさが一様でない。このことは，砥粒切れ刃高さの分布が一様でないことを示す。定常切削期に入ったときの切屑を図3.10(b)に示す。ここで切屑自身も小さく，かつ，一様になる。このことは，有効砥粒切れ刃の高さが一様になり，個々の砥粒の押し込み荷重が小さくなったことを示す。

本実験では，予め砥石作業面を軌道面形状にツルーイングされており，実験開始時の砥粒切れ刃を図3.11(a)に示す。過渡切削期を経て十分定常切削期に入った累積切削距離10,000mおよび20,000mに達したときの砥粒切れ刃摩耗面を図3.11(b)，(c)に示す。砥粒の破砕は認められず延性摩耗した面の外観をしている。このような砥石による切削加工においては，当然材料除去率はきわめて小さく，ラッピング，ポリッシングに準ずるが，仕上げ面粗さは鏡面の範囲に入り，研削比もきわめて大きく，単石ダイヤモンドドレッサのドレッシング比に準ずる値を示すものと考えられる。

恩地は図3.8における$P_n<P_{na}$の領域，すなわち，砥粒摩滅形の「低圧超仕上げ法」を提案し，焼き入れ鋼を対象に10nm$R_a$の鏡面研削に成功している。表3.2にその時の実験条件を，図3.12に砥石圧力と仕上げ面粗さの関係を示す。図3.13は研削面のノマルスキー顕微鏡写真と粗さの記録である。砥石圧力の低下とともに仕上げ面粗さの改善が見られる。

低圧超仕上げ法の特色は，

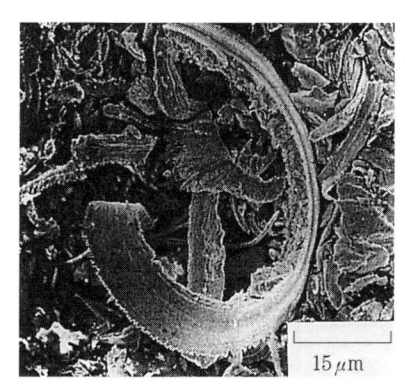

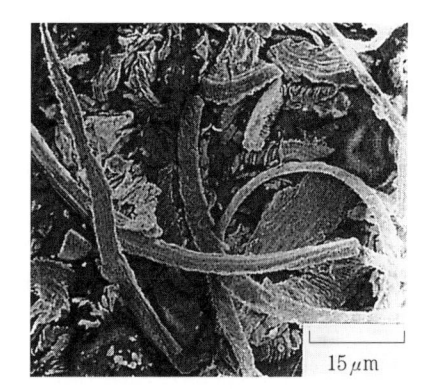

(a) 過渡切削期　　(b) 定常切削期

**図3.10** 切屑の変化（恩地）

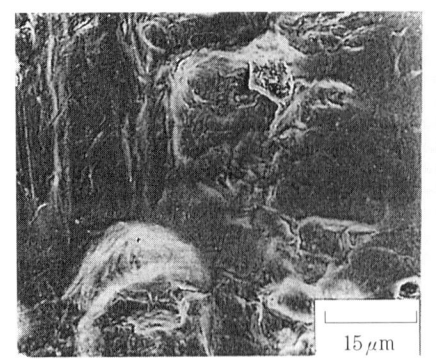

(a) 実験開始時　　　　　　　　(b) 切削距離：10,000m

(c) 切削距離：20,000m

図3.11　砥石表面の変化（恩地）

表3.2　加工条件（恩地）

| 砥石 | cBN4000　$V_G$ 33%，cBN8000　$V_G$ 33% | | | | |
|---|---|---|---|---|---|
| 砥石寸法$L_s \times B_s$ 〔mm〕 | 3×3 | | | | |
| 最大交差角 $\theta$ ° | 2 | | | | |
| 砥石圧力$P_n$ 〔MPa〕 | 0.89 | 0.44 | 0.31 | 0.22 | 0.13 |
| 最大切削速度$V_{max}$ 〔m/min〕 | 60 | 45 | 35 | 25 | 10 |

(1) 工作物と超仕上げ砥石の馴み研削による砥粒の延性摩耗と切れ刃高さの一様化の過程と，
(2) $P_n < P_{na}$ の低圧領域における砥粒の延性摩耗形研削過程の2つの過程からなることにある。

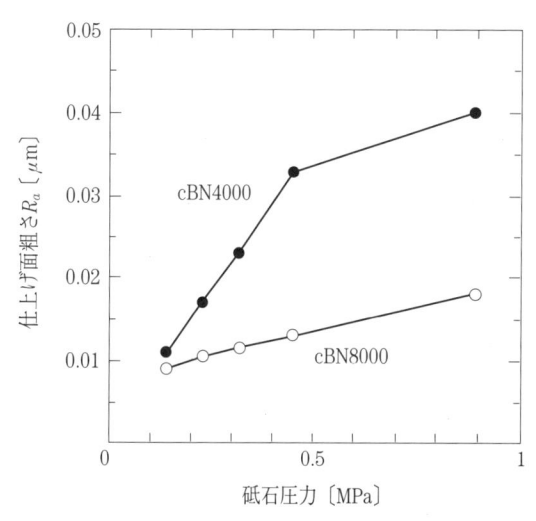

## 3. 砥石の損耗形態と砥粒切れ刃の創成

**図3.12** 砥石圧力と仕上げ面粗さの関係(恩地)

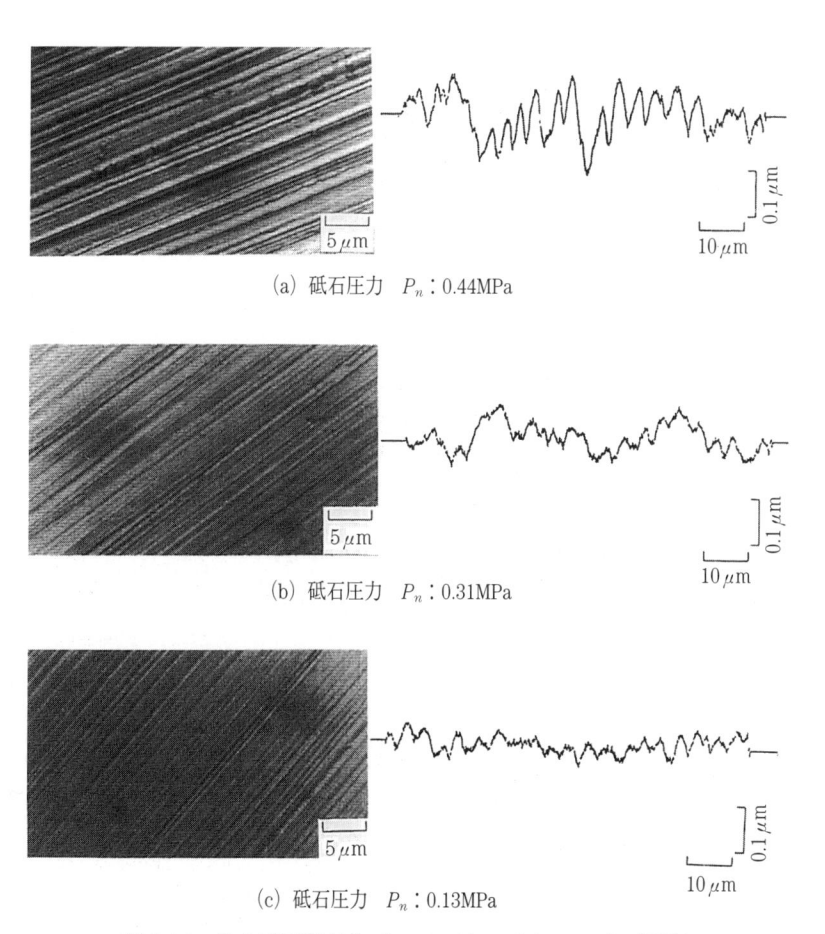

(a) 砥石圧力 $P_n$:0.44MPa

(b) 砥石圧力 $P_n$:0.31MPa

(c) 砥石圧力 $P_n$:0.13MPa

**図3.13** 仕上げ面粗さとプロファイル(cBN4000)(恩地)

## 3.2 線接触研削加工における砥石接触面圧力は？

前節で超仕上げ加工の場合，砥石面圧によって生ずる砥石の損耗形態の違いが材料除去機構特性に直結することを示した。

一般に砥石の研削特性を検討するのに砥石の損耗形態を取り上げるのは，超仕上げ加工のように砥石，工作物間が面接触する場合も，円筒プランジ研削のように線接触する場合も基本的には共通すると考えるからである。

そこで，線接触研削の場合の砥石切り込み量，平均切屑厚さ，砥石・工作物間の接触弧長さを図3.14のように定義する。すなわち，

$$d_s = Z'_w/v_s \quad (3.1) \quad d_s：平均切屑厚さ$$
$$d_w = Z'_w/v_w \quad (3.2) \quad d_w：砥石の切り込み量$$
$$l_{cs}：砥石接触弧長さ$$

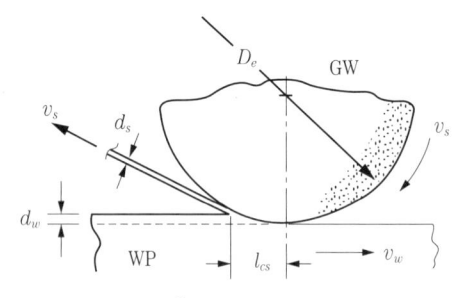

$q = \dfrac{v_s}{v_w}$, $Z'_w$：材料除去率

$d_w = Z'_w/v_w$： 砥石切り込み量

$d_s = Z'_w/v_s$： 平均切屑厚さ

$l_{cs}$：砥石の接触弧長さ

(a) 研削砥石の弾性変形を無視した場合

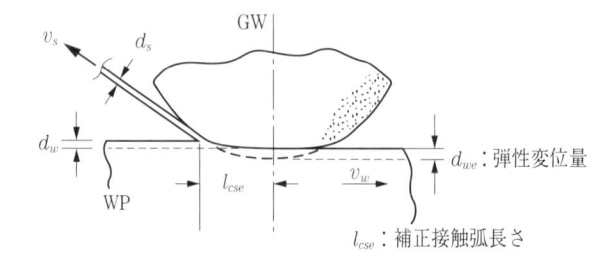

$d_{we}$：弾性変位量

$l_{cse}$：補正接触弧長さ

(b) 研削砥石の弾性変形を考慮した場合

**図3.14 研削条件諸量の定義**

## 3. 砥石の損耗形態と砥粒切れ刃の創成

また，研削負荷$F_n'$によって生ずる研削点における研削砥石の弾性変形$d_{we}$を考慮した場合の砥石の接触弧長さ$l_{cse}$を補正接触弧長さと定義する。

また，**図3.15**に砥石，工作物間の平均接触圧力$P_n$を定義する。すなわち，

$$l_{cs} = \sqrt{d_w \cdot D_e} \tag{3.3}$$

$$P_n = F'_n / l_{cs} \tag{3.4}$$

$$= F'_n / \sqrt{d_w \cdot D_e} \tag{3.4}'$$

また，補正接触弧長さ$l_{cse}$を導入した場合の平均接触圧力を$P_{ne}$とし，補正平均接触圧力と呼ぶこととする。

ここで，$Z'_w$：材料除去率，$D_e$：等価砥石直径

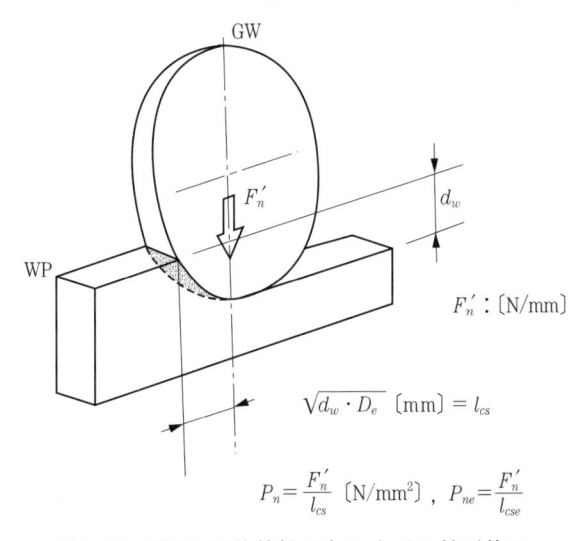

**図3.15** 砥石の平均接触圧力$P_n$とその補正値$P_{ne}$

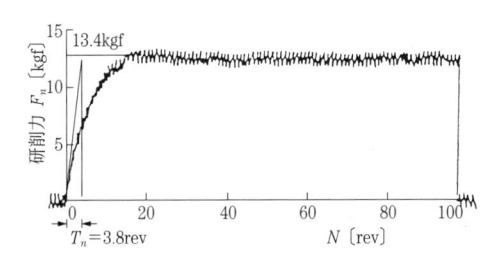

**図3.16** 円筒プランジ研削の実験例

〈研削条件〉
研削砥石：WA60L8V，$\phi 405 \times 40$，48.3m/s，2,280min$^{-1}$
工 作 物：SCM（生），$\phi 94.5 \times 20$，0.47m/s，95min$^{-1}$
周 速 比：$q=10^3$
取りしろ，切り込み：510$\mu$m，$d_w=5.21\mu$m/rev．
定常研削力：$F_n=13.4$kgf
研削諸量：研削剛性 1.29kgf/$\mu$m・cm，研削時定数 3.8rev
　　　　　機械系剛性 0.68kgf/$\mu$m（工作物シャンク径$\phi$20mm）
円筒研削盤：TPG-350（津上），主軸，心押し軸部静圧軸受
　　　　　　$Z'_w=2.5$mm$^3$/mm・s

具体的な円筒プランジ研削の実施例を**図3.16**に示す。この具体例について平均接触圧力$P_n$を以下の計算によって求める。研削のパラメータは，研削幅：20mm，$Z'_w$：2.5mm$^3$/mm・s，等価砥石直径：76.6mm，単位幅当たり研削法線分力$F'_n$：6.7kgf/cm，$d_w$：5.2$\mu$m/rev．

$$l_{cs} = 0.631\text{mm}$$
$$\therefore P_n = 6.7/0.0631 \text{kgf/cm}^2$$
$$= 106\text{kgf/cm}^2$$

図3.6に示す超仕上げ加工における臨界圧力≈9kgf/cm$^2$に比べ，砥石面圧はほぼ10倍に近い。上述の実験において総取りしろ0.51mmに至る研削比の定常値が約130であることを考えると，106kgf/cm$^2$の平均面圧の下でも砥石の減耗形態は砥粒破砕形で，目こぼれ形ではないと考えられる。

上述の計算は研削砥石と工作物の接触点に生ずる局部的変形量を無視しているが，実際には，**図3.17**に例示するように，砥石の研削点近傍では砥石の弾性変形が生ずる。ここに示す接触剛性は砥粒切れ刃の分布状態によって変化すると考えられるが，ここでは図3.16の実験結果を用いて砥石接触弧長さに及ぼす影響について検討する。図3.16から，

$$F'_n = 0.67\text{kgf/mm}$$

図3.17から上記$F'_n$に相当する砥石の接触剛性$k'_{cs}$を求めると，

$$k'_{cs} = 0.75\text{kgf}/\mu\text{m}\cdot\text{mm}$$

このときの砥石の弾性変形量$d_{we}$は，

$$d_{we} = F'_n/k'_{cs} = 0.89\,\mu\text{m}$$

砥石の弾性変形を含む接触弧長さ$l_{cse}$は，

$$l_{cse} = \sqrt{(d_w + d_{we})D_e}$$

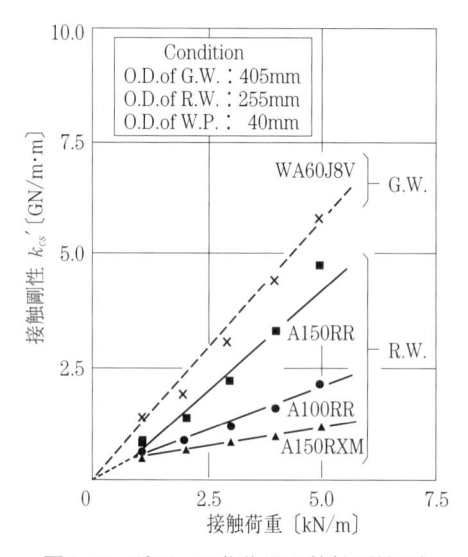

**図3.17** 砥石，工作物間の接触剛性$K'_{cs}$

**表3.3** 鏡面研削と普通研削のドレッシング条件と研削特性の比較実験[3.6]

　　研削盤：大隈製GCS形生産精密円筒研削盤
　　研削砥石：A60kmV，$\phi 400 \times 50$mm
　　研削液：シムクール×75
　　工作物：$\phi 33 \times 47$，S55C焼き入れ
　　等価砥石直径：$\phi 28$mm
　　ドレッサ：単石平面端子ドレッサ

〈ドレッシング条件〉

|  | 鏡面研削 | 普通研削 |
|---|---|---|
| 切り込み $a_d$〔$\mu$m〕 | 10.<br>5.<br>2.5　各1回<br>1.25<br>スパークアウト3回 | 10<br>5<br>スパークアウト1回 |
| 送り $f_d$〔mm/rev〕 | 0.05 | 0.15 |

〈研削条件と研削パラメータ〉

|  | 鏡面研削 | 普通研削 | | |
|---|---|---|---|---|
| 周速比 $q$ | 100 | 300 | | |
| 総取りしろ〔$\mu$m〕 | 2.5 | 150 | | |
| 砥石切り込み $d_w$〔$\mu$m/rev〕 | 0.2 | 1.0 | 3.0 | 5.0 |
| 材料除去率 $Z'_w$〔mm³/mm·s〕 | 0.03 | 0.3 | 1.0 | 1.7 |
| 研削法線分力 $F'_n$〔kgf/cm〕 | 2.2 | 2.8 | 5.3 | 7.0 |
| 砥石接触長さ $l_{cs}$〔mm〕 | 0.075 | 0.17 | 0.29 | 0.37 |
| 砥石平均接触圧力 $F'_n$〔kgf/cm²〕 | 293 | 168 | 183 | 187 |
| 砥石弾性変位量 $d_{we}$〔$\mu$m〕 | 1.16 | 1.04 | 0.90 | 0.93 |
| 補正接触長さ $l_{cse}$〔mm〕 | 0.19 | 0.24 | 0.33 | 0.41 |
| 補正平均接触圧力 $P_{ne}$〔kgf/cm²〕 | 113 | 117 | 160 | 172 |

$= 0.68$mm

したがって，補正平均接触圧力$P_{ne}$は，

$$P_{ne} = F_n{'}/l_{cse} = 102\text{kgf/cm}^2$$

砥石切り込み量$d_w$に比べ，砥石の弾性変形$d_{we}$が十分小さい場合は，

$$P_n \approx P_{ne}$$

武野ら[3.6)]は精密研削を鏡面研削と普通研削とに分類し，前者においては平均砥石切り込みを$0.2\ \mu$m/rev，後者では1.0，3.0および5.0 $\mu$m/revとし，研削法線分力および砥粒切れ刃の電子顕微鏡写真による変化過程を追跡している。ドレッシング条件，研削パラメータおよび，実験結果から（3.4）式により算出した砥石作業面の平均接触圧力$P_n$を**表3.3**に示す。

特に，鏡面研削および普通研削における研削法線分力$F_n{'}$砥石平均接触圧力$P_n$およびその補正値$P_{ne}$と砥石切り込み量$d_w$との関係を**図3.18**に示す。表3.3で砥石切り込み量$d_w$と砥石の研削点における弾性変位量$d_{we}$を比較すると，鏡面研削および砥石切り込み量$1\ \mu$m/rev.の場合には，$d_{we} \gtrsim d_w$となり，両者の平均接触圧力は砥石の弾性変位量によって著しく変化し，補正値$P_{ne}$まで減少する。特に鏡面研削の場合には，$P_n = 293\text{kgf/cm}^2$から，$P_{ne} = 113\text{kgf/cm}^2$に減少し，砥石の弾性変形の影響が著しい。

一方砥石の研削機能の内，いわゆる切れ味に関連するパラメータに研削剛性$k_w{'}$がある。$k_w{'}$は研削負荷$F_n{'}$の動作点，すなわち，

(1) 目こぼれ研削領域（Bond Fracture Grinding）
(2) 砥粒破砕領域（Grain Fracture Grinding）
(3) 砥粒摩滅領域（Grain Attrition Grinding）

それぞれの領域内である一定値を示すと考えられている（第4章参照）。したがって，研削

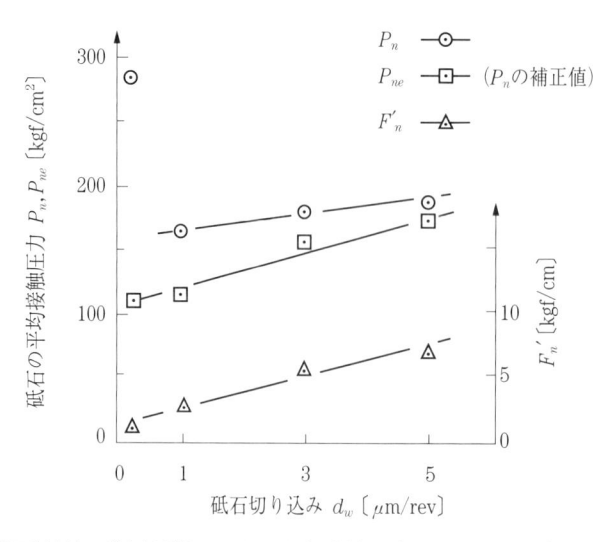

**図3.18** 鏡面研削，普通研削における研削法線分力と砥石平均接触圧力の比較[3.6)]

## 3. 砥石の損耗形態と砥粒切れ刃の創成

剛性 $k_w'$ も上記領域毎に定義される必要がある。

すなわち，

$$k_w' = \Delta F_n' / \Delta d_w \tag{3.5}$$

この考え方を，上述の鏡面研削および普通研削に適用すると，$d_w = 0 \sim 0.2\ \mu\mathrm{m/rev}$ の鏡面研削領域では，

$$k_w' = \frac{2.2\mathrm{kgf/cm}}{0.2\ \mu\mathrm{m/rev}}$$

$$= 11\mathrm{kgf}/\mu\mathrm{m}\cdot\mathrm{cm}$$

$d_w = 1.0\ \mu\mathrm{m/rev} \sim 5.0\ \mu\mathrm{m/rev}$ の普通研削領域では，

$$k_w' = \frac{(7.0-2.8)\mathrm{kgf/cm}}{(5.0-1.0)\mu\mathrm{m/rev}}$$

$$= 1.05\mathrm{kgf}/\mu\mathrm{m}\cdot\mathrm{cm}$$

上述の計算結果は，鏡面研削では普通研削に比べ切れ味が約 1/10 に低下することを示す。研削剛性の大きな難削材の研削の場合，研削焼けが生じやすいことに通ずる現象で，鏡面研削においては研削熱による加工変質層の増加が考えられる。この傾向は，**図 3.19** に示す鏡面研削における砥粒の損耗形態の電顕写真および**図 3.20** の普通研削における同様の電顕写真の比較にもよく現れている。

鏡面研削では累積研削量 $V_w'$ が 1.5mm$^3$/mm ないし 2.25mm$^3$/mm の段階で切屑が附着し始め，

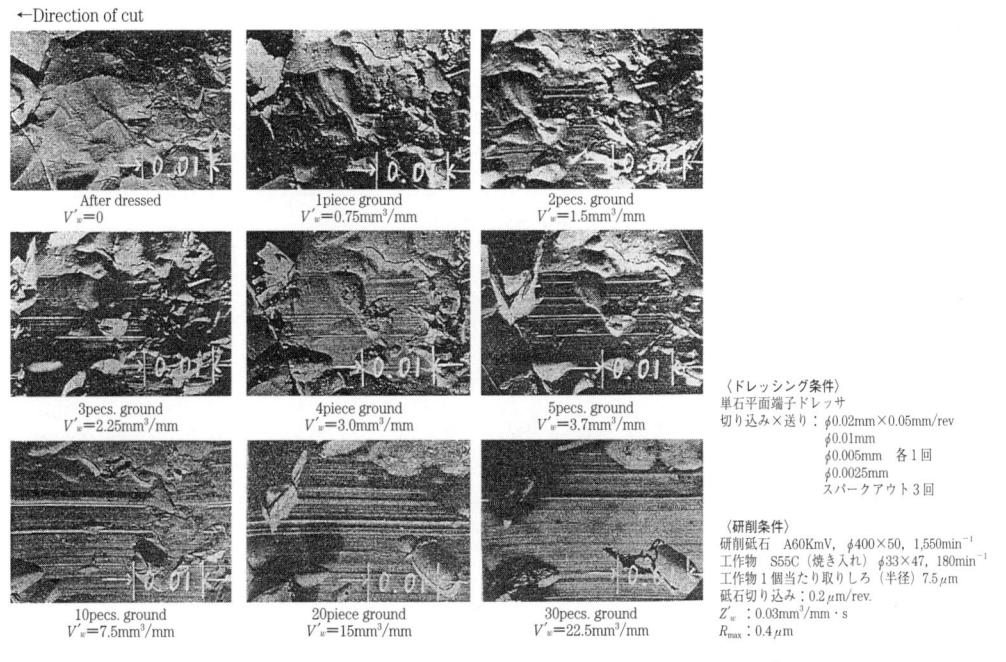

**図 3.19** 鏡面研削における砥粒の損耗形態の電顕写真[3.6]

←Direction of cut

After dressed　$V'_w=0mm^3/mm$
1 piece ground　$V'_w=50mm^3/mm$
2 pces. ground　$V'_w=100mm^3/mm$
3 pces. ground　$V'_w=150mm^3/mm$
4 pces. ground　$V'_w=200mm^3/mm$
5 pces. ground　$V'_w=250mm^3/mm$
10 pces. ground　$V'_w=500mm^3/mm$
20 pces. ground　$V'_w=1,000mm^3/mm$
30 pces. ground　$V'_w=1,500mm^3/mm$

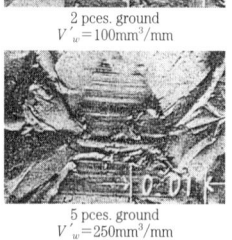

〈ドレッシング条件〉
単石平面端子ドレッサ
切り込み×送り：$\phi 0.02mm \times 0.15mm/rev$
　　　　　　　　$\phi 0.01mm$
　　　　　　　　各1回
スパークアウト1回

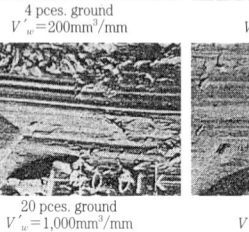

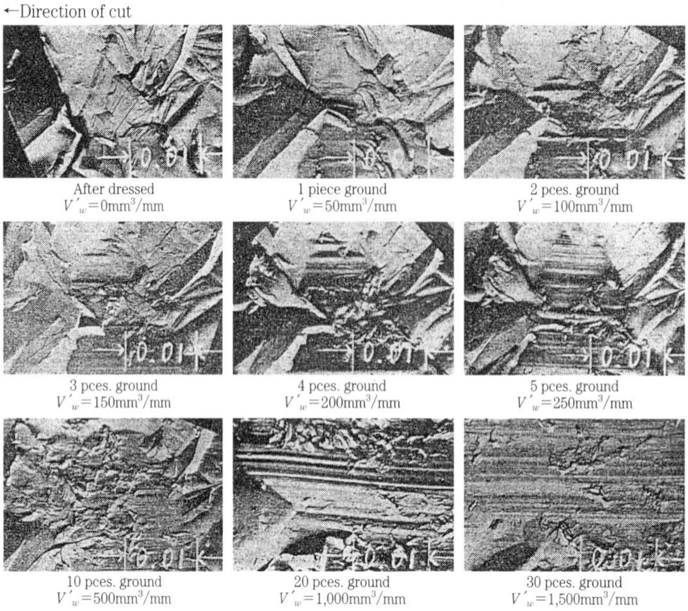

〈研削条件〉
研削砥石　A60kmV, $\phi 400\times 50$, $1,550min^{-1}$
工作物　　S55C（焼き入れ）, $\phi 33\times 47$, $180min^{-1}$
1個当たり取りしろ（半径）　0.15mm
砥石切り込み：$1.0\mu m/rev$
$Z'_w$　　　　：$0.33mm^3/mm\cdot s$
$R_{max}$　　：$2.0\mu m$

**図3.20**　普通研削における砥粒の損耗形態の電顕写真[3.6)]

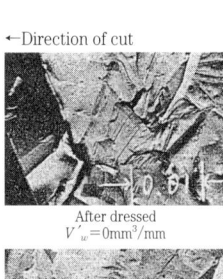

**表3.4**　ビトリファイドcBNホイールによる超高速研削の実験条件（ノリタケ）

〈研削条件〉

| |
|---|
| 機械：超高速円筒研削盤（三菱：PA32-50P特） |
| ホイール：CB80M200VN1（$380\times 16\times 80\times^u 9$） |
| 加工物材質：SCM435（$\phi 60\times^T 5\times L110$）〔48HRC〕 |
| 研削方式：円筒プランジ研削 |
| ホイール周速度：80, 120, 160, 200m/s |
| 加工物周速度（$v$）：0.8, 1.2, 1.6, 2.0m/s |
| 周速度比（$v/V$）：1/100 |
| 研削能率：20, 30, 40, 50$mm^3/mm\cdot s$ |
| スパークアウト：20rev |
| 研削油：ソリュブルタイプ（×50）〔高圧ポンプ使用〕 |

〈ドレッシング条件〉

| |
|---|
| 方法：トラバース・ロータリ方式 |
| ドレッサ：ホイールドレッサ |
| 　　　　SD40P75MW7（$\phi 110\times^u 1$） |
| ホイール周速度（V）：80m/s |
| ドレッサ周速度（VD）：20m/s |
| 周速度比（VD/V）：1/4（ダウンカット） |
| リード：0.05mm/r.o.w. |
| 切り込み量：$\phi 4\mu m/pass$ |

〈実験条件〉

| ホイール周速度〔m/s〕 | 80 | 120 | | 160 | | 200 | |
|---|---|---|---|---|---|---|---|
| 研削能率〔$mm^3/mm\cdot s$〕 | 20 | 20 | 30 | 20 | 40 | 20 | 50 |

明らかに目つまり現象を示している。他方，普通研削においては，累積研削量が100mm$^3$/mm
までは目詰まりはほとんど見られないが，150mm$^3$/mm以降は目詰まり領域に入ったことを示
している。

普通のビトリファイド砥石に比べて，結合度が高く，砥粒圧壊値の高いビトリファイドcBN
ホイールを用いた高速研削に関する一連の実験がある[3.7]。

表3.4にその実験条件を示す。2種類の実験を実施し，その1つは材料除去率$Z'_w$を20mm$^3$/
mm・sと一定にした条件の下で，砥石周速を80m/s，120m/s，160m/sおよび200m/sとした
ときの研削パラメータおよび平均接触圧力$P_n$の計算値を表3.5に示す。

もう1つの実験は，砥石切り込み量$d_w$を0.025mm/rev.と一定にした条件の下で上述と同じ
く砥石周速を変えたときの研削パラメータおよび平均接触圧力$P_n$の計算値を表3.6に示す。

図3.21，22は表3.5，3.6に示す砥石周速と平均接触圧力$P_n$との関係を示す。図3.21は砥石
周速の増加とともに平均接触圧力$P_n$が減小する傾向を示す。ここで，平均接触圧力$P_n$は砥石
切り込み量の平方根に比例するため，周速の変化に比べ減小の割り合いは小さい。また，この
ときの切屑の変化を図3.23に示す。作用砥粒切れ刃による切り込みが平均切屑厚さ$d_s$に比例
すると考えると，$d_s$ = 0.25 $\mu$m/sから0.10 $\mu$m/rev.に減小するにつれて切屑が微細化する傾向
を図3.23は示している。

表3.5 材料除去率$Z'_w$ = 20mm$^3$/mm・sで一定の場合の砥石周速と
砥石平均接触圧力（ノリタケ）

| $v_s$ [m/s] | 80 | 120 | 160 | 200 |
|---|---|---|---|---|
| $v_w$ [m/s] | 0.8 | 1.2 | 1.6 | 2.0 |
| $Z'_w$ [mm$^3$/mm・s] | 20 | 20 | 20 | 20 |
| $d_s$ [$\mu$m/rev] | 0.25 | 0.17 | 0.125 | 0.10 |
| $d_w$ [mm/rev] | 0.025 | 0.017 | 0.0125 | 0.010 |
| $l_{cs}$ [mm] | 1.14 | 0.94 | 0.82 | 0.72 |
| $F'_n$ [kgf/mm] | 3.7 | 3.1 | 2.5 | 1.75 |
| $P_n$ [kgf/cm$^2$] | 325 | 330 | 301 | 243 |

表3.6 砥石切り込み$d_w$ = 0.025mm/revで一定の場合の砥石周速と
砥石平均接触圧力（ノリタケ）

| $v_s$ [m/s] | 80 | 120 | 160 | 200 |
|---|---|---|---|---|
| $v_w$ [m/s] | 0.8 | 1.2 | 1.6 | 2.0 |
| $Z'_w$ [mm$^3$/mm・s] | 20 | 30 | 40 | 50 |
| $d_s$ [$\mu$m/rev] | 0.25 | 0.25 | 0.25 | 0.25 |
| $d_w$ [mm/rev] | 0.025 | 0.025 | 0.025 | 0.025 |
| $l_{cs}$ [mm] | 1.14 | 1.14 | 1.14 | 1.14 |
| $F'_n$ [kgf/mm] | 3.6 | 4.3 | 3.5 | 3.7 |
| $P_n$ [kgf/cm$^2$] | 316 | 377 | 307 | 325 |

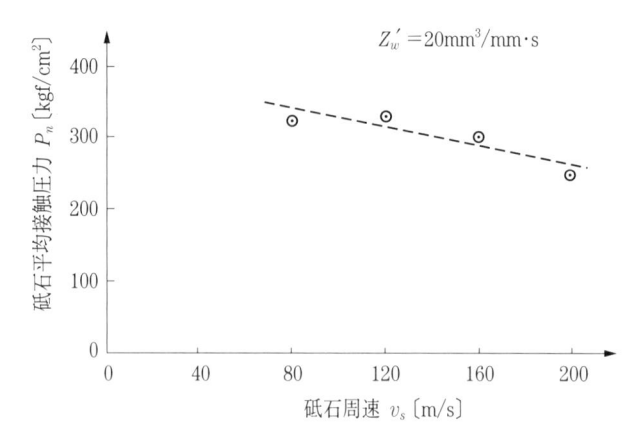

**図3.21** 材料除去率一定の場合の砥石周速と砥石平均接触圧力

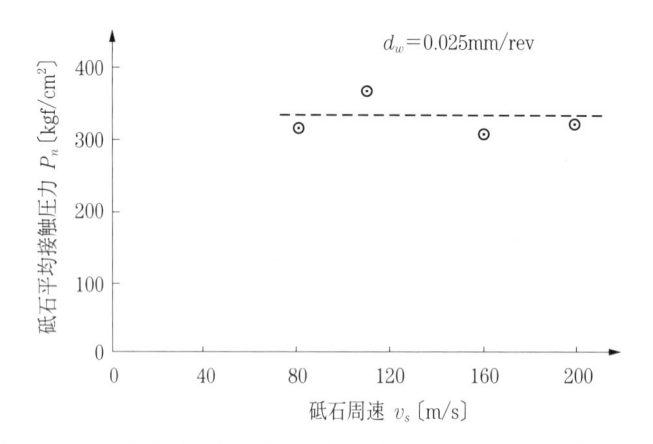

**図3.22** 砥石切り込み量一定の場合の砥石周速と砥石平均接触圧力

　これに反して図3.22, 24に示すように砥石切り込み量が一定の下で砥石周速が変わっても作用砥粒の切り込みは変化せず,このため砥石周速の変化による切屑の大きさの変化は認められない。

　以上2種類の実験を通してホイールの損耗形態は,図3.25および図3.26に示すように砥粒の破砕が認められ,砥粒破砕形研削であることを示している。

3. 砥石の損耗形態と砥粒切れ刃の創成

| ホイール周速度 | 100μm |
|---|---|
| 80m/s<br>20mm³/mm·s | |
| 120m/s<br>20mm³/mm·s | |
| 160m/s<br>20mm³/mm·s | |
| 200m/s<br>20mm³/mm·s | |

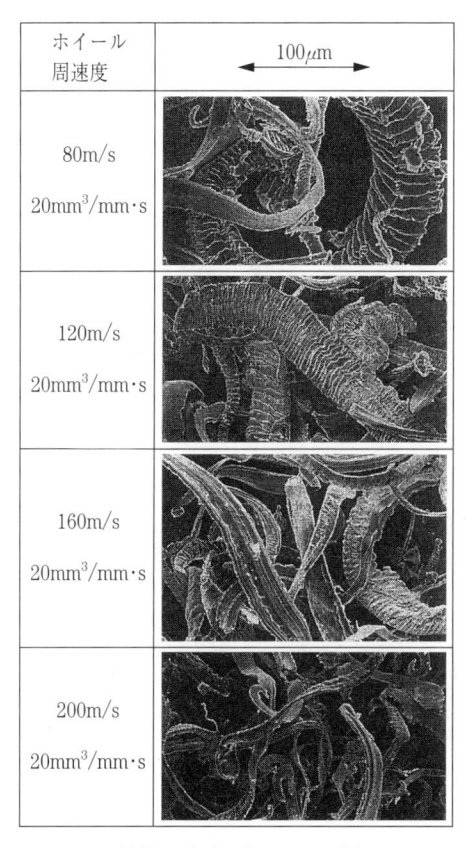

図3.23 材料除去率$Z'_w$ = 20mm³/mm·sで一定の場合の砥石周速による切屑の変化（ノリタケ）

| ホイール周速度〔m/s〕 | 研削能率〔mm³/mm·s〕 | 100μm |
|---|---|---|
| 80 | 20 | |
| 120 | 30 | |
| 160 | 40 | |
| 200 | 50 | |

図3.24 砥石切り込み量$d_w$=0.025mm/revと一定とした時の砥石周速と切屑の外観（ノリタケ）

| ホイール単位円周長さ当たり研削しろ断面積 100μm ←→ 回転方向 → | ホイール周速度 80m/s 20mm³/mm・s | ホイール周速度 120m/s 20mm³/mm・s | ホイール周速度 160m/s 20mm³/mm・s | ホイール周速度 200m/s 20mm³/mm・s |
|---|---|---|---|---|
| ドレッシング直後 | | | | |
| 1.5mm²/mm $V'_w$=1,790mm³/mm | | | | |
| 14.7mm²/mm $V'_w$=17,540mm³/mm | | | | |
| ドレッシング寿命限界付近 120m/s=22.1mm²/mm 160m/s=29.5mm²/mm 200m/s=88.6mm²/mm | | | | |

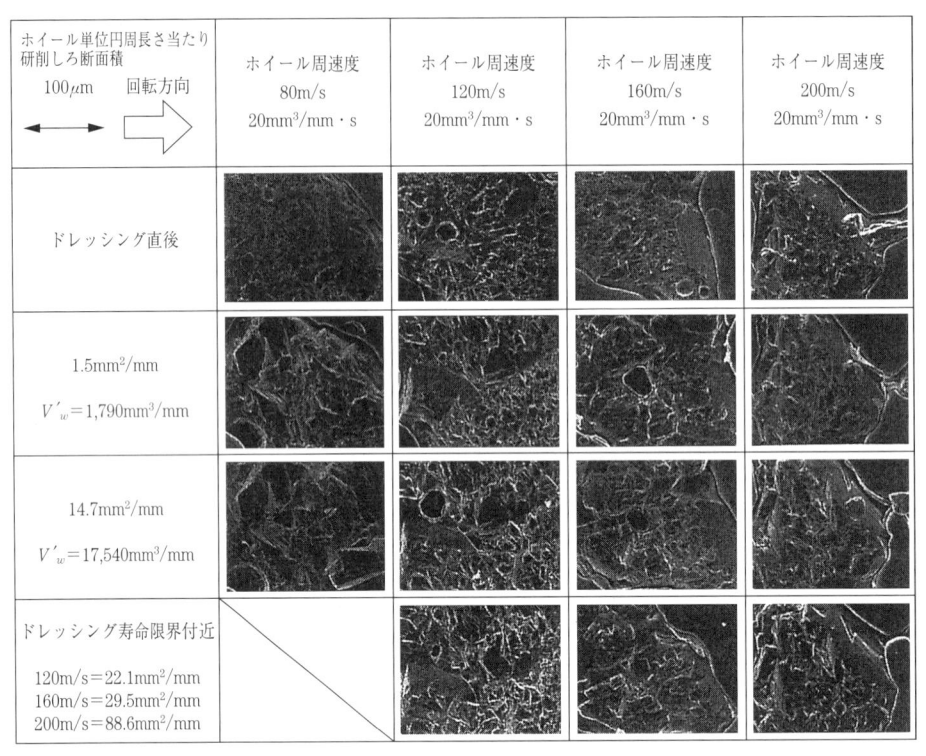

**図3.25** 材料除去率$Z_w$=20mm³/mm・sで一定の場合の砥粒切れ刃の破砕形態(ノリタケ)

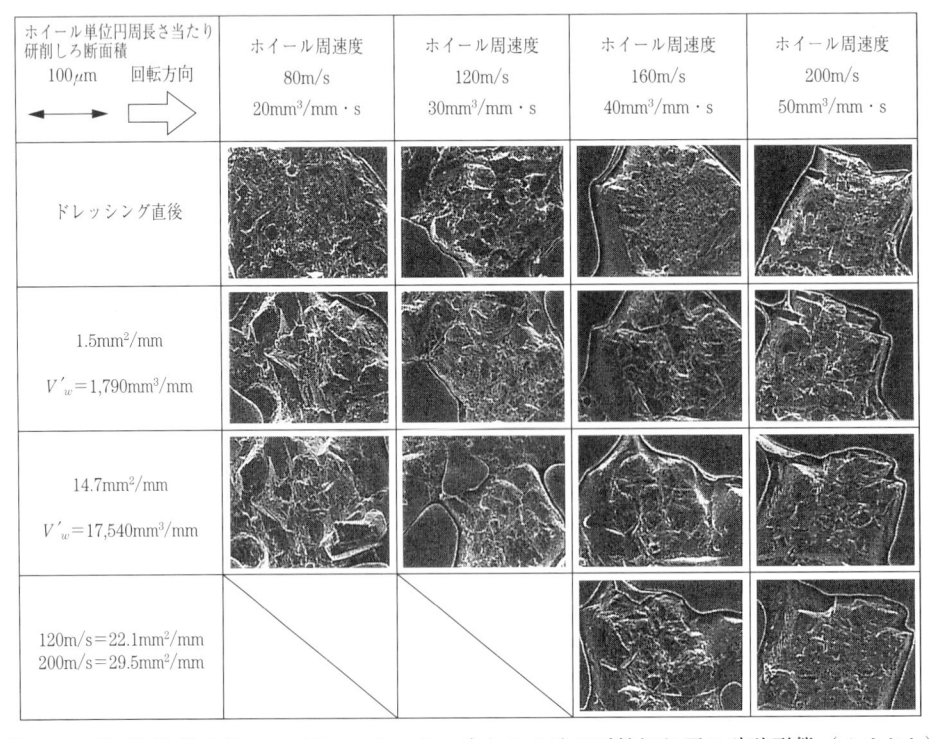

| ホイール単位円周長さ当たり研削しろ断面積 100μm ←→ 回転方向 → | ホイール周速度 80m/s 20mm³/mm・s | ホイール周速度 120m/s 30mm³/mm・s | ホイール周速度 160m/s 40mm³/mm・s | ホイール周速度 200m/s 50mm³/mm・s |
|---|---|---|---|---|
| ドレッシング直後 | | | | |
| 1.5mm²/mm $V'_w$=1,790mm³/mm | | | | |
| 14.7mm²/mm $V'_w$=17,540mm³/mm | | | | |
| 120m/s=22.1mm²/mm 200m/s=29.5mm²/mm | | | | |

**図3.26** 砥石切り込み量$d_w$=0.025mm/revと一定とした時の砥粒切れ刃の破砕形態(ノリタケ)

## 3.3 面接触研削,線接触研削および点接触研削の比較

比較的目の細かいやすりで金属片を削る場合,部品の角のようにやすりとの接触面積が小さい部分ではやすりは比較的喰い込みやすいが,部品の平担部に押し当てる場合はやすりは滑ってしまい,思うように削れない。これはやすりの目ひとつひとつに加わる押し付け荷重が接触面積が広くなると不足するためである。同様のことは研削砥石による除去加工においても起きると考えられる。このような考え方から,研削加工の特色を砥石,工作物間の接触面積の大小によって分類することができる。

**図3.27**は,砥石,工作物間の接触が幾何的配置から点,線および面の3つの場合を示し,それぞれ点接触研削,線接触研削および面接触研削と呼ぶこととする。

面接触研削の例として表3.1に示したビトリファイドcBN砥石による超仕上げ加工の場合を,また,線接触研削の例として図3.14に示した円筒プランジ研削の場合を取り上げ,**図3.28**に砥石,工作物間の接触面積および平均接触圧力を比較して示す。

型研削あるいは非球面形状創成研削は点接触研削に属する。具体例としてノリタケダイヤの

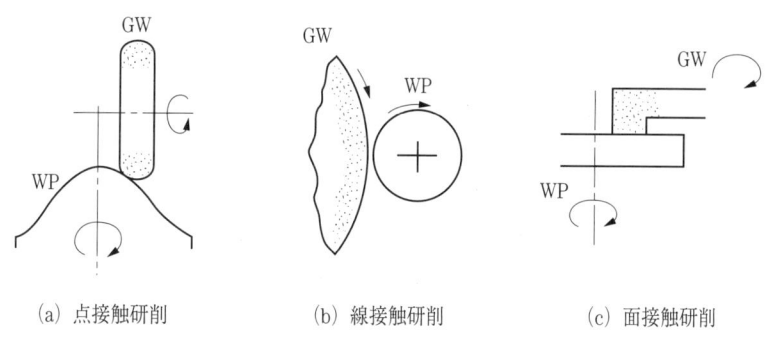

(a) 点接触研削　　(b) 線接触研削　　(c) 面接触研削

**図3.27** 点接触研削,線接触研削および面接触研削

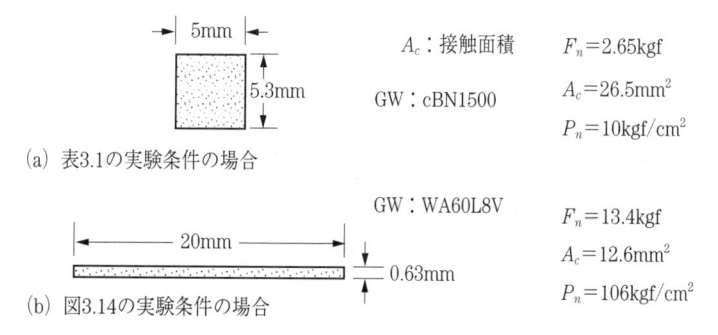

(a) 表3.1の実験条件の場合
5mm, 5.3mm
$A_c$:接触面積
GW:cBN1500
$F_n = 2.65\text{kgf}$
$A_c = 26.5\text{mm}^2$
$P_n = 10\text{kgf/cm}^2$

(b) 図3.14の実験条件の場合
20mm, 0.63mm
GW:WA60L8V
$F_n = 13.4\text{kgf}$
$A_c = 12.6\text{mm}^2$
$P_n = 106\text{kgf/cm}^2$

**図3.28** 面接触研削(超仕上げ)と線接触研削(円筒プランジ研削)の場合の砥石接触面積と接触圧力の比較例

| 被削材 | 微粒子超硬合金，SiCセラミックス | | |
|---|---|---|---|
| 機械 | 東芝機械製　超精密非球面研削盤　ULG-100 | | |
| ホイール仕様 | SD1500P150BPF, $\phi$15, $\phi$20 | | |
| | 超硬合金 | SiC | |
| ホイール回転数 | 32,000 | 25,000 | min$^{-1}$ |
| 被削材回転数 | 800 | 500 | min$^{-1}$ |
| 切り込み | 0.5 | 1.0 | $\mu$m/pass |
| 送り速度 | 3.0 | 1.0 | mm/min |
| 研削油 | ソリューションタイプ | | |
| 概略図 | X, Z軸　2軸制御による軸対象非球面研削 | | |

図3.29　非球面レンズ型研削の研削条件の具体例（ノリタケダイヤ）

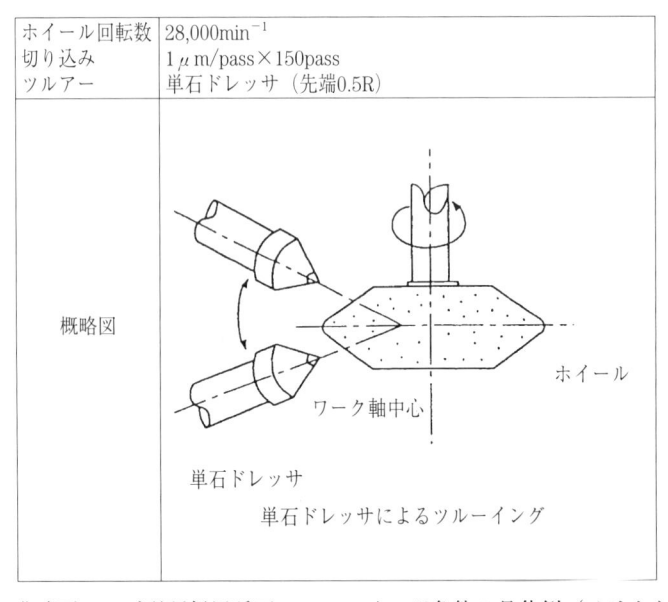

| ホイール回転数 | 28,000min$^{-1}$ |
|---|---|
| 切り込み | 1$\mu$m/pass×150pass |
| ツルアー | 単石ドレッサ（先端0.5R） |
| 概略図 | 単石ドレッサによるツルーイング |

図3.30　非球面レンズ型研削用砥石のツルーイング条件の具体例（ノリタケダイヤ）

資料[3.8)]がある。非球面レンズ型加工用レジンボンドダイヤモンド砥石として粒度#2,000，集中度100で砥粒分布の均一化と砥粒保持力の強化を特長とするホイールの開発を行なっている。非球面型加工用の研削条件およびツルーイングの実施例の説明として図3.29および図3.30を示している。また，上記新開発ホイールの外観を図3.31に示す。

　この供試ダイヤモンドホイールの寸法諸元および図3.29の例にならい，砥石の切り込み量

## 3. 砥石の損耗形態と砥粒切れ刃の創成

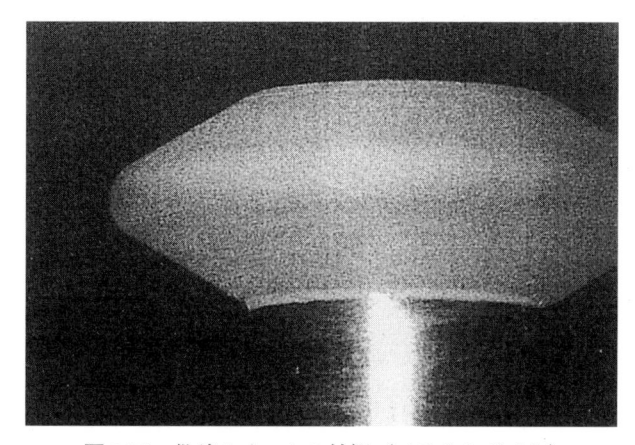

**図3.31** 供試ホイールの外観（ノリタケダイヤ）

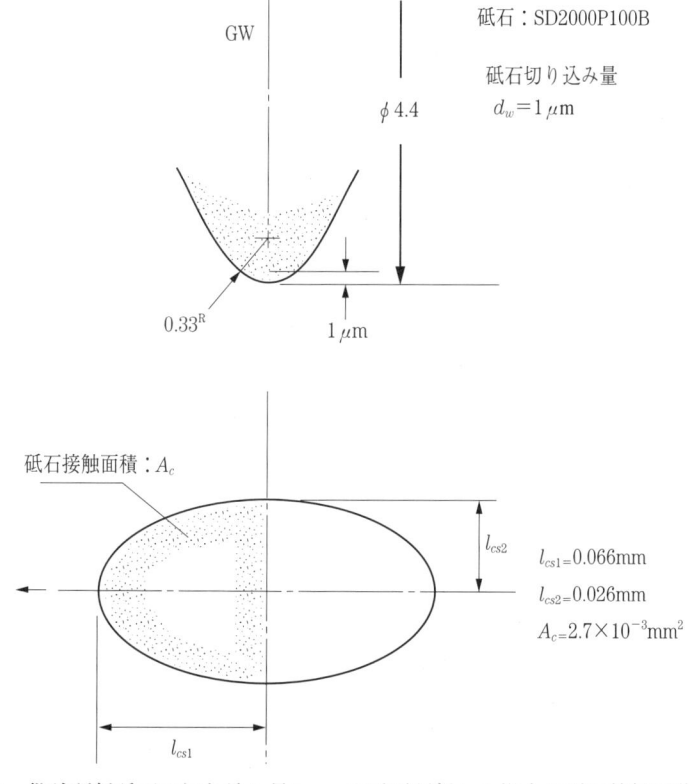

**図3.32** 供試研削砥石で切り込み量1μmで平面研削した場合の砥石接触面積の試算

を$1.0\,\mu$m/revとしたときの砥石接触面積を試算する。矢印方向に平面研削した場合の砥石接触面は**図3.32**に示すように楕円の半分となり，楕円の長軸半径$l_{cs1}=0.066$mm，短軸半径$l_{cs2}=0.026$mmとなる。したがって砥石接触面積$A_c=2.7\times10^{-10}$mmとなる。

これは図3.28に例示した接触面積に比べ$\times10^{-3}$のオーダで，点接触研削の名の通りきわめ

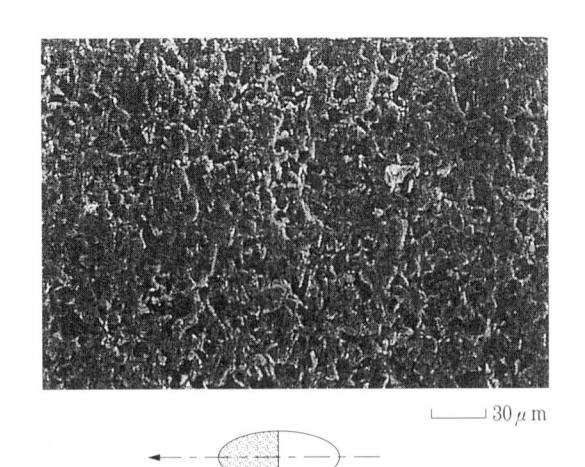

**図3.33** ツルーイング後の砥石表面と砥石接触面の大きさ（ノリタケダイヤ）

て小さな値である。仮に図3.28(b)に示す接触圧力$P_n$ = 106kgf/cm²が接触点に加わったとすると，研削法線分力$F_n$は，

$$F_n = 2.86\text{grf}$$

となり，きわめて微小な研削負荷が生ずるに過ぎない。

しかし，上述の値は砥石を全体で工具と考えたときの平均値の試算である。他方，砥石接触面内に存在する砥粒切れ刃の数を，供試砥石表面の砥粒分布を示す**図3.33**から推定するとせいぜい10個以下に過ぎない。

このように考えると面接触研削，線接触研削のように砥石表面の多数の砥粒切れ刃が関与する平均的パラメータとしての研削負荷，砥石切り込み，結合度などは点接触研削には，そのまま適用するには無理が生ずる。すなわち，点接触研削による除去加工を論ずるには個々の砥粒切れ刃による切削作用に基づく検討が必要になると考えられる。

## 参 考 文 献

3.1) 松井，中里：超仕上げ作業とその原理　養賢堂 1965
3.2) A. M. Swigert：The Story of Superfinish. (1940) LynnPub. Co.
3.3) 浅枝敏夫：東京工業大学学報，特別号A3, 140頁，1952
3.4) 佐々木，岡村：日本機械学会論文集 20-90, 20-98, 1954
3.5) 恩地好晶：高性能CBN超仕上げ砥石の開発。大阪大学学位論文（1995）。
3.6) 武野，長岡：精密研削中の砥粒切れ刃の電子顕微鏡による追跡—鏡面研削および普通研削について—精密機械30巻1号（1964）38-45頁。
3.7) ビトリファイドCBNホイールによる超高速研削。ノリタケ技報（1993）。
3.8) 非球面加工用ダイヤモンドホイールとその技術動向　ノリタケ技報（1999），ノリタケダイヤ。

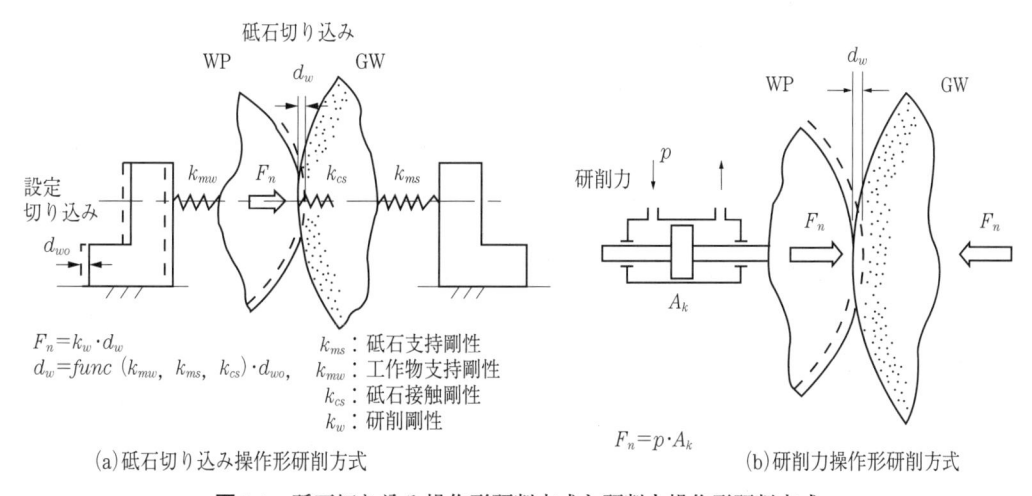

# 4. 砥石の損耗形態と研削作用
## ―砥石切り込み操作形研削方式と研削力操作形研削方式―

## 4.1 砥石の切れ味から研削作用を見る

1.2で述べたように，旋削加工で代表される運動転写原理に基づく切削作用の考え方が研削加工にも適用される場合が多い。

しかし，研削加工の場合は，研削力によって生ずる工作物支持系，砥石支持系に生ずる弾性変形および研削点に生ずる砥石の局部的弾性変形が真の砥石切り込みに比べ無視できない量となるため，見掛けの設定砥石切り込みと真実の砥石切り込みとの間に大きな差異が生ずる。このような関係を図4.1(a)に示す。これを砥石切り込み操作形研削方式と呼ぶこととする。

ここで，設定切り込み$d_{wo}$によって研削砥石は工作物に切り込み$d_w$が生じ，研削力$F_n$が発生する。この過程で工作物支持剛性$k_{mw}$，砥石支持剛性$k_{ms}$および研削点における砥石接触剛性$k_{cs}$に研削力が作用して，それぞれに弾性変形が生じ，これらが設定切り込み$d_{wo}$から差し引かれて真の切り込み$d_w$となる。

設定切り込み$d_{wo}$を真の切り込み$d_w$に等しくするには，プランジ研削開始後，研削作用−研削剛性−と，研削機械の力学的特性−剛性−によって決まる研削時定数と呼ばれる一定の工作物回転数の数倍の研削時間を経なければならない。この関係を図4.2(a)に示す。

以上の切り込み操作形研削方式に対し，研削力操作形研削方式がある。その原理を図4.1(b)

$F_n = k_w \cdot d_w$
$d_w = func(k_{mw}, k_{ms}, k_{cs}) \cdot d_{wo}$

$k_{ms}$：砥石支持剛性
$k_{mw}$：工作物支持剛性
$k_{cs}$：砥石接触剛性
$k_w$：研削剛性

$F_n = p \cdot A_k$

(a)砥石切り込み操作形研削方式　　(b)研削力操作形研削方式

**図4.1　砥石切り込み操作形研削方式と研削力操作形研削方式**

**図4.2** 砥石切り込み操作形研削と研削力操作形研削における設定値実現の過程

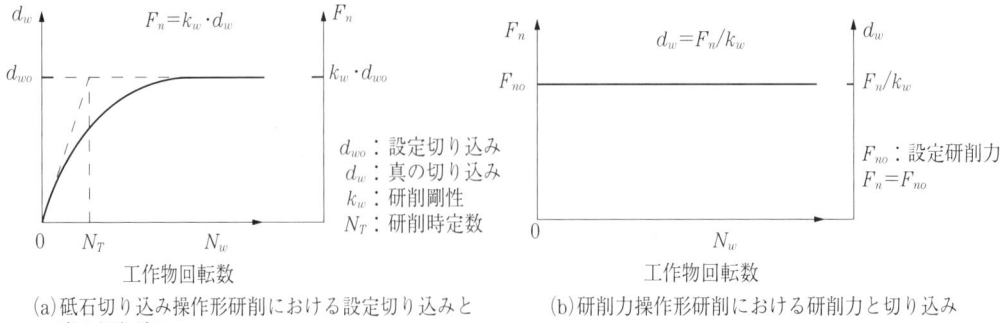

(a) 砥石切り込み操作形研削における設定切り込みと真の切り込み

(b) 研削力操作形研削における研削力と切り込み

に示す。すなわち，研削法線分力$F_n$をたとえば油圧装置による力$p \cdot A_k$によって与える方式で，研削力$F_n$を操作して研削力の関数としての研削作用を表現しようとの提案である[4.1)]。砥石の立場から工作物材料の除去機能，すなわち，切れ味を求める考え方である。

砥石と同様な多刃工具にやすりがある。やすりは多く人手による作業に使われ，人はその切れ味を実感することができる。すなわち，手作業で部品の除去加工をする場合，その入力信号は人手でやすりに加えられる押し付け力であり，これによって生ずる切屑の多少によって切れ味を感じとる。押し付け力に対する材料除去量の比の大小が切れ味を表現している。

研削力操作形研削方式では，研削力$F_n$の設定値は直接工作物，砥石間の押し付け荷重となり，切り込み操作形研削方式のように設定値と真の値との間に差は見られない。これを図4.2(b)に示す。

従来の砥石の研削作用に関する基礎実験は運動転写原理に基づく研削機械を用いる場合が大部分で，砥石切り込み操作形研削方式による。その代表例を**図4.3**に示す[4.2)]。ここでは，設定切り込みによる研削力が定常値に達したときの資料に基づくものと考えられる。また，外径研削，内径研削および平面研削に関するデータを統一的に表現するパラメータとして等価切屑厚さ$h_{eq}$（equivalent chip thickness）を用いている。これは図3.14で定義した平均的切屑厚さ$d_s$で，

$$d_s = h_{eq} \tag{3.1}$$

これは運動転写形研削モデルをベースとした研削作用の表示形式の代表例である。

R. S. Hahnらは，研削砥石の材料除去機能には研削力$F_n$の大小によってラビング，プラウイング，切削の各領域があることを示し，研削加工は切削領域で進行するよう研削力を操作するControlled Force Grinding方式を提唱している[4.3)]。この考え方に基づく力操作形内面研削盤が商品化され広く用いられている。

以上，研削作用を表現するパラメータとして切り込み操作形研削モデルでは研削剛性$k_w$を，また，研削力操作形研削モデルでは砥石切れ味（sharpness of wheel face）$\Lambda_w$を用いる。これを**図4.4**(a)，(b)に示す。また，砥石の減耗過程は単位研削幅当たり研削力$F_n'$に大きく依存す

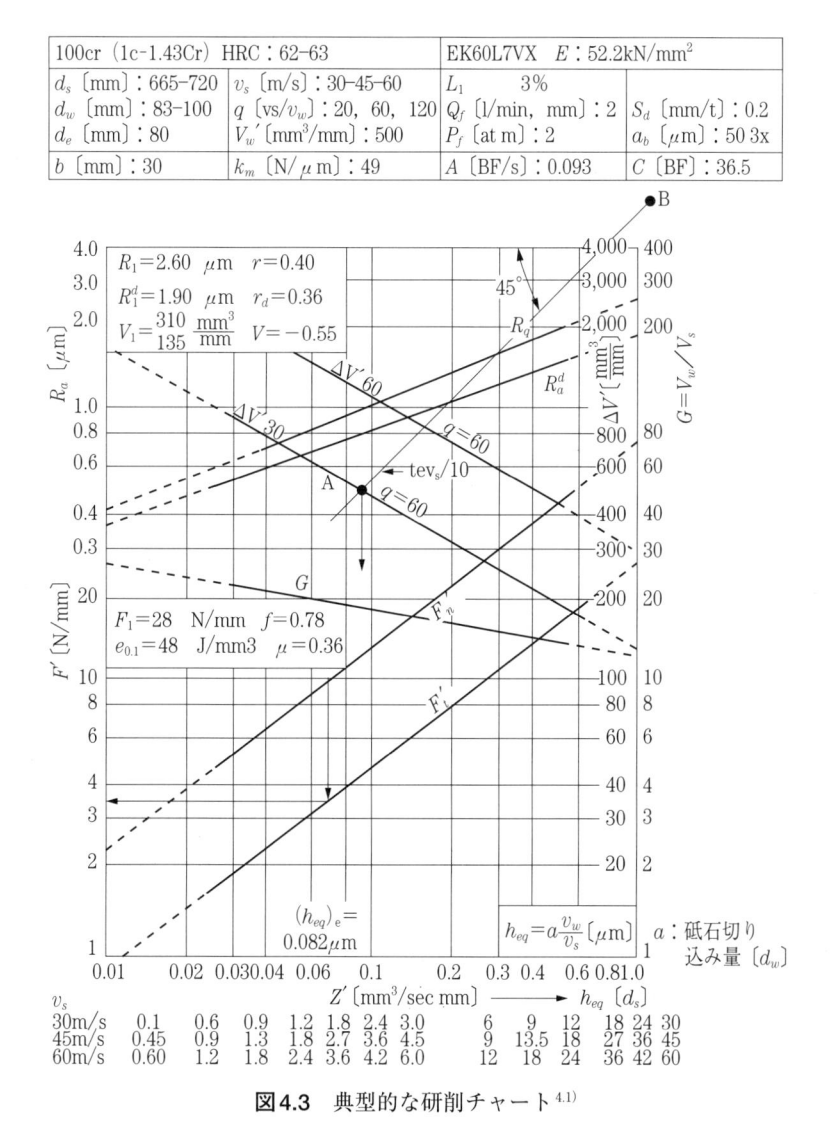

| | | | |
|---|---|---|---|
| 100cr (1c-1.43Cr) HRC：62-63 | | EK60L7VX $E$：52.2kN/mm² | |
| $d_s$ [mm]：665-720 | $v_s$ [m/s]：30-45-60 | $L_1$   3% | $S_d$ [mm/t]：0.2 |
| $d_w$ [mm]：83-100 | $q$ (vs/vw)：20, 60, 120 | $Q_f$ [l/min, mm]：2 | |
| $d_e$ [mm]：80 | $V_w'$ [mm³/mm]：500 | $P_f$ [at m]：2 | $a_b$ [μm]：50 3x |
| $b$ [mm]：30 | $k_m$ [N/μm]：49 | $A$ [BF/s]：0.093 | $C$ [BF]：36.5 |

**図4.3** 典型的な研削チャート[4.1)]

**図4.4** 研削工程の運動転写形モデルと圧力転写形モデルにおける砥石機能の表現

ることから，砥粒切れ刃の創成形態を解析する場合にも研削力 $F_n'$ は重要なパラメータである。これを**図4.5**に示す。

$Λ_s$：減耗パラメータ，$Λ_w$：材料除去パラメータ（切れ味）

研削力 $F_n'$ → 砥石減耗過程 → 研削比／切れ刃創成形態 $G$

**図4.5** 研削力による砥石の切れ刃創成形態の解析（図1.3参照）

## 4.2 R. S. Hahn, P. R. Lindsayによる砥石の切れ味解析

### 4.2.1 等価砥石直径を用いた研削方式の一般化

R. S. Hahnは砥石と工作物が研削中相互に接触する状態をconformityと呼び，その物指として等価砥石直径（equivalent diameter）$D_e$を次のように定義している[4.4]。

$$D_e = \frac{D_s}{1 \mp (D_s/D_w)} \tag{4.1}$$

ここで，内径研削の場合は（－），外径研削の場合は（＋）とする。

平面研削の場合には，

$$D_s = D_e \tag{4.2}$$

図3.15で定義した（3.2），（3.3）の両式の関係は，外径研削，内径研削および平面研削の何れについても，共通のパラメータ$d_w$および$D_e$によって砥石・工作物間の接触弧長さ$l_{cs}$が表現されることを示している。すなわち，

$$l_{cs} = \sqrt{d_w \cdot D_e} \tag{3.3}$$

$$P_n = F_n'/l_{cs} \tag{3.4}$$

$d_w$，$D_e$によって工作物，砥石間の平均接触圧力を共通とする條件が満される。等価砥石直径$D_e$のこのような役割りを図4.6に示す。また，数値計算例を図4.7に示す。

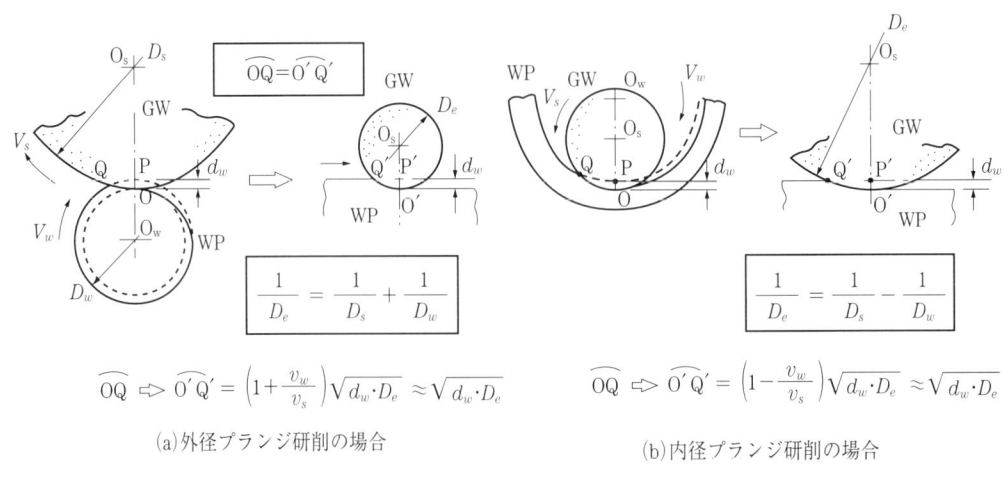

(a) 外径プランジ研削の場合: $\frac{1}{D_e} = \frac{1}{D_s} + \frac{1}{D_w}$

$\widehat{OQ} \Rightarrow \widehat{O'Q'} = \left(1 + \frac{v_w}{v_s}\right)\sqrt{d_w \cdot D_e} \approx \sqrt{d_w \cdot D_e}$

(b) 内径プランジ研削の場合: $\frac{1}{D_e} = \frac{1}{D_s} - \frac{1}{D_w}$

$\widehat{OQ} \Rightarrow \widehat{O'Q'} = \left(1 - \frac{v_w}{v_s}\right)\sqrt{d_w \cdot D_e} \approx \sqrt{d_w \cdot D_e}$

**図4.6** 等価砥石直径$D_e$への変換ルール（砥石・工作物間接触面積が共通）

4. 砥石の損耗形態と研削作用

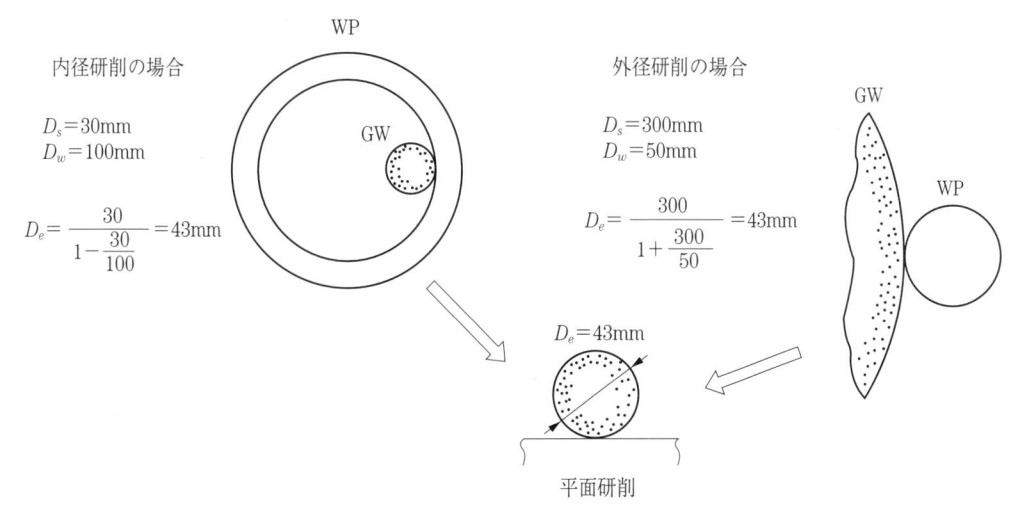

**図4.7** 等価砥石直径の数値計算例

## 4.2.2 研削比の最適化と研削領域[4.4]

図3.19，図3.20に例示したように，砥石の研削作用はツルーイング／ドレッシング条件に著しく支配される。R. S. Hahnらの実験においても単石ドレッサによるツルーイング／ドレッシング条件がその都度表示されている。**図4.8**はドレス直後の砥石作業面プロファイルの測定例である。単石ドレッサのドレス・リード0.1mm/revに対応するねじ状の溝が規則正しく観察できる。

一連の力操作形研削方式によって求められた砥石の除去加工能力に関する3つの領域，すなわち，ラビング領域，プラウイング領域および研削領域（切削領域）を示した代表的実験結果を**図4.9**に示す。ここで，与えられた単位研削幅当たり法線分力$F_n'$に対応する工作物除去率$Z_w'$〔mm³/mm·s〕，砥石減耗率$Z_s'$〔mm³/mm·s〕，仕上げ面粗さおよび消費動力の関係を示す。

工作物除去率$Z_w'$に着目すると，法線分力$F_n'$が0から0.36kgf/mmに達する間は$Z_w'$はほぼ零に等しく，さらに，$F_n'$が0.36kgf/mmから0.92kgf/mmの間では$F_n'$の増加と比例的に増加する。$F_n'$が0.92kgf/mmを超えて増加すると工作物除去率$Z_w'$は急速に増加する。ここで，法線分力$F_n'$の増分に対応する$Z_w'$の増分の比率を材料除去パラメータ$\Lambda_w$〔mm³/s·kgf〕と定義する。

$$\Lambda_w = \frac{\Delta Z_w'}{\Delta F_n'} \tag{4.3}$$

図4.9から法線分力$F_n'$と材料除去パラメータ$\Lambda_w$の関係を**表4.1**に示す。

材料除去パラメータ$\Lambda_w$は，単位研削幅当たり法線分力$F_n'$の下で砥石が切り出す切屑の量$Z_w'$の割り合いを表わすパラメータで，これを砥石作業面の切れ味とも呼んでいる。以下，切れ味と呼ぶこととする。上述のように$F_n'$が0ないし0.36kgf/mmの間は，摩擦接触のみで砥

表4.1 $F_n'$ と $\Lambda_w$ の関係

| $\Delta F_n'$ [kgf/mm] | $\Lambda_w$ [mm³/s·kgf] |
|---|---|
| 0～0.36 | 0 |
| 0.36～0.92 | 1.44 |
| ＞0.92 | 6.00 |

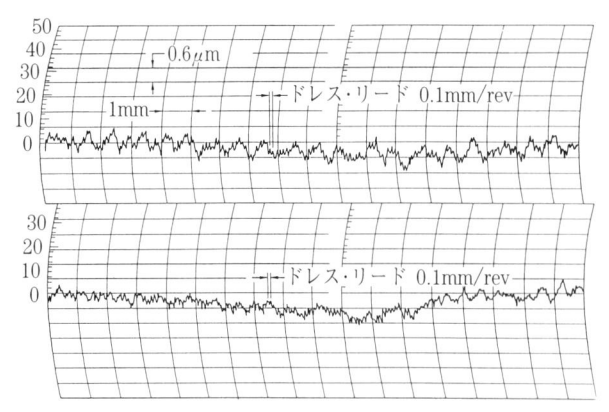

図4.8 単石ドレス後の砥石プロファイル記録

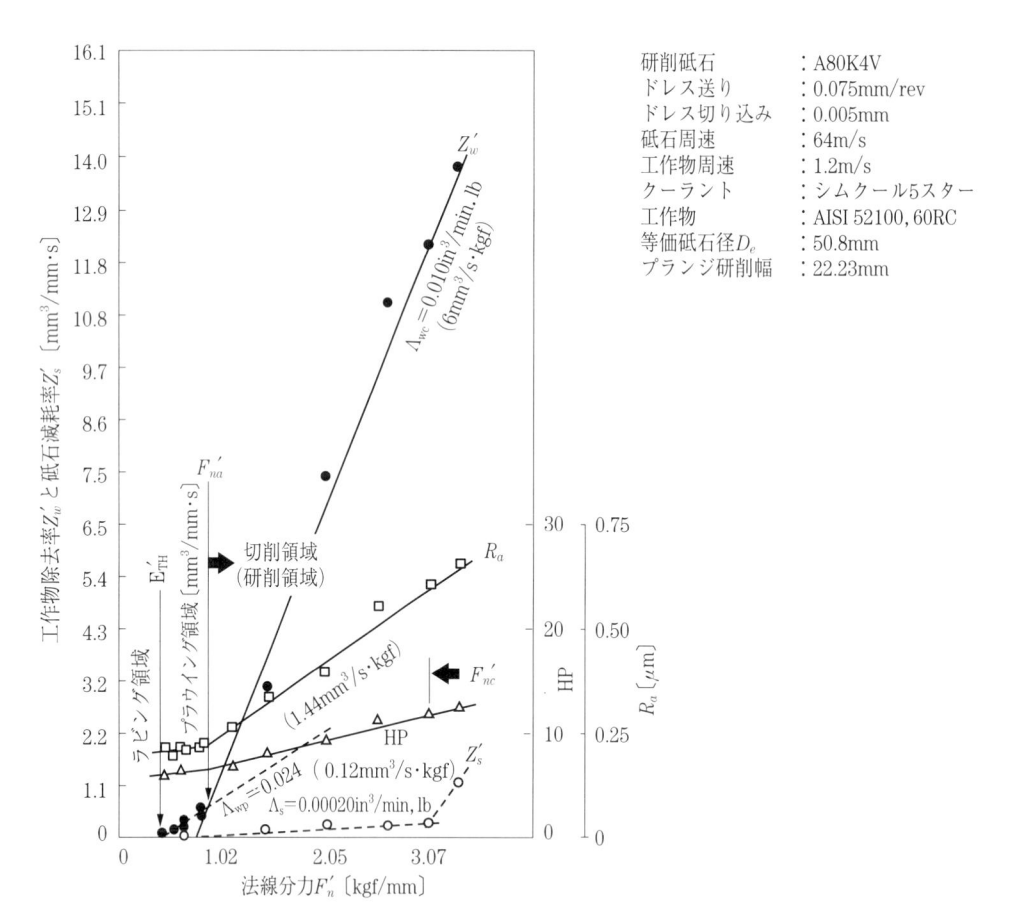

研削砥石　　　：A80K4V
ドレス送り　　：0.075mm/rev
ドレス切り込み：0.005mm
砥石周速　　　：64m/s
工作物周速　　：1.2m/s
クーラント　　：シムクール5スター
工作物　　　　：AISI 52100, 60RC
等価砥石径 $D_e$：50.8mm
プランジ研削幅：22.23mm

図4.9 ラビング，プラウイングおよび研削領域（切削領域）

表4.2 各領域での研削比

| $F_n'$〔kgf/mm〕 | $\Lambda_w$〔mm³/s·kgf〕 | $\Lambda_s$〔mm³/s·kgf〕 | $G$ | 除去モード |
|---|---|---|---|---|
| 0～0.36 | — | — | — | ラビング |
| 0.36～0.92 | 1.44 | 0.12 | 12 | プラウイング |
| 0.92～3.07 | 6.00 | 0.12 | 50 | 研削 |
| >3.07 | 6.00 | 3.00 | 2 | 目こぼれ |

石は切屑を出さないためこの領域をラビング領域と定義している。また，この領域を超えて0.36ないし0.92kgf/mmの領域ではわずかな切屑は認められるが，工作物表面は砥粒との微細な干渉のためその大部分に局部的塑性変形が生じており，一部が切屑になるものと説明し，これをプラウイング領域と定義している。さらに，$F_n'$が0.92kgf/mm以上の領域では，材料除去パラメータ，すなわち切れ味$\Lambda_w$は，4.2倍（≒6.00/1.44）に急増し，研削作用が著しい。他方，図4.9には，法線分力$F_n'$による砥石の減耗率$Z_s'$の関係が示されている。この関係から砥石の減耗パラメータ$\Lambda_s$をつぎのように定義する。

$$\Lambda_s = \Delta Z_s' / \Delta F_n' \tag{4.4}$$

図4.9では，ラビング領域では砥石減耗量は認められず，また，$F_n'$が3.07kgf/mmを超えると急速に増大する。図からこのときの$\Lambda_s$を読み取ると，

$$\Lambda_s \approx 3\mathrm{mm}^3/\mathrm{s\cdot kgf}$$

上記の中間領域である0.36～3.07kgf/mmの範囲では，

$$\Lambda_s = 0.12\mathrm{mm}^3/\mathrm{s\cdot kgf}$$

研削比$G$は上述のパラメータを用いれば，

$$G = \Lambda_w / \Lambda_s \tag{4.5}$$

砥石減耗率が急増する$F_n' > 3.07$kgf/mmで促進される目こぼれ領域を含め，前述のラビング領域，プラウイング領域および研削領域における研削比を**表4.2**に示す。

表4.2から砥石寿命が最大となる領域，すなわち，

$$F_n' = 0.92 \sim 3.07\mathrm{kgf/mm}$$

を研削領域と定義している。

研削砥石の研削特性は，図2.64で示されたように累積研削時間とともに砥石減耗率および研削面粗さが研削開始後著しく変化する過渡領域を経て定常値に達する。このことを考慮した累積研削時間と砥石切れ味（材料除去パラメータ）の関係を示す実験例を**図4.10**に示す。このことから上述の一連の実験における累積研削時間は，ツルーイング／ドレッシングの影響が支配的な研削初期の短時間であると推定される。

プラウイング領域における砥石減耗率$Z_s'$の測定はきわめて困難で，前述の研削比の測定誤差を考慮する必要があると考えられる。

単位研削幅当たりの法線分力$F_n'$を微小な範囲で変化させ，これに伴う砥石切り込みの変化からラビング，プラウイングおよび研削開始の領域を示した実験結果を**図4.11**に示す。図か

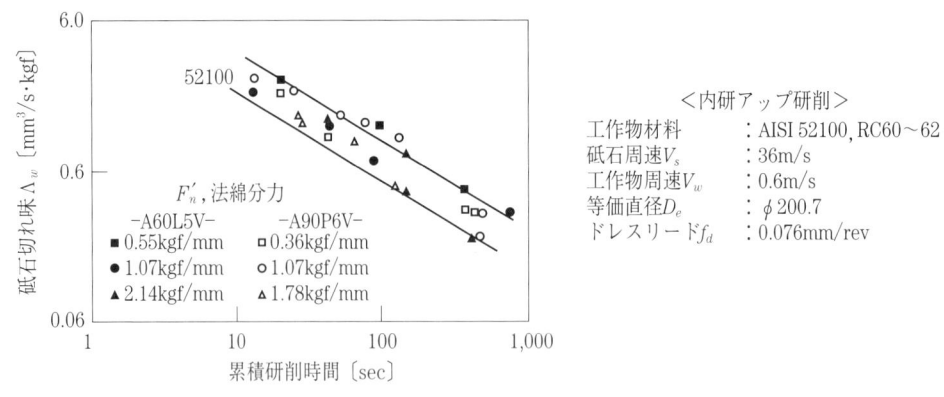

**図4.10** 各種法線分力における砥石切れ味 $\Lambda_w$ の劣化現象

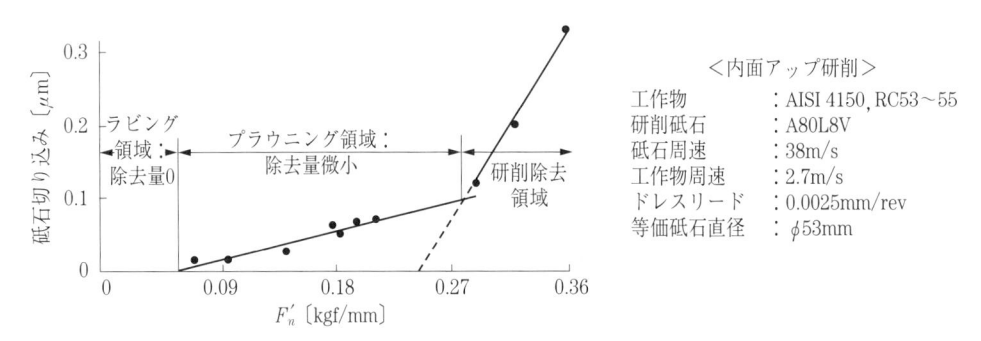

&lt;内研アップ研削&gt;
工作物材料 : AISI 52100, RC60～62
砥石周速 $V_s$ : 36m/s
工作物周速 $V_w$ : 0.6m/s
等価直径 $D_e$ : φ200.7
ドレスリード $f_d$ : 0.076mm/rev

$F_n'$,法線分力
-A60L5V-
■ 0.55kgf/mm
● 1.07kgf/mm
▲ 2.14kgf/mm
-A90P6V-
□ 0.36kgf/mm
○ 1.07kgf/mm
△ 1.78kgf/mm

**図4.11** ラビング,プラウイング領域における砥石切り込み

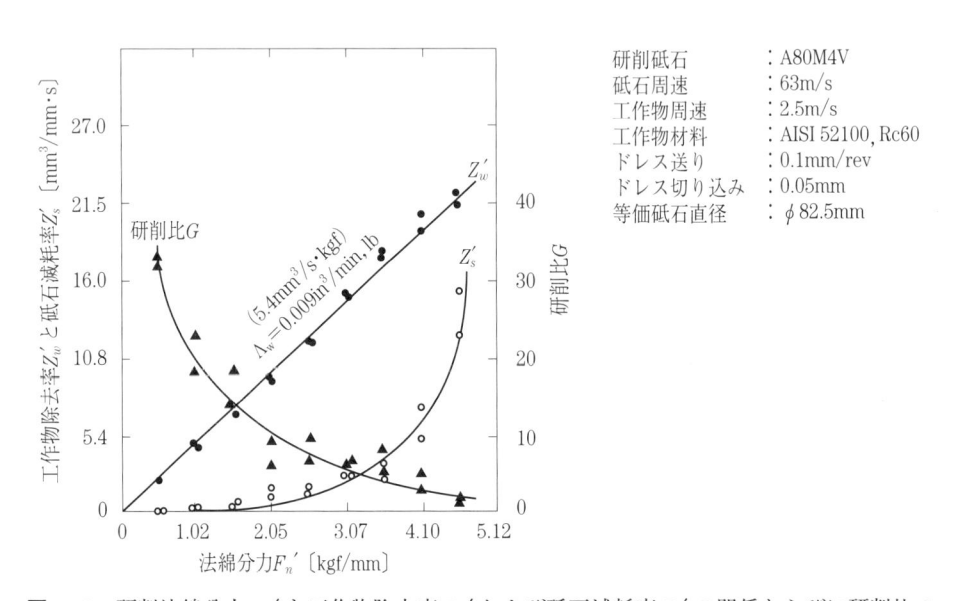

&lt;内面アップ研削&gt;
工作物 : AISI 4150, RC53～55
研削砥石 : A80L8V
砥石周速 : 38m/s
工作物周速 : 2.7m/s
ドレスリード : 0.0025mm/rev
等価砥石直径 : φ53mm

研削砥石 : A80M4V
砥石周速 : 63m/s
工作物周速 : 2.5m/s
工作物材料 : AISI 52100, Rc60
ドレス送り : 0.1mm/rev
ドレス切り込み : 0.05mm
等価砥石直径 : φ82.5mm

**図4.12** 研削法線分力 $F_n'$ と工作物除去率 $Z_w'$ および砥石減耗率 $Z_s'$ の関係ならびに研削比 $G$

# 4. 砥石の損耗形態と研削作用

らプラウイング領域および研削開始領域における1cm幅当たりの研削剛性$k_w'$を求めると，それぞれ22kgf/μm·cmおよび3.6kgf/μm·cmとなりきわめて大きな値となる。これは，サブミクロンオーダの砥石切り込みの測定値の信頼性およびこの領域における砥粒切れ刃高さのばらつきによる有効切れ刃密度の変化の影響など検討課題の多い問題と考えられる。

**図4.12**は，研削法線分力$F_n'$の範囲を図4.9に比べ，さらに大きく4.6kgf/mmまで拡げ，砥石減耗率$Z_s'$が急上昇する領域を示し，かつ，各領域における研削比$G$の変化を示している（これに関する検討は4.3を参照）。

## 4.2.3 ドレス条件と砥石切れ味$\Lambda_w$の関係

単石ダイヤモンドドレッサによるドレス条件は，砥石ないし砥粒の脆性破壊による砥石形状および砥粒切れ刃形状を大きく支配する。すなわち，ドレス切り込み$a_d$およびドレス送り$f_d$の組み合わせによって砥石切れ味$\Lambda_w$は著しく変化するものと考えられる。これに関する一連の実験結果を**図4.13**に示す。図に示す研削条件の下で，研削法線分力の最大値を4kgf/mmこれによって生ずる材料除去率$Z_w'$の最大値1.2mm³/mm·sの範囲内における砥石の切れ味$\Lambda_w$に関する実験結果である。これらの結果からドレス切り込みとドレス送りの組み合わせと砥石切れ味の関係を求めると**図4.14**となる。ドレス切り込み$a_d$が減小すると，砥石切れ味$\Lambda_w$の値は急速に低下する傾向を示す。ドレス送り$f_d$を0.1mm/revから0.025mm/revに微細化しても切

| 研削砥石 | : A80M4V | 工作物周速 | : 4m/s |
| 工作物 | : AISI 4620, RC60〜62 | 研削幅 | : 22.2mm |
| 砥石周速 | : 60m/s | | |

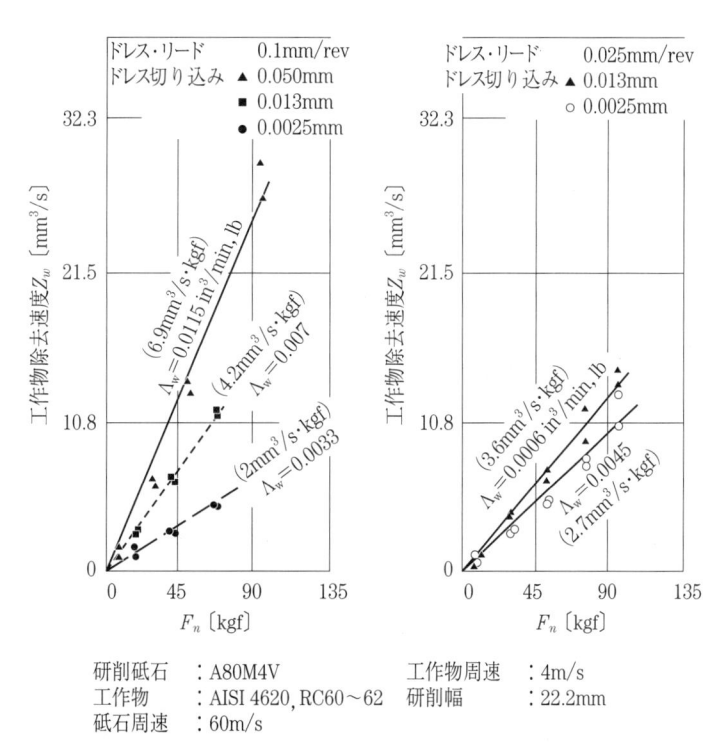

**図4.13** ドレス条件と研削砥石の切れ味$\Lambda_w$

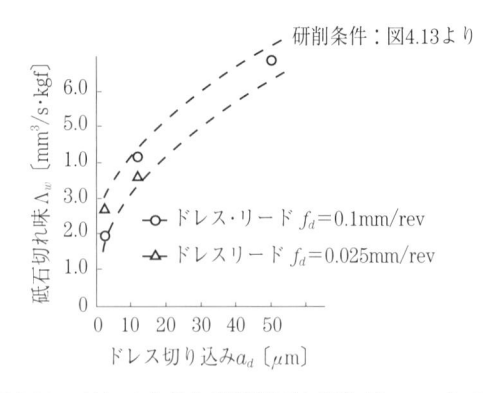

**図4.14** ドレス条件と研削砥石の切れ味 $\Lambda_w$—その2

れ味 $\Lambda_w$ に大きな変化が認められない。これは，砥粒の破砕深さがドレス切り込み $a_d$ の影響を大きく受け，ドレス送りの影響が小さいからと考えられる。砥石A80M4Vの平均砥粒径0.18mmの$1/2 \sim 1/8$程度のドレス送りの変化は $\Lambda_w$ に大きな変化を与えていない。

### 4.2.4 難削材の研削領域

これまでの一連の実験は軸受鋼に代表されるような標準的焼き入れ鋼に関する研削作用に関するものである。これに反して工具鋼のようないわゆる難削材に対しては砥石の切れ味が当然低下することが経験的に知られている。これに関する研削力操作形研削方式で研削した実験例を**図4.15**に示す。ここで，研削砥石はA80P4Vで，結合度の高い砥石を用いるのは高い研削抵

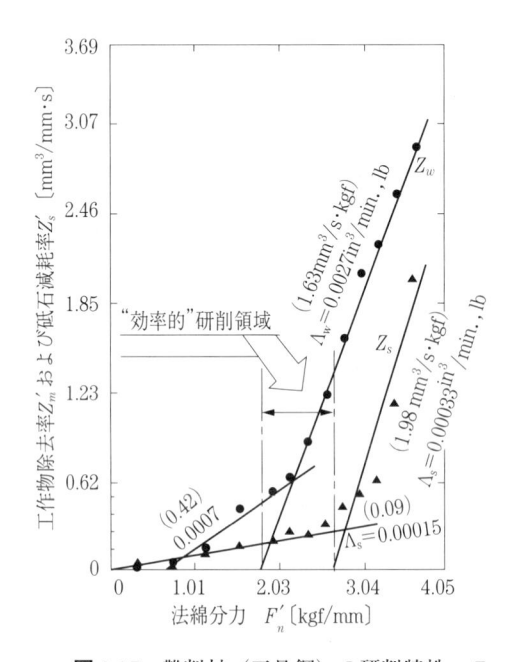

**図4.15** 難削材（工具鋼）の研削特性—$Z_w$, $Z_s$ および $\Lambda_w$, $\Lambda_s$

4. 砥石の損耗形態と研削作用

表4.3 それぞれの領域における研削比 $G$

| $F_n'$ [kgf/mm] | $\Lambda_w$ [mm³/s·kgf] | $\Lambda_s$ [mm³/s·kgf] | $G$ | 除去モード |
|---|---|---|---|---|
| 0～0.71 | — | — | — | ラビング |
| 0.71～1.82 | 0.42 | 0.09 | 4.6 | プラウイング |
| 1.82～2.74 | 1.63 | 0.09 | 18 | 研削 |
| 2.74～3.65 | 1.63 | 1.98 | 0.82 | 目こぼれ |

抗に砥粒が耐える保持力を必要とするからである。ここで効率的研削領域と定義されるのは砥石の切れ味 $\Lambda_w$ が大きく，砥石の減耗パラメータ $\Lambda_s$ が小さな領域，すなわち，研削比が最大値を示すからである。

法線分力 $F_n'$ の範囲を図4.9の例にならい，ラビング，プラウイング，研削および目こぼれの各領域に分類し，それぞれの領域における研削比 $G$ を求めると表4.3のようになる。

## 4.3 研削（切削）領域の境界における砥石平均接触圧力

### 4.3.1 研削力操作形研削方式による研削現象の分類

R. Hahn, R. Lindsay によって提案された研削力操作形研削方式によって明らかにされた砥石による材料除去現象の3つのモード，すなわち，ラビング，プラウイング現象，切削現象（研削現象）および目こぼれ研削現象を，これに伴って変化する砥石減耗パラメータとともに実験的に示している。これを図4.16にモデル化して示す。これは，図3.8で示した超仕上げ加工における砥石面圧の関数としての砥粒摩耗領域，砥粒へき開領域および結合材破砕領域とそれぞれ対応する現象と考えられる。

そこで，これら3つの領域における砥石による材料除去機構と砥石の減耗機構とを関連づけて研削比 $G$ および研削剛性 $k_w$ の期待される特性として表示すると図4.17となる。図4.17(c)は，砥石減耗過程を砥粒切れ刃の再生モデルである砥粒摩滅形，砥粒破砕形および結合材破砕形

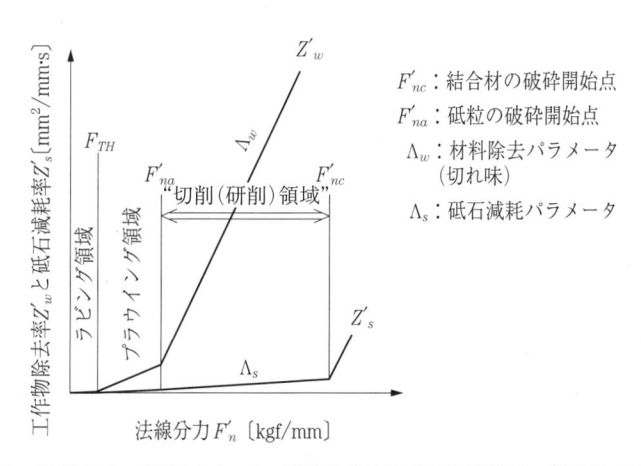

図4.16 法線分力の関数としての材料除去率と砥石減耗率の代表的パターン

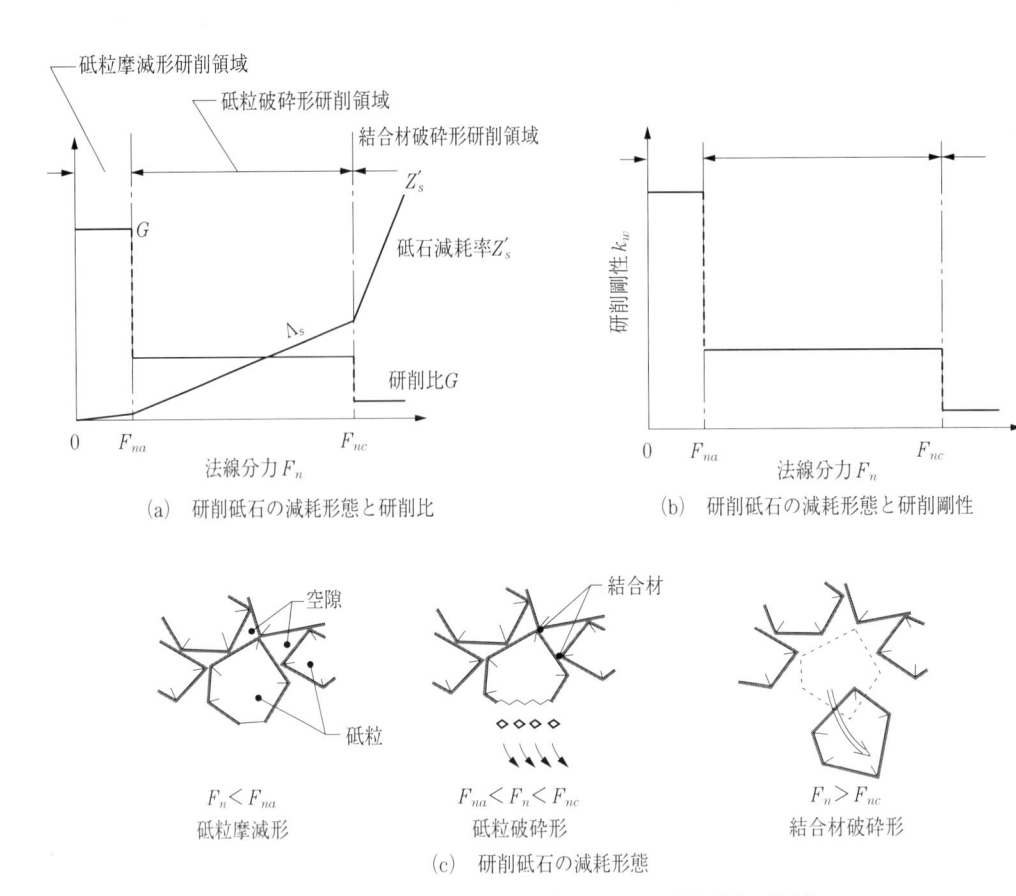

**図4.17** 砥石の摩耗形態と研削比および研削剛性の関係

(砥粒脱落形)にそれぞれ分類して示す。砥粒破砕開始点における法線分力を$F_{na}$，結合破砕開始点における法線分を$F_{nc}$とする。図4.17(c)に示す砥粒切れ刃の再生モデルによって生ずると考えられる研削現象を法線分力$F_n$の関数として以下に述べる。

(1) $F_n < F_{na}$の領域

脆性材料である砥粒の一般的性質として図2.7で示したように延性摩耗領域では，図4.17(a)に示すように砥粒減耗パラメータ$\Lambda_s$は他の領域に比べ最小となる。したがって，研削比$G$は最大となる。また，(c)に示すように砥粒切れ刃は砥粒破砕形に比べ砥粒端部に限定される。研削剛性は最大となる。これに関する検討は4.3.4で実験例を用いて検討したい。

(2) $F_{na} < F_n < F_{nc}$の領域

この領域では，研削負荷によって砥粒切れ刃が局部的に破砕して新しい切れ刃が連続的に再生する状態を想定する。また，砥粒の脆性破壊の規模は研削負荷に比例して増大すると考えられる。このような過程を想定すると研削比$G$は(1)に比べ低下するのは当然で，また，その切れ刃再生機構から切れ味が向上し，研削剛性は減小する。

(3) $F_n > F_{nc}$の領域

4. 砥石の損耗形態と研削作用

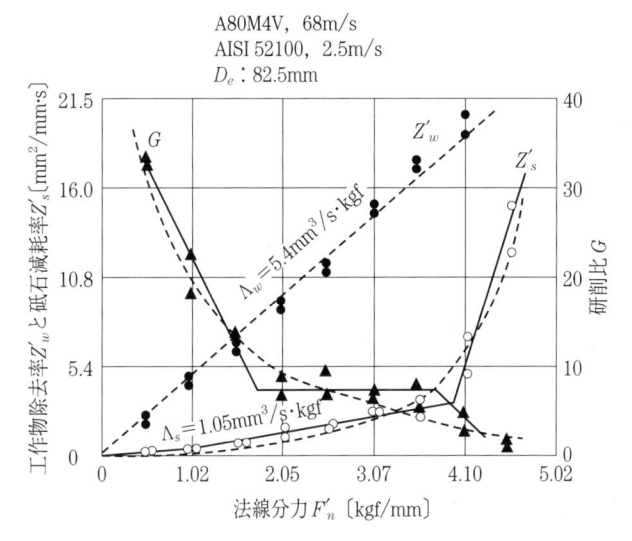

**図4.18** 図4.12の実験結果の直線近似と砥石の減耗形態の分類

砥粒脱落が著しい領域であるから研削比$G$は一段と低下する。また，砥粒切れ刃の再生も頻度高く生じるため，研削剛性も一段と低下する。ここで砥粒の保持力を示すパラメータとして結合度があるが，結合材破砕開始点$F_{nc}$と結合度を結ぶ力学的モデルの実験的検討が望まれる。

以上，図4.17(c)に示す砥石減耗形態の力学的モデルを基礎に，法線分力$F_n$の関数としての研削比$G$および研削剛性$k_w$の特性を図4.17(a)，(b)に纏めている。

このような砥石の減耗形態の力学的モデルにしたがって図4.12に示したHahnらの実験結果を検討する。図4.17でモデル化した3つの砥石減耗形態領域内で砥石の減耗パラメータ$\Lambda_s$および研削比$G$が直線近似できると考え，図4.12の実験結果（点線近似）を直線近似すると**図4.18**のように示される。図4.17で示した砥粒破砕開始点$F_{na}$および結合材破砕開始点$F_{nc}$の近傍で急激な不連続性は認められないが，ほぼ図4.17に近い特性の実験値を示している。すなわち，法線分力$F'_n$が1.80kgf/mmを境にそれ以下で研削比$G$が急増し，3.85kgf/mmを境にそれ以上で急速に減小する。また，これらの点の近傍で砥石の減耗率$Z'_s$が折れ線を示している。ただし，ドレス直後の短時間の研削実験，特に$Z'_w<0.1$mm³/mm·sで顕著といわれる砥粒の摩滅的摩耗を示す$Z'_s$の領域では測定精度の低下はまぬがれない。材料除去パラメータ（切れ味）$\Lambda_w$が$F'_{na}(=1.80$kgf/mm$)$近傍で変化が認められないのは測定法の分解能不足によるものと想定される。この領域近傍の特性は，図3.3に示す超仕上げ加工における砥石面圧の関数としての砥粒の減耗特性と対比すると，同様の力学的モデルで説明できるものと思われる。

図4.9の場合について実験結果が示す砥石の切れ味（材料除去パラメータ）$\Lambda_w$および砥石減耗パラメータ$\Lambda_s$から求めた研削比$G$，すなわち，

$$G = \Lambda_w / \Lambda_s \tag{4.5}$$

と法線分力$F'_n$との関係を**図4.19**に示す。砥粒破砕領域（0.87kgf/mm＜$F'_n$＜3.07kgf/mm）

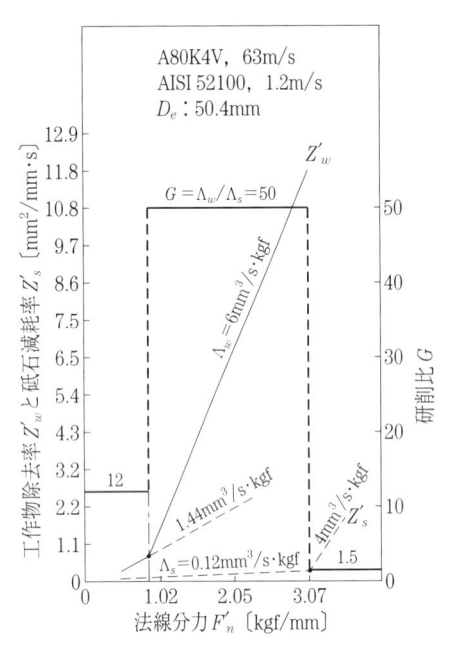

図4.19 研削砥石の減耗形態と研削比—図4.9の場合—

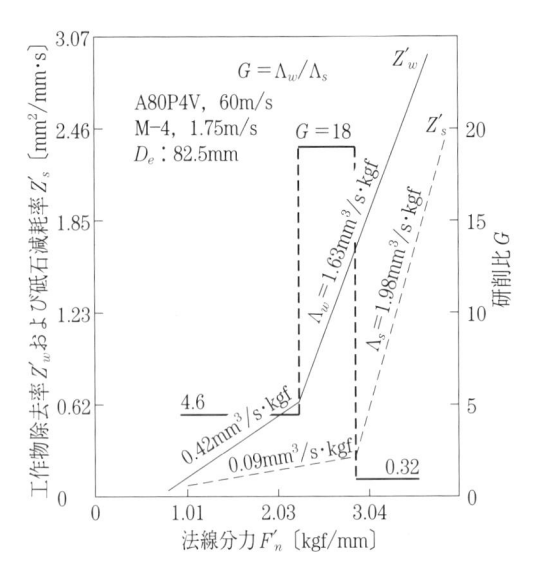

図4.20 研削砥石の減耗形態と研削比—図4.15の場合—

では研削比は50で，$F'_n > 3.07\text{kgf/mm}$では急落し1.5となる。他方，ラビング，プラウイング領域といわれる$F'_n < 0.87\text{kgf/mm}$では，本来砥粒の摩滅形摩耗形式から期待される50以上の研削比ではなく，逆に減小し20にすぎない。この点に関しては4.3.4で改めて検討する。

次に難削材といわれる工具鋼を対象に結合度の高いA80P4Vで研削にした図4.15の実験値から研削比$G$を求めた結果を図4.20に示す。切れ味$\Lambda_w$が急増する$F'_n = 2.28\text{kgf/mm}$を$F'_{na}$と考え，また砥石減耗パラメータ$\Lambda_s$が急増する$F'_n = 2.89\text{kgf/mm}$を$F'_{nc}$と見なし，この間の研削比$G$を求めると，$G = 18$となる。この間の領域をHahnらは効率的研削領域と呼んでいる。$F'_n > F'_{nc}(= 2.89\text{kgf/mm})$は結合材破砕形減耗領域であるから研削比は0.32に低下する。$F'_n < 2.28\text{kgf/mm}$の領域で研削比$G$が4.6に減小するのは，図4.17(c)に示す砥粒の摩滅形摩耗形態では説明ができず，別の現象が生じている可能性がある。

以上，研削比$G$の立場から3つの領域における研削現象の検討を行なったが，図4.17(b)のモデルによれば研削剛性$k'_w$の立場から3領域の特性を分類することが可能である。この点に関しては，砥粒破砕開始までの微細研削現象の中で検討を加えることとする。

### 4.3.2 研削砥石の接触剛性の測定

すでに3.2で述べたように，法線分力$F'_n$によって研削点に生ずる砥石の弾性変形$d_{we}$は砥石・工作物間の接触弧長さを増すこととなる（図3.14(b)参照），砥石の弾性変形を無視した場合の接触弧長さ$l_{cs}$と考慮した場合の接触弧長さ$l_{cse}$を改めて示すと次のようになる。

4. 砥石の損耗形態と研削作用

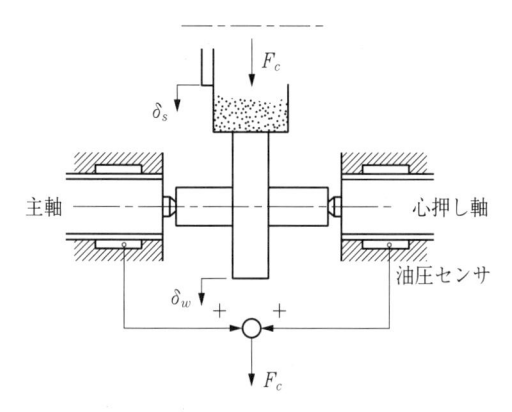

**図4.21** 砥石の接触剛性の測定法―その1

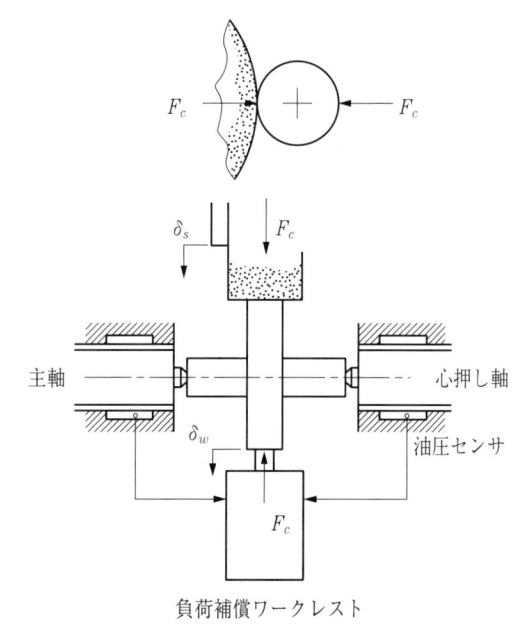

**図4.22** 砥石の接触剛性の測定法―その2

$$l_{cs}=\sqrt{d_w \cdot D_e} \tag{4.6}$$

$$l_{cse}=\sqrt{(d_w+d_{we})D_e} \tag{4.7}$$

したがって，接触点で砥石に加わる平均接触圧力はそれぞれ，

$$P_n = F'_n/l_{cs} \tag{4.8}$$

$$P_{ne} = F'_n/l_{cse} \tag{4.9}$$

研削点に生ずる砥石の弾性変形$d_{we}$が砥石の平均接触圧力$P_{ne}$に与える影響は，法線分力$F'_n$が小さく，したがって，砥石切り込み$d_w$の小さな領域で無視できない量となる。上述の事情から精密研削の分野では，砥石の弾性変形を示す接触剛性の精密な測定値はきわめて重要なパラメータとなる。あるいは，高精密な研削過程で砥石に加わる平均接触圧力を知ることは，砥粒切れ刃の再生機構を探る糸口になると考えられる。

以下に，砥石の接触剛性の測定法と接触剛性を支配するパラメータのいくつかについて実験結果を通して説明する。

**図4.21**に測定法の一例を示す。工作物に対して砥石を送って荷重$F_c$を加え，これを静圧軸受で支えられた主軸，心押し軸の静圧ポケットから検出する。このとき生ずる砥石フランジ部の変位量$\delta_s$および工作物の変位量$\delta_w$を同時に記録し，その差が砥石荷重点の弾性変形量とする。この場合の問題点は，砥石の弾性変形量に比べ$\delta_s$，$\delta_w$の変位量が著しく大きくなること，また，工作物を支持するセンタとセンタ穴の間の摩擦力によるヒステレシスが発生することなどによる測定精度の低下が考えられる。**図4.22**はこれに対する改善策である。ここでは，負荷補償ワークレストと呼ばれる工作物保持装置を採用する[4.5]。その原理は静圧ポケットで検

(a) 測定法—その1による測定例

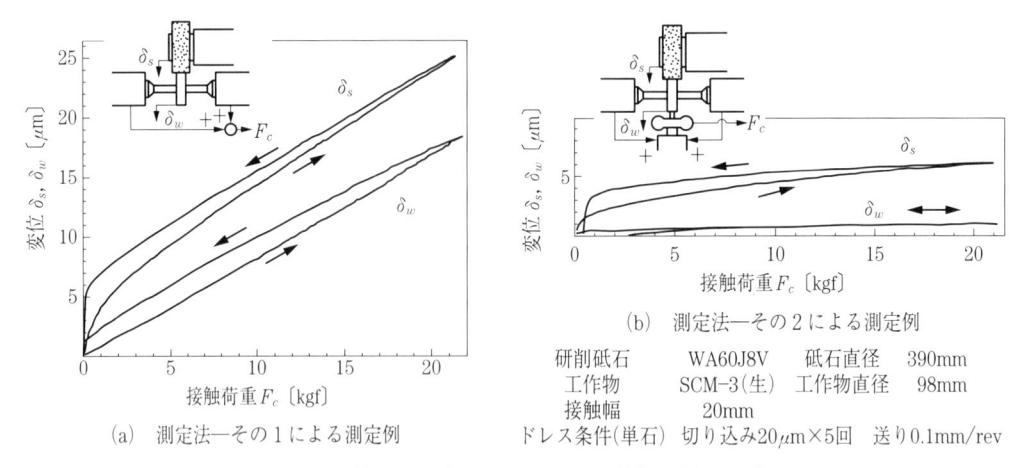

(b) 測定法—その2による測定例

研削砥石　　WA60J8V　　砥石直径　　390mm
工作物　　　SCM-3(生)　 工作物直径　98mm
接触幅　　　20mm
ドレス条件(単石)　切り込み20μm×5回　送り0.1mm/rev

**図4.23**　2種類の測定法による砥石の接触剛性の測定例

$\delta_s - \delta_w = \delta_c$

ワークレストなし　　　●
負荷補償ワークレストあり　○

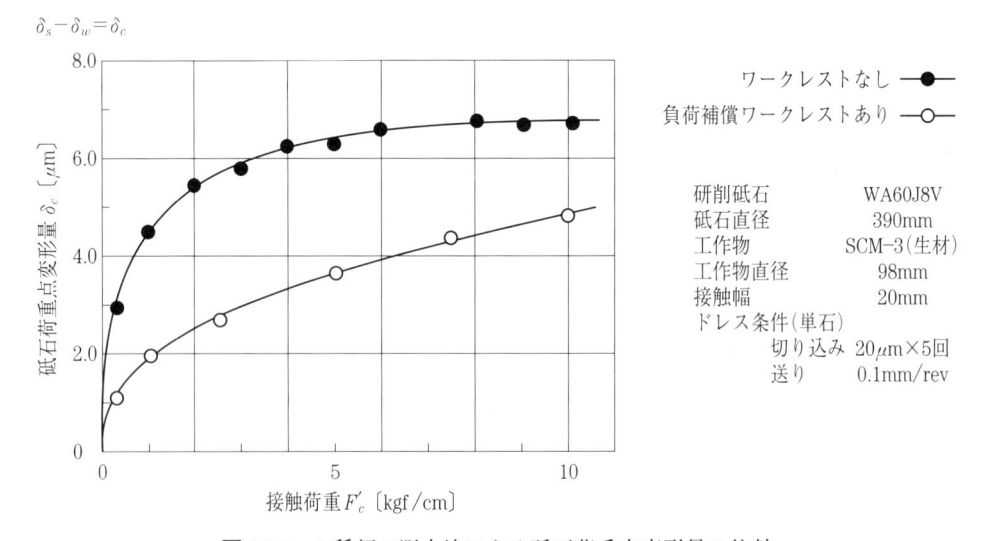

研削砥石　　　WA60J8V
砥石直径　　　390mm
工作物　　　　SCM-3(生材)
工作物直径　　98mm
接触幅　　　　20mm
ドレス条件(単石)
　　切り込み　20μm×5回
　　送り　　　0.1mm/rev

**図4.24**　2種類の測定法による砥石荷重点変形量の比較

出された接触荷重$F_c$と等しくなるよう砥石の荷重に対抗してワークレストで工作物を押し返す機構である。その結果，工作物の中心の変位量はサーボ系の誤差内で無視できる量となる。このような状態では，工作物の変位$\delta_w$はきわめて小さく，砥石フランジの変位量$\delta_s$がほとんど砥石の弾性変形量となる。

　以上2つの方法による実験例を**図4.23**に示す。この結果から明らかなように，負荷補償ワークレストを用いる場合は，図4.23(a)に示される工作物の変位量$\delta_w$に顕著なヒステレンスがほとんど見られず，かつ，$\delta_w$自身も荷重20kgfにわたってほぼ1μm以下となる。

　このような2種類の測定法による荷重点における砥石の弾性変形量$\delta_c = \delta_s - \delta_w$の比較例を**図4.24**に示す。ワークレストなしの場合は接触荷重の小さな領域で砥石の弾性変形量が特に大きく示され，接触剛性を小さく示す傾向がある。以下に示す実験値はすべて負荷補償ワークレ

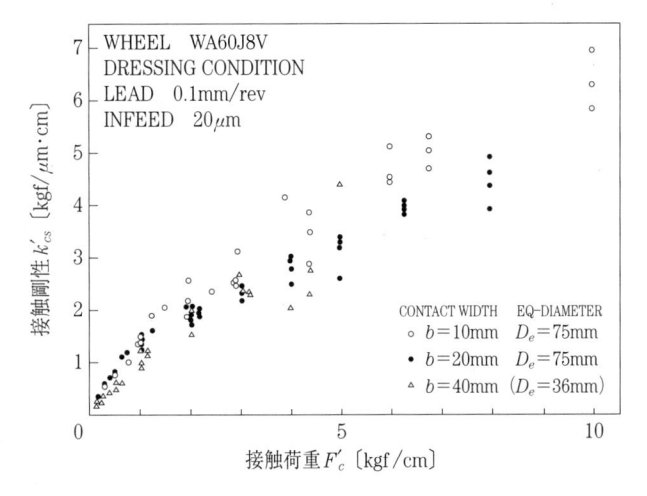

図4.25 砥石接触幅による接触剛性測定値への影響

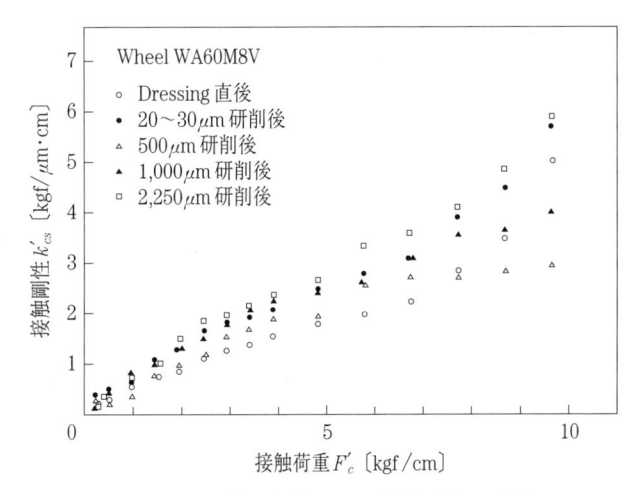

図4.26 累積研削量による接触剛性の変化

ストを用いた2番目の測定法で求めたものである．また，工作物，砥石の寸法およびドレス条件は特に示さない限り図4.24に示す条件の下で実施している．

工作物と砥石間の接触荷重の均一性は必ずしも一様とは限らない．そこで，工作物と砥石の接触幅によって測定値がどのように変化するかを調べたのが図4.25である．傾向としては接触幅10mmに比べ20mmの場合の方が測定値は若干低くなるが，これは接触荷重分布の不均一性のためと考えられる．

砥石の接触剛性は，砥粒の番手，砥粒率，結合度，空隙率など多くの因子を含むと同時にドレス条件に支配される砥石作業面の破砕の度合いによっても変化する．しかし，もっとも現実的因子は連続研削による砥粒分布，実効結合度の変化による影響である．そこで，累積研削量による接触剛性の変化の測定例が図4.26である．このときの材料除去率$Z'_w$は図3.16の場合に

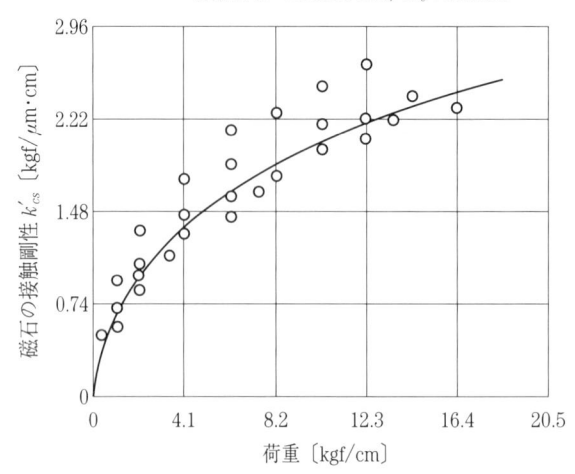

**図4.27** 研削砥石の接触剛性（R. Hahn, R. Lindsayによる）

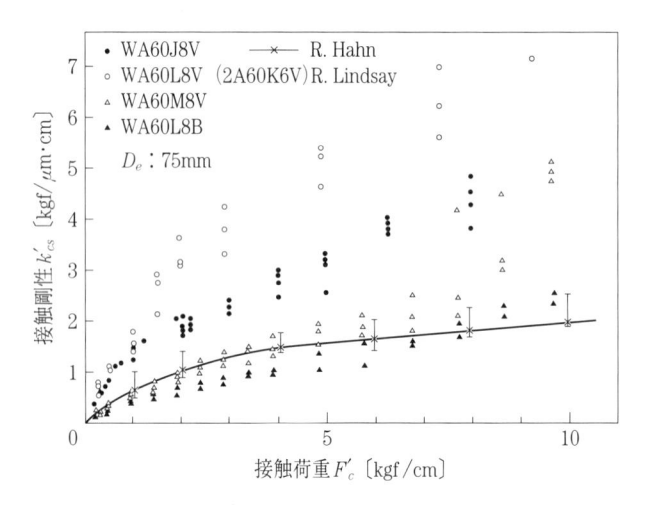

**図4.28** 各種砥石の接触剛性の測定例

等しく，$Z'_w = 2.5\text{mm}^3/\text{mm}\cdot\text{s}$である．ドレス直後に比べ，20～30$\mu$m研削後は，ほぼ接触剛性は増加するが，その後の変化は複雑に見える．これは，連続研削による機械系の不安定振動の発生によるものである．このことは別に測定された砥石作業面に生じたうねりに沿った接触剛性の周期的変化によっても示される．

R. Hahn，R. Lindsayによる砥石の接触剛性の測定例を**図4.27**に示す[4.4]．ここでは具体的測定法は示されていない．

また，3種類の結合度の砥石について接触剛性の測定値を比較して**図4.28**に示す．ここで，接触荷重10kgf/cmの範囲に汎って測定しているが，この間接触剛性がもっとも高いのはWA60L8Vで，もっとも低いのは7 kgf/cm以下の領域でWA60M8Vとなるが，7 kgf/cmを超

えると中間の接触剛性を示すWA60J8Vの範囲に入っている。その理由はこの例では不明である。しかし接触剛性と表示の砥石結合度の関係は余り明瞭ではない。

なお，先に示した図4.27の測定値を図4.28の上に比較のため表示する。以下の解析で用いる砥石の接触剛性は，中間の剛性を示すWA60J8Vの実験値を採用している。

### 4.3.3 結合材破砕開始時の砥石平均接触圧力と砥石結合度

4.2で扱ったR. Hahn，R. Lindsayの実験値の中から砥石の結合材破砕開始時の法線分力$F'_{nc}$が明らかな図4.9，図4.12（これを直線近似した図4.18）および図4.15について，破砕開始時の砥石の平均接触圧力$F'_{nc}$と砥石の結合度との関係を求めることとする。

この計算に必要な関係式を列挙すると，

$$d_w = Z'_{wc}/v_w$$
$$d_{we} = F'_{nc}/k'_{cs}$$
$$l_{cs} = \sqrt{d_w \cdot D_e}, \quad l_{cse} = \sqrt{(d_w+d_{we})D_e}$$
$$P_{cs} = F'_{nc}/l_{cs}, \quad P_{nce} = F'_{nc}/l_{cse}$$

ただし，$Z'_{wc}$：$F'_{nc}$における材料除去率
  $v_w$：工作物周速
  $d_w$：砥石切り込み
  $d_{we}$：砥石の接触弾性変形
  $l_{cs}$：砥石を剛体とした接触弧長さ
  $l_{cse}$：砥石の弾性変形を加えた接触弧長さ
  $P_{nc}$：弾性変形なしの結合材破砕開始時平均接触圧力
  $P_{nce}$：弾性変形ありの結合材破砕開始平均接触圧力

**表4.4**は，図4.9の場合の結合材破砕開始圧力$P_{nc}$の計算過程を示す。すなわち，図4.9から，

$$F'_{nc} = 3.07 \text{kgf/mm}$$

このとき

$$Z'_{wc} = 12.12 \text{mm}^3/\text{mm·s}$$

工作物周速

$$v_w = 1.2 \text{m/s から,}$$
$$d_w = Z'_{wc}/v_w = 10^{-2} \text{[mm]} = 10 \text{[}\mu\text{m]}$$

したがって，

$$l_{cs} = \sqrt{d_w \cdot D_e} = \sqrt{10^{-2} \times 50.8} = 0.713 \text{[mm]}$$

結合材破砕開始時の砥石平均接触圧力$P_{nc}$は，

$$P_{nc} = F'_{nc}/l_{cs} = 3.07/0.713$$
$$= 4.3 \text{[kgf/mm}^2\text{] または 430 [kgf/cm}^2\text{]}$$

同様にして，図4.12を直線近似して求めた図4.15から，

表4.4 結合材破砕開始圧力 $P_{nc}$〔kgf/cm²〕—図4.9の場合—

| | |
|---|---|
| 研削砥石　A80K4V，工作物材料　AISI 52100, RC60 | |
| 結合材破砕開始法線分力 | $F'_{nc}$：3.07kgf/mm |
| 工作物材料除去率 | $Z'_{wc}$：12.12mm³/mm·s |
| 工作物周速 | $v_w$：1.2m/s |
| 砥石切り込み | $d_w$：10μm |
| 等価砥石直径 | $D_e$：50.8mm |
| 砥石・工作物接触弧長さ | $l_{cs}$：0.713mm |
| 結合材破砕開始圧力 | $P_{nc}$：4.3kgf/mm² |
| | 430kgf/cm² |

表4.5 結合材破砕開始圧力 $P_{nc}$〔kgf/cm²〕—図4.18の場合—

| | |
|---|---|
| 研削砥石　A80M4V，工作物材料　AISI 52100, RC60 | |
| 結合材破砕開始法線分力 | $F'_{nc}$：3.91kgf/mm |
| 工作物材料除去率 | $Z'_{wc}$：18.75mm³/mm·s |
| 工作物周速 | $v_w$：2.5m/s |
| 砥石切り込み | $d_w$：7.2μm |
| 等価砥石直径 | $D_e$：82.5mm |
| 砥石・工作物接触弧長さ | $l_{cs}$：0.787mm |
| 結合材破砕開始圧力 | $P_{nc}$：4.97kgf/mm² |
| | 497kgf/cm² |

$$F'_{nc}=3.91\text{kgf/mm},\ Z'_{wc}=18.75\text{mm}^3/\text{mm·s}$$

これから求めた結合材破砕開始時の砥石平均接触圧力 $P_{nc}$ 計算過程を表4.5に示す。図4.15の場合は，難削材といわれる工具鋼のため用いられた結合度の高い砥石A80P4Vに着目したい。図4.15から効率的研削領域の最大値 $F'_{nc}=2.73$ kgf/mm およびそのときの材料除去率 $Z'_{wc}=1.43$ mm³/mm·s に注目し，砥石への接触圧力を求める。研削点における砥石の弾性変形を無視した場合の砥石切り込み $d_w$ はきわめて小さく，

$$d_w=0.85\mu\text{m}$$

このとき，研削点に生ずる砥石の弾性変形 $d_{we}$ は無視できない量となる。

そこで，図4.28の測定例を外挿して求めた推定値として砥石の接触剛性 $k'_{cs}$ を，

$$k'_{cs}=3.2\text{kgf}/\mu\text{m}$$

と仮定する。このとき，

$$d_{we}=F'_{nc}/k'_{cs}=1.9\ \text{〔}\mu\text{m〕}$$

砥石の接触弧長さ $l_{cse}$ は，

$$l_{cse}=\sqrt{(d_w+d_{we})D_e}$$
$$=\sqrt{(0.85+1.9)\times10^{-3}\times82.55}=0.476\text{〔mm〕}$$

したがって，

**表4.6** 結合材破砕開始圧力 $P_{nc}$ 〔kgf/cm²〕—図4.15の場合—

| 研削砥石　A80P4V,　工作物材料　M-4 | |
|---|---|
| 結合材破砕開始法線分力 | $F'_{nc}$：2.73kgf/mm |
| 工作物材料除去率 | $Z'_{wc}$：1.48mm³/mm·s |
| 工作物周速 | $v_w$：1.75m/s |
| 砥石切り込み | $d_w$：0.85μm |
| 接触点弾性変形 | $d_{we}$：1.9μm |
| 等価砥石直径 | $D_e$：82.55mm |
| 砥石・工作物接触弧長さ | $l_{cse}$：0.476mm |
| 結合材破砕開始圧力 | $P_{nec}$：5.74kgf/mm² |
| | 574kgf/cm² |

**表4.7** 砥石結合度と結合材破砕開始圧力

| 研削砥石 | 被削材 | 結合材破砕開始圧力 $P_{nc}$〔kgf/cm²〕 |
|---|---|---|
| A80K4V | AISI 52100 (RC60) | 430 |
| A80M4V | AISI 52100 (RC60) | 497 |
| A80P4V | M-4 | 574 |

$$P_{nce} = F'_{nc}/l_{cse}$$
$$= 574\text{kgf/cm}^2$$

この過程を**表4.6**に示す。

砥石の結合度は砥粒を保持する強さを表わす尺度であるから，結合材破砕開始時の負荷の尺度である砥石平均接触圧力 $P_{nc}$（または $P_{nce}$）と結合度の関係は比例的であると考えられる。**表4.7**はこの関係を示すもので，**図4.29**は両者の比例関係を示している。

表4.5の結果は，普通研削材といわれる軸受鋼と難削材といわれる工具鋼を対象とする研削の違いにも拘らず，砥石に働く接触圧力が一定の値に達すると結合材破砕開始研削の領域に入り，その尺度は結合度と砥石平均接触圧力間に比例関係があることを示している。このことは，研削（切削）領域の最大値を研削条件から求まる平均接触圧力 $P_{nc}$（または $P_{nce}$）を予め設定し，この値から研削砥石の結合度を決める可能性を与える。

### 4.3.4　砥粒破砕用開始までの微細研削現象の検討

4.3.1において，図4.17で示したラビング，プラウイング領域，研削（切削）領域および目こぼれ研削領域の判断基準として研削比 $G$ に着目し，R. Hahnらの図4.9，図4.12（直線近似の図4.18）から研削比 $G$ を求め，上記領域毎の判断基準からの疑問を指摘した。

そこで，もう1つの基準である研削剛性$k'_w$の立場から検討することとする。R. Hahnらが提唱する切れ味（または材料除去パラメータ）$\Lambda_w$と研削剛性$k'_w$の関係式を以下に示す。

$$Z'_w = F'_n \cdot \Lambda_w$$
$$d_w = Z'_w / v_w$$

したがって

$$k'_w = F'_n / d_w = Z'_w / \Lambda_w \cdot v_w / Z'_w$$

すなわち，

$$k'_w = v_w / \Lambda_w \tag{4.10}$$

図4.9に示すプラウイング領域の切れ味$\Lambda_w$および工作物周速$v_w$からこの領域の研削剛性$k'_w$を求める。

$$\Lambda_w = 1.44 \text{mm}^3/\text{s} \cdot \text{kgf}$$
$$v_w = 1.2 \text{m/s}$$

(4.10) 式から，

$$k'_w = \frac{1.2 \times 10^3 \text{mm/s}}{1.44 \text{mm}^3/\text{s} \cdot \text{kgf}}$$
$$= 0.83 \times 10^3 \text{kgf/mm}^2$$
$$= 0.83 \text{kgf}/\mu\text{m} \cdot \text{mm} \text{ または } 8.3 \text{kgf}/\mu\text{m} \cdot \text{cm}$$

同様にして研削（切削）領域では研削剛性が減少し，

$$k'_w = 2.0 \text{kgf}/\mu\text{m} \cdot \text{cm}$$

この関係を**図4.30**に示す。

ラビング，プラウイングの領域では当然研削砥石の切れ味$\Lambda_w$が低下すると考えられるが，図4.12においては実験の範囲内で$\Lambda_w = 5.4 \text{mm}^3/\text{s} \cdot \text{kgf}$で一定である。ここでは，ラビング，プラウイング領域の情報が不足している。この関係を**図4.31**に示す。図4.15の場合について，上述と同様に求めた各領域の研削剛性$k'_w$の結果を**図4.32**に示す。ラビング，プラウイング領

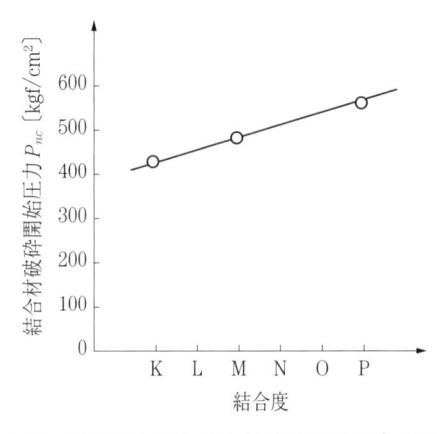

**図4.29** 砥石結合度と結合材破砕開始圧力の関係

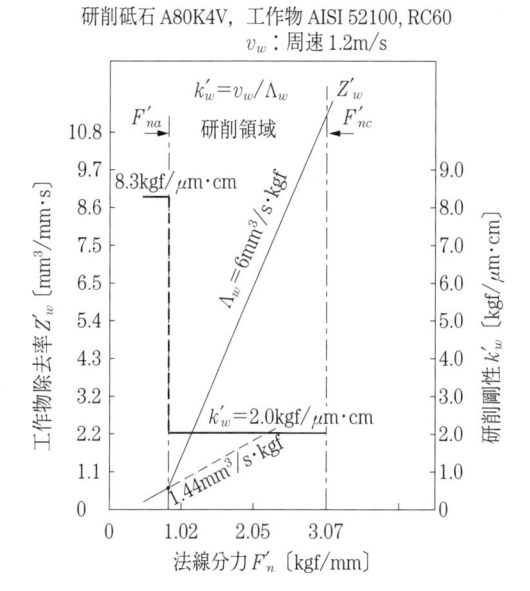

**図4.30** ラビング／プラウイング領域および研削領域における研削剛性—図4.9の場合—

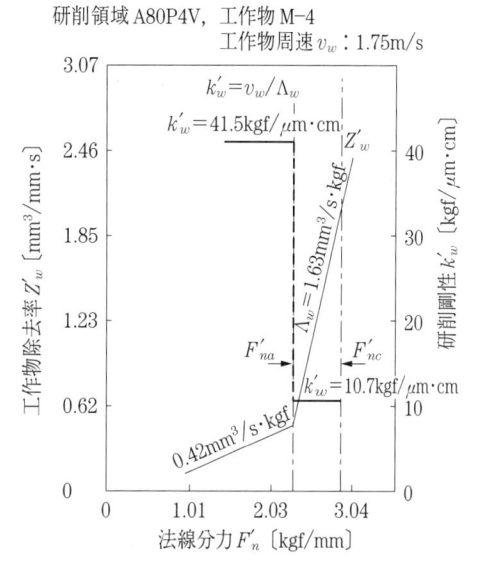

**図4.32** ラビング／プラウイング領域および研削領域における研削剛性—図4.15の場合—

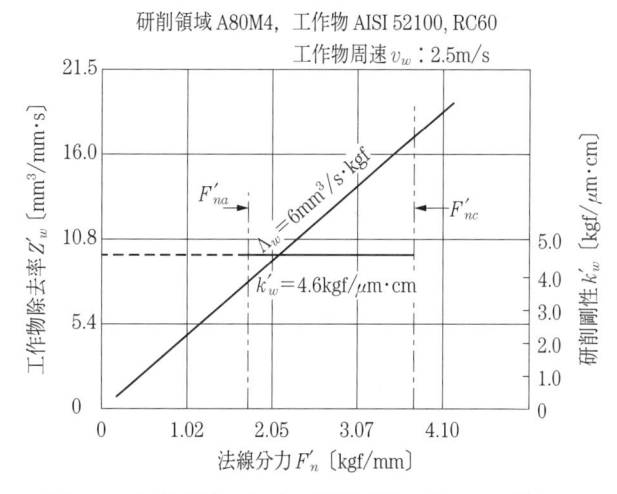

**図4.31** 研削領域における研削剛性—図4.18の場合—

域では$k'_w = 41.5\text{kgf}/\mu\text{m}\cdot\text{cm}$と研削剛性は高く，効率的研削領域と呼ばれる領域の$k'_w = 10.7\text{kgf}/\mu\text{m}\cdot\text{cm}$に比べ約4倍に達する．

実用的研削領域と思われる研削条件の下で求められた各種材料を対象とした研削剛性$k'_w$の測定値を参考として**表4.8**に示す．

これまで，研削力操作形研削方式から得られた実験結果から，研削比$G$が大きく，目直し間寿命が長く能率的で，かつ，経済的な研削（切削）領域に関する資料を得ることができた．し

表4.8　各種材料・研削剛性 $k'_w$（CIRP）

| 材　質 | 硬さ | 研削砥石 | 研削剛性〔kgf/$\mu$m・cm〕<br>周速比1/60 | 実験者 |
|---|---|---|---|---|
| AISI 4153 | 54Rc | 32A70M6 | 1.2 | Hahn |
|  |  | A701-N6 | 2.2 | 〃 |
|  |  | A461-M8 | 1.3 | 〃 |
| 100Cr6RIU | 63Rc | EK67L7 | 1.9 | CIRP |
|  |  |  | 2.2 | 〃 |
| OCDE AISI 104（0.45%C） | 17SHB | A46J5V | 2.0 | U. Lv. |
| CK45 | 57Rc | EK60J6 | 2.0 | T. H. Aachen |
| C steel | 45Rc | 2A60K6 | 3.7 | U. C. |
|  |  |  | 4.2 | Cincinnati |
| NCAV | 62Rc | 38A60J5J | 4.2 | BN |
| 255 20 Rollerbrg |  | A801-6 | 4.6 | Hahn |
| RAD | 62Rc | 38A46H8 | 5.6 | BN |
|  |  | SA70M6 | 2.0 | 〃 |
| Renéll |  | 32A70M6 | 6.7 | Hahn |
| AISI 52100 | 61Rc | A60-5 | 11 | 〃 |
| T-15 | 54Rc | IA60M6 | 13 | 〃 |

かし，いわゆる「ラビング，プラウイング」領域では，効率的な研削領域に比べ研削剛性 $k'_w$ の値が著しく高くなること以外は，砥粒の摩滅摩耗の形態と材料除去機構の関係を含めて不明な点が多い。

そこで，先に示した武野，長岡ら[3,6]による鏡面研削，普通研削の比較実験が示す表3.3および砥粒切れ刃による材料除去機構を伺わせる一連の電顕写真図3.19および図3.20は，上述の課題の解明に手掛りを与えるものである。

材料除去率 $Z'_w$ が 0.1mm³/mm・s 近傍，もしくはそれ以下の微細な研削加工においては，先に論じた砥石研削点に生ずる弾性変形 $d_{we}$ の影響を無視することはできない。そこで，図4.28に示した砥石の接触剛性 $k'_{cs}$ の実験値から表3.3に対して砥石の弾性変形 $d_{we}$ を加えた補正結果を表4.9に示す。鏡面研削と普通研削の区別は，ドレス条件と周速比および砥石切り込みによっている。

一般的に，微細ドレッシングと粗いドレッシングといわれる条件の下で単石ドレッサにより脆性破壊された砥粒表面の電顕写真の例を図4.33に示す，脆性破壊の差が認められる。

表4.7のデータから法線分力 $F'_n$ の関数としての材料除去率 $Z'_w$ から切れ味 $\Lambda_w$ を求め，また砥石の平均接触圧力 $P_{ne}$ の計算結果を図4.34に示す。(4.10)式にしたがって鏡面研削および普通研削の各領域の研削剛性を計算すると，

鏡面研削領域で，

4. 砥石の損耗形態と研削作用

表4.9 法線分力の関数として見た平均接触圧力（武野，長岡のデータより[3.6]）

研削砥石　A60KmV，周速33m/s
工作物　S55C（焼き入れ），等価砥石直径　30.5mm

| 〈ドレス条件〉送り〔mm/rev〕 | 0.05 | | 0.15 | |
|---|---|---|---|---|
| 切り込み〔$\mu$m〕 | 5 | | 10 | |
| 工作物周速$v_w$　〔m/s〕 | 0.1 | | 0.33 | |
| 法線分力$F'_n$　〔kgf/mm〕 | 0.22 | 0.28 | 0.53 | 0.70 |
| 砥石接触剛性$k'_{cs}$　〔kgf/$\mu$m·mm〕* | 0.18 | 0.20 | 0.35 | 0.40 |
| 切り込み$d_w$　〔$\mu$m/rev〕 | 0.3 | 1.0 | 3.0 | 5.0 |
| 接触点変位$d_{we}$　〔$\mu$m〕 | 1.2 | 1.4 | 1.5 | 1.75 |
| 接触弧長さ$l_{cse}$　〔mm〕 | 0.21 | 0.27 | 0.34 | 0.45 |
| 平均接触圧力$P_n$　〔kgf/cm$^2$〕 | 105 | 104 | 143 | 156 |

*図4.28からの推定値（表3.3からの補正）

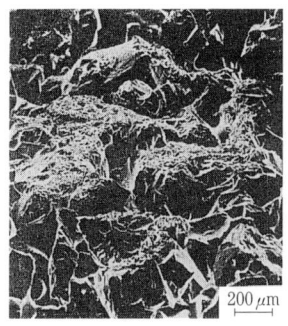

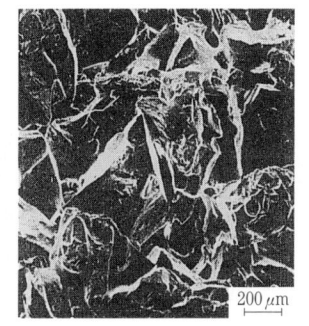

(a) 微細ドレッシング　　(b) 荒いドレッシング

図4.33　アルミナ砥石（32A46I8VBE）の電顕写真
(S. Malkin)——脆性破壊ドレス砥粒の表面

$$k'_w = 7.35 \text{kgf}/\mu\text{m·cm}$$

普通研削領域で，

$$k'_w = 0.94 \text{kgf}/\mu\text{m·cm}$$

これらのデータを研削初期の砥粒切れ刃の変化を示す電顕写真とともに示したのが図4.35である。ここで，ドレス直後の砥粒破砕の規模は両者で差が見られる。砥粒破砕面が切れ刃となり，同時にチップポケットの役割をすると考えると，鏡面研削では累積研削量$V'_w$ = 3.0mm$^3$/mmで切屑が付着し始め，普通研削では$V'_w$ = 300mm$^3$/mmでもほとんど切屑の付着が見られない。切屑の付着は砥粒切れ刃の材料除去機能を阻害するから研削剛性は増大する。これも砥粒切れ刃の目づまり現象と考えることができる。

そこで，一般に言われる砥石の目づまりには，砥粒破砕面に切屑がたまる砥粒切れ刃目づま

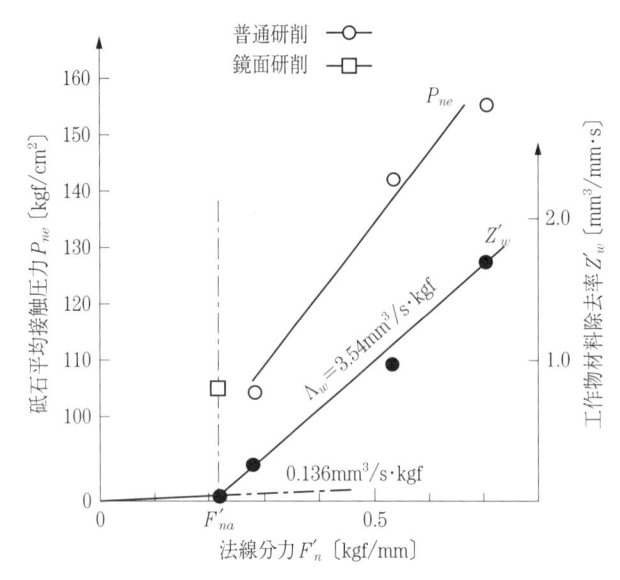

**図4.34** 法線分力で分類される砥石の切れ味と平均接触圧力の分布（表4.7より）

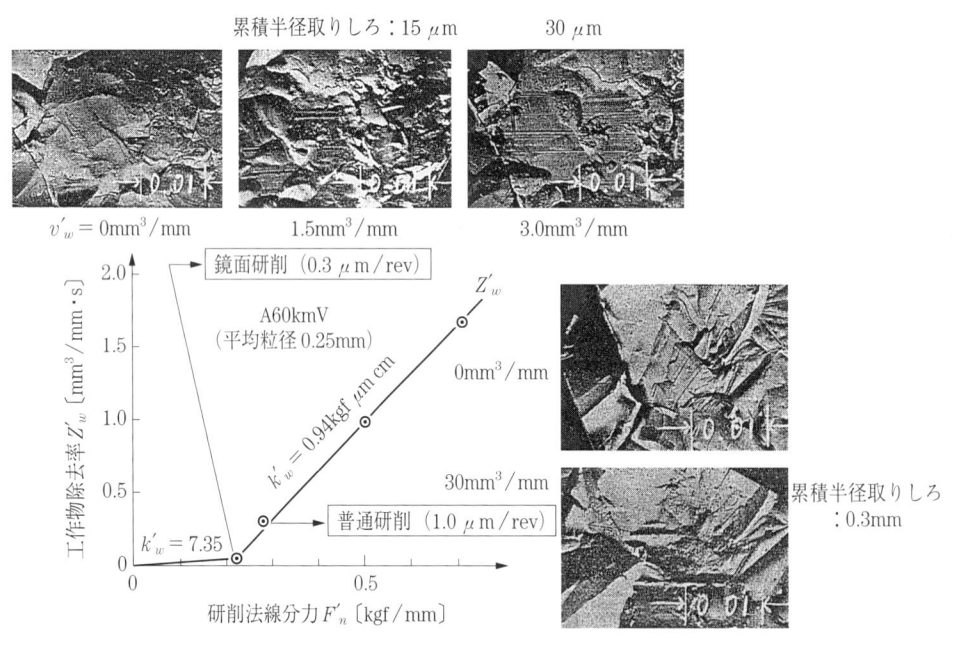

**図4.35** 鏡面研削に生ずる砥粒切れ刃面の目づまり現象（武野，長岡[3.6]）

りと，ヤスリの目づまりのように砥粒間のチップポケットに切屑がたまる砥粒間目づまりの2種類を想定することができる。この様子を**図4.36**にモデル化して示す。

**図4.37**に例示される脆性破壊ドレスされた砥粒切れ刃の高さの分布を考慮すると，微細研削領域で除去加工に寄与する先端部の少数の砥粒切れ刃面に目づまりが生じ，重研削領域で砥

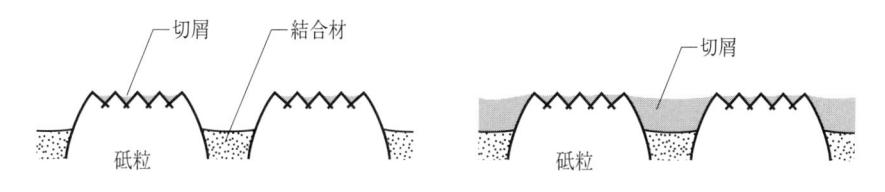

**図4.36** 脆性破壊砥粒切れ刃の目づまりの2つの形態モデル

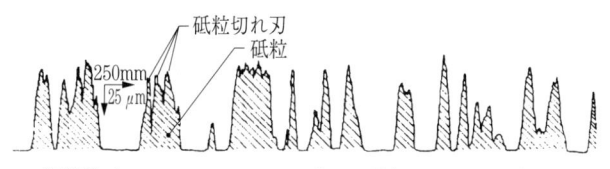

**図4.37** 脆性破壊ドレスされた砥石作業面砥粒切れ刃の高さ分布

粒間目づまりを考えることができる。この場合，ドレス直後に過渡的に切れ刃分布が変化し，やがて材料除去率$Z'_w$の影響が支配的になる定常領域への移行過程を考慮しなければならない。

R. Hahnらの定義するラビング，プラウイング領域で生ずる微細研削過程において，研削法線分力$F_n$とこれによって生ずる工作物半径の減小量$\Delta R$を同時に記録し，この領域における材料除去過程を明らかにする目的で**図4.38**に示す基礎実験を行なった。実験条件は図3.16と同じく，また，法線分力$F_n$は心押し軸，主軸を支える静圧軸受の静圧パッドから検出する。研削に伴う工作物の半径減の測定は，研削力による影響を避けるため研削力と90°位相のずれた工作物外周上に電気マイクロメータのセンサを取り付ける。この際，工作物の回転振れなどの規則的低周波擾乱を予め記録し，検出信号から除外する。また，研削点とセンサの位置の違いは，法線分力$F_n$と半径減$\Delta R$が同時に記録されるよう補正している。このようにして測定した記録を図4.38に示す。これを法線分力$F_n$と半径減$\Delta R$の関係として**図4.39**に示す。これは工作物の回転数にして約1.4回転までの記録であり，工作物半径減$\Delta R$，すなわち，砥石切り込み$d_w$は法線分力$F'_n = 1.3\text{kgf}/2\text{cm}$または$F'_n = 0.65\text{kgf/cm}$で折点を示し，研削剛性は$1.6\text{kgf}/\mu\text{m}\cdot\text{cm}$から$0.57\text{kgf}/\mu\text{m}\cdot\text{cm}$に変わる。また，研削開始点$F_{no}$は$0.2\text{kgf}/2\text{cm}$または$0.1\text{kgf/cm}$である。ここで，工作物一回転中の砥石切り込みの瞬時値として表現すると**図4.40**となる。ここで，砥石切り込みの瞬時値が定常的に続くと仮定したときの材料除去率$Z'_w (= \Delta R \cdot v_w)$を求め，図4.39の結果を含め，図3.16で示した定常的な研削剛性を比べて**表4.10**に示す。瞬時値から求めた研削（切削）領域の研削剛性$k'_w = 0.57\text{kgf}/\mu\text{m}\cdot\text{cm}$に比べ，定常値から求めた研削剛性$k'_w = 1.29\text{kgf}/\mu\text{m}\cdot\text{cm}$はほぼ2倍である。考えられる理由として，瞬時値はドレス直後の不安定な砥粒脆性破壊層が作用するのに比べ，定常値においてはこれらの砥粒の多くが脱落した後の研削剛性の違いがあげられるが，このような現象を説明する実験データは

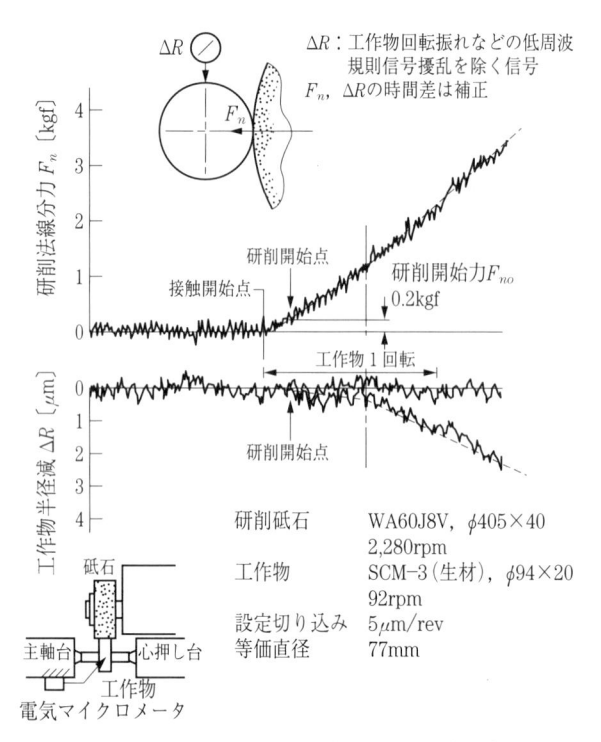

**図4.38** 円筒プランジ研削初期の過渡現象

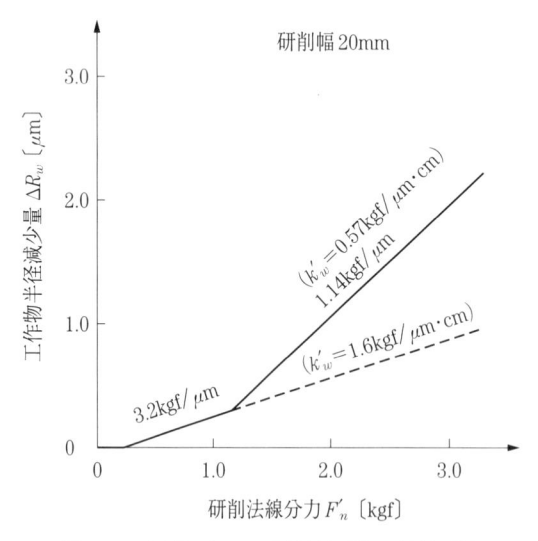

**図4.39** 円筒プランジ研削初期の研削剛性

不足している。

そこで，R. Hahn らがラビング，プラウイング領域の存在を示す実験結果とする図4.11に着目し，砥石切り込みから換算した材料除去率$Z_w'$を用いて，この領域の砥石の切れ味$\Lambda_w$と研削剛性$k_w'$の変化を**図4.41**に示す。

## 4. 砥石の損耗形態と研削作用

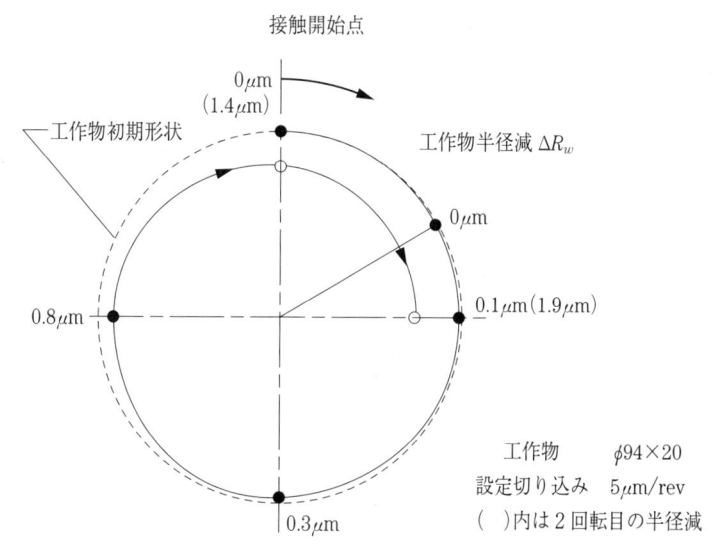

**図4.40** 円筒プランジ研削初期の工作物半径の減少過程

**表4.10** 図4.38に示す瞬時値を定常値と仮定したときの研削パラメータ

| 砥石切り込み $d_w$ または $\Delta R$ 〔$\mu$m〕 | 材料除去率 $Z'_w$ 〔mm$^3$/mm・s〕 | 法線分力 $F'_n$ 〔kgf/cm〕 | 研削剛性 $k'_m$ 〔kgf/$\mu$m・cm〕 | 領域分類 |
|---|---|---|---|---|
| 0.1 | 0.05 | <0.65 | 1.6 | プラウイング |
| 0.3 | 0.14 | | | |
| 0.8 | 0.38 | >0.65 | 0.57 | 研削（切削） |
| 1.4 | 0.66 | | | |
| 1.9 | 0.89 | | | |
| 5.21* | 2.45* | 6.7* | 1.29* | 定常研削* |

\*：図3.16のデータを使用

　以上，図4.17でモデル化した砥石の減耗形態別の研削特性と関連づけてR. Hahnらの3つの領域および武野らの研削実験の検討を行なった。その中で，砥粒破砕形研削から結合材破砕形研削（目こぼれ研削）に移行する境界に関しては図4.29で示したように，砥石平均接触圧力と結合度の比例関係からその力学的構造を理解できる。

　しかし，「ラビング，プラウイング」といわれる微細な材料除去機構，あるいは鏡面研削で見られた砥粒の破砕表面で見られる目づまり現象などは，図4.29(c)に示す砥粒の摩滅摩耗と呼ばれる延性モード摩耗のモデルからは合理的説明がつかない。このような関係を明らかにするため，微細な材料除去現象を扱った図4.34，図4.39および図4.41に示す研削パラメータの比較を表4.11に示す。ここで共通するのは，研削（切削）領域にまたは普通研削に比べ，微細な除去加工領域では研削剛性の急激な増加が見られることである。超精密研削においては，特に加工変質層（subsurface damage，SSDと略称）のサブマイクロメータ化が課題となってお

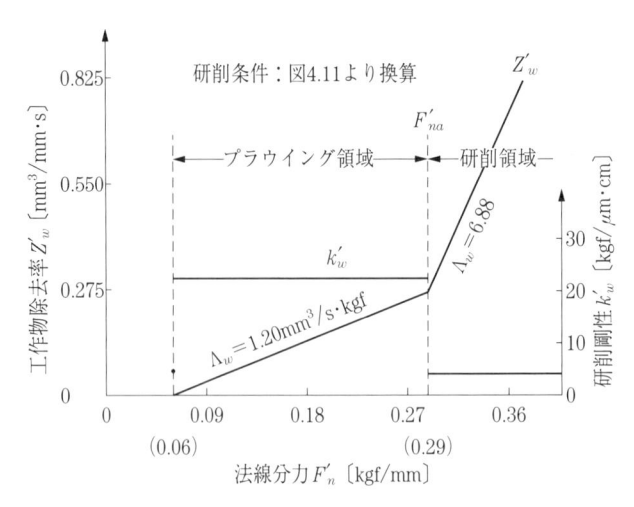

**図4.41** 微細研削負荷領域における法線分力と材料除去率
および研削剛性の関係—図4.11より換算—

**表4.11** 砥粒破砕形研削開始点における研削パラメータの比較—図4.34,図4.39および図4.41の比較—

| 研削パラメータ | | 図4.34<br>A60KmV, S55C(焼き入れ) | 図4.39<br>WA60L8V, SCM(生) | 図4.41 A801L8V<br>AIS14150, Rc53.55 |
|---|---|---|---|---|
| 砥石周速 | $v_s$ [m/s] | 33 | 48.3 | 39 |
| 工作物周速 | $v_w$ [m/s] | 0.1(0.33) | 0.47 | 2.75 |
| 速度比 | $q$ | 330(100) | 100 | 14 |
| 砥粒破砕開始 | | | | |
| 法線分力 | $F'_{na}$ [kgf/mm] | 0.22 | 0.065 | 0.29 |
| 砥石接触剛性 | $k'_{cs}$ [kgf/μm·mm] | 0.18 | 0.10 | 0.22 |
| (推定値) | | | | |
| 研削剛性 | $k'_w$ [kgf/μm·cm] | | | |
| プラウイング(鏡面研削)領域 | | 7.35 | 1.3 | 22.9 |
| 研削領域(普通研削) | | 0.94 | 0.57 | 4.0 |
| 砥粒破砕開始点の | | | | |
| 砥石平均接触圧力 | $P_{ne}$ [kgf/cm²] | 105 | 41.7 | 106 |

り,このための一般的ガイドラインは加工単位,すなわち,個々の砥粒切り込みの微細化といわれている。その意味で,超精密研削技術の開発に当たっては,従来の研削パラメータとは著しく異なるこの微細研削領域の材料除去機構の解明とその対策が不可欠である。

**図4.42**は[4.6)],脆性材料を対象にラッピング,ポリッシングに代わる研削加工の役割りとして材料除去率$Z'_w$の尺度で示される超精密研削の領域を示す。この立場から,$Z'_w \leq 0.1 \mathrm{mm^3/mm \cdot s}$の領域の上述の課題は,研削技術にとっては超精密研削に固有なまったく新しい技術課題として位置付ける必要がある。

現実的には,超精密研削を目的とする研削砥石としては砥粒径がミクロンオーダからサブミクロンの微細砥粒を用いる場合が多い。これに関するツルーイング/ドレッシングの目的,役割りと上述の砥粒の摩滅摩耗領域の課題との関係が今後明らかになることを期待したい。

4. 砥石の損耗形態と研削作用

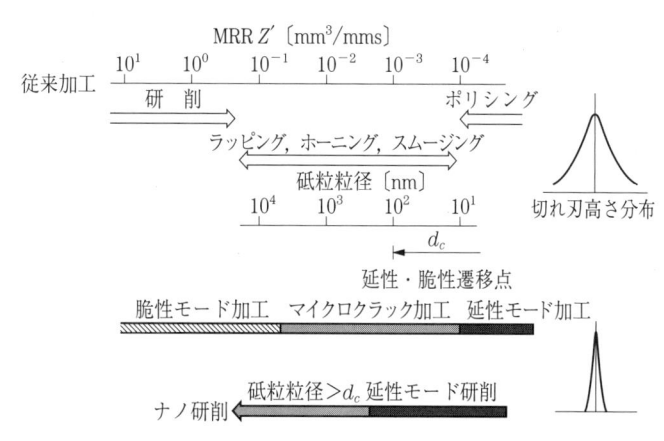

**図4.42** MRR-chart上の従来加工とナノ研削の領域[4.6)]

## 4.4 研削力操作形研削方式と切り込み操作形研削方式における研削パラメータの互換性

図1.3でR. Hahnは研削過程の因果律に触れ，研削機械の運動精度が必ずしも工作物の研削精度に転写されないとしている。この主張の根拠は，研削砥石の材料除去機能を示すパラメータである切れ味（材料除去パラメータ）$\Lambda_w$が研削法線分力$F_n'$の関数となることにある。また，切れ味$\Lambda_w$が砥石の減耗率$Z_s'$と密接な関係にあり，砥石の減耗形態が砥石の切れ味$\Lambda_w$を支配することを示している。

しかし，法線分力$F_n'$の関数としての切れ味$\Lambda_w$，砥石減耗パラメータ$\Lambda_s$は連続的に変化するのではなく，法線分力$F_n'$の範囲を3つの領域に分類すると各領域毎にほぼ一定値となる。このことは，3つの領域毎にそれぞれの研削パラメータを用いれば，運動転写形の力学的モデルが成り立つことを示す。

以上を整理して研削砥石の研削パラメータの流れとして**表4.12**に示す。また，今日の材料除去率が高く，研削比の大きな領域で砥石を利用する運動転写形研削過程の力学的モデルを**図4.43**に示す。ただし，図2.63で示したように，砥石の減耗過程には初期の過渡領域があり，かなりの累積研削量を経て，ある定常状態に達する。このため，上述の研削パラメータについてもこの点の配慮が必要である。

実際の研削条件は，図4.43に示す条件の下で選択されている。具体的目安として，
荒研削では，
$$Z'_w \approx 2\,\mathrm{mm^3/mm \cdot s}$$
中研削では，
$$Z'_w \approx 1\,\mathrm{mm^3/mm \cdot s}$$
仕上げ研削では，

表4.12 砥石の研削パラメータの流れ

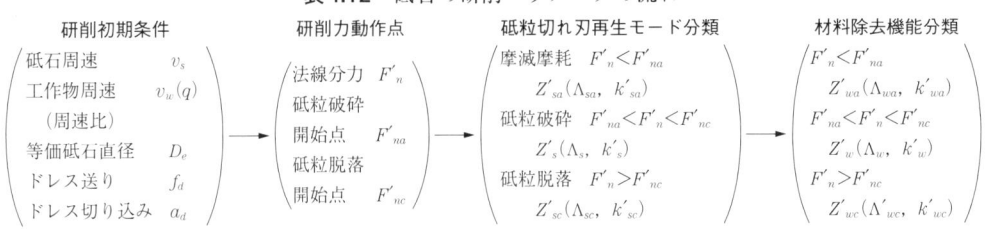

$$\begin{pmatrix} 研削初期条件 \\ 砥石周速 \quad v_s \\ 工作物周速 \quad v_w(q) \\ (周速比) \\ 等価砥石直径 \quad D_e \\ ドレス送り \quad f_d \\ ドレス切り込み \quad a_d \end{pmatrix} \rightarrow \begin{pmatrix} 研削力動作点 \\ 法線分力 \quad F'_n \\ 砥粒破砕 \\ 開始点 \quad F'_{na} \\ 砥粒脱落 \\ 開始点 \quad F'_{nc} \end{pmatrix} \rightarrow \begin{pmatrix} 砥粒切れ刃再生モード分類 \\ 摩滅摩耗 \quad F'_n < F'_{na} \\ Z'_{sa}(\Lambda_{sa}, k'_{sa}) \\ 砥粒破砕 \quad F'_{na} < F'_n < F'_{nc} \\ Z'_s(\Lambda_s, k'_s) \\ 砥粒脱落 \quad F'_n > F'_{nc} \\ Z'_{sc}(\Lambda_{sc}, k'_{sc}) \end{pmatrix} \rightarrow \begin{pmatrix} 材料除去機能分類 \\ F'_n < F'_{na} \\ Z'_{wa}(\Lambda_{wa}, k'_{wa}) \\ F'_{na} < F'_n < F'_{nc} \\ Z'_w(\Lambda_w, k'_w) \\ F'_n > F'_{nc} \\ Z'_{wc}(\Lambda'_{wc}, k'_{wc}) \end{pmatrix}$$

ただし，$Z'_s$, $Z'_w$, $\Lambda_s$, $\Lambda_w$, $k'_s$, $k'_w$ への添字 $a$ は摩滅摩耗領域，$c$ は結合材破砕領域におけるパラメータを示す。
$k'_s$: $k'_w$ に相当する砥石の摩耗剛性
$$k'_s = v_s / \Lambda_s$$

条件：$\begin{pmatrix} \Lambda_w \\ G \end{pmatrix}$ の最適値

切り込み $d_w$ → [研削剛性 $k_w(\Lambda_w)$ / 砥石の減耗剛性 $k_s(\Lambda_s)$] → 研削力 $F_n$

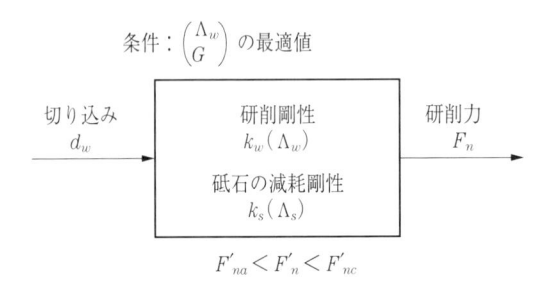

$$F'_{na} < F'_n < F'_{nc}$$

図4.43 今日の運転転写形研削過程の力学的モデル

$$Z'_w \approx 0.2 \text{mm}^3/\text{mm}\cdot\text{s}$$

ただし，砥石周速

$$v_s : 30 \sim 45 \text{m/s}$$

周速比

90

現場的には，$Z'_w = 0.2 \sim 2.0 \text{mm}^3/\text{mm}\cdot\text{s}$ 近傍の範囲で砥粒破砕形の砥石減耗が生ずるような研削砥石を選択していることとなる。

今日言われる超精密研削においては，$Z'_w \lesssim 0.1 \text{mm}^3/\text{mm}\cdot\text{s}$ という微細な研削領域の除去加工を実現するためその機構を解明する必要がある。残念ながらこれに関する研削パラメータが不足するばかりでなく，砥石の機能を支配するこの分野の砥粒の摩耗形態のあり方，また，その初期条件を与えるツルーイング／ドレッシング技術の再検討が必要である。これは，超精密研削への"壁"である。

参 考 文 献

4.1) R. S. Hahn : On the Nature of the Grinding Process. 3rdMTDR (1962) Cont. pp129-154
4.2) B. Colding : Applicability of Grinding Equivalent. Annals of CIRP Vol. 20/1,1971

4.3) R. S. Hahn : Controlled Force Grinding-A. New Technique for Precision Internal Grinding. ASME. Eng. lnd. Series BV68（1964）pp. 287-293
4.4) R. S. Hahn, R. P. Lindsay : Principles of Grinding. Machinery, Vol. 77, July 1971 pp55-62, August 197pp. 33-39, Sept. 1971 pp. 33-39, Oct. 1971 pp. 57-67 and Nov. 1971 pp. 98-53.
4.5) Miyashita M., Kanai A：Development of "load compensator" of cylindrical grinding machine. Annals of the CIRP, Vol.25／1（1976）
4.6) 宮下：ぜい性材料の延性モード研削加工技術，精密工学会誌56巻5号，6-11頁（1990）

# 5. 砥粒切れ刃から見た研削特性

## 5.1 研削力の測定

### 5.1.1 研削動力計に求められる振動特性

個々の砥粒切れ刃による切削作用が研削力として検出される信号は，研削砥石と工作物が接触する円弧 $l_{cs}$ を通して発生する。すなわち，個々の砥粒切れ刃によるパルス状の切削力の発生時間 $T_c$ は，

$$T_c = l_{cs}/v_s \tag{5.1}$$

たとえば，平面研削の場合，

　　　砥石直径　　　：$D_s = 250$mm
　　　砥石切り込み：$d_w = 4\,\mu$m
　　　砥石周速　　　：$v_s = 30$m/s

とすると，　　　　　$l_{cs} = 1.0$mm
$$T_c = 1.0\text{mm}/30 \times 10^3 \text{mm/s}$$
$$= 33\,\mu\text{s}$$

研削動力計がこのような短時間のパルス状研削力を検出するには動力計の固有振動数 $f_n$ の周期 $T_n$ は（5.1）式の $T_c$ に比べ，

$$T_n \ll T_c \tag{5.2}$$

または，$f_n \gg 1/T_c$ 　　　　　　　　　　　　　　　　　　　　　　　　　　　　　　(5.2)′

上述の例では，$f_n \gg 30$kHz

となる。

### 5.1.2 八角リング動力計による研削力の測定

八角リング動力計[5.1]は研削特性に関する基礎実験に永く使用されている。その設計に当たっては，

(1) 研削剛性 $k_w$ に比べ動力計の静剛性を十分大きくすること，

(2) 研削盤の固有振動数に比べ，工作物を含む動力計の固有振動数を十分高くする，

ことが目安とされている。

八角リング動力計の具体的設計例を**図5.1**に示す[5.2]。また，試作動力計の振動特性を**表5.1**

(a) 構　造　　　　　　　　　　　　　　(b) 試作動力計

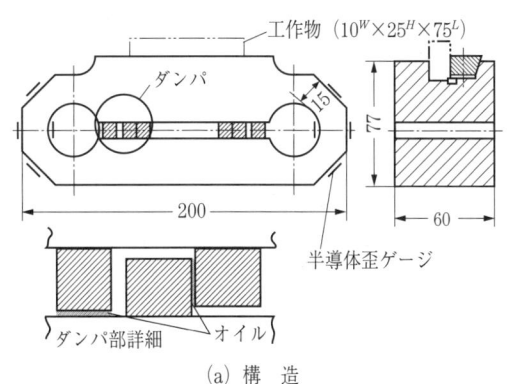

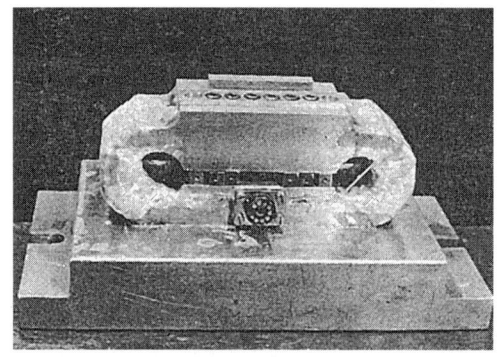

**図5.1** 試作八角弾性リング動力計

**表5.1** 試作八角弾性リング動力計の振動特性

| 固有振動数 | 垂直方向 | 2,000Hz |
|---|---|---|
|  | 水平方向 | 1,300Hz |
| 静　剛　性 | 垂直方向 | 22.2kg/$\mu$ |
|  | 水平方向 | 15.0kg/$\mu$ |
| 減　衰　比 | 垂直・水平方向<br>（オイルダンパなし） | ～0.03 |
|  | 垂直・水平方向<br>（オイルダンパつき） | ～0.6 |

に示す。5.1.1で示した動力計に求められる条件 (5.2)′式に示す30kHzに比べると，試作動力計の垂直方向の2kHz，水平方向の1.3kHzは遠く及ばない。このため，研削力に含まれるパルス状切削力の高周波振動成分は動力計の固有振動数領域を遙かに超え，かつ，減衰比が約0.03ときわめて低いため，検出された振動成分は動力計自身の固有振動数成分が大半を占めることとなる。このことを示すダンパなし動力計による研削力の測定例を**図5.2**に示す。

一般に，(5.2)′式を満足しない低い固有振動数を有する動力計においては，何等かのダンピング効果のある素子を動力計に加えなければならない。図5.1は従来の八角リング動力計にオイル・ダンパを組み込んだ場合を示す。表5.1に示す減衰比0.6はこの動力計による。

**図5.3**は，図5.2と同じ条件の下でダンパ付き動力計により測定した研削力である。ここで，研削力の垂直および水平成分に共通して見られる約700Hzの振動成分は研削加工系の固有振動数に相当するものである。

以上の具体例から分かることは，通常研削力といわれる信号は個々の砥粒切れ刃の切削力の集合自身ではなく，動力計の固有振動数を超える高周波成分を取り除いて平均化した信号であることに注意する必要がある。

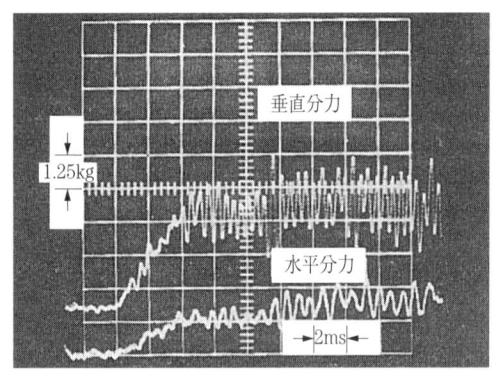

図5.2 ダンパなし動力計により測定した研削力 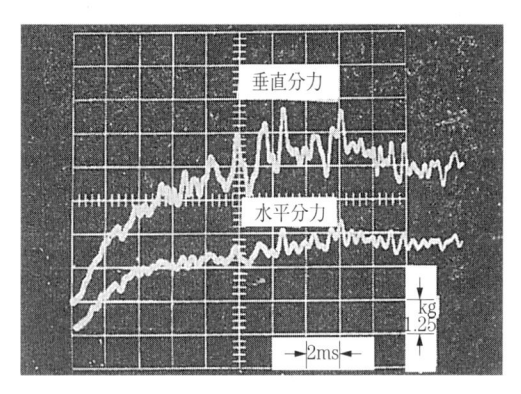　　図5.3 ダンパつき動力計により測定した研削力

### 5.1.3 圧電形動力計による単粒切削力の測定[5.2]

(5.2)′式を満足する固有振動数の高い動力計として期待される検出素子として圧電磁器がある。これを用いた二分力測定用圧電形動力計を**図5.4**に示す。垂直分力感圧素子と水平分力感圧素子を組み合わせているが，両者間のクロス・トークは演算処理により除去している。試作した圧電形動力計の振動特性を**表5.2**に示す。

**図5.5**に固有振動数が50kHzと180kHzの動力計により単粒切削力を測定した場合の比較を示す。(5.2)′式に示す通りパルス状切削力のパルス幅に比べ，動力計の固有振動数が高いほど忠

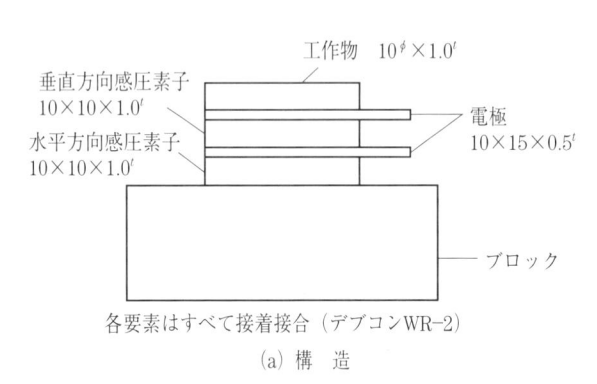

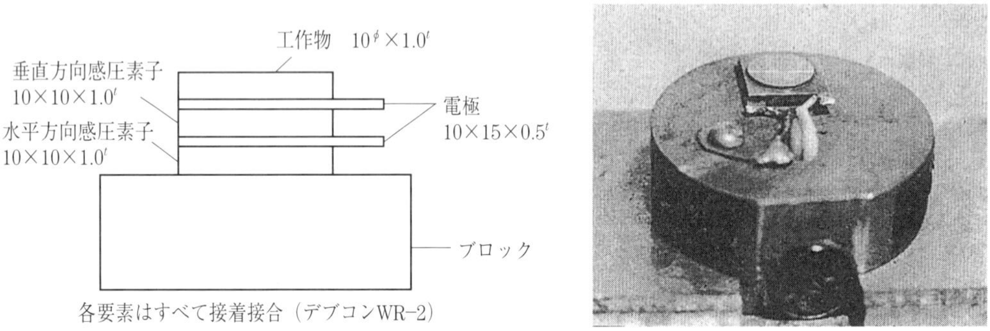

(a) 構造　　　　　　　　　　　　　　　　(b) 2分力測定用圧電形動力計

図5.4 試作した2分力測定用圧電形動力計の構造および寸法

表5.2 試作圧電形動力計の振動特性例

| 固有振動数 | 垂直方向 | 180kHz | 100kHz |
|---|---|---|---|
|  | 水平方向 | 110kHz | 65kHz |
| 静 剛 性 | 垂直方向 | 127kg/μ | 39kg/μ |
| （推定値） | 水平方向 | 50kg/μ | 16kg/μ |
| 減衰比 ζ | | いずれも ～0.005 | |

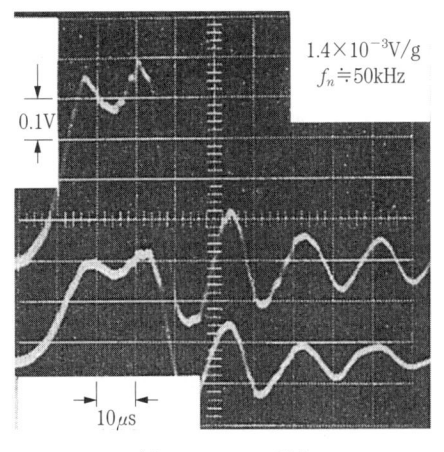

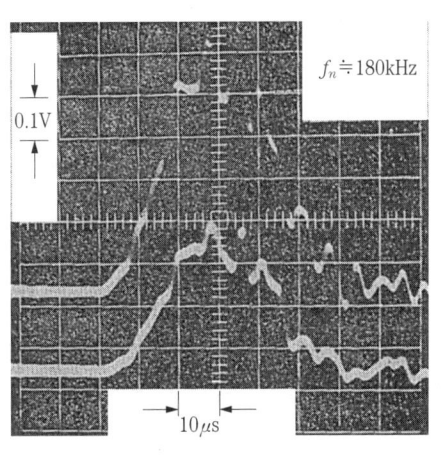

(a) $f_n ≒ 50kHz$の場合
(b) $f_n ≒ 180kHz$の場合

図5.5　圧電形動力計による単粒切削力

実に切削力を検出できることを示している。

### 5.1.4　圧電形動力計と八角リング動力計による研削力測定値の比較[5.3]

圧電形動力計においては，個々の砥粒切れ刃による切削力も検出できるが，八角リング動力計では動力計自身のもつ固有振動数を超える振動成分の研削力成分はカットされる。この関係を示すため，八角リング動力計上に圧電形動力計を固定し，両者により検出された信号の比較を図5.6(a)に示す。つぎに，八角リング動力計の固有振動数に合わせて圧電形動力計に2kHzのローパスフィルタを取り付け，両者の信号を比較した例を図5.6(b)に示す。両者の波形はほぼ一致する。ただし，圧電形動力計には電気的リークによる直流成分の低下が見られる。

精密研削から超精密研削へと技術的展開が求められる場合，研削面の形状粗さの目標が連続

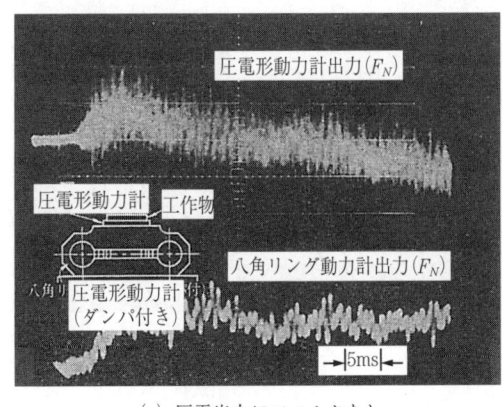

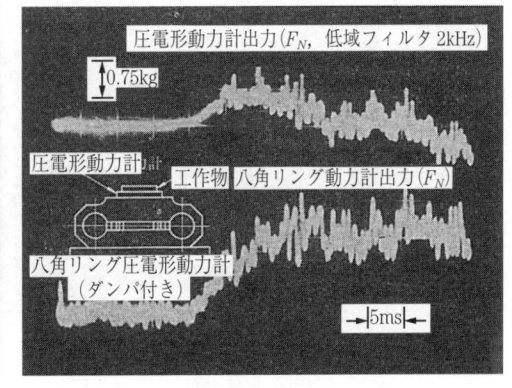

(a) 圧電出力にフィルタなし
(b) 圧電出力にローパスフィルタ付き

図5.6　圧電形動力計と八角弾性リング動力計による研削力の比較

的かつステップ状に引き上げられ，かつ，加工面の品位，すなわち加工変質層（SSD）の目標もマイクロメータからナノメータへと展開が求められる。このような状況の下では，研削力の測定技術においても個々の砥粒による切削力の観測とその制御技術は不可欠になるものと考えられる。

## 5.2 単粒切削力の分布

個々の砥粒切れ刃による切削作用の実験的解明を目指してCIRPのG-STCは，研削砥石作用面のトポグラフィに関する共同研究を1972年に開始，1977年に最終報告がまとめられている[5.4]。

この中で，研削中の個々の砥粒による切削力の分布から連続切れ刃間隔の測定を試みている。この目的に沿った実験例として，上述の圧電形動力計上にレーザブレードを固着し，研削幅0.1mm当たりの砥粒切れ刃間隔の測定を試みた。このときの単粒切削力の測定例を**図5.7**(a)に，また，レーザブレード研削時の個々の砥粒切削力のパルス列の測定例を図5.7(b)に示す[5.3]。

図5.7(a)において，パルス幅は$25\mu s$，パルス高さは3.2N（0.1V→0.71N）で，砥石周速29m/sから砥粒の工作物との接触弧長さ$2l_{cs}$は，

$$2l_{cs} = 0.725\text{mm}$$

また，$l_{cs} = \sqrt{d_w \cdot D_e}$の関係から砥粒切り取り厚さ$\Delta d_w$は，

$$\Delta d_w = 0.2\mu\text{m}$$

したがって，単粒切れ刃の切削剛性$\Delta k_w$は，

$$\Delta k_w = 4.9\text{N}/\mu\text{m}$$

これらの関係を**図5.8**に示す。

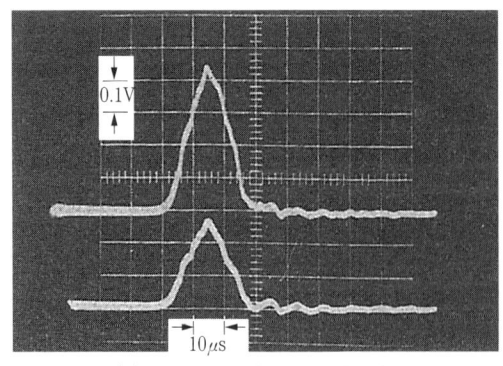

(a) 圧電形動力計による単粒切削力
（$f_n \fallingdotseq 180\text{kHz}$ の場合）

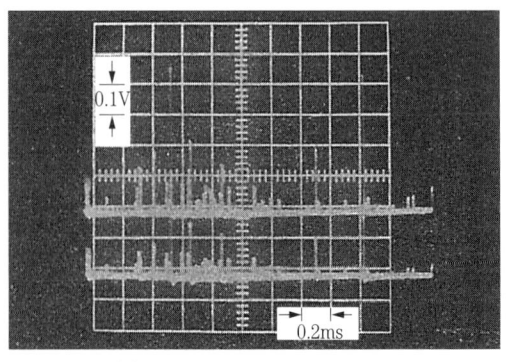

(b) 個々の砥粒による切削力
〈加工条件〉 研削幅：0.1mm
研削砥石：WA46JV
砥石周速：29m/s

**図5.7** 圧電動力計（$f_n = 180\text{kHz}$）によるブレード研削時の切削力

5. 砥粒切れ刃から見た研削特性

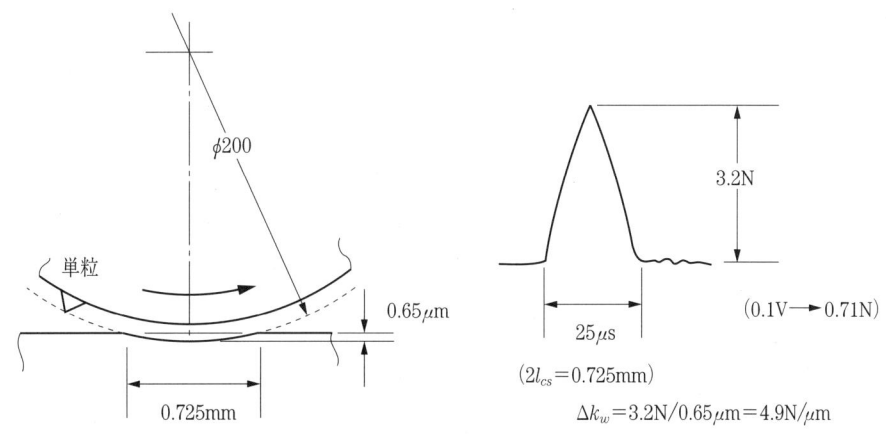

$\Delta k_w = 3.2\text{N}/0.65\mu\text{m} = 4.9\text{N}/\mu\text{m}$

**図5.8** 単粒の切削剛性 $\Delta k_w$ の計算

$\Delta \overline{F}_N = 0.98\text{N}$
$\Delta \overline{d}_w = 0.20\mu\text{m}$
$\Delta \overline{k}_w = 4.9\text{N}/\mu\text{m}$

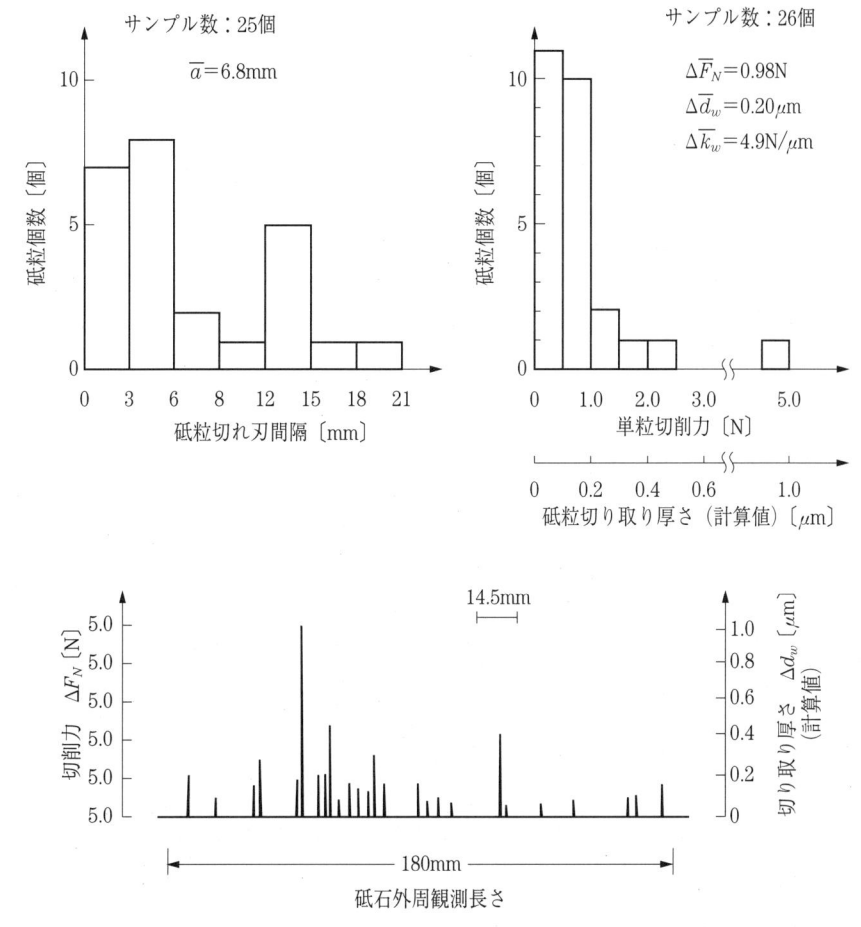

**図5.9** 個々の砥粒切れ刃の切削力と切れ刃間隔のばらつき

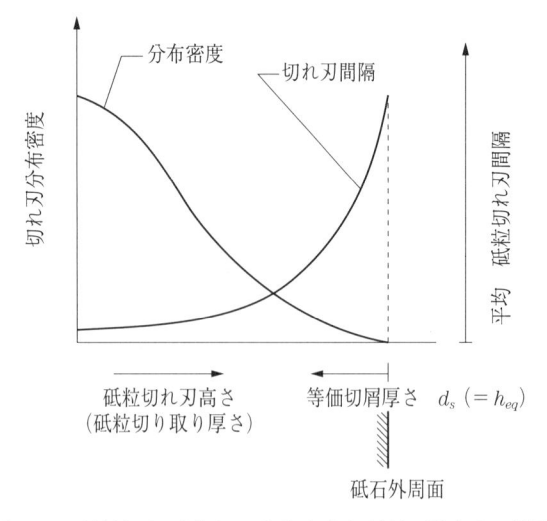

**図5.10** 砥粒切れ刃高さの分布密度と砥粒平均切れ刃間隔

$\Delta \overline{d_s}$：切れ刃間隔 $\overline{a}$ の間，一定かつ連続的に切屑を排出したと仮定したときの切屑厚さ

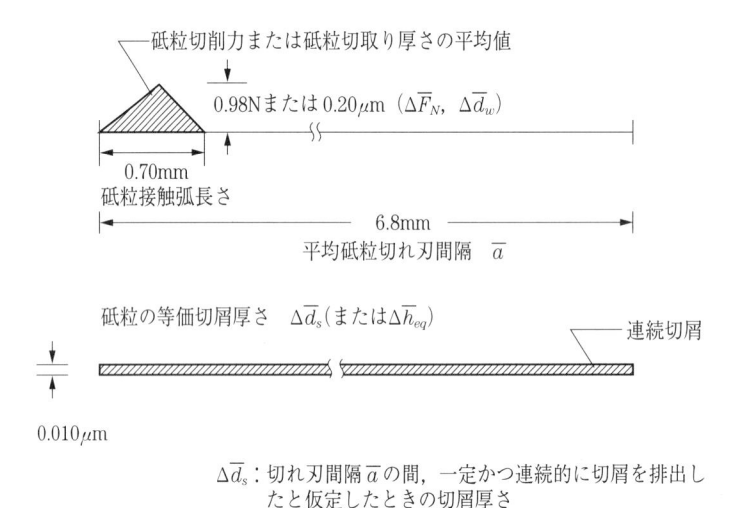

**図5.11** 図5.9の砥粒切れ刃間隔および砥粒切り取り厚さの平均値から求める等価切屑厚さ

図5.7(b)に示す個々の砥粒切れ刃による切削力のパルス列から切削力および研削幅0.1mm当たりの砥粒切れ刃間隔のばらつきを求めた結果を図5.9に示す。ここで，図5.8によって求めた切削剛性 $\Delta k_w$ を用いて算出した単粒切り取り厚さ $\Delta d_w$ も併記している。

砥粒切り取り厚さ，すなわち，砥粒切れ刃高さが大きいほど砥粒分布密度が急速に低くなり，したがって，砥粒切れ刃間隔の平均値も逆比例的に増大する関係を示している。この傾向を単純化して示すのが図5.10である。

つぎに，図5.9から求められる平均砥粒切り取り厚さ0.2μm，平均砥粒切れ刃間隔6.8mmからCIRPで広く用いられる等価切り取り厚さに相当する量を定義し，算出する。すなわち，砥

粒切れ刃間隔$\overline{a}$ = 6.8mmにしたがって一定連続した切屑を排除したと仮定した切屑厚さを$\Delta\overline{d}_s$と定義すると，

$$\Delta\overline{d}_s = \frac{0.70\text{mm} \times 0.2\mu\text{m}}{6.8\text{mm}} \cdot \frac{1}{2} = 0.010\mu\text{m}$$

この関係を図5.11に示す。

上述の個々の砥粒切れ刃に関する観測から砥石全体の研削特性を示す代表的パラメータを推定することができる。

すなわち，砥石外周方向の平均砥粒間隔$\overline{a}$ = 6.8mmが研削幅方向にも成り立つと仮定すると，1cm幅当たりに存在する砥粒の平均個数は，

$$100\text{mm}/6.8\text{mm} = 1.47$$

より2.47個となる。したがって，砥石の研削剛性$k_w'$は，

$$k_w' = \Delta k_w \times 2.47$$
$$= 12\text{N}/\mu\text{m}\cdot\text{cm}$$

となる。また，このときの材料除去率$Z_w'$は，

$$Z_w' = \Delta\overline{d}_w \times v_s$$
$$= 0.29\text{mm}^3/\text{mm}\cdot\text{s}$$

と推定される。

## 参 考 文 献

5.1) C. T. Yang：Design of Surface Grinding Dynamometers. Trans. ASME（seriesB）90, 1（1968）127.
5.2) 塩崎，宮下：研削動力計の試作—動力計の動力学と設計（第2報）精密機械35巻7号（1969.7）P.41～46
5.3) 塩崎，宮下：平面研削動力計の設計（続），機械と工具，1969年12月，P.53～57
5.4) J. Verkerk：Final Report Concerning CIRP Cooperative Work on the Characterization of Grinding Wheel Topography. CIRP 26/2（1977）. 385

# 6. ツルーイング／ドレッシング工具の現状とこれを用いた研削加工の限界

## 6.1 ツルーイング／ドレッシング工具の現状と適用指針

### 6.1.1 単石ドレッサおよびフォーミングドレッサ

単石ダイヤモンドを用いたドレッサおよびダイヤモンド砥粒をくさび状に成形したフォーミングドレッサを図6.1(a), (b)に示す。

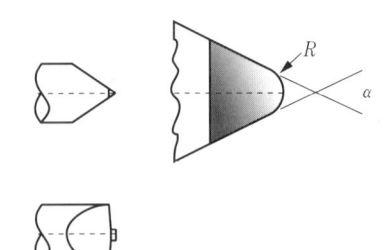

単石ダイヤモンドドレッサは，もっとも一般的なドレッサで，砥石プロファイルを自由に成形し，仕上げ面粗さの要求に応じてドレス条件を変えることのできる便利な工具である。また，フォーミングドレッサは，くさび頂点のアールが正確に成形されているため，砥石プロファイルの成形精度の向上のために重要である。

ダイヤモンドドレッサは，脆性材料である研削砥石を除去加工するためダイヤモンド砥粒の摩耗および熱的損傷をできるだけ抑える必要がある（2.7参照）。このため，研削砥石の大きさにしたがってダイヤモンド砥粒の大きさを表6.1に例示するような目安で選択する。ここで，0.25カラットは平均粒径で約3 mmである。つぎに，ドレッサの使用条件をWinterthur社のカタログにしたがって示すと，ドレッサの送り速度 $f_d$ 〔mm/rev〕については，

$$f_d = b_d / u_d \tag{6.1}$$

ここで， $b_d$ : ドレッサと砥石の接触幅
$u_d$ : 重複比

(a) 単石ダイヤモンドドレッサ　　(b) フォーミングドレッサの形状

**図6.1** 単石ダイヤモンドドレッサとフォーミングドレッサ（Winterthurカタログ）

表6.1 ダイヤモンド砥粒の大きさの選択基準（Winterthurカタログ）

| 砥石直径 | 砥石幅 | 推奨ダイヤモンド　カラット |
|---|---|---|
| 100 | 12 | 0.25 |
| 150 | 12 | 0.30 |
| 175 | 12 | 0.50 |
| 250 | 40 | 0.75 |
| 350 | 30 | 1.00 |
| 400 | 30 | 1.25 |
| 450 | 50 | 1.75 |
| 600 | 50 | 2.00 |
| 600 | 75 | 2.50 |
| 750 | 75 | 3.00 |
| 750 | 100 | 3.50 |

送り速度$f_d$を支配する重複比$u_d$の選択基準として，

　荒研削のとき　　　$u_d = 2 \sim 3$

　普通研削のとき　　$u_d = 3 \sim 4$

　仕上げ研削のとき　$u_d = 4 \sim 6$

　精密研削のとき　　$u_d = 6 \sim 8$

を推奨している。

具体例として単石ドレッサのダイヤモンド先端部の曲率半径は0.3～0.4mmと推定されるが，この値から$b_d = 0.3$mmと仮定すると，$u_d$値の平均値を用いて，

　荒研削のとき　$f_d = 0.12$mm/rev

　普通研削で　　$f_d = 0.08$mm/rev

　仕上げ研削で　$f_d = 0.06$mm/rev

　精密研削で　　$f_d = 0.04$mm/rev

となる。

上述の指針とは別に研削砥石の砥粒の大きさを基準としたドレッシング条件の選択基準がある。すなわち，**図6.2**に示すように，ドレス切り込み$a_d$および送り速度$f_d$を砥粒の平均直径$D_g$を基準にして，

$$a_d \lesssim D_g \times \frac{1}{3} \tag{6.2}$$

$$f_d \lesssim D_g \times \frac{1}{3} \tag{6.3}$$

たとえば，#400の砥粒（平均粒径≈0.04mm）の場合，

　$a_d \lesssim 13 \mu$m

　$f_d \lesssim 0.01$mm/rev

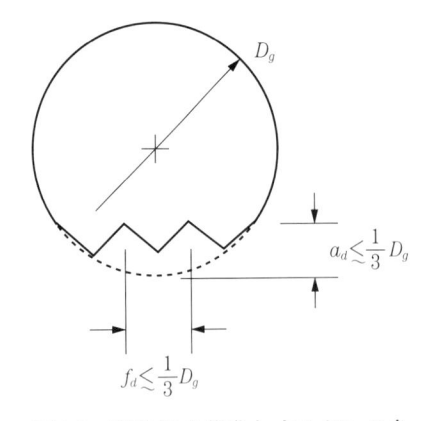

**図6.2** 砥粒径を基準とするドレス条件の考え方

**表6.2** 研削加工工程分類の目的

| 工程 | ツルーイング／ドレッシングの目的 |
|---|---|
| 荒研削 | 切れ味をよく，$Z'_w$を大きく |
| 普通研削 | ↕ |
| 仕上げ研削 | |
| 精密研削 | 仕上げ面粗さ優先，$Z'_w$は小さく |

**表6.3** 砥粒番手と平均砥粒径（Winterthurカタログ）

| FEPA砥粒径〔$\mu$m〕 | US砥粒番手 | FEPA砥粒径〔$\mu$m〕 | US砥粒番手 |
|---|---|---|---|
| 251 | 60/70 | 54 | 270/325 |
| 213 | 70/80 | 46 | 325/400 |
| 181 | 80/100 | 40 | 600 |
| 151 | 100/120 | 30 | 700 |
| 126 | 120/140 | 25 | 800 |
| 107 | 140/170 | 20 | 1,100 |
| 91 | 170/200 | 15 | 1,200 |
| 76 | 200/230 | 9 | 1,800 |
| 64 | 230/270 | | |

となり，前述の計算例に比べ著しく小さい。Winterthurの指針は一般砥石を対象に粒度が＃170/200程度以下を対象として示されたものと考えられる。

超砥粒といわれるcBN，ダイヤモンドホイールの場合多く用いられる＃1,000を超える微粒の砥石については，ツルーイング／ドレッシングの考え方を従来の研削加工技術の考え方とは別の分野として再検討する必要がある。

ここで，従来の研削加工の工程を分類する本来の目的を**表6.2**に示す。

参考として**表6.3**にcBN，ダイヤモンド砥粒の番手と平均粒径の関係を示す。

### 6.1.2 多石ダイヤモンド・ドレッサ

多数のダイヤモンド砥粒を金属で固定したドレッサを多石ドレッサと呼び，**図6.3**に概念図を示す。ダイヤモンドを固定化する金属ボンドの種類によって分類され，軟質金属ボンドの場合をインプリ（impregnated）ドレッサ，焼結ボンドの場合をボンドドレッサと呼んでいる。何れも多石ダイヤモンドドレッサである。焼結ボンドドレッサにもアルミナ砥石用にタングス

## 6. ツルーイング／ドレッシング工具の現状とこれを用いた研削加工の限界

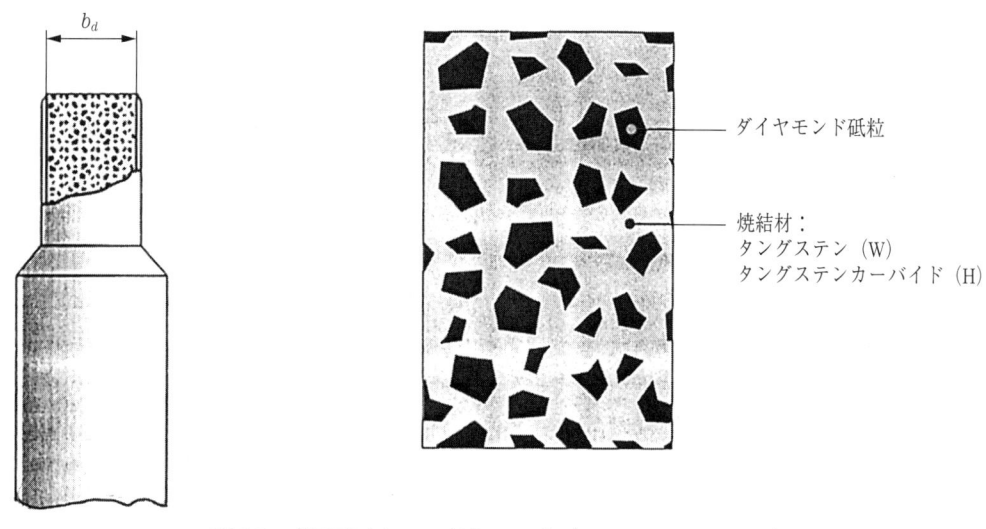

**図6.3** 多石ダイヤモンドドレッサ（Winterthurカタログ）

**表6.4** 砥石粒度とダイヤモンド砥粒径〔$\mu$m〕（Winterthurカタログ）

| 砥石砥粒径〔#〕 | ダイヤモンド砥粒径〔$\mu$m〕 |
|---|---|
| 36～60 | D711 |
| 60～80 | D602 |
| 80～100 | D427 |
| 100～120 | D301 |
| 120～180 | D181 |
| 180～220 | D126 |
| 220～ | D91 |

ボンド：アルミナ砥石用W
　　　　炭化ケイ素砥石用H

**表6.5** 普通砥粒の粒度と平均砥粒径（Winterthurカタログ）

| 平均砥粒径〔mm〕 | |
|---|---|
| 46 | 0.30–0.42 |
| 60 | 0.21–0.30 |
| 80 | 0.15–0.21 |
| 100 | 0.11–0.15 |
| 120 | 0.09–0.13 |
| 150 | 0.06–0.11 |
| 180 | 0.05–0.09 |

テンボンドを，炭化ケイ素砥石用に炭化タングステンボンドを用いた2種類がある（Winterthur社）。

**表6.4**に対象とする砥石の粒度とこれに用いるドレッサのダイヤモンド砥粒の大きさ（$\mu$m単位）を示す。

多石ダイヤモンドドレッサは心なし研削用砥石のような大口径の砥石に用いられるもので，プロファイルツルーイング用ではない。なお，普通砥粒の粒度と平均砥粒径の関係を**表6.5**に示す。

Winterthur社のカタログによれば次のドレス条件を推奨している。すなわち，

$$a_d = 0.01 \sim 0.04\text{mm}$$

ドレス送りは，

$b_d < 3$ mm のとき,$f_d = b_d/4$

$b_d > 3$ mm のとき,$f_d = 0.35 b_d/4$

ドレッサのダイヤモンド砥粒の大きさは,表6.3から単石ダイヤモンドドレッサに比べかなり小さいが,研削砥石の粒度と比べると,ほぼ2倍以上大きい砥粒が選択されている。これらの特性から単石ドレッサに比べ送り速度が速く,かつ,減耗量を抑制でき,高能率,耐摩耗ドレッサとして期待される。

### 6.1.3 ブレードドレッサ（Fliesen Tools）

フリーゼンブレードドレッサの概念図と適用例を図6.4(a)に,また,具体的寸法例を図6.4

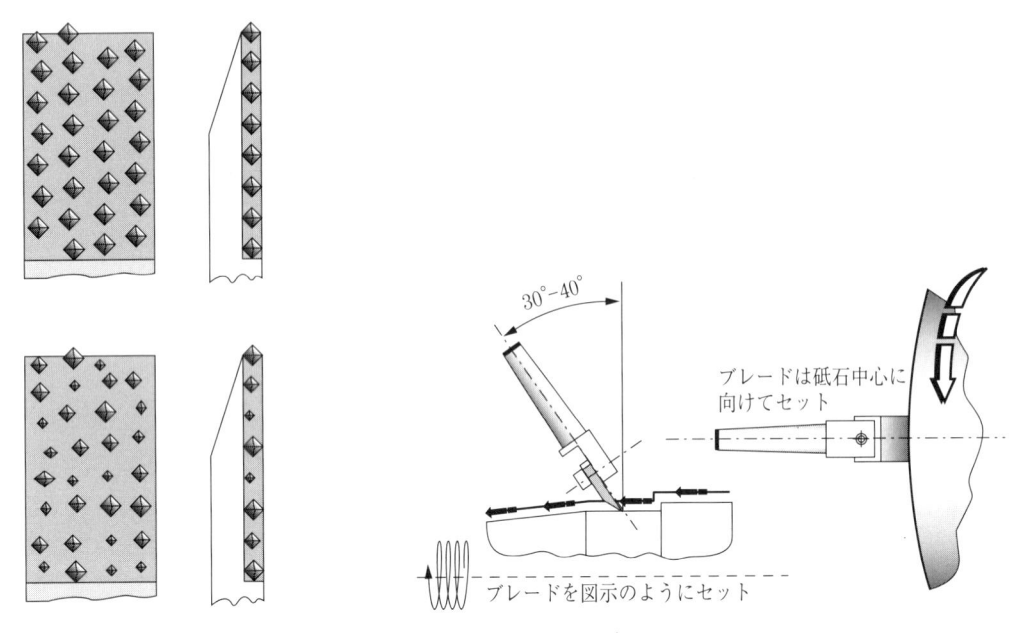

(a) フリーゼンブレードドレッサの概念図と適用例

| $x$ [mm] | 砥粒番手 | ダイヤモンド径 [μm] |
|---|---|---|
| 0.75 | 120-180 | D501 |
| 0.90 | 80-120 | D711 |
| 1.15 | 54-80 | D1001 |
| 1.40 | 36-54 | D1181 |

(b) ブレードドレッサの寸法例

**図6.4** フリーゼンブレードドレッサ（Winterthurカタログ）

6. ツルーイング／ドレッシング工具の現状とこれを用いた研削加工の限界

(b)に示す。単石ドレッサに比べ，粒径のより小さなダイヤモンド砥粒を板状に固定，成形したもので，機能的には単石ドレッサと同様に利用でき，かつ，多石ドレッサの耐久性を合わせ持つ利便性の高いドレッサである。さらに，数値制御支持系を用いると砥石プロファイルの精密なツルーイングも可能である。Winterthur社のカタログによれば，ドレッサの送り速度は単石の場合と同様に（6.1）式にしたがって適用され，ドレス切り込みは，

$$a_d = 0.01 \sim 0.03 \text{mm}$$

と推奨している。

### 6.1.4 ロータリドレッサ

研削砥石の作業面に所定のプロファイルを与えるツルーアにロータリドレッサがある。ロータリドレッサは，大別して雌型電鋳法によるロータリドレッサと，同じく雌型からスタートする焼結ロータリドレッサおよび雄型に直接ダイヤモンド砥粒を電着する電着ドレッサがある。以下はWinterthur社のカタログによる説明の要旨である。**図6.5**に雌型電鋳法によるロータリドレッサの製作法を示す。雌型を鋼，アルミニウムまたはカーボンで正確に削り出し，その内面にダイヤモンド砥粒を付着させ，ニッケルで電鋳後低温溶融金属を流し込みダイヤモンド層

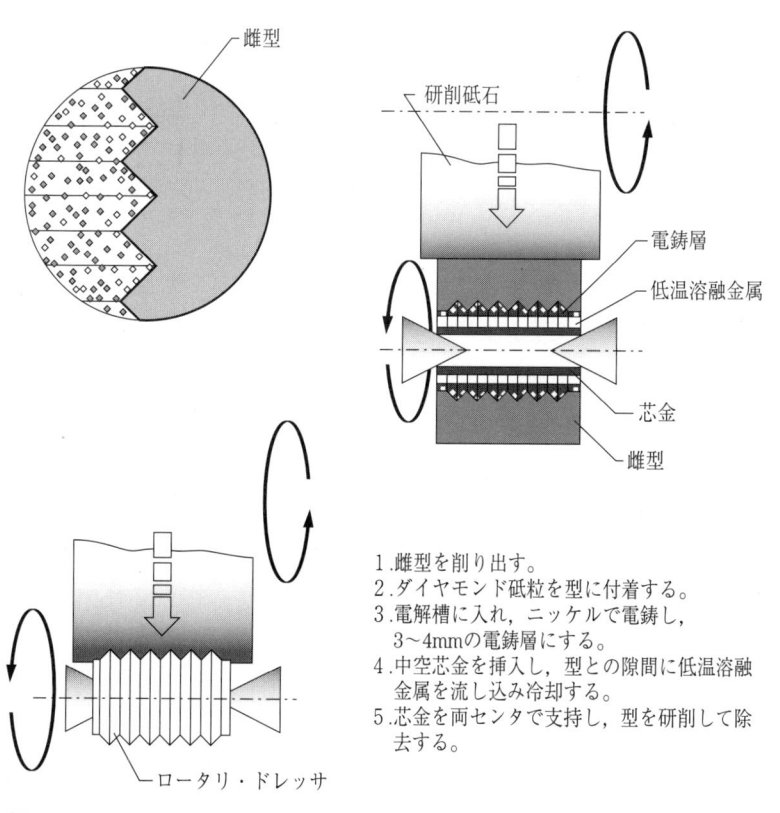

図6.5 雌型電鋳法によるロータリ・ドレッサの製作（Winterthurカタログ）

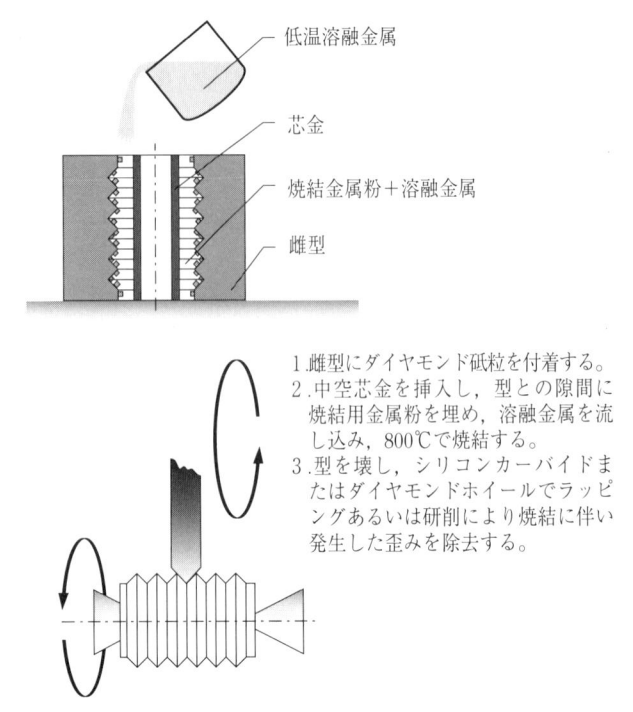

図6.6 焼結ロータリ・ドレッサの製作（Winterthurカタログ）

を固定する。この手法により砥粒径のばらつきがあっても砥粒の切れ刃高さが揃うため，プロファイル形状精度が高いと言われる。欠点としては低温溶融金属のボンド強度の低さにある。これに対してボンド強度を強化したものが焼結ロータリドレッサである。この製作手法を図6.6に示す。

雌型に付着したダイヤモンド砥粒層に焼結金属粉と溶融金属を流し込み，800℃で焼結固定する。高温焼結処理のため熱変形が生じ，形状の修正作業が必要となる。電鋳ロータリドレッサに比べ，形状精度で劣るが寿命が長く，再修正が可能で経済性に優れている。

何れのドレッサも個々のダイヤモンド砥粒を雌型に付着させる作業を伴うため砥粒径は#20/30程度が多く，ロータリドレッサでツルーイングされた砥石の砥粒破砕は比較的粗大である傾向は歪めない。

本来，ロータリドレッサは第二次世界大戦中に生れたcrush formingの手法に始まる。航空機や軍需品などの複雑な形状部品の研削加工には各種プロファイルの回転体が多く，たとえば，細かいねじのようなプロファイルを砥石上に成形する必要性が高まってきた。そこで，所定のプロファイルを有するローラを砥石に対して大きな力で押し込み，クラッシングによりローラのプロファイルを砥石表面に転写するcrush formingを始めた。このときの周速比は1である。ドレッサロールの材料として当初は焼き入れ鋼，さらにドレッサ寿命の観点から超硬ロールになったと言われる[6.1]。1960年代に入り，今日のロータリドレッサとして展開されたと考えら

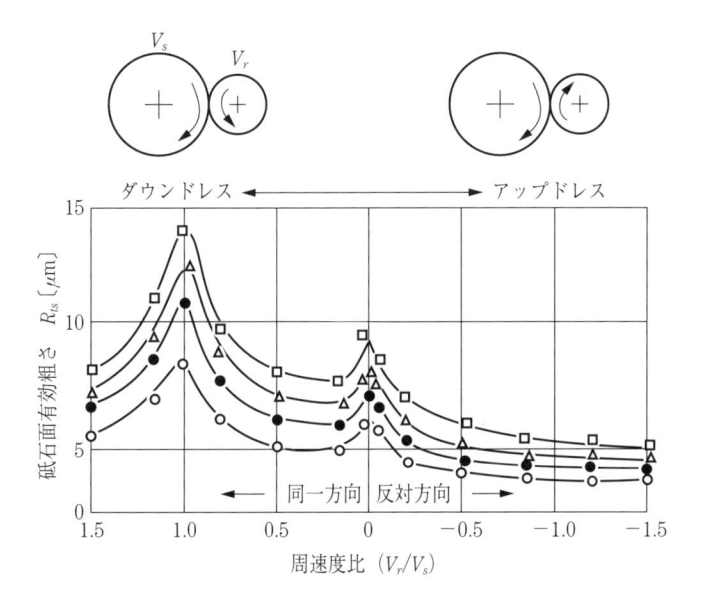

6. ツルーイング／ドレッシング工具の現状とこれを用いた研削加工の限界

**図6.7** ロータリドレッシングにおける周速比と研削面粗さの関係
（R.Schmitt, Prof.Saljié, 1968）

〈テスト条件〉
研削砥石；EK60L7ke
ロータリドレッサ；20/25メッシュ
砥石周速；$V_s=29$m/s
集中度；7.5ct/cm³
ドレスアウト中に砥石の回った数；$N_a=0$
砥石1回転当たりのロータリドレッサ切り込み速度；
　$A_r=0.18\mu$m；○-○
　$A_r=0.36\mu$m；●-●
　$A_r=0.54\mu$m；△-△
　$A_r=0.72\mu$m；□-□

れる。

　ロータリドレッサの使用条件としては，ドレッサと研削砥石の接触点における双方の周速度が同じ方向の場合をダウンドレス，逆方向の場合をアップドレスと呼び，両者の速度比によって研削加工面粗さおよび研削力（切れ味）が支配されていることが知られている。代表的実験例を図6.7および図6.8に示す[6.2]。図6.7で研削比が1のとき，すなわち，crush formingの場合は砥石，砥粒の破砕がもっとも著しく，そのためこの砥石による研削面粗さが最大となることを示している。ダウンドレスの領域で周速比が減少し，両者の相対的速度が増加すると，砥粒の破砕が微細化し，研削面粗さが減少する傾向を示す。周速比が零，すなわち，ドレッサが静止またはこれに近い領域ではロータリドレッサが寄与する有効ダイヤモンド砥粒数が限定されるため研削面粗さが若干増加する傾向を示す。アップドレスの領域では砥石，ドレッサ間の相対速度がさらに増加するため，砥石砥粒1個当たりの破砕に関与するドレッサダイヤモンド砥粒数が増加し，研削面粗さは減小する傾向を示す。このような砥粒破砕の大きさと研削面粗さの関係は図6.8の実験結果にも顕著に示される。ロータリドレッサと砥石間の相対速度が増

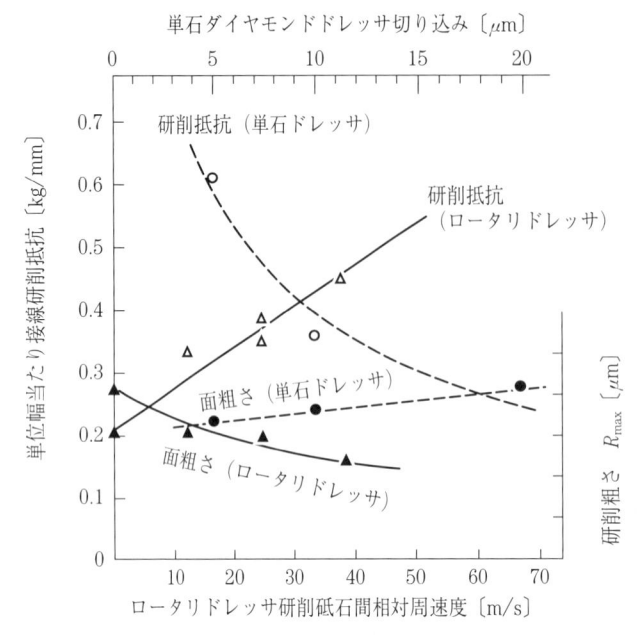

**図6.8** ドレッシング条件と砥石切れ味，研削面粗さ[6.2)]

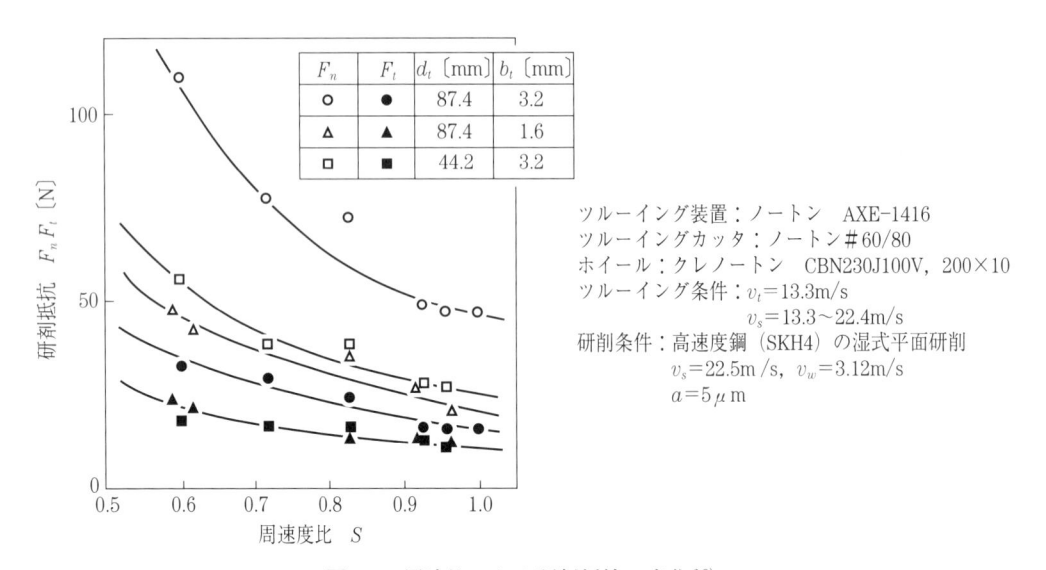

〈研削条件〉
研 削 砥 石；A54M7V（405φ）
砥石周速度；30m/s
砥石切り込み；0.6mm/min
切 り 込 み 量；1φ mm
スパークアウト；3s
加　工　物；S50C（56φ）53HRC

〈ドレッシング条件〉
(1) ダイヤモンドロータリ
　　ドレッサ
　　送込み速度；0.4mm/min
　　ドレスアウト；3s
(2) 単石ダイヤモンド
　　送り速度；0.1mm/mm砥石
　　0カット；1行程

**図6.9** 周速比による研削抵抗の変化[6.3)]

ツルーイング装置：ノートン　AXE-1416
ツルーイングカッタ：ノートン＃60/80
ホイール：クレノートン　CBN230J100V，200×10
ツルーイング条件：$v_t$=13.3m/s
　　　　　　　　　$v_s$=13.3〜22.4m/s
研削条件：高速度鋼（SKH4）の湿式平面研削
　　　　　$v_s$=22.5m/s，$v_w$=3.12m/s
　　　　　$a$=5μm

加すると研削抵抗が増加し，研削面粗さは減少する傾向を示している。すなわち，相対速度が増加すると，砥石砥粒の破砕に関与するドレッサダイヤモンドの砥粒密度が向上し，破砕が微細化し，研削抵抗が増加し，研削面粗さが低下する。他方，単石ダイヤモンドドレッサのドレス切り込み量の関数としての研削抵抗，研削面粗さの関係を図の点線で示す。単石ドレッサの切り込みが大きく，砥粒破砕が著しくなると研削抵抗が減少し，研削面粗さが増大する関係を

示している。このような関係は，ドレッサの粒度が上述の実験よりも細かい#60/80で，対象とする砥石も普通砥石と異なる超砥粒ホイールcBN230J100Vを用いた図6.9の実験結果にも同様に示される[6.3]。

実用上は，研削砥石の切れ味 $\Lambda_w = \Delta Z'_w/\Delta F'_n$（4.2参照）が最大となる周速比1と研削面粗さを両立させる中間的条件として周速比=0.8が標準として選択される場合が多い。

## 6.2 ツルーイング／ドレッシング工具による砥粒切れ刃の創成
―― 砥粒の破壊現象 ――

砥粒の脆性破壊特性に着目して超音波振動ドレッサを提案し，その仕上げ面粗さに与える影響を電顕写真による立体解析法を併用して個々の砥粒の破砕面の切れ刃の3次元解析を行ない，単石ドレッサによる砥粒の破砕現象と比較して検討したものに原田の論文[6.4]がある。

超音波ドレッサは超硬平板ドレッサ（5 mm×5 mm）に20kHzの超音波振動を与え，一定圧力の下で砥石表面に衝撃力を与え，砥粒に微細な破砕を一様に与えることを目的に提案，開発された。砥石周速20m/sの下で，20kHzの超音波振動によりドレッサの衝撃時間を十分短くし，また，ドレッサ振動子の全振幅の1/5以下のドレッサ切り込み0.3μmの条件でその効果を検証している。

超音波ドレッサによる砥粒切れ刃の微細化過程のモデルを図6.10に示す。ドレッサが砥粒と衝突を繰り返すごとに砥粒の破砕が微細化するとともに衝撃力が分散され，あるレベルで定常化するとの考え方である。

具体的観測例を図6.11(a)，(b)に示す。図6.11(a)は単石ドレッサ，(b)は超音波ドレッサによる砥粒の破砕面を示す。超音波ドレッサの場合は砥粒のへき開が著しく細かくなっている。これらの砥石を用いた研削実験において，軸受鋼SUJ2を対象に研削砥石WA80MmVを用い，両者の研削面粗さを比較した結果，単石ドレッサでは $R_{\max} = 0.48 \sim 0.8 \mu m$，超音波ドレッサでは $R_{\max} = 0.05 \mu m$ を実現している。また，この場合の砥粒のへき開破砕切れ刃の密度を比較する

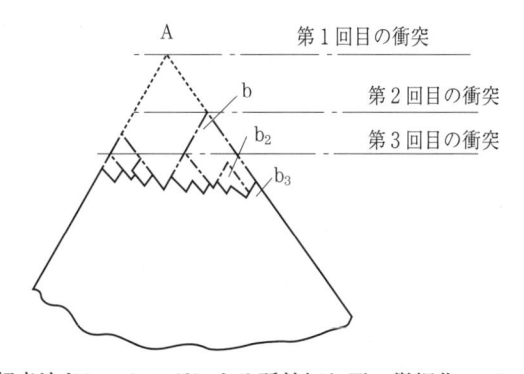

図6.10 超音波ドレッシングによる砥粒切れ刃の微細化モデル（原田）[6.4]

　　　　　2μm　　　　　　　　　　　　　　　　　　　1μm
　　(a) 単石ドレッサによる砥粒破砕面　　　　　　(b) 超音波ドレッサによる砥粒破砕面
　　　　　WA46MmV　　　　　　　　　　　　　　　　WA46MmV, 20kHz

**図6.11**　単石ドレッサと超音波ドレッサによる砥粒破砕面の比較（原田）[6.4]

　　　2μm　　　　　→：研削方向

**図6.12**　単石ドレッサによる砥粒破砕面の研削負荷による減耗面の電顕写真（原田）[6.4]

と，超音波ドレッサの場合，砥粒の頂点から$0.5\mu m$の範囲で約100個/$mm^2$，単石ドレッサの場合同じく$3.0\mu m$の範囲で10個/$mm^2$となり，上記仕上げ面粗さの違いと対応している。

　**図6.12**は，単石ドレッサで切り込み$10\mu m$/passでドレッシングした研削砥石の砥粒破砕面が研削負荷の下で減耗する過程の観測例である。ドレッシング時の砥粒のへき開部分が一部残留し，研削負荷によって脆性材料に固有な貝殻状の破砕面が増加する傾向が特徴的である。

　砥粒切れ刃の微細化は，他方目づまりの恐れを増すが，超音波ドレッサのインプロセス・ド

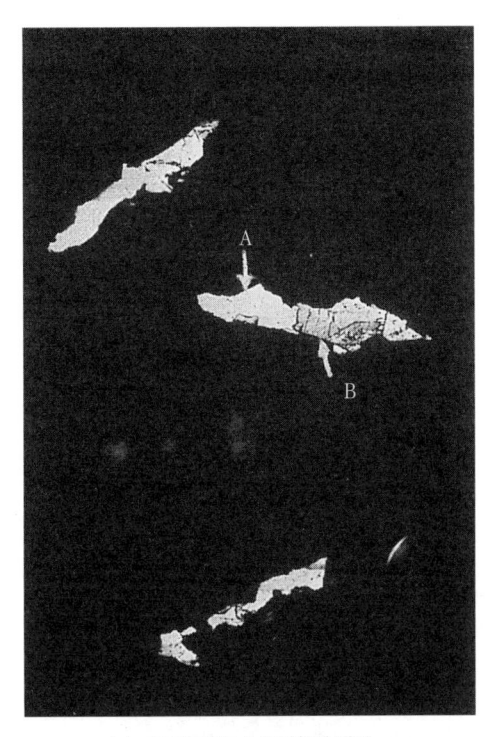

6. ツルーイング／ドレッシング工具の現状とこれを用いた研削加工の限界

(a) 垂直照明による砥粒逃げ面　　　　　　　(b) 斜照明による砥粒逃げ面

|―――| 0.1mm

**図6.13** 砥粒逃げ面の溶着物（原田）[6.4]

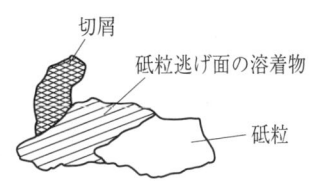

**図6.14** 砥粒逃げ面への溶着付着状態（原田）[6.4]

レッシングにより解消できるとも触れている。**図6.13**(a), (b)は，単石ドレッサによる砥粒破砕面に研削切屑が付着し，部分的目づまりを生じた観測例を示す。図6.13(a)は垂直照明による砥粒逃げ面を示し，たとえば，A，B何れの部分も同じ反射面を示すが，斜め照明の(b)では切屑の付着したAの部分は黒く，付着しないBの部分は透明に見え，両者を区別することができる。このことから，砥粒逃げ面の目づまり現象を指摘している。これを**図6.14**に示す。ここでは，切屑として砥粒の角に付着する切屑と砥粒逃げ面に付着する切屑を区別して表示している。

武野ら[3.6]は，鏡面研削と普通研削の比較実験の中で研削砥石WA60KmVを用い，単石平面端子ドレッサで最終ドレス切り込みおよび送り速度をそれぞれ$1.25\mu m \times 0.05mm/rev$および

(a) 鏡面研削用ドレッシング　　　　　　　(b) 普通研削用ドレッシング

**図6.15** 鏡面研削および普通研削用にドレッシングされた砥粒破砕面の比較（武野ら）[3.6]

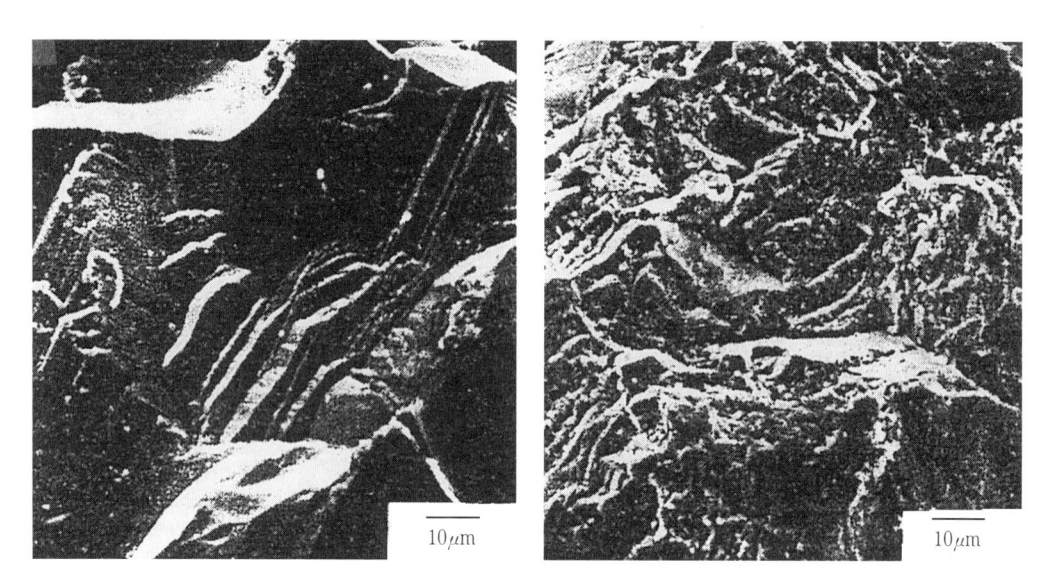

作用面上砥粒のSEM写真（左：クラッシュドレッシング，右：ロータリドレッシング）

〈ドレッシング条件〉（クラッシュドレッシング）

```
ロール        : φ83×54, SKH51, 63HRC
回転数        : 241min⁻¹
押し込み速度  : 0.4〜20μm/rev
研削砥石      : WA80L7V
```

**図6.16** クラッシュドレッシングとロータリドレッシングによる砥粒破砕面のSEM写真比較[6.5]

$5.0\mu m \times 0.15mm/pass$とし，ドレス直後の砥粒破砕面の比較を示している（表3.4参照）。図6.15はこれらの電顕写真を示す。前者の方が破砕の程度が浅いが，何れも図6.12で見た貝殻状破砕面に似た砥粒面が観察される。図6.16[6.5]は，クラッシュドレッシングとロータリドレッシングによる砥粒破砕面のSEM写真の比較である。クラッシュドレッシングの場合は鋭いへき開面が深く見られるのに対し，砥石との接触点で相対的速度を与えた（周速比≠1）ロー

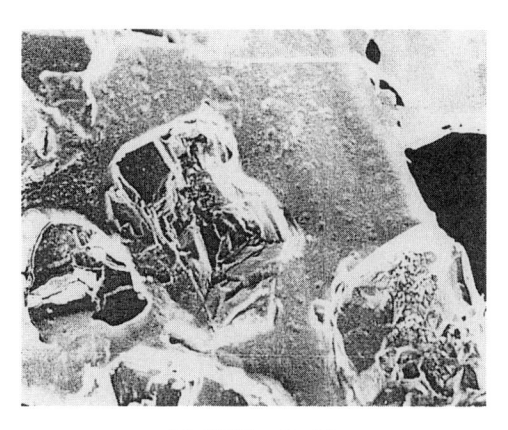

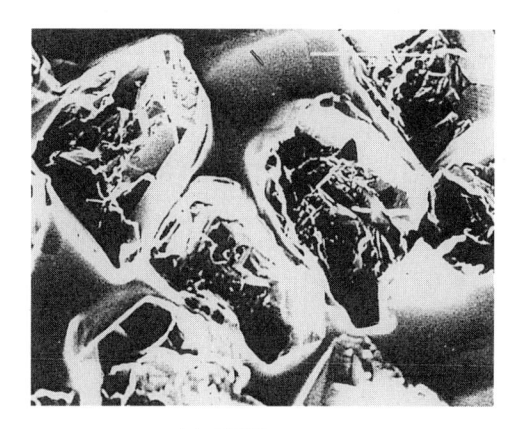

(a) 速度比 $S=0.5$　　0.1mm　　(b) 速度比 $S=0.95$

**図6.17** ロータリドレッサでツルーイングされた砥粒（＃80/100BORAZON Type 1）の速度比による破砕面の比較（高木）[6.6]

タリドレッシングではより微細な破砕が生じている。後者は図4.33で示した微細ドレッシングによる砥粒破砕面によく似ている。

**図6.17**[6.6]は，cBNホイールを対象にロータリカッタ（ロータリドレッサ）の周速比を変えてドレッシングした砥粒破砕面の比較である。周速比が0.95でクラッシュ・ドレッシングに近い場合は，周速比0.5の場合に比べ破砕が鋭い。このため研削抵抗が減小すると考えられ，図6.9に示す実験結果と対応している。

以上，ツルーイング／ドレッシング工具の現状およびその適用指針の下では，ツルーイング／ドレッシングされた砥粒切れ刃の創成過程が脆性材料に固有な脆性破壊の結果生じたものである。

特に，加工精度を主目的とする精密研削加工工程においては，材料除去分解能——実現可能な最小材料除去率$Z'_w$をこのように呼ぶこととする——をいかに微細化できるかに問題が存在する。この課題を支配するパラメータをツルーイング／ドレッシングによる砥粒切れ刃の創成過程に求めると，"砥粒破砕面にいかに微小で一様な脆性破壊を生ぜしめるか"が目標となる。超音波ドレッシングはその代表的手法の一つである。

砥粒切れ刃に求められるこのような特性は，研削面の向上をもたらすと同時に研削剛性の増大（砥石切れ味の低下）を招くため，研削機械には高剛性，高精密化が求められる。

## 6.3 ツルーイング／ドレッシング工具による研削砥石の形状創成

工作物の研削加工精度は，工具である研削砥石と工作物の相対運動が工作物表面に転写された結果である。したがって，研削砥石の形状精度は研削加工精度を支配する重要な要素である。

ツルーイング／ドレッシング工具は研削盤の機上に固定され，運動転写原理にしたがって研

砥石

$F_n$ ← → $F_n$

$k_{md}$　　　　$k_{ms}$

ドレッサ

砥石支持剛性：$k_{ms}$ 〔kgf/μm〕
ドレッサ支持剛性：$k_{md}$ 〔kgf/μm〕
ドレス剛性：$k_d$ 〔kgf/μm〕
ドレスの設定切り込み：$d_{d0}$ 〔μm〕
ドレスの真実切り込み：$d_d$ 〔μm〕

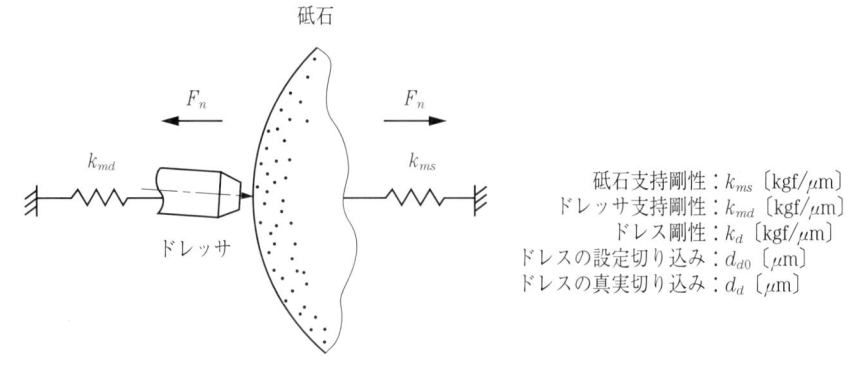

図6.18　ツルーイング／ドレッシングの力学的モデル

削砥石を除去加工するのが一般である．ここで，運動転写の加工精度を支配する原因を列挙すると，

1）ツルーア／ドレッサ支持系の剛性
2）研削砥石の支持剛性
3）研削砥石の縦弾性係数
4）研削砥石のドレス抵抗
5）ツルーア／ドレッサによる砥石の最小除去加工単位
6）ツルーア／ドレッサの摩耗特性

などである．

1）ないし2）までは，運動転写誤差が生ずる要因の力学的原因によるものである．図6.18は，研削砥石とドレッサダイヤモンドの接触点に生ずる砥石の弾性変形が無視できる場合のツルーイング／ドレッシングの力学的モデルを示す．両者間のループ剛性$k_m$は，

$$\frac{1}{k_m} = \frac{1}{k_{ms}} + \frac{1}{k_{md}} \tag{6.4}$$

ここで，$k_m$：ループ剛性，$k_{ms}$：砥石の支持剛性，$k_{md}$：ドレッサの支持剛性

しかし，レジンボンド砥石のように，ビトリファイド砥石に比べ結合材の縦弾性係数$E$が遥かに小さい場合は，砥石のドレッサとの接触点に生ずる弾性変形を無視することはできない．この場合は，

$$\frac{1}{k_m} = \frac{1}{k_{ms}} + \frac{1}{k_{md}} + \frac{1}{k_{cs}} \tag{6.5}$$

$k_{cs}$：砥石の接触剛性

一般的に，

ビトリファイド砥石の場合　　$E \approx 80 \text{GPa}$
レジンボンド砥石の場合　　$E \approx 10 \text{GPa}$

と言われている．

## 6. ツルーイング／ドレッシング工具の現状とこれを用いた研削加工の限界

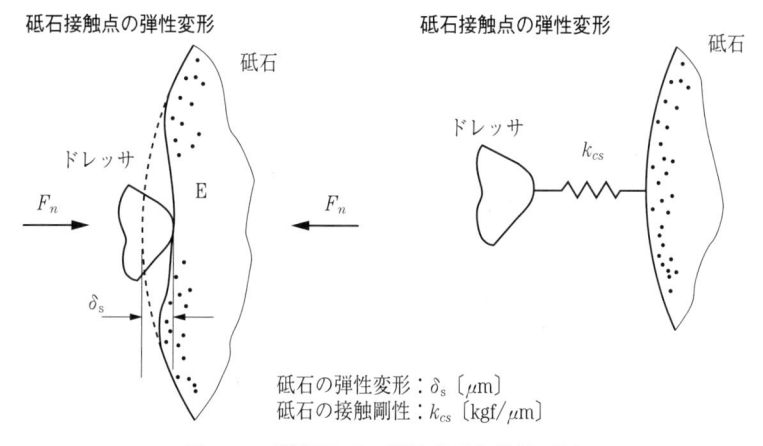

**図6.19** 研削砥石の弾性変形と接触剛性

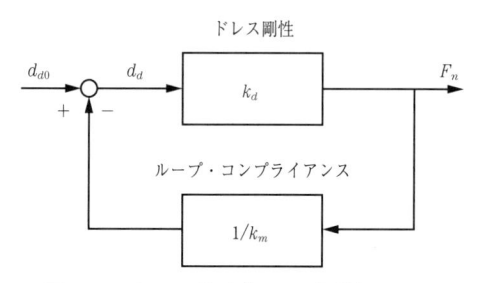

**図6.20** ドレス除去加工の力学的モデル

研削砥石の弾性変形 $\delta_s$ および接触剛性 $k_{cs}$ の力学的モデルを**図6.19**に示す。

また，ドレッサの設定切り込み $d_{d0}$ に対し，真実の切れ込み $d_d$ の関係をブロック線図で表現すると**図6.20**となる。ここで，

$$d_d = d_{d0} - \frac{F_n}{k_m}, \quad F_n = k_d \cdot d_d$$

ただし，$k_d$ はドレッサに働く砥石のドレス抵抗，すなわち，単位切り込み当たりの法線分力の割り合い―ドレス剛性―を示す。したがって，

$$\frac{d_d}{d_{d0}} = \frac{1}{1 + k_d/k_m} \tag{6.6}$$

豊田バンモップスの技術資料によれば[6.2]，ビトリファイド砥石に関する単石ドレッサのドレス剛性に関して，

　ドレス切り込み　$a_d = 5\,\mu$m

　ドレス法線分力　$F_n = 0.5$ kgf

の実験結果より直線近似するとドレス剛性は，

$$k_d = 0.1\,\text{kgf}/\mu\text{m}$$

つぎに，図6.19に示した力学的モデルに従い，ドレッサのダイヤモンドを球形近似し，法線分力$F_n$でダイヤモンドを砥石表面に押し込んだ場合の弾性変形$\delta_s$および砥石の接触剛性$k_{cs}$をヘルツの弾性変形理論から次式にしたがって求める。

$$\delta_s = \left(\frac{3\pi}{2}\right)^{2/3} \cdot F_n^{2/3} \cdot \left(\frac{1-\nu^2}{E}\right)^{2/3} \cdot \left(\frac{1}{D_d}\right)^{1/3} \tag{6.7}$$

ここで，$\nu$：ポアッソン比，$D_d$：ダイヤモンドの球径，ダイヤモンドの弾性変形$\approx 0$

(a) ビトリファイド砥石の場合の計算

  $D_d = 0.8$mm

  $E = 8,000$kgf/mm$^2$

  $F_n = 0.5$kgf

を (6.7) 式に代入し，弾性変形$\delta_d$は，

  $\delta_d = 5.5 \mu$m

また，砥石の接触剛性$k_{cs}$は (6.7) 式から$\Delta F_n / \Delta \delta_d$を求め，同様にして

  $k_{cs} = 0.136$kgf/$\mu$m

を得る。

(b) レジンボンド砥石の場合の計算

  $E = 1,000$kgf/mm$^2$と仮定し，上述と同様にして，

  $\delta_d = 22 \mu$m

  $k_{cs} = 0.034$kgf/$\mu$m

ビトリファイド砥石の場合は，前述の実験値と (6.7) 式に基づく計算値はよく一致する。

つぎに，図6.18に示した力学的モデルの中でドレッサの支持剛性の現状について考えて見る。**表6.6**は，ダイヤモンド協会による単石ダイヤモンドドレッサのシャンクの標準形状を示す。シャンクはテーパ穴またはねじによって固定支持される。旋盤のバイトの固定方式に比べ支持剛性は著しく低い。これは，ドレス剛性が支持剛性に比べきわめて小さいことを前提としている。

図6.18において砥石支持剛性に比べドレッサの支持剛性が約1/10と仮定し，

砥石支持剛性  5 kgf/$\mu$m

ドレッサ支持剛性 0.5kgf/$\mu$m

とおくと，ループ剛性$k_m$は (6.4) 式から，

$$\frac{1}{k_m} = \frac{1}{0.5} + \frac{1}{5}$$

$$k_m = 0.45 \text{〔kgf/}\mu\text{m〕}$$

また，さらに砥石の弾性変形を考慮した場合のループ剛性は (6.5) 式より，

$$\frac{1}{k_m} = \frac{1}{0.5} + \frac{1}{5} + \frac{1}{0.136}$$

6. ツルーイング／ドレッシング工具の現状とこれを用いた研削加工の限界

表6.6 ドレッサシャンクの標準形状および記号（ダイヤモンド協会標準）

| A | | B | | C | |
|---|---|---|---|---|---|
| D | | E | | F | |
| G | | H | | J | |
| K | | L | | M | |
| N | | P | | Q | |
| R | | S | | T | |
| U | | V | | W | |

$$k_m = 0.10 \ [\text{kgf}/\mu\text{m}]$$

このときのドレス切り込みの設定値 $d_{d0}$ と真実の切り込み $d_d$ の関係は（6.6）式より，

$$\frac{d_d}{d_{d0}} = \frac{1}{1 + 0.1/0.1} = \frac{1}{2}$$

したがって設定切り込みの半分は砥石の弾性変形によって切り残される。

同様にして，レジンボンド砥石について前述の計算値を用いループ剛性を求めると，

$$\frac{1}{k_m} = \frac{1}{0.5} + \frac{1}{5} + \frac{1}{0.034}$$

$$k_m = 0.032 \ [\text{kgf}/\mu\text{m}]$$

また，$\dfrac{d_d}{d_{d0}} = \dfrac{1}{1 + 0.1/0.032} = 0.24$

レジンボンド砥石の場合は，切り込みの24％のみが実際の切り込みとなり，残りの76％は砥石の弾性変形による切り残しとなる。

以上，単石ドレッサを中心に力学的モデルによる検討を加えたが，ロータリドレッサのようにプランジ成形のプロファイル幅が，たとえば，100mmと大きい場合はドレス剛性がきわめて大きくなり，ドレッサおよび砥石の支持系の剛性の強化が強く望まれる。これに関する定量的計算指針が必要である。

つぎに，運動転写精度を支配する要因の5）のツルーア／ドレッサによる砥石の除去加工単位の微細化の限界がある。ダイヤモンドドレッサによる砥石の除去加工の原則は，2.7.2で述べたように，ダイヤモンドは延性摩耗，加工対象の研削砥石は脆性破壊することで，その根拠として図2.7に示した脆性材料の臨界圧力の存在がある。したがって，砥石の臨界圧力以下における除去加工を前提としていない。実際問題として，2.7.2で指摘した疑問Q2，すなわち，

(a) 単石ドレッサの摩耗

(b) ダイヤモンドロータリドレッサ摩耗

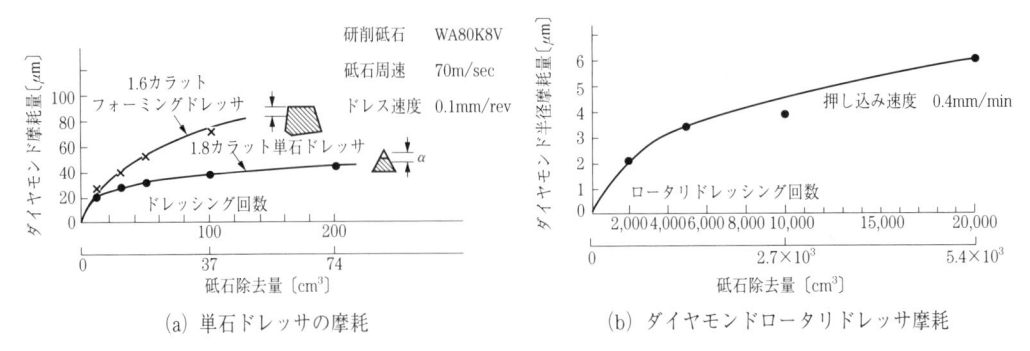

**図6.21** ダイヤモンドロータリドレッサと単石ダイヤモンドドレッサの摩耗量の比較（豊田バンモップス／ロータリドレッサ技術資料より）[6.2]

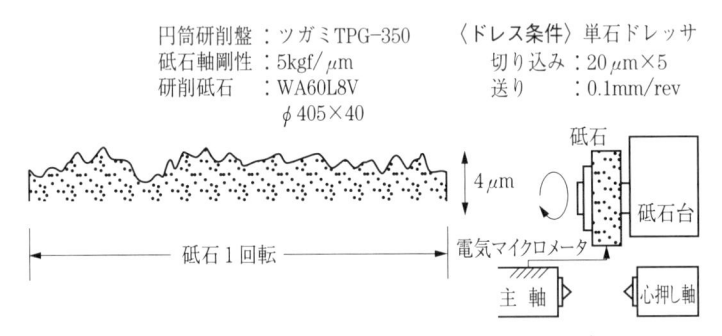

**図6.22** ドレッシング直後の砥石の回転振れ[6.7]

ダイヤモンドの粒径が研削砥石の粒径よりも常に大きい理由は，砥石砥粒の脆性破壊を目的とするためで，実態は6.2で示した通りである。具体的にはドレス切り込みは最小限μm単位で，スパークアウトで切り込み0μmとした場合も砥石，砥粒の脆性破壊の状態に変化はない。

対象とする研削砥石が大きく，かつ，加工精度が厳しい場合は，6）で挙げたツルーア／ドレッサの摩耗も砥石の形状創成精度を論ずる場合重要である。すでに，2.7.2において単石ドレッサを対象にドレッシング比$\eta_d$を論じ，その値が$10^7$オーダに達することを示した。さらに具体的作業に当たっては，ドレッサの先端の摩耗がドレス切り込みにどれだけ影響するかが問題である。この立場から単石ドレッサとロータリドレッサについて砥石除去量に対するダイヤモンド先端の摩耗量を実験的に求めた具体例を**図6.21**[6.2]に示す。ロータリドレッサでは，単石ドレッサに比べドレッサ先端の寸法減少量は1/3,000以下に抑えられるとしている。

以上，研削砥石のツルーイング／ドレッシングによる形状創成の加工精度を支配する要因について基本的考え方を検討した。以下は具体的事例を縦弾性係数$E$が約80GPaおよび10GPaの両砥石に分類して示す。前者の例としては，R. Hahnらによる図4.8の測定例がある。砥石プロファイルを直線状にドレッシングした場合のプロファイル誤差の記録である。0.1mm/revのドレス送りが規則的に記録され，かつ，うねりを含むプロファイル15mm幅当たりの形状誤差は1.8μmp-pである。

## 6. ツルーイング／ドレッシング工具の現状とこれを用いた研削加工の限界

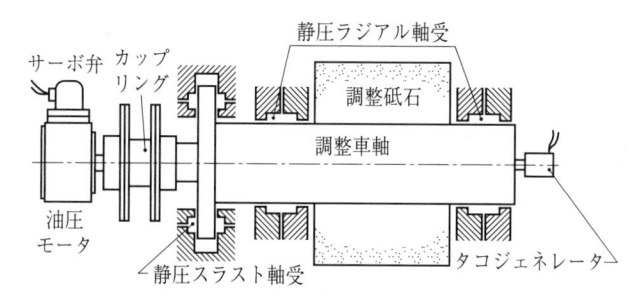

**図6.23** 試作調整車回転軸系の概略図[6.8]

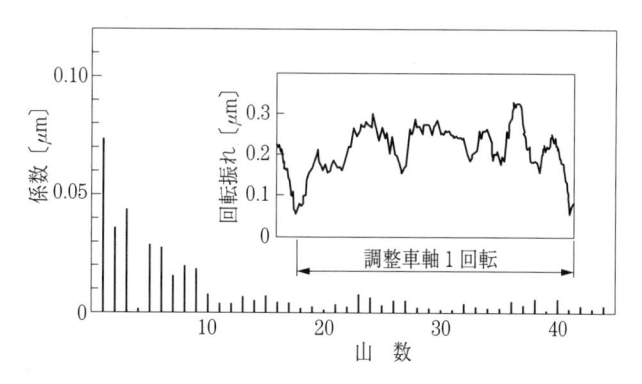

**図6.24** 調整車軸の回転振れと調和解析[6.8]

　また，ドレッシングによる砥石の回転振れの修正効果についての実験例を**図6.22**に示す。回転振れは$2.4\mu m$である[6.7]。研削砥石の構成は，砥粒率46％，ボンド率15％，空隙率39％である。

　つぎに，縦弾性係数が10GPa程度の砥石に関する実験例として心なし研削盤の調整砥石の場合を示す。調整砥石は円筒研削盤のセンタ支持系に相当し，受板とともに工作物の支持基準面を構成するため，工作物の加工精度を支配する要因として調整砥石の工作物との接触部分における回転振れおよびプロファイルの形状精度がきわめて重要である。以下に紹介する実験例は心なし研削加工の精度向上として調整砥石を支持，回転駆動する機構の改善とともに行なったものである[6.8]。

　**図6.23**は，従来の歯車列による回転駆動系に代わり，サーボ弁駆動の油圧モータと調整砥石軸を弾性板カップリングを通して直結した構造を示す。このときの調整砥石軸の回転振れと調和解析の測定結果を**図6.24**に示す。回転振れは$0.3\mu m$p-p，ラジアル方向の剛性は両端静圧軸受のため$28kgf/\mu m$ときわめて高い。

　このような高剛性，高精密な回転軸系に支えられた調整砥石を微細な切り込み，送りの下でツルーイングしたのにも拘らず調整砥石の形状精度は期待に反して低い結果であった。その結果を**図6.25**に示す。ここで用いた砥石は，

　　　　A150RR，$\phi 255\times 150$

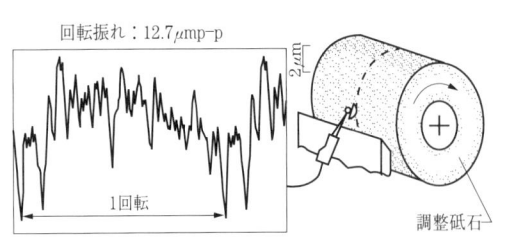

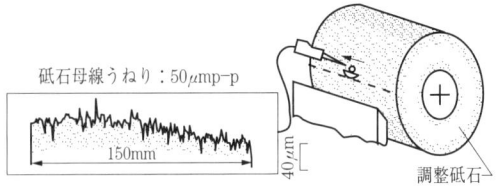

回転振れ：12.7μmp-p

砥石母線うねり：50μmp-p

150mm

調整砥石

(a) 単石ドレッサツルーイングした調整砥石の回転振れ

(b) 単石ドレッサツルーイングした調整砥石の母線形状

調整砥石　　　：A150RR，φ255×150
調整車軸支持剛性：28kgf/μm
調整車軸回転振れ：0.3μmp-p
〈ツルーイング条件〉単石ドレッサ
切り込み　：20μm×2, 0μm×3
送り速度　：0.03mm/rev

**図6.25**　単石ドレッサでツルーイングした調整砥石の工作物接触部における形状誤差[6.8]

$E = 13.9\text{GPa}$

砥石構成：砥粒率63％，ボンド率28％，空隙率9％

また，ドレッサ送り系の切り込み方向の直進誤差は1μm/150mmである。

図から，工作物との接触位置での回転振れは12.7μmp-p，プロファイルの形状誤差は50μmp-pである。なお，ドレッサの位置と工作物接触位置は90°ずれているため，ドレッサ位置における回転振れの読みは上記に比べ小さく，7.8μmp-pである。ビトリファイド砥石に比べ，ドレッシングによる砥石形状創成加工の加工誤差がほぼ一桁近く大きくなる原因は，縦弾性係数の低い砥石の弾性変形が主な原因と考えられる。

一般に，縦弾性係数の低い砥石，たとえば，レジンボンド砥石においても上述の事態を十分考慮する必要がある。

## 6.4　砥粒切れ刃の自生発刃に依存する研削加工の限界

ツルーイング／ドレッシングによって創成された砥粒頂面の脆性破壊層が研削作用を支配し，かつ，個々の砥粒に働く切削負荷により，脆性破壊層に目づまり／目つぶれ，砥粒の破砕あるいは砥粒脱落までの現象が生じ，複雑な研削現象となって現れる。

このような砥粒の脆性破壊層の挙動を工作物，砥石作業面間の接触圧力の関数として3つの形態に単純化して分類し，研削特性としての材料除去率$Z'_w$および砥石減耗率$Z'_s$を表示したものを**図6.26**に示す。

これらに関する基礎実験は，ツルーイング／ドレッシング後の比較的初期の段階で行なったもので，単位幅当たり累積研削量$V'_w$〔mm³/mm〕のわずかな領域に関するものである。

一般的には，**図6.27**に示すようにツルア／ドレッサによる脆性破壊で生じた砥粒頂面の切れ刃が支配的な領域と，砥粒に加わる切削力によって生じた砥粒頂面の脆性破壊層の切れ刃が

## 6. ツルーイング／ドレッシング工具の現状とこれを用いた研削加工の限界

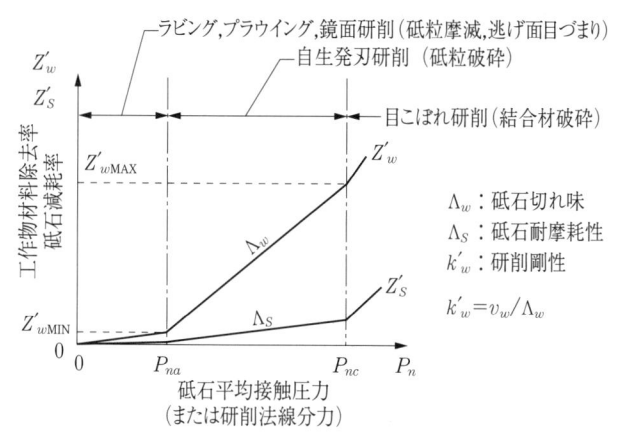

**図6.26** 砥石の研削機能の三形態

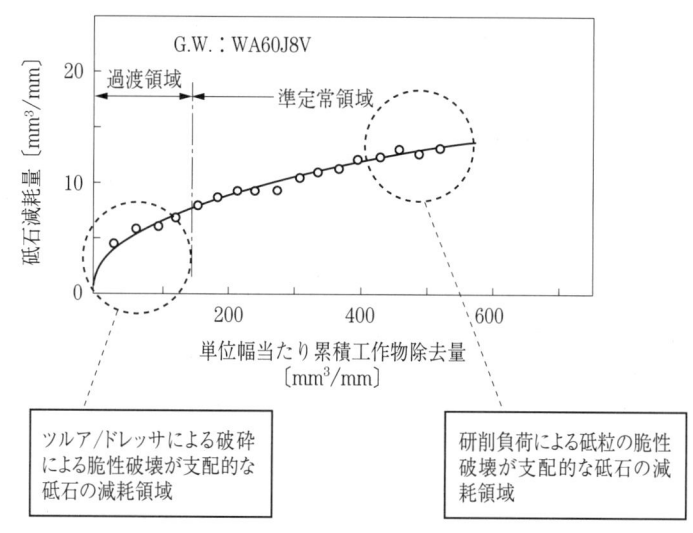

**図6.27** 研削砥石の減耗特性におけるツルーイング／ドレッシングによる過渡領域および研削負荷による準定常領域（図2.63より）

支配的な領域とでは研削抵抗あるいは砥石の切れ味も異なるし，また，砥粒の脆性破壊で進行する砥石の減耗量も異なってくる。特に，ツルア／ドレッサによって生じた砥粒頂面の脆性破壊層は研削負荷によるものと比べクラック層の存在で著しく大きく，このため砥石の減耗率で表現すると，**図6.28**に示すように，初期段階の砥石減耗率が著しく，その後過渡的領域を経て研削負荷に相当する材料除去率$Z'_w$に対応する準定常砥石減耗率に達する。

以上の関係を研削面粗さに与えるツルーイング／ドレッシング条件および材料除去率$Z'_w$の影響を累積研削量$V'_w$の関数として示した実験例を**図6.29**に示す。ここで，ツルア／ドレッサによる砥粒切れ刃に相当する初期研削面粗さと研削負荷による砥粒切れ刃の再生による準安定領域の研削面粗さの生成過程の違いを見ることができる。

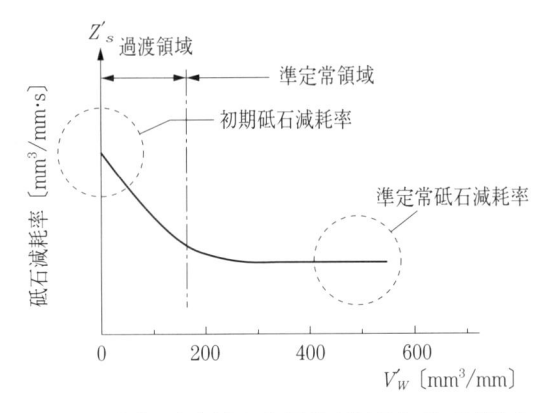

図6.28 単位研削幅当たり累積研削量と砥石減耗率

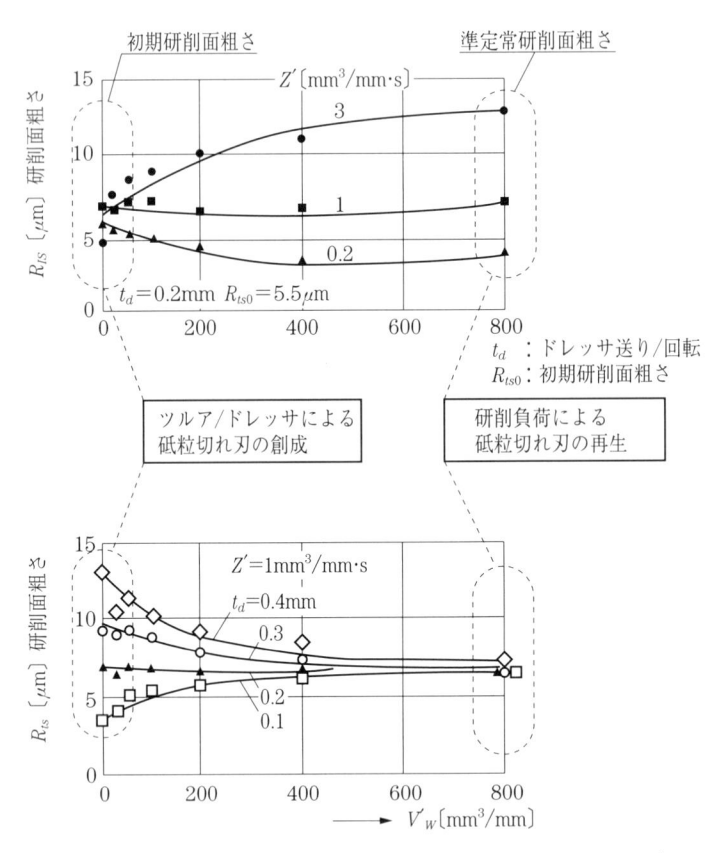

図6.29 ツルア／ドレッサによる砥粒切れ刃の創成および研削負荷による砥粒切れ刃の再生と研削面粗さの関係（図2.64より）

## 6. ツルーイング／ドレッシング工具の現状とこれを用いた研削加工の限界

$$\text{砥石の研削機能} = \begin{pmatrix} \text{研削面粗さ} & R_{ts} \\ \text{砥石の切れ味} & \Lambda_w \\ \text{砥石減耗率} & \Lambda_s \end{pmatrix}$$

ツルーイング／ドレッシング
―脆性破壊除去加工―

初期研削面粗さ
初期切れ味
初期砥石減耗率

⇒ 過渡領域 ⇒

準定常研削
―砥粒の脆性破壊減耗―

準定常研削面粗さ
準定常切れ味
準定常砥石減耗率

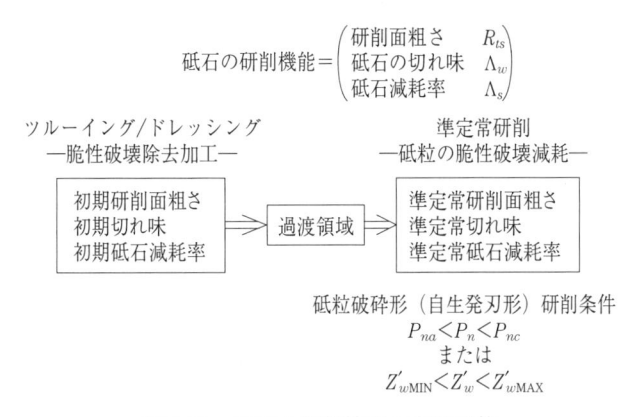

砥粒破砕形（自生発刃形）研削条件
$P_{na} < P_n < P_{nc}$
または
$Z'_{w\text{MIN}} < Z'_w < Z'_{w\text{MAX}}$

**図6.30** 砥石の研削機能の変化形態

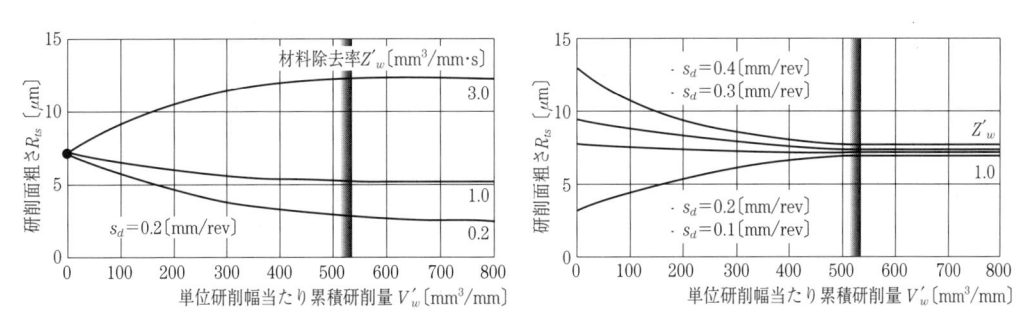

**図6.31** 研削面粗さの再現性を優先する研削条件
―$V'_w \gtrsim 500\text{mm}^3/\text{mm}$―（Winterthur社カタログより）

　砥石の研削機能を研削面粗さ，砥石の切れ味および砥石減耗率の3パラメータで表示し，ツルーイング／ドレッシング直後の研削特性の総合的初期値と準定常研削領域の総合値の関係を図6.30に示す．両者の間には，砥粒の破砕をもたらす原因が異なることから因果律の関係はない．

　しかし，研削面粗さの再現性を現場の立場から高めるために，Winterthur社のカタログでは，K. Weinerの実験に基づきツルーイング／ドレッシング条件の影響が殆んど消えてしまう累積研削量の値を目安に安定した研削作業を行なうよう勧めている．すなわち，図6.31に示すように，$V'_w \gtrsim 500\text{mm}^3/\text{mm}$の領域では，研削面粗さが材料除去率$Z'_w$のみに支配される準定常状態にあることに着目し，この領域では大量生産に必要な研削面粗さの再現性が保持されるとしている．

　他方，図2.64の実験結果が示すように，研削面粗さに着目する限りドレス条件によっては材料除去率の設定値$Z'_w$に支配される準定常研削面粗さにほぼ等しい初期研削面粗さを得る可能性がある．そこで，経験則によって$Z'_w$に対応するドレス条件の目安をガイドラインとして実用されている．加工精度水準を荒研削，仕上げ研削および精密仕上げ研削に分けた場合の材

表6.7 研削加工精度水準に対応した研削条件とツルーイング／ドレッシング条件の相関具体例

| 加工精度水準 | $Z'_w$ [mm³/mm·s] | $q$ | $v_w$ [m/s] | $d_w$ [μm/rev] | 準定常研削面粗さ$R_{ts}$ |
|---|---|---|---|---|---|
| 荒研削 | 3.0 | 50 | 0.6 | 5.0 | —— |
| 仕上げ研削 | 1.0 | 80 | 0.38 | 2.6 | —— |
| 精密仕上げ研削 | 0.2 | 100 | 0.30 | 0.7 | —— |

ただし砥石周速$v_S=30$m/s

ツルーイング／ドレッシング条件（単石ドレッサ）

| 加工精度水準 | ドレス切り込み $a_d$ [mm] | ドレス送り速度 $f_d$ [mm/rev] | 初期研削面粗さ$R_{ts0}$ |
|---|---|---|---|
| 荒研削 | 0.05 | 0.12 | —— |
| 仕上げ研削 | 0.02 | 0.06 | —— |
| 精密仕上げ研削 | 0.01 | 0.04 | —— |

$Z'_w$：材料除去率，$v_w$：工作物周速
$q=v_S/v_w$，$d_w$：砥石切り込み

$\boxed{R_{ts0} \approx R_{ts}?} \Longrightarrow$ 因果律？

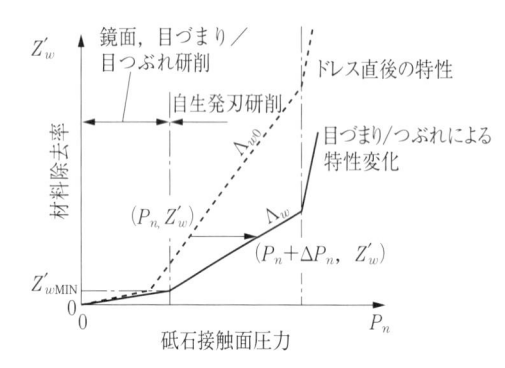

図6.32 目づまり／目つぶれ発生に伴う研削動作点の変化

ドレス直後の砥石切れ味：$\Lambda_{w0}$　　　$\Lambda_{w0} > \Lambda_w$
目づまり／目つぶれ発生後の切れ味：$\Lambda_w$
単位研削幅当たり研削剛性：$k'_w$　　　$k'_w = v_w/\Lambda_w$

料除去率と，これに対応して選択されるツルーイング／ドレッシング条件の組み合わせの具体例を表6.7に示す。

　砥石の目直し間寿命を支配する目づまり／目つぶれによる研削特性の変化を定切り込み研削動作点（$P_n$, $Z'_w$）の変化として$V'_w \approx 0$の研削特性を示す図6.26に併記すると図6.32となる。すなわち，ドレス直後砥石接触面圧$P_n$および材料除去率$Z'_w$で表わす研削動作点（$P_n$, $Z'_w$）が，目づまり／目つぶれによる砥石切れ味の低下のため砥石の接触面圧が増加して$P_n + \Delta P_n$となり，研削負荷$F_n$の増加にも拘らず砥石切り込みが保持されると仮定すると研削動作点は（$P_n + \Delta P_n$, $Z'_w$）に移動する。

## 6. ツルーイング／ドレッシング工具の現状とこれを用いた研削加工の限界

累積研削量の増加とともに砥粒頂面の切れ刃面に目づまり／目つぶれが進行する過程の電顕写真[3),6)]を改めて図6.33および図6.34に示す。砥粒切れ刃の目づまり／目つぶれによる砥石切れ味$\Lambda_w$の低下（または研削剛性の増加）を砥石の目直し間寿命の判断基準とするならば，鏡面研削の場合は普通研削に比べ，砥石寿命が著しく短いことを示している。ここで普通研削とは砥粒破砕形研削を意味する。

したがって，鏡面研削と呼ばれる仕上げ面粗さに優れた加工法は，何等かのインプロセスドレッシングを併用しない限り大量生産方式には馴めない。

図6.32で示したように，自生発刃研削においては砥粒の破砕作用が開始する砥石接触面圧力を超えた領域で研削除去機能を認めている。したがって，制御可能な材料除去率$Z'_w$の範囲は$Z'_{w\mathrm{MIN}}$以上の領域に限定される。つまり，$Z'_{w\mathrm{MIN}}$から求められる砥石切り込みの最小値$d_{w\mathrm{MIN}} = Z'_{w\mathrm{MIN}}/v_w$を超えた切り込みに対してのみ工作物の形状・寸法創成機能が存在することとなる。

R. Hahn らは砥粒破砕形研削が開始し始める研削法線分力$F_{n0}$を研削開始圧力と呼び，Force Controlled Grinder の設計基準としている。

運動転写形研削加工においても研削開始圧力$F_{n0}$に相当する研削開始切り込みが存在する。

運動転写形研削においては，砥石の設定切り込み$d_{w0}$と実切り込み$d_w$の間には研削負荷による研削加工系の弾性変形のため両者は一致しない。この関係を図6.35に示す。ここで，設定

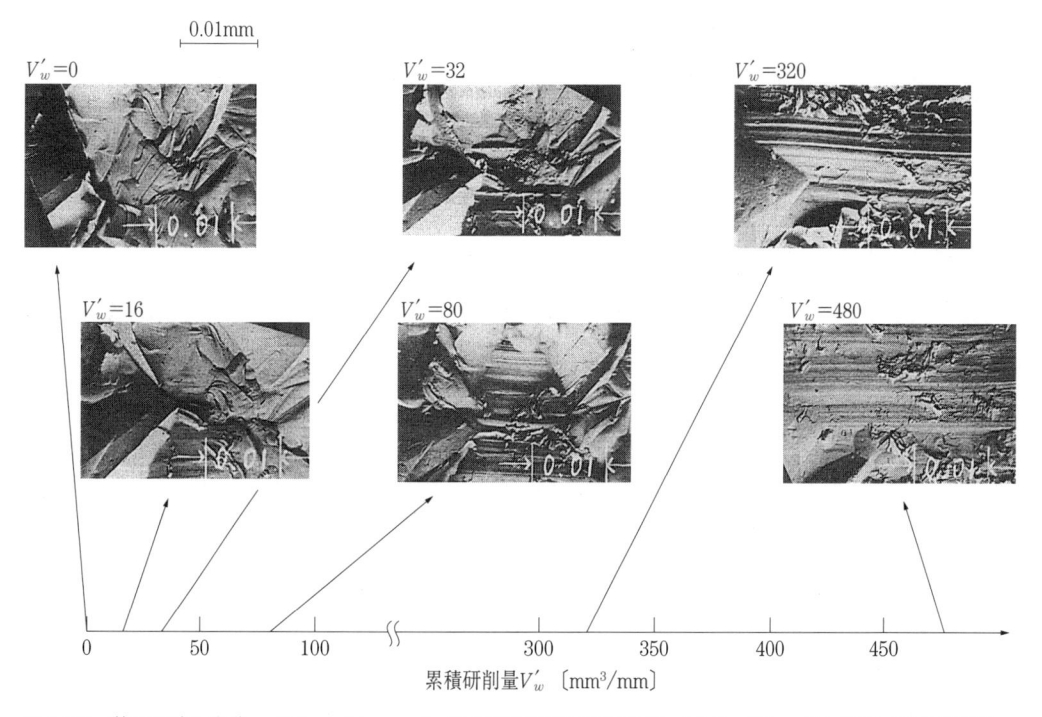

図6.33　普通研削（$Z'_w = 0.3 \mathrm{mm}^3/\mathrm{mm \cdot s}$）時の砥粒切れ刃面の目づまり／目つぶれ現象の電顕写真—表3.3参照—（武野，長岡）[3), 6)]

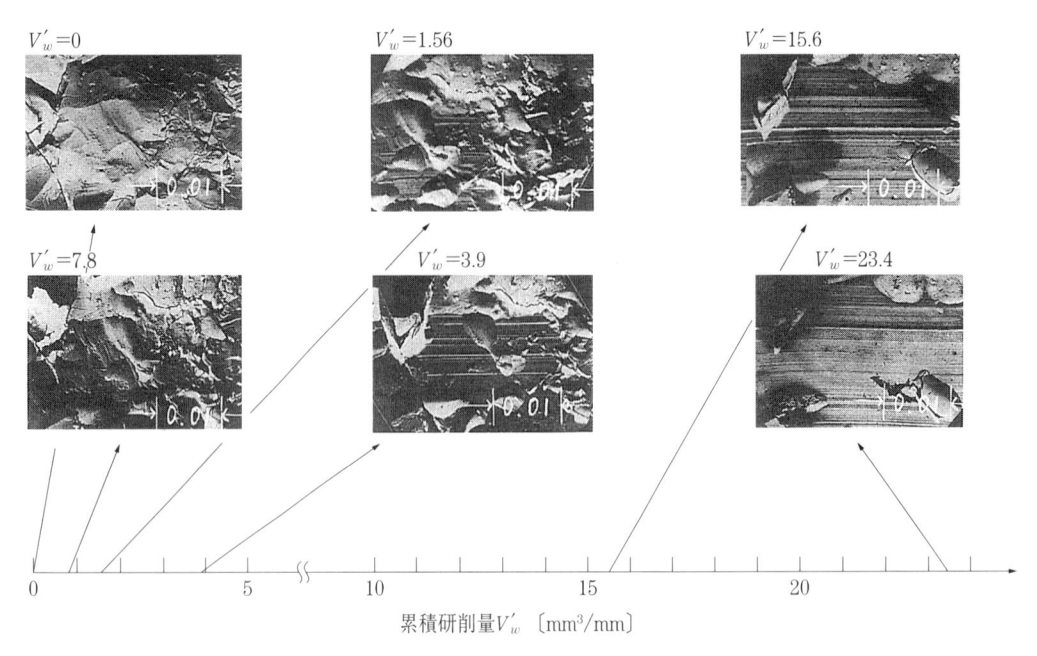

図6.34 鏡面研削（$Z'_w = 0.03\text{mm}^3/\text{mm}\cdot\text{s}$）時の砥粒切れ刃面の目づまり／目つぶれ現象の電顕写真 —表3.3参照—（武野，長岡）[3, 6]

$\zeta_c = \dfrac{d_w}{d_{w0}} = \dfrac{k_{m,c}}{k_{m,c}+b\cdot k'_w}$

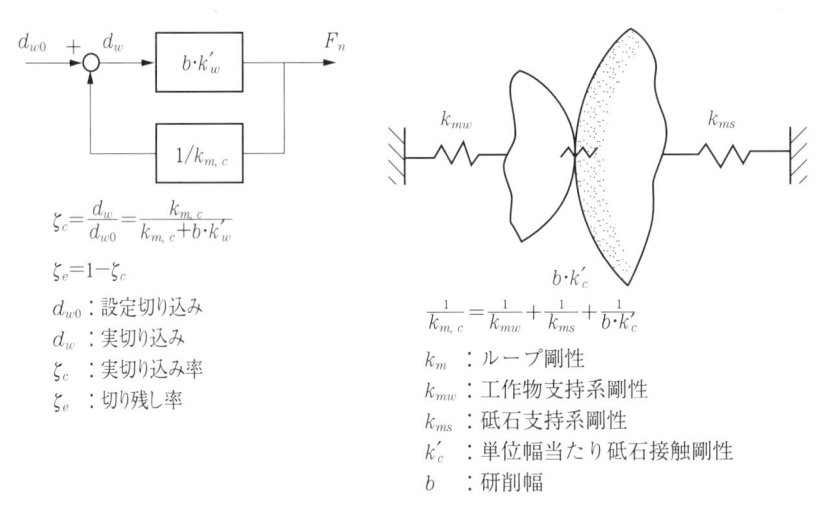

$\zeta_e = 1 - \zeta_c$

$d_{w0}$：設定切り込み
$d_w$：実切り込み
$\zeta_c$：実切り込み率
$\zeta_e$：切り残し率

$\dfrac{1}{k_{m,c}} = \dfrac{1}{k_{mw}} + \dfrac{1}{k_{ms}} + \dfrac{1}{b\cdot k'_c}$

$k_m$：ループ剛性
$k_{mw}$：工作物支持系剛性
$k_{ms}$：砥石支持系剛性
$k'_c$：単位幅当たり砥石接触剛性
$b$：研削幅

図6.35 研削系の力学的パラメータと実切り込み率

切り込み $d_{w0}$ と実切り込み $d_w$ の比として実切り込み比 $\zeta_c$ を定義する。

$$\zeta_c = d_w/d_{w0} \tag{6.8}$$

実切り込み $d_w$ を最小材料除去率 $Z'_{w\text{MIN}}$ から得られる研削開始切り込み $d_{w\text{MIN}}$ に等しくするためには，図6.36に示すように，

$$\Delta_{w\text{MIN}} = d_{w\text{MIN}}/\zeta_c \tag{6.9}$$

6. ツルーイング／ドレッシング工具の現状とこれを用いた研削加工の限界

(a) 設定切り込みと実切り込み　(b) 研削開始設定切り込み $\Delta_{wMIN}$

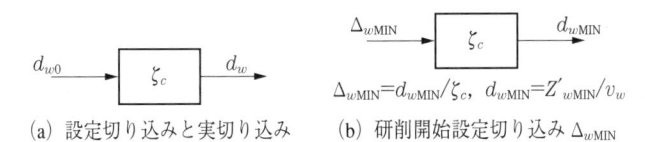

**図6.36** 自生発刃形研削加工における研削開始設定切り込み
　　　　―形状寸法創成分解能―

ここで，$\Delta_{wMIN}$ を研削開始設定切り込みと定義する。

NC制御研削方式のように，工作物と研削砥石の相対変位あるいは砥石切り込みを制御して工作物の形状，寸法創成作業を行なう場合，砥石の設定切り込みが $\Delta_{wMIN}$ 以下の領域ではその機能を失うこととなる。この意味から，上記研削開始設定切り込み $\Delta_{wMIN}$ は運動転写形研削加工系の形状・寸法創成分解能と呼ぶことができる。自成発刃形研削加工においては形状・寸法創成加工精度は最小材料除去率 $Z'_{wMIN}$ によって限定され，運動転写形研削における転写精度は研削開始設定切り込み $\Delta_{wMIN}$ によって限定される。

数値計算例としてカム研削の場合を考え，次の条件の下で形状・寸法創成分解能を計算する。

$Z'_{wMIN}$ = 0.2 mm³/mm·s

$v_w$ = 0.3 m/s

$k'_w$ = 2 kgf/μm·cm

$b$ = 1 cm

$k_{m,c}$ = 1 kgf/μm

$d_{wMIN}$ = $Z'_{wMIN}/v_w$

= 0.2/300 mm

= 0.7 μm

$\zeta_c$ = $\dfrac{k_{m,c}}{k_{m,c} + b \cdot k'_w}$ = $\dfrac{1}{3}$

$\Delta_{wMIN}$ = $d_{wMIN}/\zeta_c$ = 0.7 × 3 μm

= 2.1 μm

これまでの検討結果から自生発刃形研削による研削特性の限界として次の項目をあげることができる。

### 6.4.1　研削砥石の研削機能の制御性の限界

研削砥石の総合的研削機能として次のパラメータの組み合わせを考えた場合，

$\begin{pmatrix} 研削面粗さ \\ 砥石の切れ味 \\ 砥石の耐摩耗性 \end{pmatrix}$

ツルーイング／ドレッシング直後から準安定研削に至る過程を通して一貫して制御すること

が困難であることが研削加工における因果律を阻害する原因である。

### 6.4.2 研削砥石の実切り込みの微細化の限界

自生発刃形研削においては，材料除去率の最小値 $Z'_{wMIN}$ が存在するため，研削加工による形状・寸法制御の限界を表わす形状・寸法創成分解能 $\Delta_{wMIN}$ が存在する。

$$\Delta_{wMIN} = d_{wMIN} / \zeta_c$$

### 6.4.3 砥石の形状創成精度の限界

今日のツルア／ドレッサによる砥石形状の創成加工は，すべて脆性破壊除去加工であり，図2.32で一般化して示したようにツルア／ドレッサの運動が砥石作業面へ転写される精度には本質的な限界がある。

### 参 考 文 献

6.1) Robert S.Woodburg：Studies in the History of Machine Tools. The MIT Press（1972）
6.2) 豊田バンモップス／ロータリドレッサ技術資料
6.3) 高木，福田：ロータリ・ダイヤモンドカッタによるビトリファイドCBNホイールの切れ味制御，砥粒加工学会学術講演論文集，213（1991）
6.4) 原田政志：超音波ドレッシングした砥石による鏡面研削に関する研究，学位論文（1974），83-84
6.5) 中島，宇野，橘：研削砥石のドレッシングに関する研究（第4報）精密工学会秋季大会学術講演会論文集（1986），649
6.6) 高木純一郎：電着CBNホイールのツルーイングとガラスビーズによる砥粒密度の制御，砥粒加工学会誌Vol.42, No5（1998），194-199.
6.7) Hashimoto, F, Kanai, A., Miyashita, M.：Growing Mechanism of Chatter Vibration in Grinding Processes and Chatter Stabilisation Index of Grinding Wheel. CIRP. Vol 33/1/1984, 259-261.
6.8) Hashimoto, F, Kanai, A., Miyashita, M.：High Precision Truing Method of Regulating Wheel and Effect on Grinding Accuracy. CIRP. Vol 32/1/1983, 237-239.

# 7. 延性モードツルーイングの導入—超精密研削への道—

## 7.1 研削砥石による超精密加工不可能説

1980年代初頭，LLNLで開発されたLODTM（Large Optics Diamond Turning Machine）を代表として集大成された超精密ダイヤモンド切削技術に続き，光学ガラスに代表される脆性材料の超精密研削加工の可能性が論ぜられることとなった。

この中で研削砥石による超精密加工は不可能，もしくは解決されるべき課題として挙げられた代表的意見として，

(1) 谷口，McKeown説（1983, CIRP）[7.1]，

(2) McClure説（1985, LLNL）[7.2]，

(3) Keggレポート（1983, CIRP）[7.3]，

がある。

谷口によれば，砥石の微小切り込みにより個々の砥粒切り込み，すなわち，加工単位の微細化により材料除去エネルギーが増加し，砥粒に加わる負荷が増大し，砥粒の破砕が加速される。その結果，切屑が不規則に変動し，研削面に不規則な条痕を残し，鏡面（specular surface）の創成は原理的に不可能である。鏡面加工は，アルミニウム，銅のような軟らかい材料をダイヤモンド工具の切削によってのみ可能であるとしている。

E. R. McClureは，LLNLにおけるLODTM開発の経験から超精密加工が求める研削加工の条件として，

$$\text{材料除去分解能} \quad < \quad \text{加工誤差許容値}$$
$$\Uparrow \qquad\qquad\qquad \Uparrow$$
$$Z'_{w\,\min} \text{または} d_{w\,\min} \qquad \text{寸法，形状，粗さ，SSD}$$

また，大形光学部品の超精密加工の必要性から，

$$\text{砥石減耗量} \quad < \quad \text{加工誤差許容値}$$

すなわち，ナノスケールの加工誤差許容値に見合う十分小さな砥石の摩耗—高い研削比—が不可欠である。従来の研削加工例が示す研削比の実情が超精密加工の障害であると考えている。

さきに示したように，R. Keggは製造業における研削加工の問題点として研削工程に関する予見性の不足，すなわち，因果律の形式化がきわめて困難であり，このため研削工程の設計に対する信頼性が不足している現状を指摘している[1,2]。研削現場においては，ある好ましい研

削結果が得られてもこれを維持し,繰り返し再現できるかが課題となっており,

(1) 新しい砥石と摩耗した砥石とで研削特性に変化,
(2) ドレッサが摩耗すると研削特性に変化,
(3) 同一砥石メーカー,同一仕様の砥石でも研削特性に変化,
(4) 違う砥石メーカー,同一仕様の砥石で研削特性に変化,
(5) 研削液によっても研削特性に変化,

など,研削工程における一貫性の無さに戸惑い,悩んでいるとしている。その結果,研削は"black art"か? とまで表現している。現実には"技能"がこの問題をカバーしている。

## 7.2 今日の研削砥石による研削作用とは

研削砥石による研削作用を表現する技術用語として,「研削・摩耗技術用語辞典」[7.4]からの抜粋を図7.1に示す。これらはCIRP用語の定義に従った解説である。砥粒切れ刃の切削作用に直結する用語として自生発刃,目づまり,目つぶれ,目こぼれ,摩滅の幾何学的解釈が示さ

| 切れ刃の自生<br>(自生発刃)<br>(自生作用) | self sharpening | 砥石による加工中に,砥粒が破砕あるいは脱落することにより新しい切刃を発生して,切れ味のよい状態を維持すること | CIRP 1766 |
|---|---|---|---|
| 目つまり | loading | 砥石の気孔中に切屑などが埋込まれること 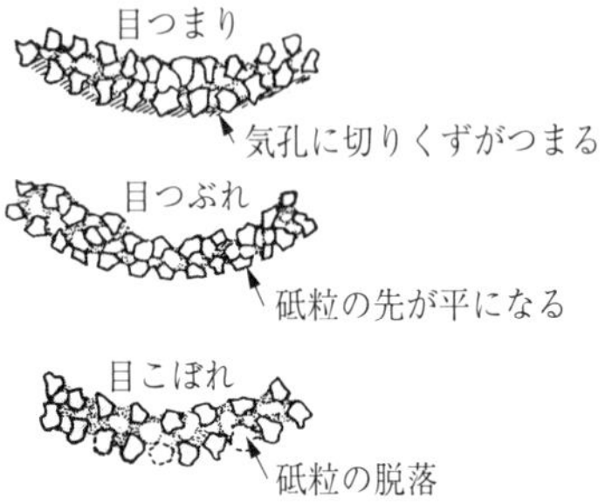 | CIRP 1764 |
| 目つぶれ<br>(鈍化) | dulling<br>glazing | 砥石による加工中に砥粒切れ刃が摩滅して平坦となること | CIRP 1765 |
| 目こぼれ | shedding<br>breaking | 砥石による加工中に砥粒が原形のまま,あるいは大きく割れて脱落し工作物を有効に削ることができない状態 | |
| 摩滅 | attrition wear | 砥粒の切刃が平らにすり減ること 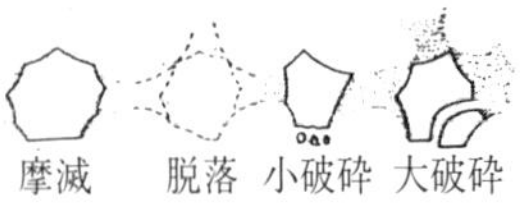 | |
| 脱落<br>〔砥粒の〕 | releasing<br>breaking<br>down | 砥粒に作用する外力のために,結合剤が破壊し,砥粒が砥石からぬけ落ちること | |
| 破砕<br>〔砥粒の〕 | fracture | 砥粒が外力によって割れること | |

**図7.1** 砥粒切れ刃の研削作用関連用語の解説[7.4]

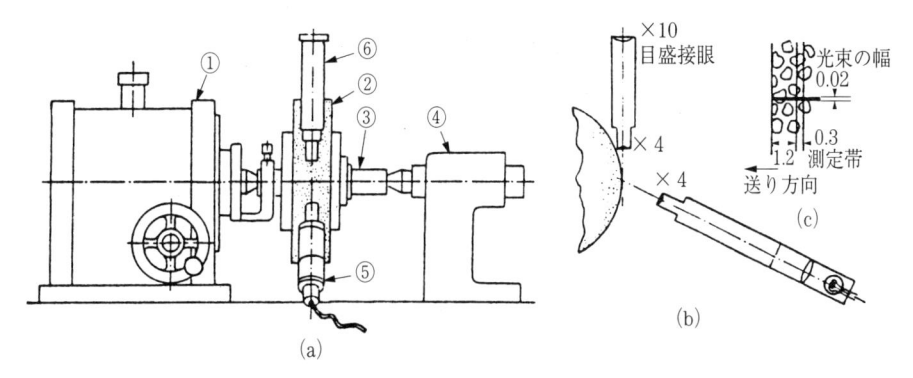

**図7.2** 光切断法による砥粒観測装置[7.5]

**表7.1** 実験の条件[7.5]

| 〈研削砥石〉 | 粒　　度 | 46 |
|---|---|---|
| | 砥　粒　率 | 46% |
| | 外　　径 | 180mm |
| | 厚　　さ | 13mm |
| 〈工作物〉 | 材　　質 | 工具鋼第一種（焼き入れ），Rc 62 |
| | 寸　　法 | 105×22mm |
| 〈工作条件〉 | 研削速度 | 1,900m/min（3,400min$^{-1}$） |
| | 切り込み | 0.015mm |
| | 送　　り | 0.7mm/stroke |
| | テーブル速度 | 6m/min |
| | 研削剤 | なし |

研削盤：Jung平面研削盤
ドレス切り込み：0.02mm

れている。

　これに先立ち，砥石の目直し後に生ずる砥粒切れ刃の発生から寿命に至る挙動を実験面から詳細に追求したものに津和の研究[7.5],[7.6]がある。光切断法と呼ばれる砥粒切れ刃の観測装置を**図7.2**に示す。砥石作業面に光束の幅0.02mmで斜め照射し，砥粒先端部を顕微鏡で観察する。このときの研削条件を**表7.1**に示す。なお，実験装置には光学的割り出し台が付いており，砥石作業面にある各砥粒切れ刃の円周上の位置を正確に読み取ることができる。このようにして観測した結果を**図7.3**に示す。図7.3(a)においては，砥粒切れ刃Bが摩滅して切れ刃Aが新たに切れ刃として加わり，累積研削量$V'_w$の増加とともに，やがて切れ刃Aが欠損し，さらに砥粒全体が脱落する過程を示す。図7.3(b)においては，ドレス直後は切れ刃AおよびBが共存するが，やがて切れ刃Aが脱落し，ついで切れ刃Bも脱落し，新しい切れ刃が新生する様子を示す。図7.3(c)においては砥粒切れ刃が平坦化し，摩耗（あるいは切屑が溶着か？）した状態を示す。平坦化した表面を粗さ計で測定すると，深さ約1$\mu$mでピッチが20～40$\mu$mの条痕であった。

(a) 砥粒の欠損と脱落

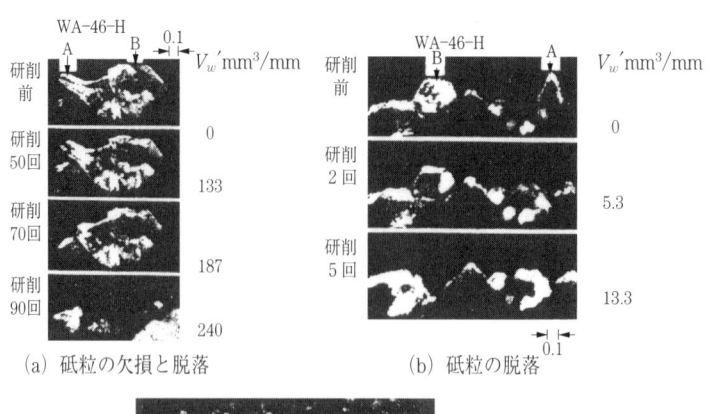

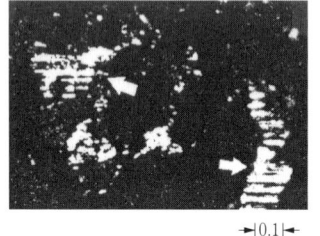

(b) 砥粒の脱落

(c) 摩耗した砥石の表面
SA-46-M，研削90回

図7.3　砥粒減耗の三形態[7.5]

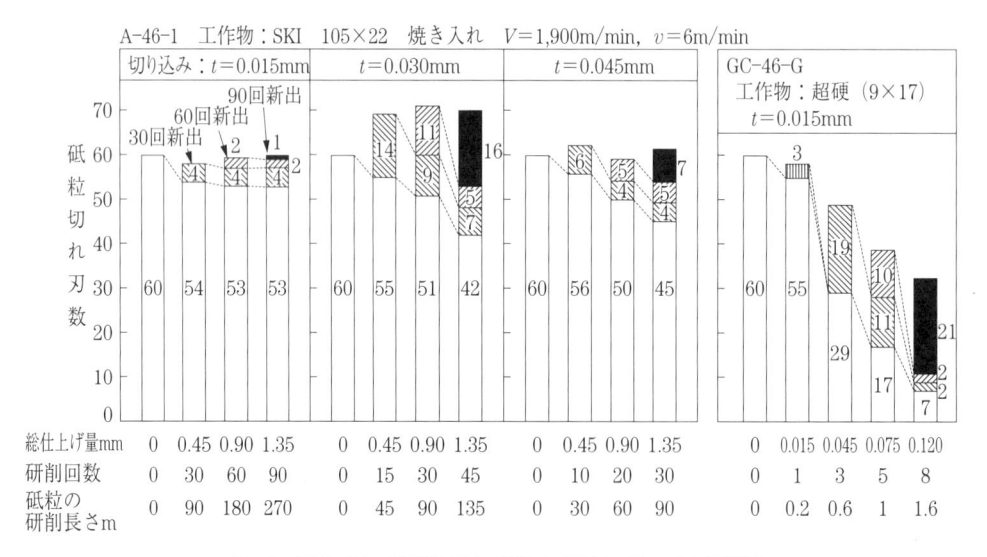

図7.4　切り込みが砥粒切れ刃数の変化に及ぼす影響[7.6]

この状態は，砥粒の逃げ面に分布する微細な切れ刃の摩滅か，あるいは切屑の付着した目づまりかの判断は不明であるが，恐らく両者の混合である目づまり／目つぶれ現象であると考えられる。結果としてこの状態が増加するほど，砥石の切れ味は低下する。

図7.4は，さらに砥石切り込みを0.015，0.030，0.045mmと段階的に増加させたときの砥粒

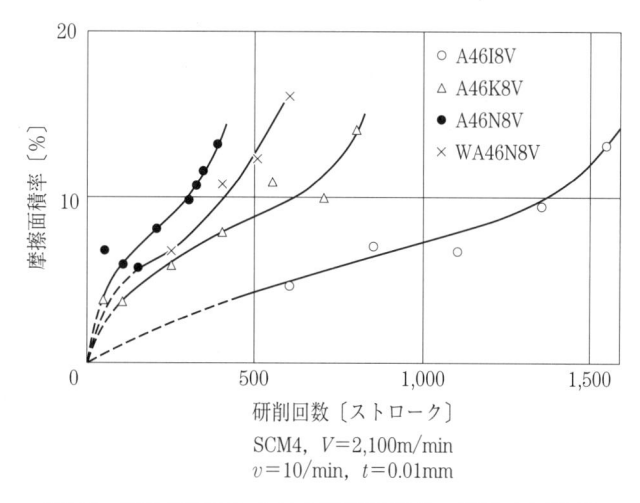

7. 延性モードツルーイングの導入―超精密研削への道―

**図7.5** 砥粒逃げ面における摩耗面積率の経過（吉川）[7.7]

切れ刃の残留するもの，脱落して新しく切れ刃として加わるものの過程を観察した経過を示す。この場合，累積研削量の等しい時点の比較をしている。砥石切り込みの増加とともに砥粒脱落の割り合いが若干増加する傾向を示す。砥粒の脱落，すなわち目こぼれの著しい例として，GC46GVの砥石で超硬材料を研削した場合の例を右端に示す。砥粒脱落による新生切れ刃が大部分を占めている。

研削作業においては，砥粒切れ刃の再生のためドレッシングをある間隔毎に実施し，この間隔を目直し間寿命と定義する。このときの砥石寿命の判断基準として次のような項目が挙げられる。

(1) 工作物表面上のびびり。
(2) 研削音圧の増加とうなり音。
(3) 研削焼け。
(4) 研削抵抗の増加。
(5) 仕上げ面粗さの劣化。
(6) 加工精度の劣化。

上述の項目の中で，(1)と(2)は研削系に生ずる自励振動の発生に伴う現象で，その原因は研削抵抗の増大―切れ味の低下―にある。(4)と(5)は何れもドレス直後との比較で判断されるが，明らかに砥粒切れ刃の目づまり／目つぶれ現象の成長による現象と考えられる。(6)の加工精度の劣化は総形研削の場合著しく現れる現象で，砥粒切れ刃の不均一による砥石摩耗の不均一性が砥石プロファイル精度を悪化させるものである。

上述の砥石寿命の判断基準は何れも砥石切れ刃の"切れ味の低下"，すなわち，図7.3(c)に例示された目づまり／目つぶれ砥粒の増加に基因する現象である。そこで，津和はこの状態を砥粒逃げ面の"摩耗平坦化"と呼び，個々の切れ刃の摩耗平坦化した面積の総和を砥石の全作

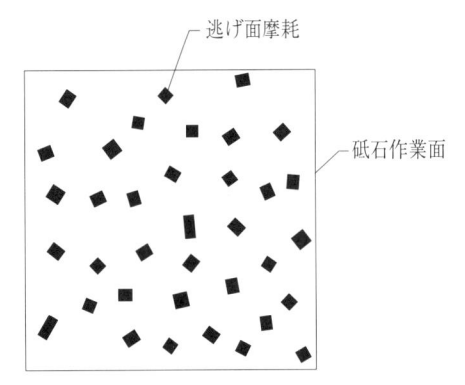

図7.6 砥粒の逃げ面摩耗面積8％のイメージ 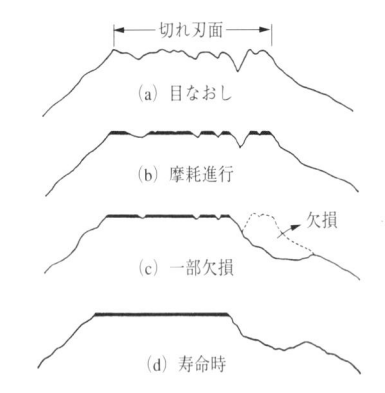　　図7.7 研削時の切れ刃の変化模型（津和）[7.6]

業表面積で割ったものを"切れ刃逃げ面摩耗面積率"と定義し，砥石寿命をこの摩耗面積率によって決めることを提唱した[7.6]。

吉川[7.7]は，累積研削量の増加とともに砥粒逃げ面摩耗面積率$a$が変化する過程に着目し，各種結合度の研削砥石を用いた平面研削に関する実験結果図7.5を示し，逃げ面摩耗率$a$が急増する$a \approx 8\%$の点を砥石の寿命とする提案をしている。参考のため，このときの個々の砥粒の逃げ面摩耗面の分布のイメージを図7.6に示す。以上の経過から津和は砥粒切れ刃の創成から砥粒逃げ面の平坦化に至る幾何学的切れ刃形状の変化過程をモデル化して図7.7のように示している。

## 7.3 延性モードツルーイングの試み

### 7.3.1 心なし研削盤の調整砥石の研削ツルーイング

単石ドレッサによる心なし研削盤の調整砥石のツルーイング精度の具体例を図6.25で示したが，この場合の運動転写精度の低さの原因として調整砥石の縦弾性係数の低さおよび砥石除去加工に伴う脆性破壊を挙げた。

その改善対策として，単石ドレッサの代りに研削砥石によって調整砥石を研削し，延性モードに近い除去加工と，単石ドレッサによる局部的な弾性変形に代り研削加工による応力分散によって運動転写精度の向上を図ることとした。

以下はこれに関する実験結果の説明である[7.8]。

研削条件は，

　　研削砥石：WA80KmV，調整砥石：A150RR

単石ドレッサによる調整砥石の予備的ドレッシング条件

　　切り込み　：$a_d = 20\mu m \times 2$回

　　　　　　　　$0\mu m \times 1$回

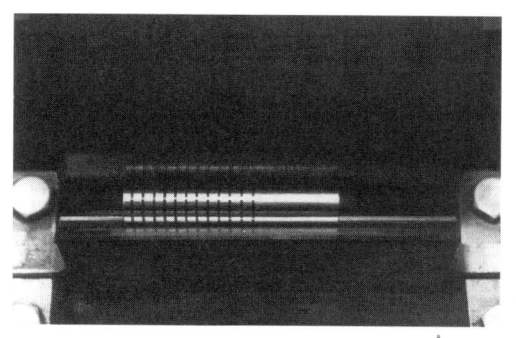

7. 延性モードツルーイングの導入―超精密研削への道―

図7.8 研削ツルーイングされた調整砥石面の鏡面反射[7.8]

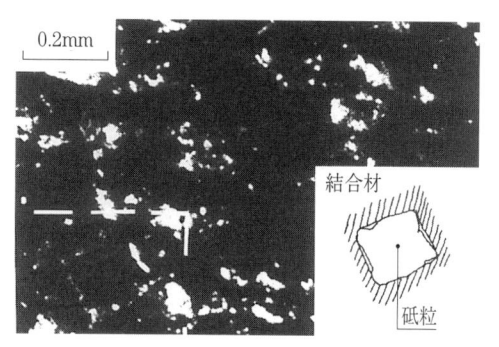

図7.9 研削ツルーイングされた調整砥石砥粒の延性モード研削面[7.8]

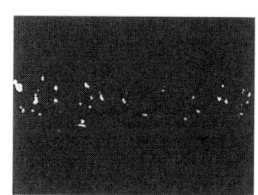

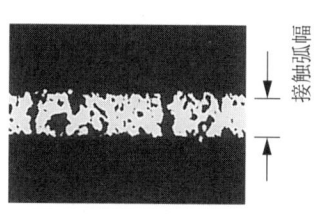

(a) 通常のツルーイング法の場合　(b) 研削ツルーイング法の場合

図7.10 単石ツルーイングと研削ツルーイングにより成形された調整砥石の工作物との接触状態の比較―押し付け荷重10kN/m [7.8]

研削ツルーイング条件（プランジ研削）

　　　砥石切り込み：$a_d = 0.6\,\mu\mathrm{m/rev}$

　　　砥石周速比　：$q = 77.5$

研削ツルーイングされた調整砥石面の鏡面反射を図7.8を示す。また，このときのアルミナ砥粒頂面の光学顕微鏡写真を図7.9に示す。砥粒頂面が透明で，砥粒の底面が観測できる。このことから，図7.8に示す鏡面反射は砥粒頂面の延性除去加工による平坦な鏡面の分布がその原因と考えられる。単石ドレッサによる調整砥石表面は，手触りがざらざらで表層の砥粒保持力が不安定と感ぜられるのに反し，研削ツルーイングされた表面は滑らかで，手に汚れが付着しない。この様子を示すのが図7.10である。これは$\phi 40 \times 40$の工作物表面に油性インクを塗布し，調整砥石に押し付けた後の工作物接触部分の写真である。単石ドレスされた砥石に対しては接触点の数が疎らであるのに反し，研削ツルーイングされた砥石表面に対しては接触点はきわめて密である。また，押し付け荷重10kN/mの下での接触点の分布幅も両者で明らかに異なり，研削ツルーイングの場合の方が狭い。この接触面幅から換算した調整砥石の接触剛性の比較を図7.11に示す。

以上の結果から，研削ツルーイングによって創成された調整砥石の形状精度は単石ドレッサによるものと比べ著しく向上するものと期待できる。

図7.12は，単石ドレッサによる形状精度図6.25の結果と比較して示したものである。回転

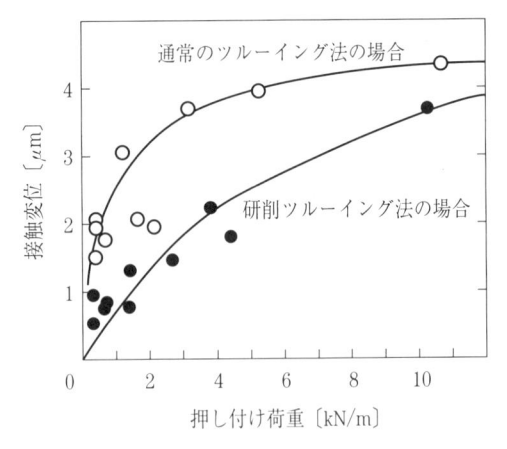

**図7.11** ツルーイング法による砥石の接触変位特性の変化[7.8] —接触弧幅より換算—

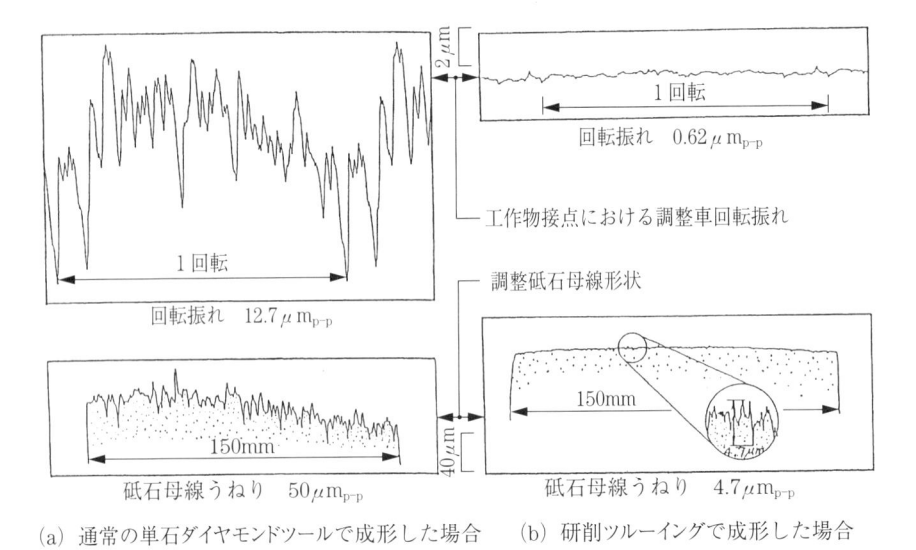

(a) 通常の単石ダイヤモンドツールで成形した場合　　(b) 研削ツルーイングで成形した場合
**図7.12** 通常のツルーイング法(a)と研削ツルーイング法(b)の調整砥石の成形精度の比較[7.8]

振れは$12.7\,\mu m_{p-p}$から$0.62\,\mu m_{p-p}$へ，また，母線形状誤差は$50\,\mu m_{p-p}$から$4.7\,\mu m_{p-p}$へと10分の1ないし20分の1へと減少し，運動転写精度が格段に向上している。

**図7.13**は，研削ツルーイングされた調整砥石の母線方向の粗さを示し，アルミナ砥粒の頂面高さが$1 \sim 2\,\mu m$の範囲で揃っており，工作物支持の基準面としての精度が高いことを示している。また，調整砥石の真円度も**図7.14**が示すように$5\,\mu m$から$0.8\,\mu m$へと向上している。

心なし研削加工においては，工作物と調整砥石との間では数％の滑りを含む転がり滑り接触をしており，大量生産の場合に調整砥石の減耗がツルーイング間寿命を支配する。このため，単石ツルーイングと研削ツルーイングに関して調整砥石の転がり滑り接触摩耗の比較をした結果を**図7.15**に示す。累積滑り距離が720mに達したときの摩耗量が研削ツルーイングによって

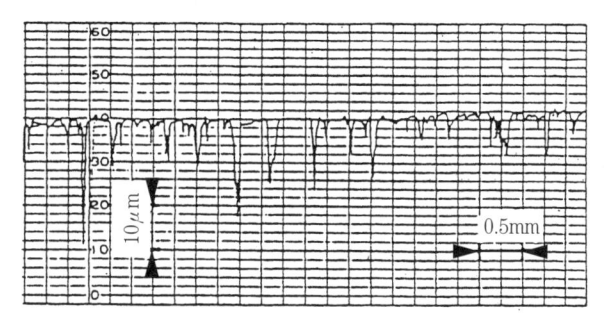

7. 延性モードツルーイングの導入—超精密研削への道—

**図7.13** 研削ツルーイングされた調整砥石の母線方向の粗さ[7.8]

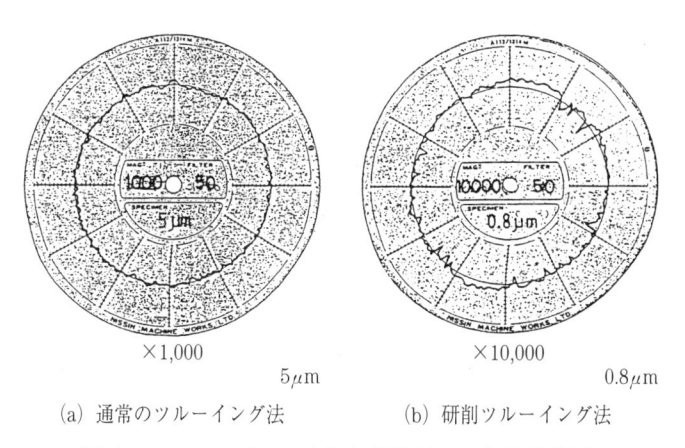

(a) 通常のツルーイング法　　　　(b) 研削ツルーイング法

**図7.14** ツルーイングされた調整砥石の真円誤差[7.8]

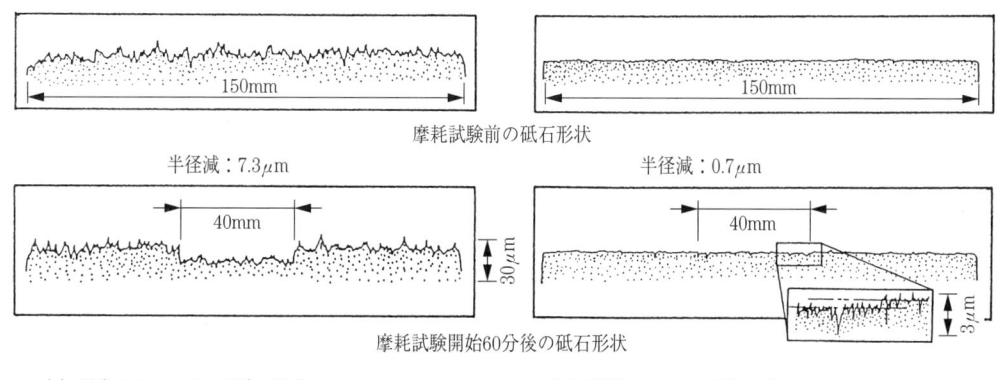

摩耗試験前の砥石形状

半径減：7.3μm　　　　　　　　　半径減：0.7μm

摩耗試験開始60分後の砥石形状

(a) 通常のツルーイング法の場合　　(b) 研削ツルーイング法の場合

試験条件：調整砥石：A150RR（径255mm, 幅150mm），工作物；SUJ-2（63HRC, 径40mm, 幅40mm），
垂直抗力：5kN/m，すべり速度：0.2m/s，研削液：水溶性100倍希釈

**図7.15** 通常のツルーイング法(a)と研削ツルーイング法(b)で成形された調整砥石の転がり—すべり摩耗試験前後の母線形状変化[7.8]

7.3μmから0.7μmへと減少している。

以上を総括すると，単石ドレッサによる脆性破壊によるツルーイングと研削砥石による延性破壊に近いツルーイングを比較すると，ツルーイングの目的である形状創成の加工精度がほぼ1桁向上し，かつ，調整砥石の摩耗特性もほぼ1桁減少したこととなる。

### 7.3.2 スムージング工程と研削砥石のツルーイングの比較

図2.32において，脆性材料の研削加工における運動転写過程と転写精度を支配する基本的因子として，個々の砥粒による切り込みによって発生する切削作用が，延性モードであるか脆性モードであるかに依存することを示した。

このような個々の砥粒の切り込みを論ずるときには，永年次に示すAldenの式[7.9)]にしたがっている。

$$d_g = 2a \frac{v_w}{v_s} \sqrt{\frac{d_w}{D_e}} \qquad (7.1)$$

ここで，

$d_g$：砥粒切り込み，$v_w$：工作物周速，
$d_w$：砥石切り込み，$v_s$：砥石周速，
$a$：砥粒切れ刃間隔，$D_e$：等価砥石直径

図7.16に示すように，砥粒切れ刃が分布する研削砥石の形状は単なる円形ではなく，作業面に沿ううねり，回転振れおよび切れ刃高さの不規則分布からなっている。このような因子を考慮すると上式は次式のようになる[7.10)]。

$$d_g = 2a \frac{v_w}{v_s} \sqrt{\frac{d_w + \Delta d_w}{D_e}} + \Delta h \qquad (7.2)$$

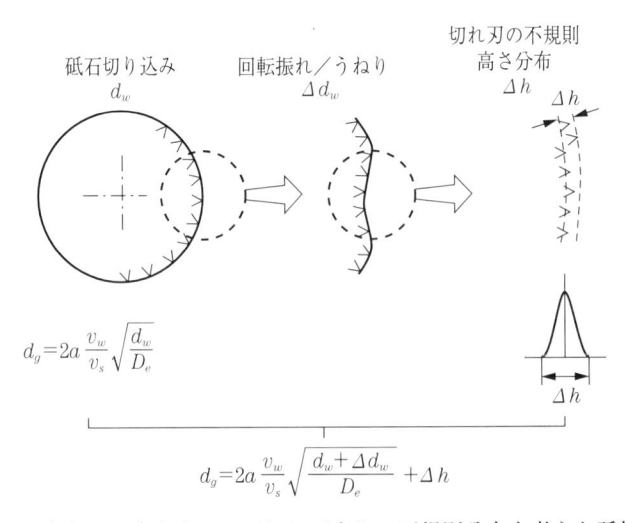

**図7.16** 砥石の回転振れ／うねりおよび切れ刃高さの不規則分布を考えた砥粒切り込み[7.10)]

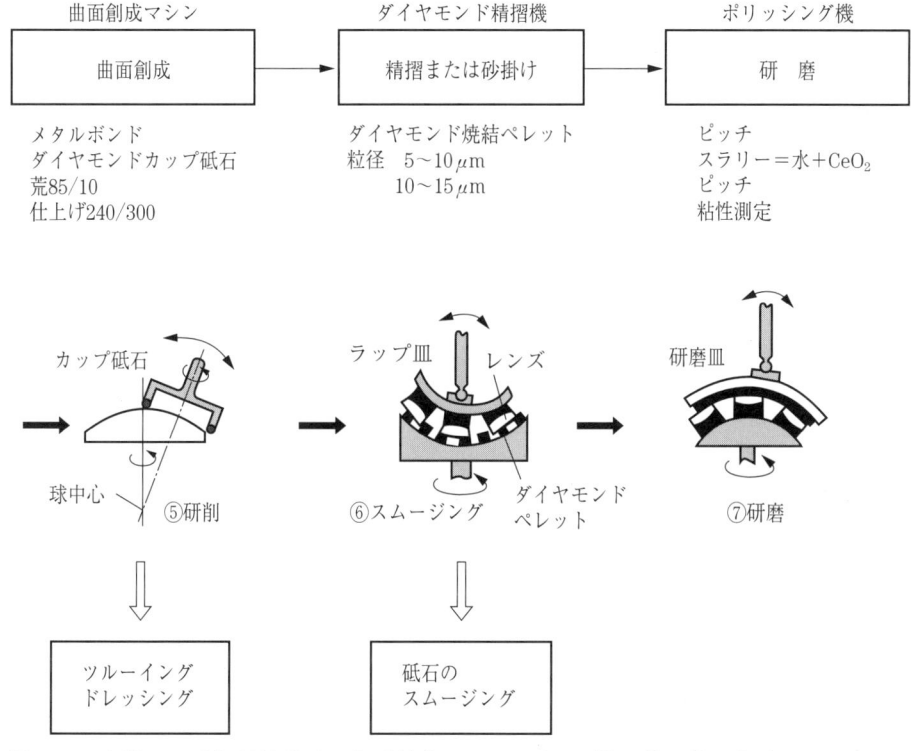

7. 延性モードツルーイングの導入—超精密研削への道—

**図7.17** 光学レンズと研削砥石の表面創成のアナロジー（⑤，⑥，⑦の表示は"ガラスレンズの製造技術"[7.12)]による）

ここで，

$\Delta d_w$：砥石作業面のうねり／回転振れ

$\Delta h$：不規則な切れ刃高さの分布

単石ドレッサによる砥石作業面の研削点で検出されるうねり／回転振れは，6.3の実験例で示したように1.5μmないし2.5μm程度であるのに比べ，図4.37で例示したように個々の砥石頂面の高さの不規則な分布$\Delta h$は遙かに大きい。そこで実際には（7.2）式はつぎのように近似される。

$$d_g \approx \Delta h \tag{7.3}$$

うねり成分と不規則分布成分の境界に関する議論はここでは触れない。

脆性材料の研削加工の場合は個々の砥粒切り込みが延性・脆性遷移切り込み$d_c$を超えない場合延性モード研削が成り立つと考えている。

一般の研削加工においても，研削加工面の加工変質層（SSD）を論ずる際は同様に加工単位となる個々の砥粒切り込みの制御が課題となる。

このような考え方から，単石ドレッサにより脆性破壊された砥石作業面上の砥粒頂面の高さ分布$\Delta h$をより小さくすることにより，SSDが一様で微小な研削面の創成が期待できる。

脆性材料である研削砥石のツルーイング／ドレッシング，すなわち表面加工を考える場合，

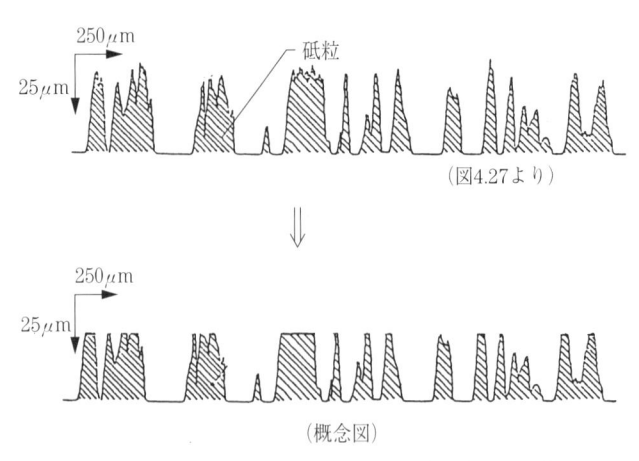

**図7.18** スムージング加工された研削砥石の概念図

連想されるのは同じく脆性材料である光学ガラスの加工工程との比較である。図7.17に示すように，脆性破壊で球面を創成するカップ砥石による荒研削工程⑤を，ツルア／ドレッサによる砥石表面の創成工程―ツルーイング／ドレッシング―に相当すると考え，工程⑤で生じたクラック層を除去し，形状を保持するスムージング工程⑥に相当する工具で砥粒頂面の高さを揃える工程，すなわち，砥粒頂面のみ摩滅・摩耗させる工程が考えられないか検討することとした。その概念図を図7.18に示す。

具体的には超硬チップの端面を一定圧力の下で，あらかじめ単石ドレッサでドレッシングした砥石作業面に押し付け，砥粒頂面を摩滅させ，平坦化を試みる[7.12]。

予備的ドレッシング条件は，

　　送り　　　：$f_d$ = 0.03mm/rev
　　切り込み：$a_d$ = 20$\mu$m × 3回，10$\mu$m × 1回
　　研削砥石：GC100LmV, $\phi$455 × 150, 31m/s

超硬チップ端面による砥石作業面の摩滅・摩耗加工を超硬スムージングと呼ぶこととする。

　　超硬スムージング条件：0.02mm/rev × 3往復

このようにして得られた砥石作業面の外観を図7.19に示す。図に示すように単石ドレッシングによる砥石作業面と異なり，砥石外周面が鏡面反射する。このことは7.3.1で述べた研削ツルーイングされた調整砥石面の鏡面反射と同様であり，砥粒頂面の平坦化による反射である。

砥粒切り込みのばらつきが研削加工面に敏感に影響する材料として硬質ガラスを選び，各種ツルーイング／ドレッシング条件の下で心なし研削を行なった結果を図7.20および図7.21に示す。ここで，調整砥石は7.3.1で示した研削ツルーイングをしたものを用いている。a)，b)，c)，d) は何れも単石ドレッシングされた砥石によるもので，e) は上述の超硬スムージングされた砥石によるものである。単石ドレッサを用いたa)，b)，c)，d) は図7.20に示すように研削面は何れも曇りガラス状で，また，図7.21に示す研削面粗さについてもドレス送り$f_d$を

## 7. 延性モードツルーイングの導入―超精密研削への道―

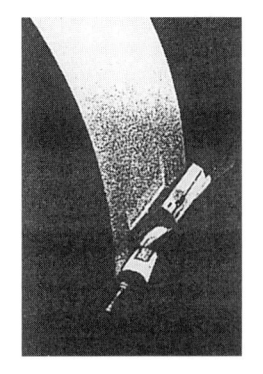

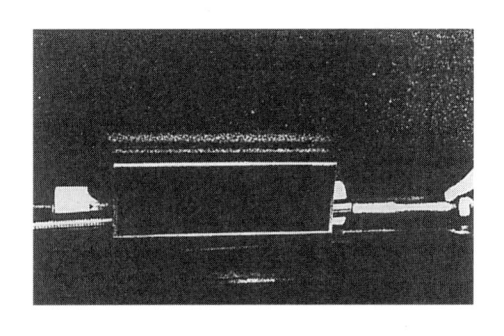

**図7.19** 超硬スムージングされた砥石外周面の鏡面反射[7.11]

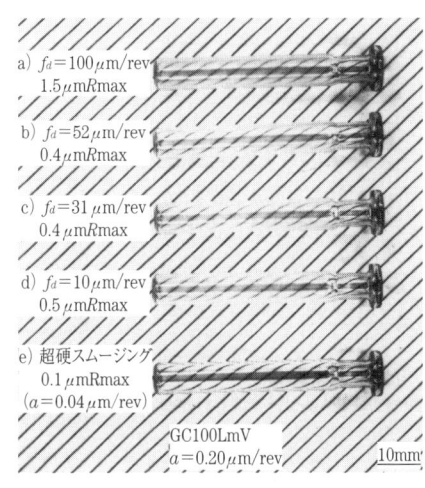

**図7.20** 各種ドレス条件による硬質ガラス研削面の外観[7.11]

a) $f_d=100\mu m/rev$ $1.5\mu m R\max$
b) $f_d=52\mu m/rev$ $0.4\mu m R\max$
c) $f_d=31\mu m/rev$ $0.4\mu m R\max$
d) $f_d=10\mu m/rev$ $0.5\mu m R\max$
e) 超硬スムージング $0.1\mu m R\max$ $(a=0.04\mu m/rev)$

GC100LmV $a=0.20\mu m/rev$

＜研削条件＞
研削砥石：GC100LmV, $\phi 444\times 150$, 30m/s
調整砥石：A150RR, $\phi 253\times 150$, 研削ツルーイング
　　　　　周速0.16m/s, 0.40m/s
工作物：硬質ガラス, $\phi 12.6\times 66$, 500HV
予備ドレス条件：切り込み$a_d=20\mu m\to 20\mu m\to 10\mu m$
　　　　　　　　送り：$f_d=0.03$mm/rev
実験ドレス条件：$f_d=0.100, 0.052, 0.031, 0.010$mm/rev
　　　　　　　　超硬チップによるスムージング
砥石切り込み：スムージング砥石のみ　$0.04\mu m/rev$
　　　　　　　その他は　$0.20\mu m/rev$

0.01mm/revまで細かくしても$0.4\mu m R_{\max}$を超えることはできず，明らかに脆性破壊研削であることを示す。これらに比べ，超硬スムージングされた場合は研削面の透明度が遙かに高く，かつ，研削面粗さは$0.1\mu m R_{\max}$で研削面のSSDもきわめて小さいと考えられる。これらの結果は研削加工精度にも反映しており，その結果を**図7.22**に示す。

以上，超硬スムージングの成果は図7.15に示した砥粒切れ刃の不規則高さ分布$\Delta h$がスムージングによって著しく減少したためである。しかし，超硬スムージングは単石ドレッサによって生じた脆性破壊に伴う砥粒の欠け，割れあるいは結合材の損傷などを取り除く機能は持たない。このため，研削中砥粒の破砕あるいは脱落による不規則なスクラッチが発生し，ときに砥粒の大きさに達する。この現象を脆性研削面(a)，延性スムージング研削面(b)と比較して**図7.23**に示す。

⊢─⊣ 0.1mm/DIV   ⊥ 1μm/DIV

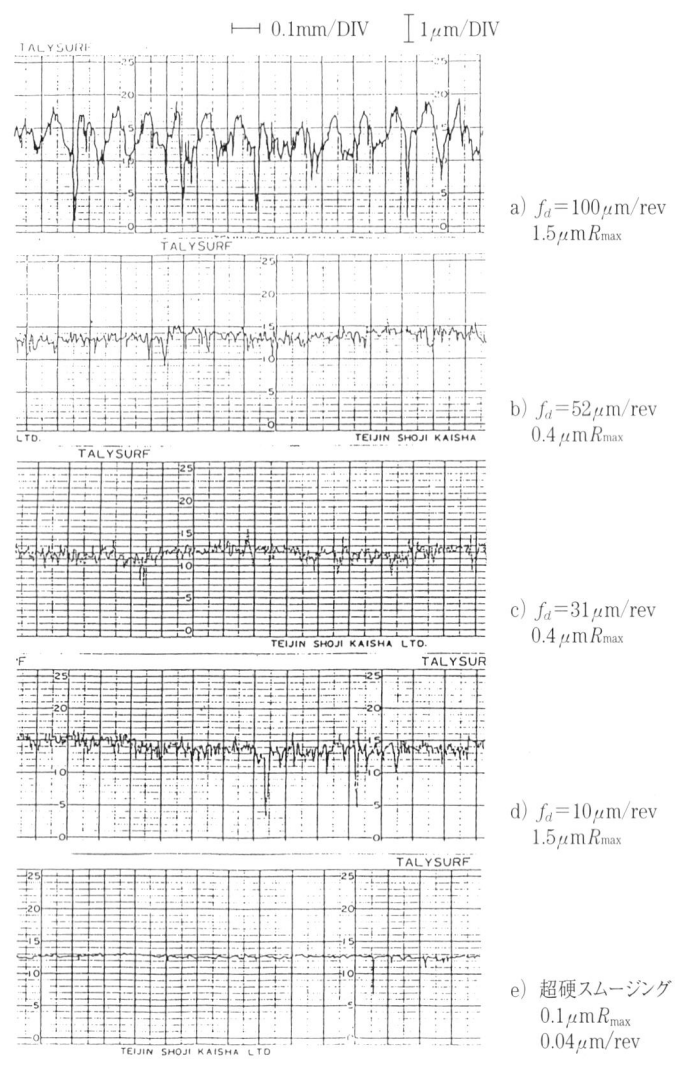

a) $f_d=100\mu$m/rev
   $1.5\mu$m$R_{max}$

b) $f_d=52\mu$m/rev
   $0.4\mu$m$R_{max}$

c) $f_d=31\mu$m/rev
   $0.4\mu$m$R_{max}$

d) $f_d=10\mu$m/rev
   $1.5\mu$m$R_{max}$

e) 超硬スムージング
   $0.1\mu$m$R_{max}$
   $0.04\mu$m/rev

**図7.21** 各種ドレス条件による硬質ガラス研削面の粗さ[7.11]

7. 延性モードツルーイングの導入—超精密研削への道—

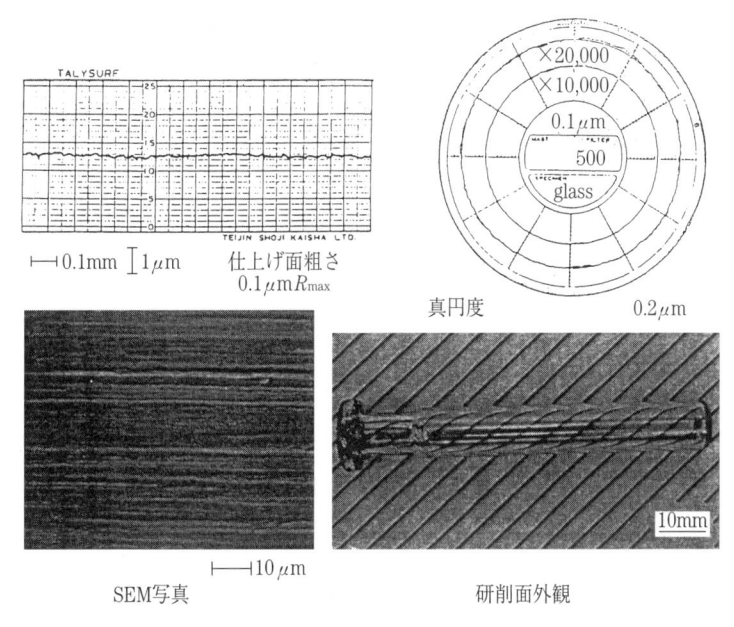

⊢―⊣0.1mm  ⊥1μm   仕上げ面粗さ
                 0.1μmRmax

真円度　　0.2μm

⊢―⊣10μm
SEM写真　　　　　　　研削面外観

**図7.22** 超硬スムージングされた砥石による研削加工精度[7.11]

G.W：GC100LmV
R.W：A150RR（研削成形）

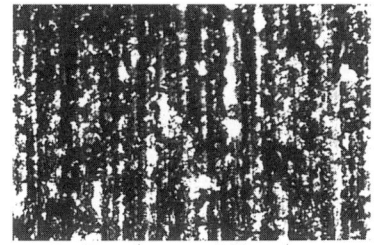

$f_d=31\,\mu\text{m/rev}$, $a=0.20\,\mu\text{m/rev}$
$Z'_w=0.081\,\text{mm}^3/\text{mm·s}$
(a) 単石ドレス研削面

$a=0.02\,\mu\text{m/rev}$, $Z'_w=0.016\,\text{mm}^3/\text{mm·s}$
(b) 超硬スムージング研削面

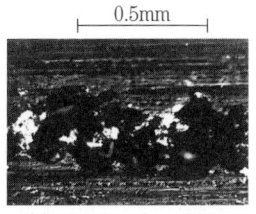

0.5mm
(c) 不規則クラック面

**図7.23** 硬質ガラスの心なし研削面の現象[7.11]

## 7.4 電着ダイヤモンド砥石の延性モードツルーイングと砥粒切れ刃の検討

7.3.1に述べた調整砥石の研削ツルーイングの考え方を脆性材料の延性モード研削に不可欠なダイヤモンド砥石を対象に実施することを目指し，当時開発した超精密・高剛性心なし研削盤[7.13]を用い，電着ダイヤモンド砥石を心なし研削することとした。図7.24にその結果を示す[7.14]。シャンク部，電着ダイヤモンド層いずれの直径も共通な(a)に示す寸法諸元の電着ダイヤモンド砥石SD400を心なし研削した結果のダイヤモンド層の真円度および母線形状精度を(b)，(c)に，また，脆性破壊を示さない延性モードでツルーイングされたダイヤモンド砥粒頂面の電顕写真を(d)に示す。図7.25は，この砥石の切れ刃高さの分布を示すプロファイルである。切れ刃高さの頂点から4μmの幅の中にダイヤモンド砥粒切れ刃が分布する砥粒数は測定長2.7mm当り約15存在する。延性・脆性遷移切り取り，厚さ$d_c$値の目安である0.1μmの切れ刃高さの分布幅に入る砥粒密度は未だ不十分である。このとき用いた研削ツルーイング砥石はSD1500P75Bで，ツルーイング砥石として検討する余地が残る。

図7.26は，ダイヤモンド砥粒切れ刃の分布を斜めから観測したSEM写真である。ダイヤモンド砥粒頂面がほぼ平坦化し，脆性破壊によるへき開面は認められない。さきに，砥粒頂面を脆性破壊し，その破砕面を切れ刃と考える，従来の研削技術に関しては，破砕が微細になるほ

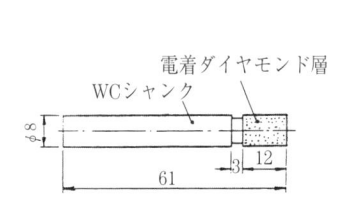

(a) 砥石寸法

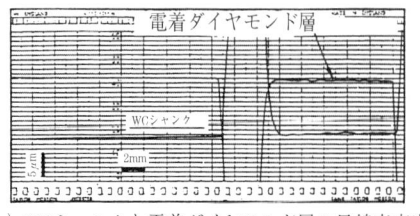

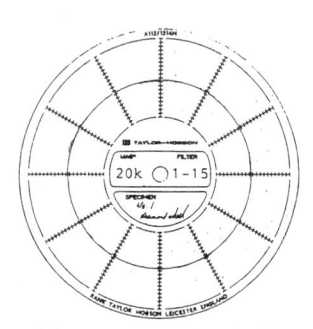

(b) ダイヤモンド層の真円度

(c) WCシャンクと電着ダイヤモンド層の母線真直度

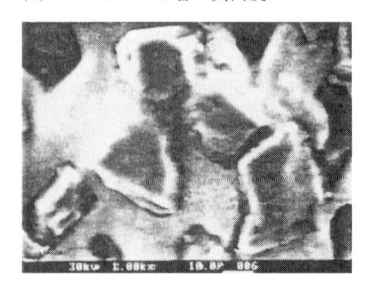

(d) 延性モールドツルーイングされた砥粒切れ刃のSEM写真（NPL電顕による）

**図7.24** 延性モードツルーイングされた電着ダイヤモンド砥石SD400[7.14]

## 7. 延性モードツルーイングの導入—超精密研削への道—

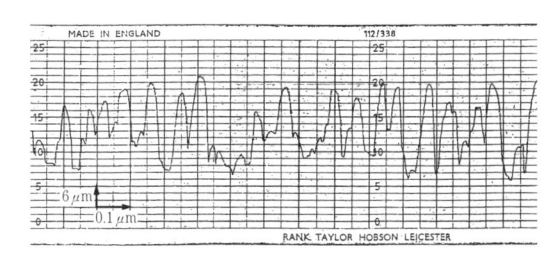

**図7.25** 延性モードツルーイングされた電着ダイヤモンド砥石SD400の切れ刃プロファイル—NPL／Talysurfによる—[7.14]

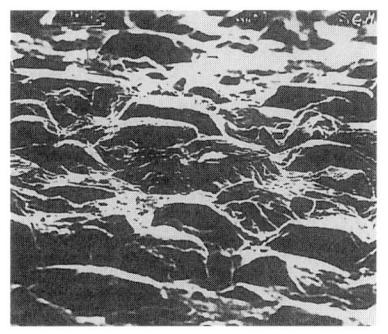

**図7.26** 延性モードツルーイングされた電着ダイヤモンド砥粒の電顕写真—SD400（NPL／電顕による）[7.14]

ど切れ刃がチップポケットとなり，目つぶれ／目づまりの恐れが生ずることを論じた。この立場から図7.26に示す砥粒頂面および砥粒エッジの拡大図を**図7.27**に示す。砥粒頂面には目づまりを起こすチップポケットは認められず，平坦化によって創成された砥粒のエッジが切削作用を行なうものと考えられる。**図7.28**は，この考え方を図式化したものである。この場合，砥粒エッジはダイヤモンドツールによる切削加工の際の切れ刃稜に相当する。切れ刃稜の丸味はダイヤモンド切削の最小切り取り厚さを支配するパラメータであることを島田ら[7.16]は分子動力学のシミュレーションによって解析している。

図7.27に示す1つの砥粒に着目し，砥粒エッジの丸味半径を推定する。図7.28に示す$0.8\,\mu m$の切れ刃稜丸味半径をベースに島田らのシミュレーションに従い，以下検討する。**図7.29**は，銅の微小ダイヤモンド切削の場合の切れ込み$t_n$に対する切屑排出の計算機シミュレーションの結果である。

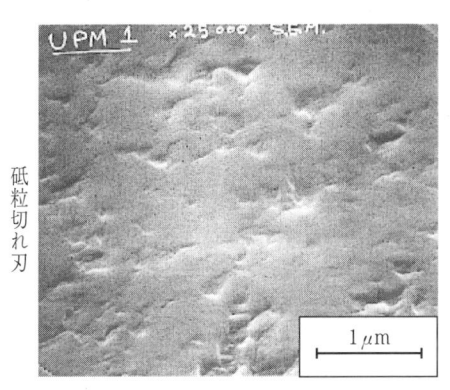

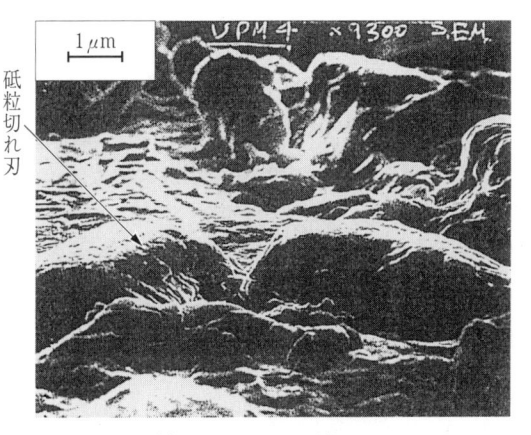

(a) ダイヤモンド砥粒頂面　　(b) ダイヤモンド砥粒切れ刃

**図7.27** 延性モードツルーイングされたダイヤモンド砥粒の電顕写真（NPL）—SD400[7.14]

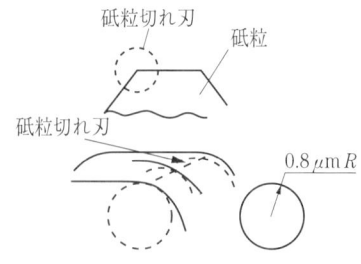

**図7.28** 砥粒切れ刃稜丸味半径

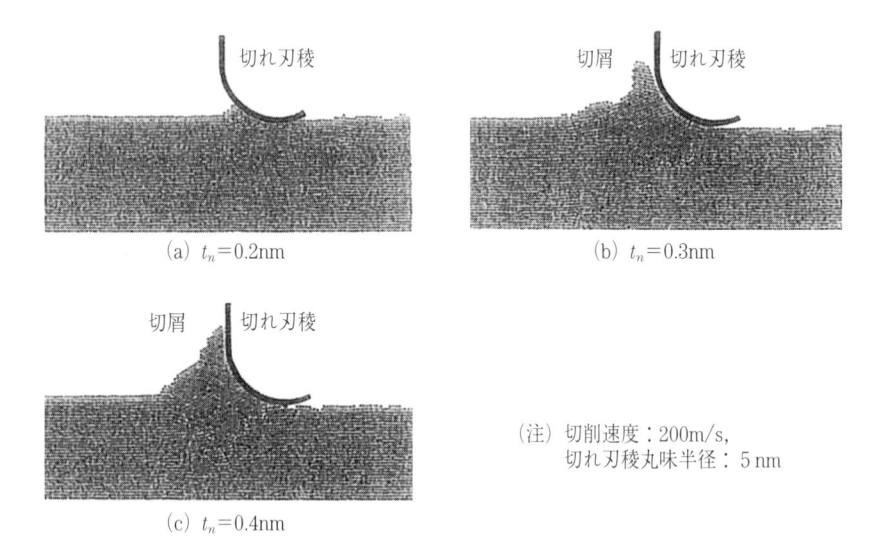

(a) $t_n=0.2$nm
(b) $t_n=0.3$nm
(c) $t_n=0.4$nm

(注) 切削速度：200m/s,
切れ刃稜丸味半径：5 nm

**図7.29** 銅の微少切削における切屑排出の計算機シミュレーション[7.15]

最小切り取り厚さ―MCT―と切れ刃稜丸味半径 $R$ との間には，つぎの関係があることを示している．

$$MCT = \left(\frac{1}{10} \sim \frac{1}{20}\right) \cdot R \tag{7.4}[7.16]$$

実際のダイヤモンド工具の切れ味稜丸味半径 $R=20$nm については，銅の場合，

$MCT \approx 1$ nm

としている．

図7.28で示したダイヤモンド砥粒の頂面エッジの切れ刃稜丸味半径 $R \approx 0.8\mu$m を (7.4) 式に代入すると，

$MCT \approx 40$nm～80nm

参考のために各種ダイヤモンド工具およびシリコンウェハのへき開稜の丸味半径の測定例を図7.30[7.17]に示す．

## 7. 延性モードツルーイングの導入—超精密研削への道—

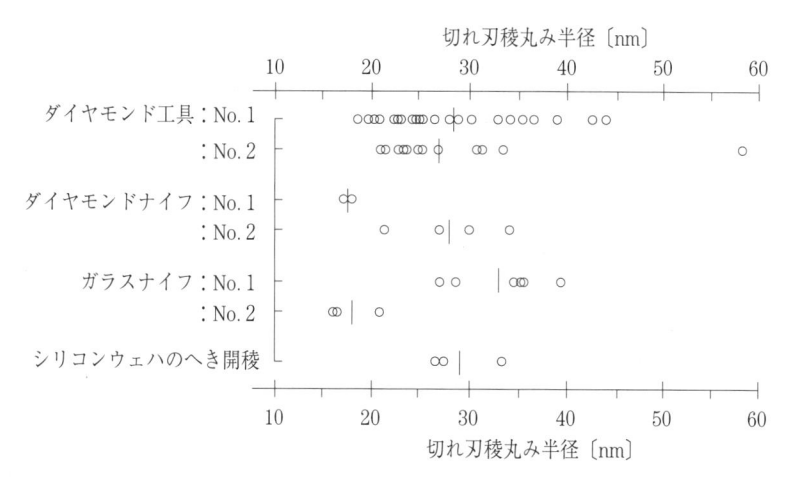

**図7.30** 切れ刃稜丸み半径の測定結果[7.16]

### 参 考 文 献

7.1) Taniguchi, N : Current Status in, and Future Trends of, Ultraprecision Machining and Ultrafine Material Processing Annals, CIRP Vol. 32/2/1983, pp573−582.
7.2) McClure, E. Ray : Private Communication（Nov.1985）
7.3) Kegg, Richard : Industrial Problems in Grinding., Annals, CIRP Vol.32/2/1983, pp559−561.
7.4) 砥粒加工研究会偏：研削・摩耗技術用語辞典，工業調査会（1972），68−69
7.5) 津和秀夫：研削における砥粒の挙動について（第1報）精密機械26/4（1960）199−205
7.6) 津和秀夫：研削における砥粒の挙動について（第2報）精密機械27/6（1961）409−413
7.7) 吉川弘之：研削砥石の目立て間寿命判定基準，精密機械28/5（1962）562
7.8) Hashimoto, F., Kanai, A., Miyashita, M. : High Precision Truing Method of Regulating Wheel and Effect on Grinding Accuracy. Annals. CIRP 32/1/1983
7.9) Alden, G. T. : On the Action of Grinding Wheels in Machine Grinding. ASME（1914）
7.10) Miyashita, M., Kanai, A., Inaba, F. : Synthesis of Ultraprecision Grinding Process. The 4th Biennial Joint Warwick/Tokyo Nanotechnology Symposium Sept.1994 at Warwick Univ.
7.11) 瀧野日出雄：ガラスレンズの製造技術，精密工学会誌，Vol. 70, No. 5（2004），619
7.12) Yoshioka, J., Hashimoto, F., Miyashita, M., Daito, M. : High Precision Centerless Grinding as Preceding Operation to Polishing−Dressing Conditions and Grinding Accuracy. SME. MR84−542（1984）
7.13) Yoshioka, J., Hashimoto, F., Miyashita, M., Kanai, A., Abo, T., Daito, M. : Ultraprecision Grinding Technology for Brittle Materials. Milton C. Shaw Grinding Symposium in Florida. ASME. PED−Vol. 16（1985）pp 209−228
7.14) Yoshioka, J., Hashimoto, F., Miyashita, M., Kanai, A., Daito, M. : Application of Grinding Wheel to Ultraprecision Machining. Intersociety Symposium by A CerS, ASME and Abrasive Eng. Society in Pittsburgh. Cer. Bulletin, Vol. 66/3（1987）
7.15) 宮下：Albert Franks よりの私信
7.16) Shimada, S., Ikawa, N., Tanaka, H., Ohmori, G., Uchikoshi, J., Yoshinaga, H. : Feasibility Study on Ultimate Accuracy in Microcutting using Molecular Dynamic Simulation. Annals. CIRP Vol. 42/1/1993, 91
7.17) 浅井昭一ほか：改良走査電子顕微鏡による単結晶ダイヤモンド工具の切れ刃稜丸み半径の測定と解析。精密工学会誌Vol. 56, No. 7（1990）p 1311

# 8. 超精密研削加工の基礎とその特性

## 8.1 延性モードツルーイングの試みが示す超精密研削加工への指針

7.3, 7.4で示した実験結果より延性モードツルーイングの特性として次のことが示される。

調整砥石の研削ツルーイングの試みより：

① WA，GC砥石で調整砥石の砥粒を延性モードで研削除去加工ができる。その証拠として調整砥石の研削面が"鏡面反射"し、砥粒頂面が透明で平滑な表面を示す。

② 単石ドレッサによるツルーイングに比べ、研削ツルーイングにより調整砥石の形状精度が一桁以上向上する。このことは、単石ドレッサによる脆性除去加工に比べ、延性除去加工が運動転写精度を一桁以上高くすることを示している。

超硬チップによる研削砥石のスムージングの試みより：

① 砥石表面が"鏡面反射"を示すことから、砥粒頂面が延性摩滅摩耗により平滑化し、かつ、砥粒切れ刃高さがより一様になったことを示す。

② 上述の延性モード研削中、不規則に巨大なスクラッチが発生することは、スムージングの前工程の単石ドレッサによるツルーイングで砥粒あるいは結合材に残るクラックによる砥粒の欠けまたは脱落が原因と考えられる。したがって、スムージングの前工程の単石ドレッサによる脆性破壊形ツルーイングは不適切である。

電着ダイヤモンドホイールの延性モードツルーイングの試みより：

電着ダイヤモンドホイールの心なし研削盤による延性モードツルーイングの電顕写真の観測から、

① 砥粒頂面の高さが従来に比べ格段に一様化する。

② 砥粒頂面が延性除去加工により平滑化、研削切屑のチップポケットになる凹凸が生じない。

③ 砥粒の脆性破壊を前提とする従来の研削加工の考え方と異なる砥粒切れ刃モデルを導入する必要がある。すなわち、図7.7に代表される研削中の切れ刃の変化モデルに代わり、砥粒頂面の高さが一様で、かつ、平滑な砥粒頂面を前提とし、砥粒頂面エッジを切れ刃とするモデルである。また、砥粒頂面が研削負荷により微細で連続した延性モード摩耗し、砥粒のエッジ切れ刃が維持、保存されるものと考えられる。これらの関係を図8.1に示す。

以上の予備的実験結果から、研削砥石のツルーイング精度の向上、個々の砥粒切り込み深さ、

8. 超精密研削加工の基礎とその特性

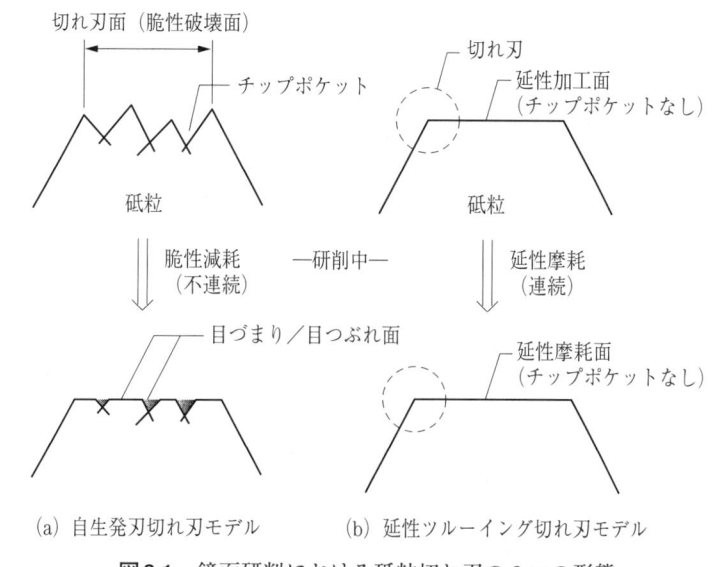

**図8.1** 鏡面研削における砥粒切れ刃の2つの形態
―自生発刃切れ刃モデルと延性ツルーイング切れ刃モデル―

すなわち，加工単位の微細化および研削比の向上など超精密研削加工の成立条件は：
① 研削砥石の延性モードツルーイング，
② 砥粒の連続的延性モード摩耗
が基本原理と考えられる。

## 8.2 延性モードツルーイングされた研削砥石による研削実験

### 8.2.1 ボロシリケートガラスの平面研削

ダイヤモンドカップホイールの延性モードツルーイングとこれを用いたボロシリケートガラスの平面研削実験の例を示す。

実験機械を図8.2に示す。日進機械製作所による立形超精密平面研削機械VPG-1A (1991)[8.1)]である。表8.1に主な仕様を示す。ツルーイング／ドレッシングの工程を図8.3にモデル化して示す[8.2)]。(1)はダイヤモンドホイールによる延性モード研削により砥石形状を創成するツルーイング工程で，砥粒頂面高さの均一化を目的とする。(2)は結合材のみを除去し，チップポケットを作るためのドレッシング工程で，遊離砥粒によるラッピングである。このとき，遊離砥粒の砥材がダイヤモンド砥粒の切れ刃を損なわないように適切な選択とラッピング時間の選定が重要である。具体的実験条件を表8.2に示す。

ここで，ツルーイングに用いるダイヤモンドホイールは実験機械のロータリテーブルに固定，回転する。また，ラッピングの場合は，同様に鋳鉄製ラップ板をロータリテーブルに弾性保持する。

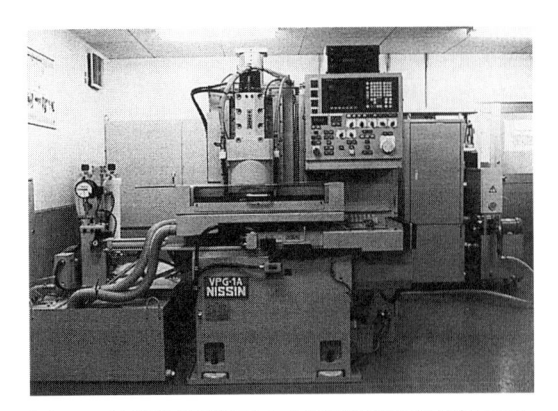

図8.2 日進機械製作所：立形超精密研削機械VPG-1A（1991）

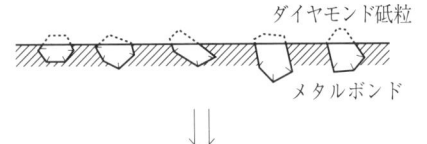

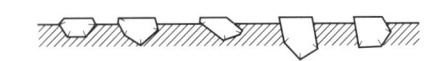

(1) ダイヤモンドホイールによる延性モードツルーイング
(2) 遊離砥粒によるラッピングで結合材除去

図8.3 ツルーイングおよびドレッシング工程の概念図

表8.1 超精密平面研削盤VPG-1Aの主な仕様

| 研削砥石保持方式 | 片持ち軸固定油静圧砥石保持 |
| --- | --- |
| | 140～2,800min$^{-1}$ |
| 砥石ヘッドスライド方式（Z軸） | 負荷補償滑り案内方式 |
| | 10nm/step |
| ロータリテーブル | 油静圧支持，真空チャック |
| | 10～500min$^{-1}$ |
| ロータリテーブルスライド（X軸） | 負荷補償滑り案内方式 |
| | 100～2,000m/min |
| Z軸ストローク | 35mm Max |
| X軸ストローク | 240mm Max |
| 砥石軸／ロータリテーブル間ループ剛性 | 150N/$\mu$m |

図8.4は，上記の手順でツルーイング，ドレッシングした後のダイヤモンド砥粒頂面の高さ分布の測定例である[8.3]。切れ刃高さはほぼ1$\mu$mの範囲内に多数存在することが分かる。

図8.5(a)はツルーイング後のカップホイール作動面の振れ／うねりを触針5$\mu$mRによる出力および5Hzのローパスフィルタ後の出力を併記する。ローパスフィルタ後の出力で約0.15$\mu$mである。他方図8.5(b)に示すドレス後の同様の振れ／うねりのローパスフィルタ後の出力も約0.15$\mu$mで変化していない。図8.5(c)は，ドレス直後および累積除去加工量が3,000mm$^3$に達したときの砥粒切れ刃の3次元分布の測定例である。ここで注目されるのは，砥粒切れ刃高さの一様性が保持されていることと，砥粒の分布密度にほとんど変化が見られない点である。すなわち，個々の砥粒が延性モードで連続的に摩耗が進行することを示している。この点が，砥粒切れ刃の脆性破壊を通して切れ刃が再生するという不規則で不連続な現象の集成としての研削砥石の研削特性との相違点である。

このような延性モードツルーイングされたダイヤモンドホイールによりボロシリケートガラ

表8.2 実験条件

| 研削盤 | ・形式 | :立軸回転テーブル形平面研削盤 |
|---|---|---|
| | ・剛性（ロータリテーブル—砥石軸） | :150N/μm |
| | ・切り込み分解能 | :10nm/step |
| ツルーイング | ・研削砥石 | :SD800N75M φ150 |
| | ・ツルーイング砥石 | :SD1500L100B φ200 |
| | ・研削砥石の回転数 | :30min$^{-1}$ |
| | ・ツルーイング砥石の回転数 | :460min$^{-1}$ |
| | ・ツルーイング方式 | :湿式トラバース |
| | ・仕上げ切り込み方法 | :1μm×30 |
| | | 0.1μm×10 |
| | | 0.01μm×10 |
| ドレッシング | ・ドレッシング方式 | :遊離砥粒を用いたラッピング |
| | ・ラッピングプレート | :鋳鉄製 φ120 |
| | ・弾性体剛性 | :50g/μm |
| | ・スラリー | :7.1μmアルミナ，10wt％濃度（対水） |
| | ・砥石回転数 | :30min$^{-1}$ |
| | ・ラッピングプレート回転数 | :20min$^{-1}$ |
| | ・ラッピング圧力 | :30kPa |
| 研削 | ・工作物 | :ホウケイ酸ガラス □30×1.5 |
| | ・方式 | :湿式プランジ |
| | ・砥石回転数 | :1,500min$^{-1}$ |
| | ・工作物回転数 | :20min$^{-1}$ |
| | ・切り込み速度 | :20nm/2rev |
| | ・総切り込み量 | :28μm |

SD800N75M φ150    スタイラス：5μmR

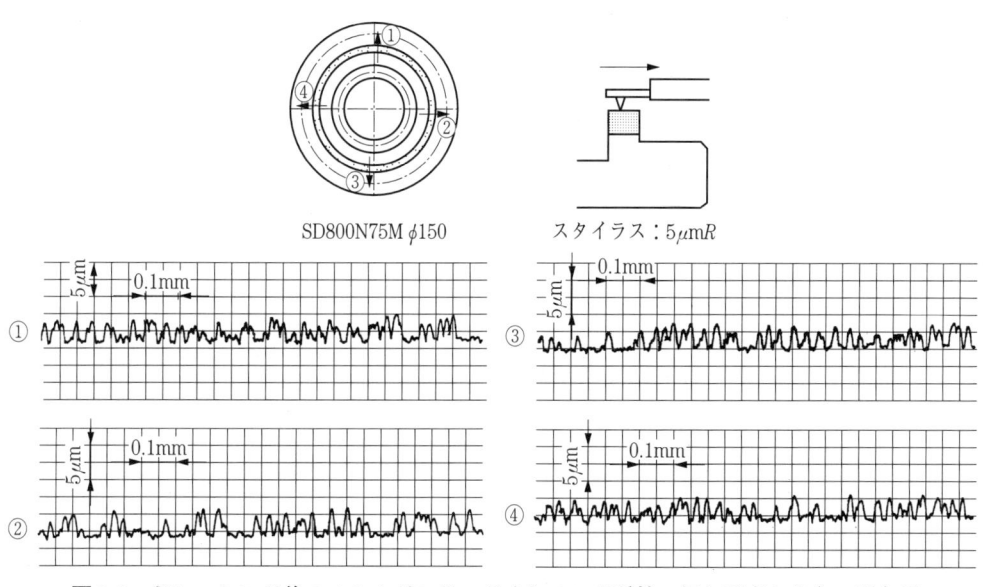

図8.4 ドレッシング後のメタルボンド・ダイヤモンド砥粒の切れ刃高さ分布の測定例

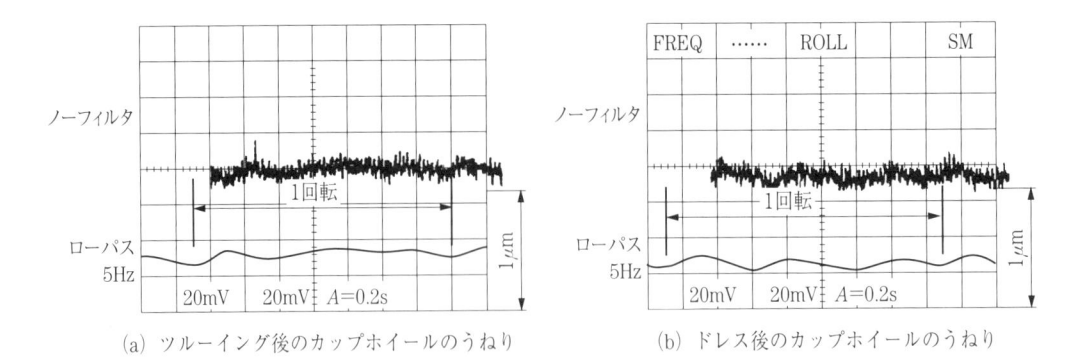

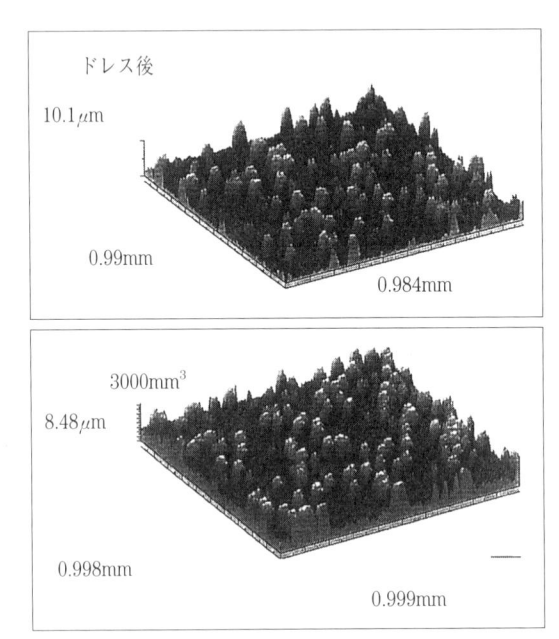

(a) ツルーイング後のカップホイールのうねり

(b) ドレス後のカップホイールのうねり

(c) ドレス直後および工作物材料除去加工量3,000mm³のときの砥粒切れ刃の3次元分布の測定例（タリスキャン）

**図8.5** ダイヤモンドホイールのツルーイング，ドレッシング後のホイール端面の振れおよび研削加工による砥粒切れ刃の3次元分布の変化

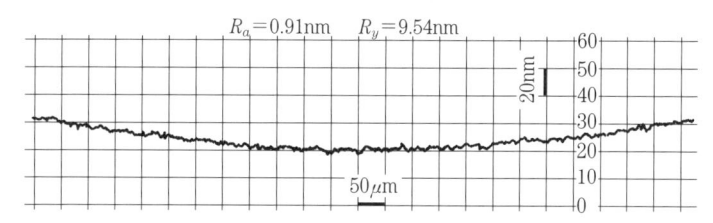

## 8. 超精密研削加工の基礎とその特性

(a) 研削面粗さ

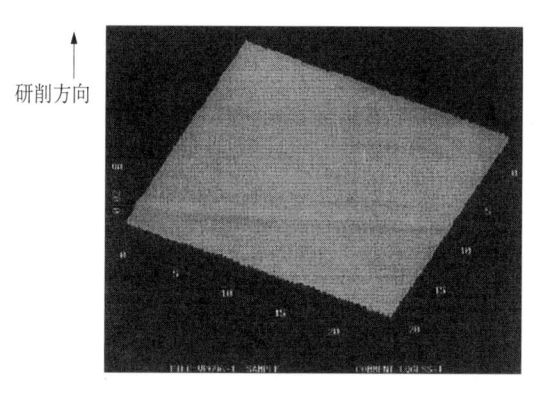

(b) 研削面のAFM

図8.6 ボロシリケートガラス研削面の測定例（AFM）

スを表8.2に示す研削条件の下で研削した仕上げ面粗さの測定例を図8.6に示す。図8.6(a)はタリステップによる研削面粗さの記録で，$0.91nmR_a$，$9.54nmR_y$を示す。また，図8.6(b)はAFMによる研削面の3次元イメージである。

ツルーイング，ドレッシング工程の改良により向上したボロシリケートガラスの研削面粗さの測定例を図8.7(a)に示す[8.4]。ここでは，$0.75nmR_a$，$8.64nmR_y$を得ている。このときの砥石作業面の振れ／うねりは，図8.7(b)に示すように約$0.1\mu m$ p-vである。また，砥粒切れ刃高さの分布は図8.7(c)に示すように，研削条件の下で作用する砥粒切れ刃高さの分布幅を$0.2\mu m$と仮定したとき，平均砥粒切れ刃間隔$\overline{a} = 0.17mm$で，切れ刃密度が十分密であることを示している。

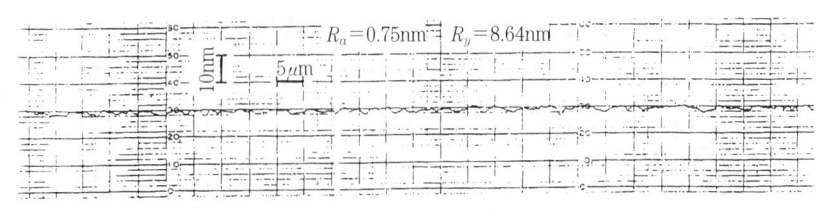

(a) ボロシリケートガラスの研削面粗さ

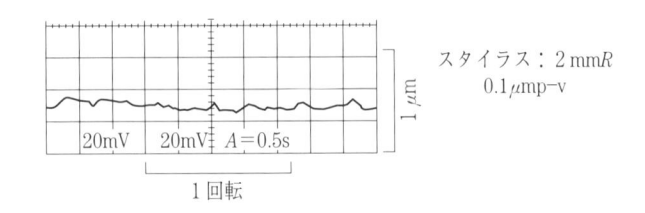

(b) 砥石作用面のうねり／振れ

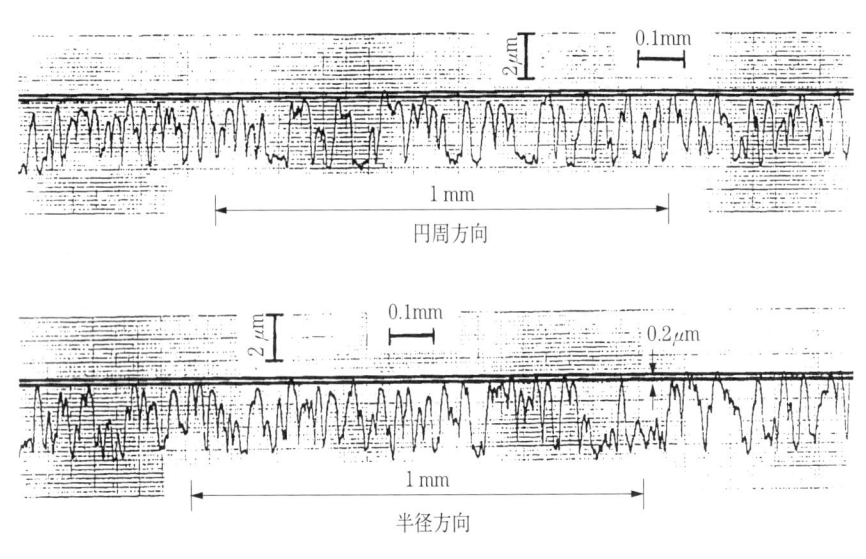

(c) 作用砥粒切れ刃高さの分布
$\bar{a}=0.17$mm, $\Delta\bar{h}=0.2\mu$m

**図8.7** ツルーイング，ドレッシング工程の改良によるボロシリケートガラスの研削面粗さの改善

### 8.2.2 心なし通し送り連続研削

　延性モードツルーイングのために，ダイヤモンドホイールをツルアとして用いる延性モードダイヤモンド砥石修正研削盤を試作し，これによる研削砥石を用いた通し送り心なし研削実験について以下に説明する[8.5]。

　実験機械は**図8.8**に示す超精密高剛性心なし研削盤で，その主な仕様を**表8.3**に示す。ここ

図8.8 日進機械製作所試作（1983）
超精密・高剛性心なし研削盤[8.5)]

図8.9 軸固定油静圧砥石支持ユニット[8.6)]

表8.3 試作超精密・高剛性心なし研削盤 58-2㊜ (1983)の主な仕様

| | |
|---|---|
| 研削砥石および調整砥石の支持方式 | 軸固定油静圧砥石支持方式 着脱自在 |
| 研削砥石 | $\phi(300\sim350)\times150$, 1,500 m/min |
| 調整砥石 | $\phi(300\sim350)\times150$, 10～100 m/min |
| 研削砥石ヘッド送り（Z軸） | 負荷補償滑り案内方式 0.1 $\mu$m/step |
| 機械重量 | ～4,000 kgf |

で特徴的なのは，研削砥石および調整砥石の支持方式が静止軸の両端を機械本体に固定し，スリーブ状砥石保持具を油静圧によって軸上に回転自由に保持する構造で，軸固定油静圧砥石支持ユニットと呼んでいる[8.6)]。本ユニットは機械本体に着脱自在で，上記延性モードダイヤモンド砥石修正研削盤に移し，ツルーイング後機械本体に再装着し，砥石作業面の振れの変化を100nm以内に収めることを実証している。図8.9は軸固定油静圧砥石支持ユニットの外観である。本構造の特徴は，砥石支持系の高剛性化と延性モードツルーイング専用の機械との間の着脱自在性である。

表8.4に延性モードツルーイング専用のダイヤモンド砥石修正研削盤の主な仕様を示す。一般的に研削砥石プロファイルを創成するための研削ツルーイングには，ツルーイング用ダイヤモンドホイールヘッドの切り込みスライドZ軸送り系と往復台スライドX軸送り系の2軸制御が必要となる。この関係を図8.10に示す。

表8.3および表8.4に示すテーブル送り系の構造として示される負荷補償滑り案内方式の駆動系は，一般的な変位操作形サーボ系に比べ，力操作形サーボ系を採用した点が特徴的で，高剛性で微細な送り系を滑り案内方式で実現できる利点があり，滑り案内系でしばしば問題となるスティックスリップおよび反転時のロストモーションの課題の解消に役立っている[8.7), 8.8)]。

表8.4 延性モードダイヤモンド砥石修正研削盤の主な仕様

| 修正対象研削／調整砥石 | $\phi(300〜350)×(10〜200)$<br>$10〜100$m/min |
|---|---|
| 軸固定油静圧砥石支持ユニット | |
| 砥石修正工具（ツルア） | $\phi(150〜200)×(5〜10)$ |
| ダイヤモンド砥石，$0〜1,000$m/min | |
| 修正工具ヘッド送りスライド<br>（Z軸） | 負荷補償滑り案内方式<br>$0.1\mu$m/step |
| 修正工具ヘッド往復台<br>（X軸） | 負荷補償滑り案内方式<br>$1.0\mu$m/step |

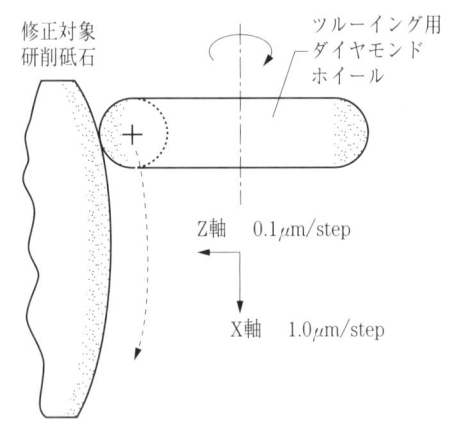

図8.10 研削砥石プロファイルの創成ツルーイング方式
―延性モードツルーイング―

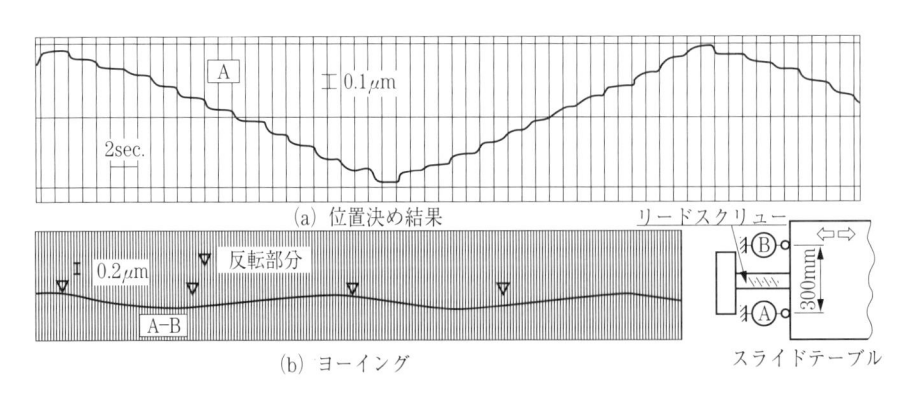

図8.11 負荷補償すべり案内砥石ヘッドの運動特性[8.5]

図8.8に示した実験機械について，研削砥石ヘッドの運動特性として$0.1\mu$m/stepの前進，後退，反転時を含む位置決め精度とヨーイング誤差の記録例を図8.11に示す。$0.1\mu$m/stepの送り分解能を満足し，送り反転時を含むヨーイングは$0.3\mu$m/300mmと運動の真直度が十分高

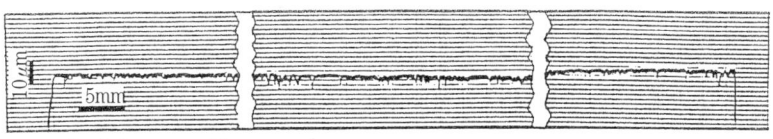

ツルーイング／ドレッシング後

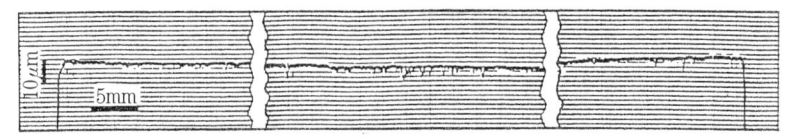

150分間通し送り研削後

研削砥石：GC80L7V, φ350×L150
工作物　：SUJ2, φ10×150, 取りしろφ5μm

(a) 連続150分研削による砥石プロファイルの変化

(b) 延性モード研削ツルーイングされた砥粒頂面

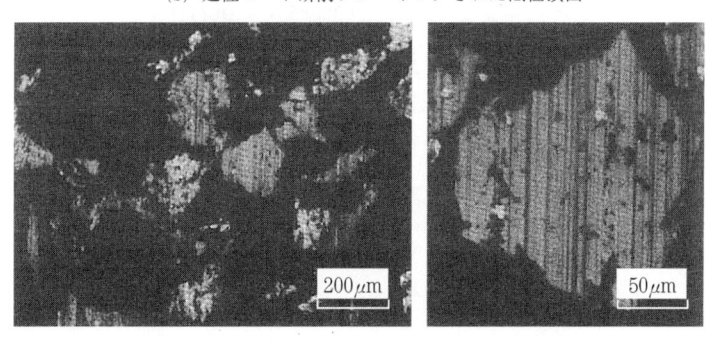

(c) 150分間通し送り研削後の延性摩耗砥粒頂面

図8.12　150分連続通し送り心なし研削実験における砥石プロファイルの変化およびび延性モードツルーイング後の砥粒頂面の変化[8.5]

いことを示している。

さきに示した図8.2の立形超精密平面研削盤VPG-1Aも同様の基本構造を用いて設計されている。

以上のように延性モードツルーイングされた研削砥石GC80L7Vを用いて焼き入れ鋼SUJ2の円筒ころφ10×10を150分間連続通し送り研削実験を行なった結果，研削砥石プロファイルおよび砥石切れ刃である砥粒頂面の変化をツルーイング直後と比べて観察した結果を図8.12に示す[8.5]。このときの研削条件と数値解析結果を表8.5に示す。図8.12(b)に示すツルーイング

**表8.5　心なし通し送り研削実験と数値解析**

| 〈研削条件〉 | 研削砥石 | GC80L7V, $\phi 350\times150$, 30m/s |
|---|---|---|
| | 調整砥石 | A150RR, $\phi 330\times150$, 12〜200rpm |
| | 調整砥石送り角度 | 1.5°, $\sin 1.5°=0.026$ |
| | 工作物 | SUJ2, $\phi 10\times10$ |
| | 調整砥石周速 | 1.7m/s, $V_s/V_w=18$ |
| | 通し送り速度 | $f_{th}=1{,}700$m/s×0.026=44mm/s |
| | 実効砥石研削幅 | 100mm |
| | 取りしろ | 5$\mu$m/pass |
| 〈計算式〉 | 1passに要する時間 | 100mm/44mm・s$^{-1}$=2.27秒 |
| | プランジ送りに換算した砥石の送り | 5$\mu$m/2.27s=2.2$\mu$m/秒 |
| | 工作物回転数 | 100rpm×330/10=55rps |
| | 工作物1回転当たり切り込み | 2.2$\mu$m/55rps=0.04$\mu$m/rev |
| | 150分間の総切り込み | 2.2$\mu$m/s×150×60秒=19.8mm |
| | 材料除去率 | $Z'_w=2.2\mu$m/s×$\pi D_w=0.068$mm$^3$/mm・s |
| | 累積研削量率 | $V'_w=19.8$mm×$\pi D_w=622$mm$^3$/mm |

直後の砥粒頂面は外見上滑らかな研削面を示し，脆性破壊からまぬがれていることを示している。150分連続研削後の砥粒頂面は研削方向の連続条痕から成り，砥粒が連続摩耗，すなわち，延性モード摩耗していることを示している。このように，砥石作業面に分布する各砥粒が脆性破壊ではなく連続的な延性モード摩耗を継続していることから，図8.12(a)に示す研削砥石プロファイルの変化がきわめて小さいことが理解できる。

つぎに，表8.5に示した実験条件から工作物1回転当たりの砥石切り込み$d_w$，材料除去率$Z'_w$および150分連続研削時の累積研削量率$V'_w$を求めると，表8.5に示す計算値から，

$d_w = 0.04\mu$m/rev

$Z'_w = 0.068$mm$^3$/mm・s

$V'_w = 622$mm$^3$/mm

延性モードツルーイングされた砥粒切れ刃は平滑な砥粒頂面の鋭いエッジがその働きをすることを図8.1にすでに示した。この砥粒頂面のエッジを超精密切削のダイヤモンド切削切れ刃稜に対比し，切れ刃稜の粗大なダイヤモンドによる脆性破壊した砥粒頂面と比喩的に比較して**図8.13**に示す。

図8.1(a)に示した自生発刃切れ刃モデルの視点から図3.19に示した鏡面研削における砥粒の損耗形態の電顕写真[3,6]を図8.13に再録して観察すると，累積研削量率$V'_w$が1.5mm$^3$/mmに達した時点で砥粒頂面に目つぶれ／目つまり現象が見られる。これに比べ，延性モードツルーイングされた図8.1(b)の延性ツルーイング切れ刃モデルの視点から図8.12の実験結果を観察すると，砥石切り込みが鏡面研削実験の0.2$\mu$m/revに比べ0.04$\mu$m/revと約1桁微細であるにも拘わらず，鏡面研削の$V'_w=1.5$mm$^3$/mmに比べ$V'_w=622$mm$^3$/mmと約400倍に達しても目つぶ

8. 超精密研削加工の基礎とその特性

ダイヤモンド研削　　　　　　　普通研削

ナノメータ単位　　　　　　　マイクロメータ単位

シャープエッジ切れ刃　　　　クラック層切れ刃

延性破壊トルーイング　　　　脆性破壊ドレッシング

GC80L7V　　　　　　　　　A60kmV

200μm　　　　　　　　　　10μm

ドレッシング直後　　　　　　ドレッシング直後

砥石切り込み　0.04μm/rev研削　　砥石切り込み　0.2μm/rev研削

$V'_w$=622mm³/mm　　　　　$V'_w$=1.5mm³/mm

$Z'_w$=0.068mm³/mm·s

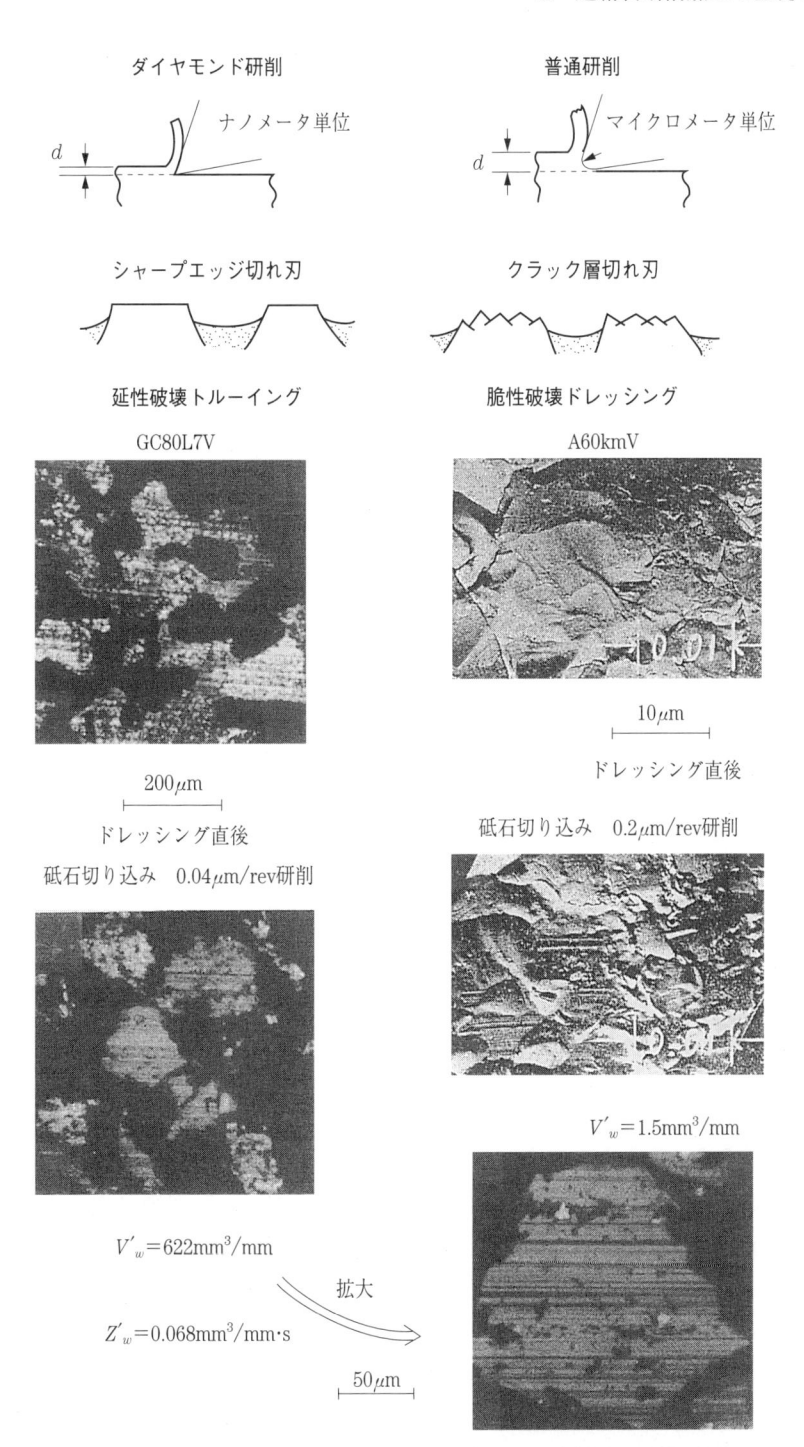

拡大

50μm

図8.13　延性モードツルーイングおよび延性モード摩耗する砥粒頂面および脆性破壊砥粒頂面と目つぶれ／目つまり現象

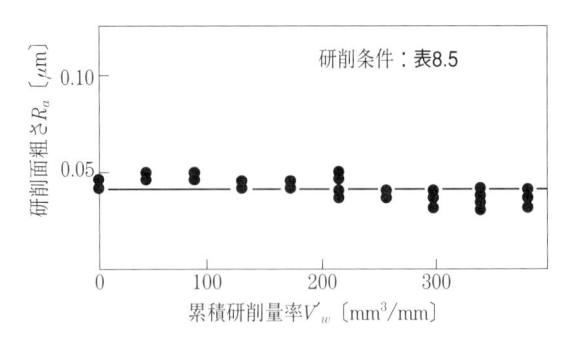

図8.14 延性モードツルーイングされた研削砥石による研削面粗さ特性[8.10]

れ／目つまり現象は観測されていない。すなわち，砥粒切れ刃が連続的に延性モード摩耗した場合，砥粒頂面の鋭いエッジが維持され，砥粒切れ刃の寿命が著しく長くなることを示している。

また，このような特性は研削面粗さが累積研削量$V'_w$の増加とともに殆ど変化せず，ほぼ一定の値を保持する研削特性にも通ずる。この関係を反映する実験結果を図8.14に示す[8.10]。

研削の現場では焼き入れ鋼の鏡面研削を可能とする熟練技能者のノウハウとして次のような手順が語られている：

① ドレッサの切り込みおよび送りを十分小さく，入念にドレッシングする（微小な脆性破壊ツルーイング）。

② 予め予備的研削で砥粒の目（切れ刃の意）を十分殺す（砥粒頂面の摩滅摩耗）。

③ 砥石切り込みを小さく徐々に研削する（$Z'_w$を十分小さく選ぶ）。

④ 研削面に焼けあるいはびびり振動が発生する前に作業を停止する（$V'_w$の範囲を限定し，砥石寿命を予測する）。

ここで，（　）内の記述は筆者の解釈である。

②，③は，研削負荷を十分小さくして砥粒頂面を摩滅摩耗させ，かつ，切れ刃高さのばらつきを小さく，微小な砥粒頂面のチップポケットを徐々に小さくし，目つぶれ／目つまり現象の発達を抑えるための技能ではないかと推定される。

鏡面研削との比較から，延性モードツルーイングされた砥粒およびこれに続く延性モード摩耗する砥粒を前提とする材料除去率$Z'_w$の小さな領域における超精密研削加工は，超精密加工であると同時に大量生産システムに適用できることを示している。

延性モードツルーイングされた研削砥石作業面に工作物の切屑が付着しない証拠として，図8.15を示す。大量生産方式の連続通し送り心なし研削加工を行なった後の砥石作業面が示す鏡面反射である。GC砥石の緑青色の砥石面に切屑による変色が認められない。

また，ナノメータオーダの砥石切り込みの領域でも軸受鋼の切屑がリボン状に発生し，かつ，切屑の最大幅が3〜4μmで加工単位が微小であることを図8.16は示している。砥粒の平均粒

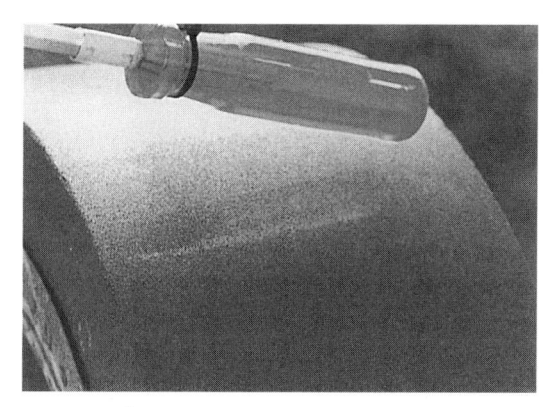

8. 超精密研削加工の基礎とその特性

砥石　　：GC100KV, φ455×250T
ツルーア：φ100ダイヤモンドホイール

図8.15　延性モードツルーイングされた研削砥石の
　　　　生産的連続研削後の鏡面反射

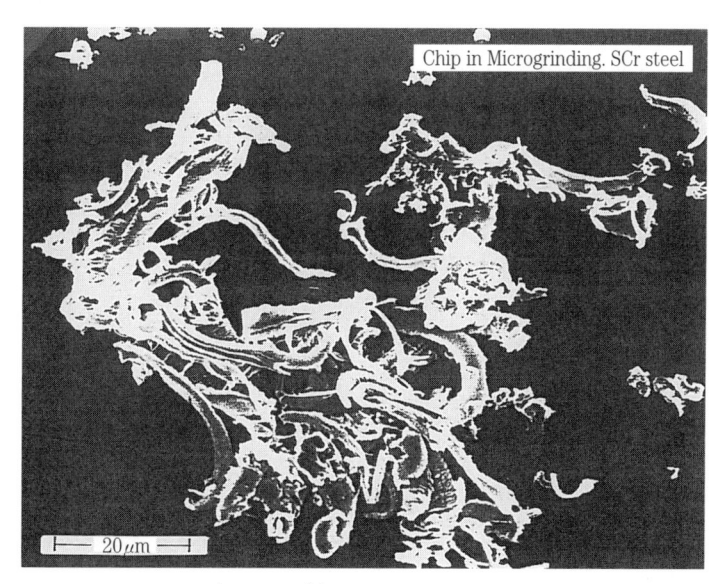

$Z'_w \sim 0.1 mm^3/mm \cdot s$, GC100LV
φ455×205×φ228.6

図8.16　延性モードツルーイングされた研削砥石による切屑

径150μmと比べきわめて微小である。

## 8.3 超精密研削加工の特性と加工システムの構成

延性モードツルーイングされた研削砥石作業面における砥粒頂面の観察および研削過程における砥粒頂面の延性モード連続摩耗の観察から，研削加工特性としての累積研削量率$V'_w$に対応する研削面粗さおよび研削力の変化過程をモデル化して**図8.17**に示す。すなわち，脆性破壊を伴わない延性モードツルーイングされた各砥粒は切れ刃高さが一様であると同時に，研削負荷に比例した延性モード摩耗を示すため，ツルーイング直後から砥粒切れ刃の分布は平均的にほぼ変化せず，研削砥石全体としての砥石半径減は研削負荷にほぼ比例すると考えられる。

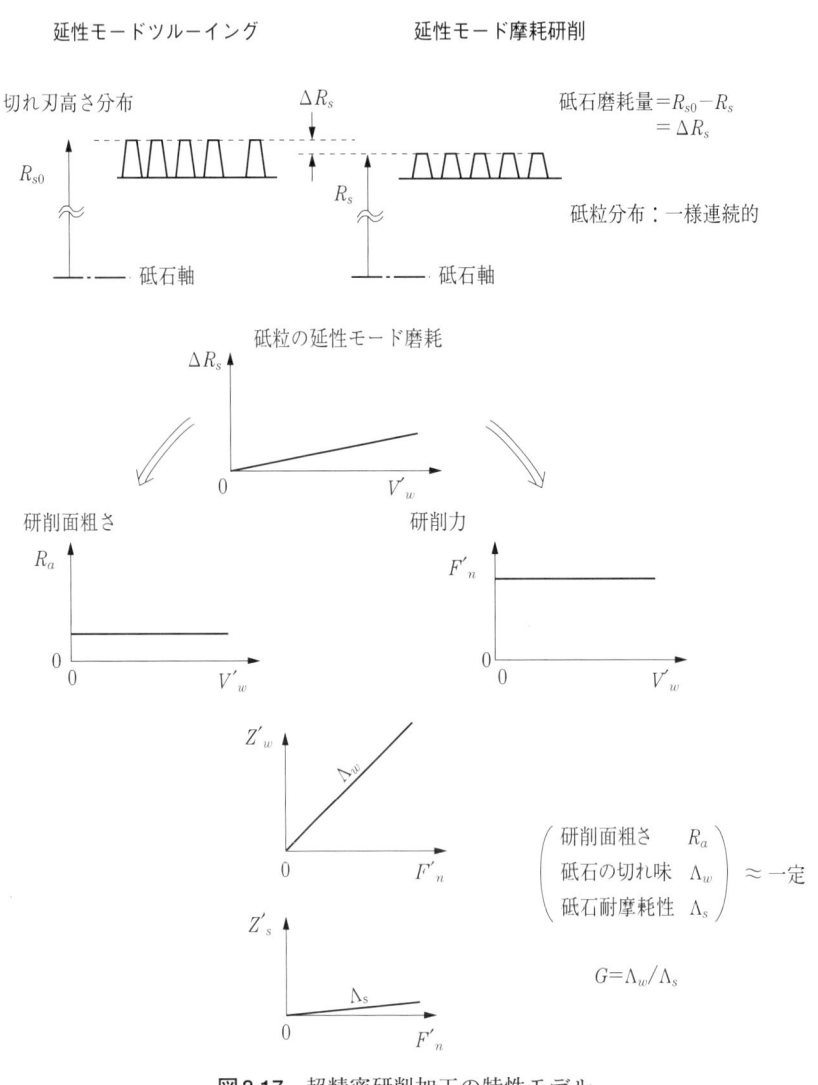

**図8.17** 超精密研削加工の特性モデル

8. 超精密研削加工の基礎とその特性

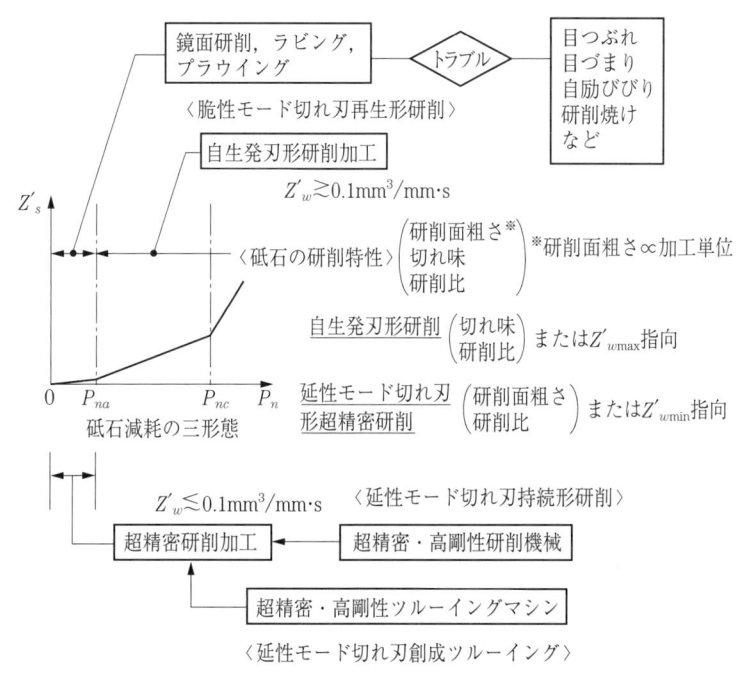

**図8.18** 自生発刃形研削加工から延性モードの切れ刃持続形研削加工へ
—超精密加工のために—

以上の考察から，研削特性としての累積研削量率$V'_w$に対応する研削面粗さおよび研削力の特性は，ほぼ一定な値を示すこととなる。したがって単位幅当たり研削法線分力$F'_n$対材料除去率$Z'_w$および砥石減耗率$Z'_s$の関係は，比例関係を示す。また，研削砥石の減耗形態も延性モード摩耗であるため，砥石減耗率$Z'_s$自身も著しく小さく，研削比の格段の増加が期待できる。

砥粒頂面あるいは結合材の脆性破壊による自生発刃形研削加工と延性モード切れ刃持続形研削加工の各領域の関係を研削負荷／砥石接触面圧$P_n$対砥石減耗率$Z'_s$の関係で表示したものを図8.18に示す。従来の自生発刃形研削加工においては材料除去率$Z'_w ≥ 0.1\text{mm}^3/\text{mm}\cdot\text{s}$（砥石周速〜30m/sを前提）の領域を対象としており，それ以下の微小研削領域では"鏡面研削"あるいはラビング，プラウイング領域として目つぶれ／目づまり，自励びびり振動，研削焼けなどのトラブルのため大量生産方式には馴染まない領域とされてきた。

このような領域，すなわち，$Z'_w < 0.1\text{mm}^3/\text{mm}\cdot\text{s}$において因果律のレベルが高く，安定的で大量生産方式に適応できる超精密研削加工領域として新しく導入されるものが延性モード切れ刃持続形研削加工である。

延性モード切れ刃持続形研削加工を可能とする2つの条件，すなわち，

(1) 延性モードツルーイング
(2) 延性モード砥粒摩耗

を実現するには，

— 185 —

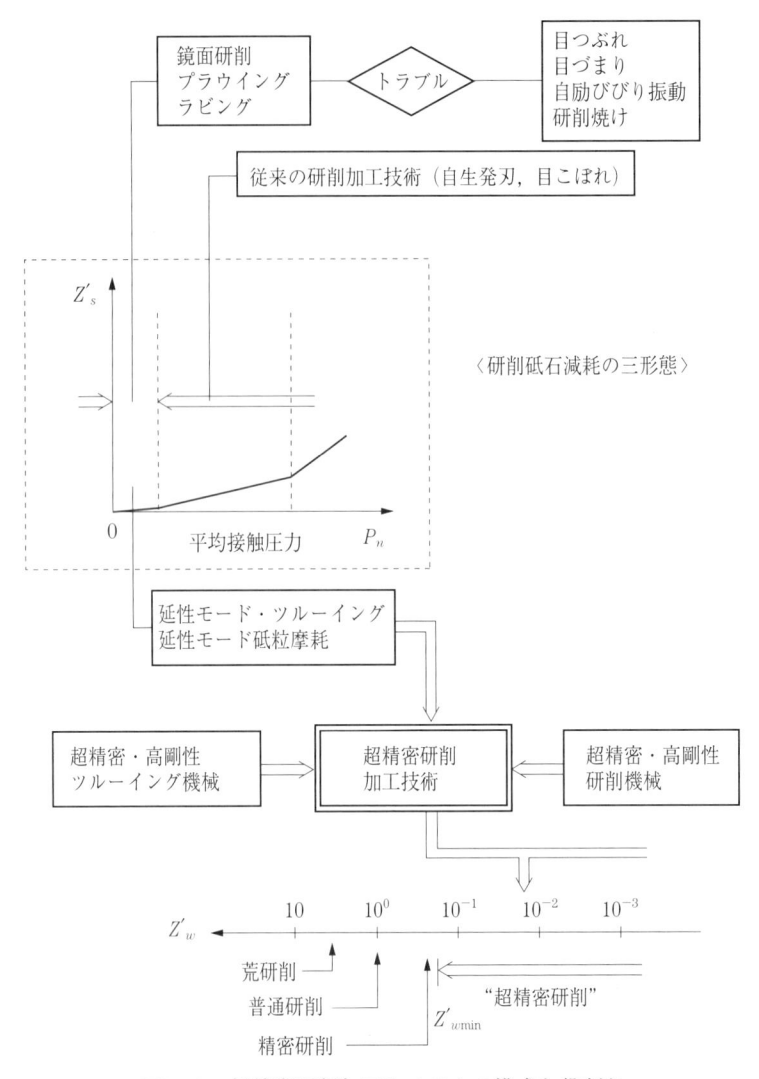

**図8.19** 超精密研削加工システムの構成と役割り

(1)超精密・高剛性ツルーイング機械,
(2)超精密・高剛性研削機械,

が不可欠である。研削加工に必要な研削機械と砥石の形状創成に必要なツルーイング機械の関係が従来の研削盤においては，後者は付属的に研削盤本体に設置される場合が多い。

超精密研削加工においては，ツルーイング機械は研削機械本体以上に超精密・高剛性化が必要である。この関係を**図8.19**に，材料除去率スケール上の超精密研削加工の役割りとともに示す。従来，ラッピング，スムージング，超仕上げあるいはポリッシングなど加工単位のきわめて微細で高精密な領域までを目標に超精密研削加工がカバーしようとする狙いを込めている。

# 8.4 「低圧超仕上げ法」[3.5] に見る延性モードツルーイング切れ刃モデル

3.1で紹介したように，恩地は超仕上げ砥石と工作物間の押し付け荷重を臨界圧力の約10分の1の低圧の下での超仕上げ加工プロセスを詳細に観察し，このような低圧接触の下でも微細な切屑が発生し，仕上げ面粗さが著しく改善されることを実験的に示し，これを「低圧超仕上げ法」と名付け，新しく提案している。

具体的には，図3.9で示したようにcBN1500砥粒の切削能力を切削距離の関数としての材料除去量で示し，その過程を過渡切削期と定常切削期に分類している。両者の期間の切屑を示す図3.10から，過渡期では砥石工作物間の当たりが悪く，砥粒に働く実質面圧が称呼面圧より高く，このため切り込みを示す切屑の最大幅が$10\,\mu m$と大きい。これに比べ定常期では当たりが一様になるため実質面圧が低下し，最大切屑幅が$3\,\mu m$と微細化している。両期間における砥粒頂面の観察結果を図3.11が示している。砥粒頂面の初期値は脆性破壊面であるが，定常期に入ると明らかに平滑面に変化しており，図8.1で定義した延性モードツルーイング切れ刃モデルと同様に，切れ刃高さが一様で延性モード摩耗面からなり，そのエッジは鋭い角を呈している。

恩地は，このような砥粒切れ刃の変化過程を次のように記述している：

「同一砥粒の変化としては，摩滅的形態を示し，切削距離10,000mのときの砥粒（頂面）は平らに摩耗している。cBN砥粒の真の仕上げ比（研削比）は，切削距離20,000mのとき約20,000となる。WAでは約50となった」（引用文献3.5の81頁より）。

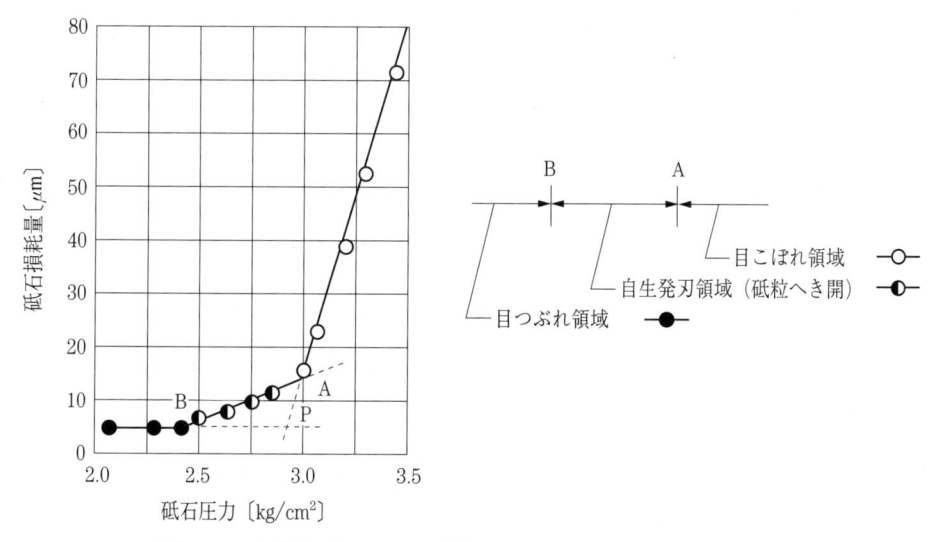

**図8.20** 超仕上げにおける砥粒切れ刃の生成形態（図3.3より）

ここで，過渡期は砥粒頂面を延性モードツルーイングするための延性モード摩耗プロセスと解釈することができる。

　佐々木ら[3.4)]が示した図3.3の「超仕上げ加工における限界現象」を砥粒切れ刃の挙動から，**図8.20**に示すように従来説明されている。ここで，目つぶれ領域をバーニッシング現象と説明される場合もあるが，上述の過渡期，定常期を含め切屑が観測されることから，工作物の表面層の流動現象と見る考え方は当たらないと考えられる。

参 考 文 献

8.1) 阿部，安永，宮下，吉岡，大東：脆性材料の超精密研削技術の研究，精密工学会誌59.12（1993）1985

8.2) 稲葉，金井，宮下：脆性材料の延性モード研削を目的とした遊離砥粒ドレッシングによるダイヤモンドホイールの突出し高さの制御（第1報），砥粒加工学会誌40.5（1996）22

8.3) 稲葉，金井，宮下：脆性材料の延性モード研削を目的としたダイヤモンドホイールのツルーイング技術の開発，砥粒加工学会誌47.12（2003）42

8.4) Kanai, A., Miyashita, M., Inaba, F., Sato, M., Yokotsuka, T., Kato, R. : Control of Grain Depth of Cut in Ductile Mode Grinding of Brittle Materials and Practical Application Advances in Abrasive Technology. ed. L. C. Chang and N. Yasunaga, World Science（July 1997）101

8.5) Yoshioka, J., Hashimoto, F., Miyashita, M., Kanai, A., Abo, I., Daito, M. : Ultraprecision Grinding Technology for Brittle Materials : Application to Surface and Centerless Grinding Processes ASME, PED-Vol. 16（1984）209

8.6) Yoshioka, J., Miyashita, M., Kanai, A., Daito, M., Inaba, F. : Removable and High Stiffness Mount of Grinding Wheel Achieving Runout of 100nm. ASPE1989 in Monterey

8.7) Kanai, A., Suzuki, N., Toriumi, M., Miyashita, M. : Development of the "Load Compensator" for Cylindrical Grinding Machines Ann CIRP Vol. 25/1/1976

8.8) Kanai, A., Miyashita, M. : Slide Feed System with LC-unit Ann CIRP Vol. 28/1/1978

8.9) Kanai, A., Sano, H., Yoshioka, J., Miyashita, M.: Positioning of a 200kg Carriage on Plain Bearing Guideways to Nanometer Accuracy with a Force operated Linear Actuator J. Nanotechnology. Vol. 2（1991）

8.10) Miyashita, M., Yoshioka, J., Hashimoto, F., Kanai, A. : New Concept of Grinding Technology for Predictability of Manufacturing Operation SME, MR86-645（1986）

# 9. 超精密大量生産研削加工システムの試み[9.1)]
― フェルールの超精密心なし研削加工 ―

## 9.1 大量生産を可能とする超精密研削システムの構成と試み

　超精密研削領域と自生発刃研削領域の比較を図9.1に示す。研削加工における材料除去率$Z'_w$および砥石の減耗率$Z'_s$を砥石，工作物間の接触圧力の関数としてモデル化したもので，両者の研削特性の違いの比較を示している。すなわち，砥石の切れ味を示す$\Lambda_w$で比較すると，砥粒の破砕に伴う切れ刃の再生が生じる自生発刃研削領域では，超精密研削領域に比べ明らかに切れ味が良く，研削剛性$k'_w$が低い。他方，砥石の減耗特性を示す摩耗性$\Lambda_s$はこれに応じて著しい。また，超精密研削領域における研削特性は切れ味$\Lambda_w$が低く，研削剛性$k'_w$が大きく，砥石の摩耗性$\Lambda_s$も砥粒の脆性破壊が延性摩耗に変わるため著しく低下する特性を示すこととなる。

　このような特性の下で材料除去機構が継続できるためには，研削剛性の増加に対応して研削点における研削盤のループ剛性を従来の研削盤に比べ数倍も大きく設計する必要がある。この領域に相当する従来の鏡面研削に伴うトラブル，すなわち，自励びびり振動，研削焼けなどはループ剛性の不足に大きな原因があったと考えられる。他方，砥石の減耗特性を比較すると，2.2の図2.7で検討したように延性破壊と脆性破壊との間には2桁オーダの強度の差が見られ，砥石の減耗率にも同じオーダの差が生ずるものと推定される。

　このことは，研削比$G = \Lambda_w / \Lambda_s$において，$\Lambda_w$の低下以上に$\Lambda_s$の減小が期待されるから，結果としてこの領域における研削比$G$が従来の自生発刃研削領域に比べ著しく改善されることが期待できる。

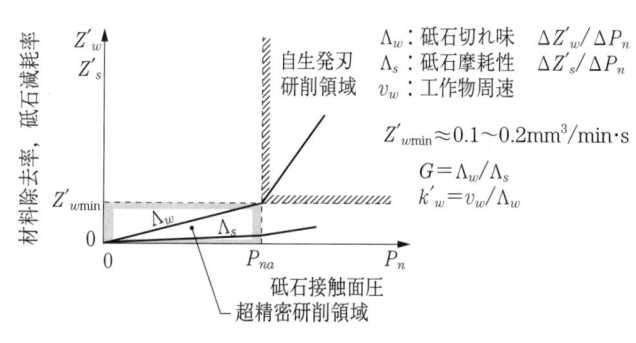

**図9.1** 自生発刃研削領域と超精密研削領域

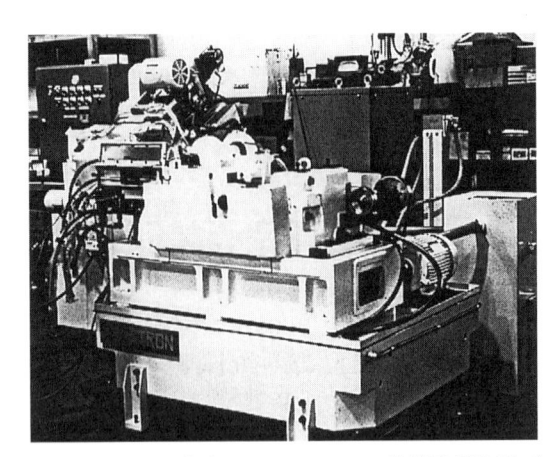

図9.2　小形心なし研削盤NANOTRON-日進機械製作所（1993）

以上の考察から大量生産を可能とする超精密研削条件として次の条件を設定する：
(1) 延性モードツルーイングされた研削砥石を用い，延性モード摩耗する条件の下で研削する。
(2) 砥粒切り込みの微細化を実証するため，延性脆性遷移切り取り深さを超えると脆性破壊を示す脆性材料を工作物とする。
(3) 目直し間寿命が長く，大量生産の条件を満足することを実証するため工作物のロットサイズを十分大きくする。

上記を満足する実験計画として$ZrO_2$フェルールの通し送り心なし研削を採用し，研削精度目標を次のように設定する：

　　　　　真円度：$0.1\mu m$以下
　直径のばらつき：$3\sigma < 0.5\mu m$
　　仕上げ面粗さ：$10nmR_a$以下
　　　　実験機械：小形心なし研削盤NANOTRON（日進機械製作所，1993）

**図9.2**に実験機械の外観を，また，主な仕様を**表9.1**に示す。

**図9.3**に差動リニヤスケールをフィードバックセンサとする研削砥石ヘッドの力操作形位置決め制御系を示す。リニヤスケールを砥石ヘッドに，ピックアップセンサを調整砥石ヘッドにそれぞれ取り付け，両者の相対距離を差動的に検出する構造としている。砥石ヘッドの断面構成を**図9.4**に示す。図9.3とともに，油圧アクチュエータ，滑り案内面および研削，調整両砥石の軸中心は一直線上に配置され，これらの間の力ループのAbbeのオフセットを零としている。フィードバックセンサのリニヤスケールに関しては，図9.4に示す通りAbbeのオフセットが存在するが，力ループのオフセットを零とすることを優先している。

また，滑り案内面の油膜厚さの変動を抑制するため，油静圧パッド③により一定の予圧を案内面に加えている。また，砥石ヘッド断面は左右対象の原則を守り，運動に伴うヨーイングの

9. 超精密大量生産研削加工システムの試み

表9.1 NANOTRONの主な仕様（日進機械製作所）

| 〈研削砥石系〉 | 研削砥石：φ175×50mm<br>周速　　：1,800m/min<br>回転数　：3,275min$^{-1}$<br>軸固定油静圧支持砥石ユニット |
|---|---|
| 〈砥石ヘッド<br>　送り系〉 | 案内　　：複合滑り案内<br>サーボ系：力操作形位置決め機構<br>フィードバックセンサ：差動リニヤスケール<br>　　　　　　　　　　分解能10nm |
| 〈調整砥石系〉 | 調整砥石：φ175×50mm<br>回転数　：可変<br>軸固定油静圧支持砥石ユニット |

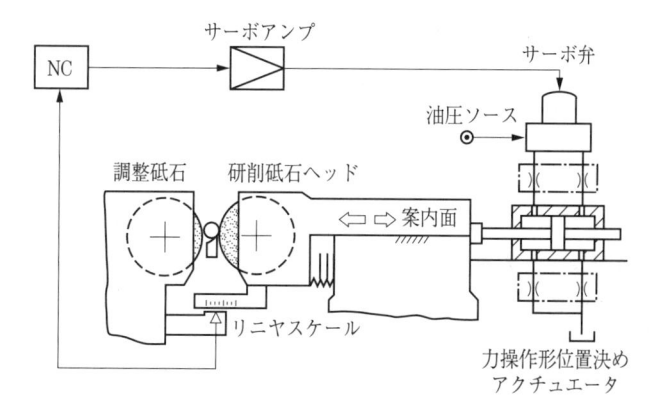

図9.3 差動リニヤスケールをフィードバックセンサとする
　　　研削砥石ヘッドの力操作形位置決め制御系[9.1]

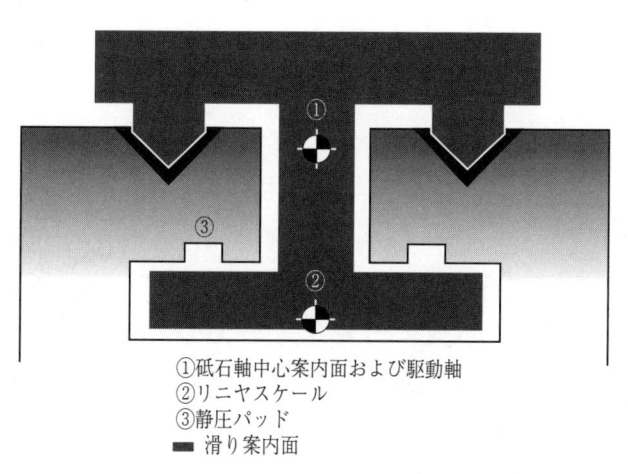

① 砥石軸中心案内面および駆動軸
② リニヤスケール
③ 静圧パッド
■ 滑り案内面

図9.4 差動リニヤスケールを有する超精密高剛性心なし研
　　　削盤案内面の構成[9.1]

発生を抑えている．ここで，静圧パッドにより一定予圧を加えた滑り案内を複合滑り案内と呼ぶこととする．

## 9.2 複合滑り案内砥石ヘッドの運動特性―送り分解能とダンピング特性

　V-V滑り案内上で前進後退する砥石ヘッド端部に300mmの間隔をおいてヘッド上に固定した変位センサAおよびBを配置し，50nm/stepの砥石ヘッド送り指令を20回まで5秒間隔でそれぞれ前進，後退させたときのセンサA，Bの記録を図9.5に示す．AおよびBの記録は前進時，後退時ともに殆ど合致し，ヨーイングは50nmのステップに比べ十分小さいものと認められる．さらに，送り分解能を知るため10nm/stepの指令に対する変位記録を併せて示す．

　一般に滑り案内機構においては，スティックスリップ，あるいは前進，後退の反転時のロストモーションが見られるが，上記実験においては50nm/step送りの記録からこのような現象は見られない．10nm/stepの場合は測定器自体のドリフトが見られる．

　次に，超精密研削領域で特徴的な研削剛性の増大による自励びびり振動の抑制対策，特に，研削点におけるループ剛性に求められるダンピング特性の向上対策がある．超精密工作機械で一般的な静圧軸受案内においては，NCサーボ系の制御単位以下の位置決め誤差の状態では，位置の修正信号が働かないため制御対象はフローティング状態になり，制御系のダンピング機能は静圧流体の粘性抵抗以外に求められない．また，制御系の宿命であるカットオフ周波数を超える高周波領域では，制御系によるダンピング機能は期待できない．

　このような観点から，滑り案内が持つ摩擦抵抗は上述の欠点を補うダンピング機能として評価できる．

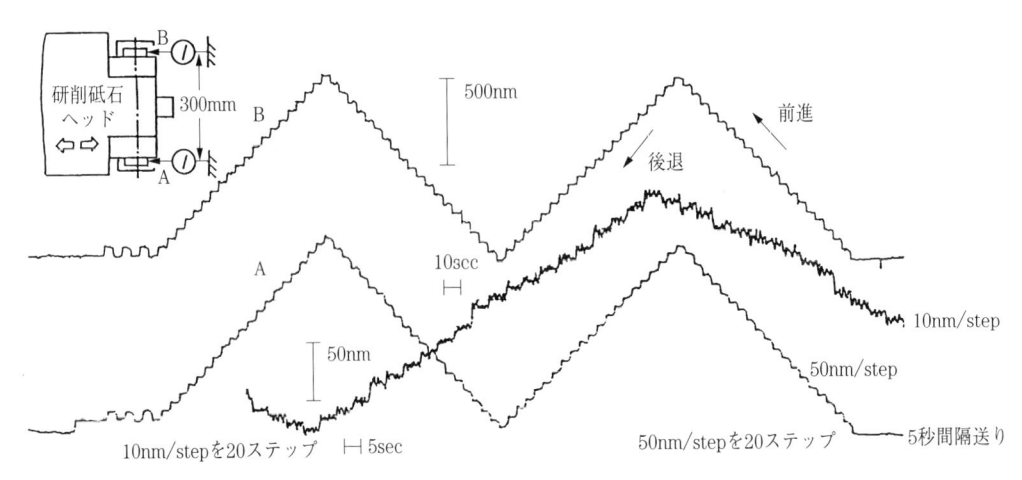

図9.5　研削砥石ヘッドの送り分解能とヨーイング誤差[9.1]

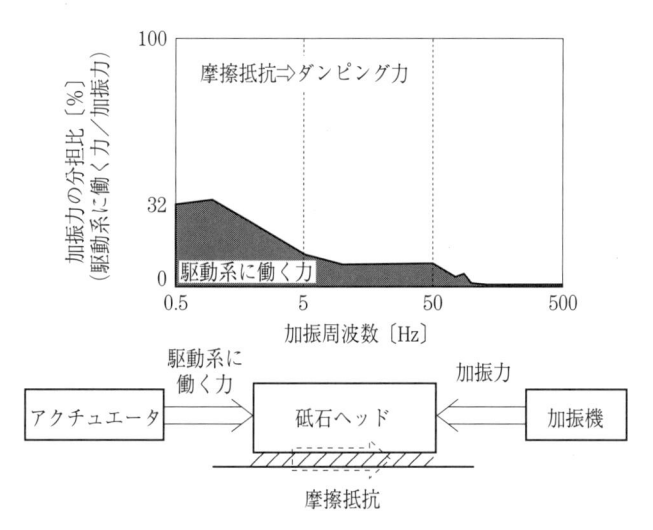

9. 超精密大量生産研削加工システムの試み

**図9.6** 加振力に対抗する滑り案内面摩擦抵抗と駆動系に働く力の分担比[9.1]

そこで，図9.3の位置決め制御系を対象に研削砥石ヘッドに静止指令を与えた状態で，図9.6に示すように，外部より加振機によって砥石ヘッドを広い周波数範囲にわたって加振し，この力に対抗する滑り案内面の摩擦抵抗と位置決め制御系のアクチュエータに働く力の分担の割り合いを求めた結果を示す。たとえば，0.5Hzの加振力でゆっくり加振した場合，砥石ヘッドが移動しないようにアクチュエータが支えるのは32％で，残りの68％は滑り案内面の摩擦抵抗が吸収する。加振力の周波数が増加するほど，アクチュエータが支える分担の割り合いが50Hz近傍まで減少して10％程度となり，これを超えると滑り案内面の摩擦抵抗が加振力を殆んど吸収し，ダンピング機能が100％近くに達する。

200kgの摺動体を同様の滑り案内面で力操作形サーボ系により駆動した場合の駆動剛性が$500 \text{rad} \cdot \text{s}^{-1}$の周波数内で，66N/nmに達した実験例[9.2]から，上述の研削点のループ剛性も十分高いものと考えられる。

## 9.3 │ 砥石ヘッドの送りがフェルール直径に転写される転写分解能

**図9.7**は研削砥石ヘッドを10秒毎に0.2μm/stepで5ステップ前進，5ステップ後退，さらに，これを5回繰り返し，その都度研削して得られたフェルール直径を記録したものである。この結果から読み取れる0.2μm/stepのステップ毎のフェルール直径の変化量$\Delta D$の平均値$\Delta \overline{D}$は，前進，後退および反転時を含め，

$$\Delta \overline{D} = 0.21 \pm 0.05 \mu m$$

である。すなわち，研削砥石の変位指令値に対してフェルール直径平均値に転写される寸法変化のばらつきを平均転写分解能と定義すると，

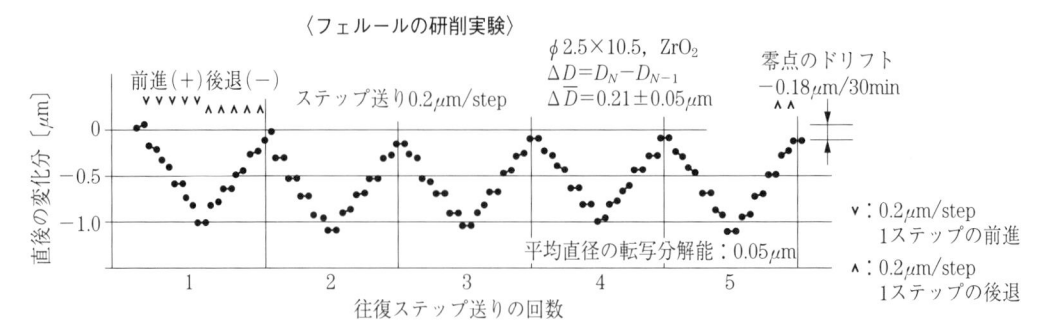

図9.7 0.2μm/stepの砥石ヘッド送り対工作物直径の変化分−運動転写精度[9.1]

$$平均転写分解能 = \pm 0.05\,\mu m$$

この関係は，大量生産過程における$3\sigma < 0.5\,\mu m$の目標値に対する研削砥石ヘッドのステップ送り$0.2\,\mu m$/stepは妥当な選択と考えられる。

## 9.4 フェルールの量産研削実験

図9.8に，通し送り心なし研削の場合のポストプロセス測定スタンドによる寸法修正機能付き心なし研削盤の構成を示す。通し送り研削終了後の工作物12個当たり1個の割り合いでサンプル測定し，補正信号をNC信号に加える。また，測定スタンドに生ずるドリフトを，5分間隔でマスタフェルールを測定して補正する。補正信号は前述の平均転写分解能に等しく$0.05\,\mu m$/stepとする。

実験に用いた研削条件を表9.2に示す。

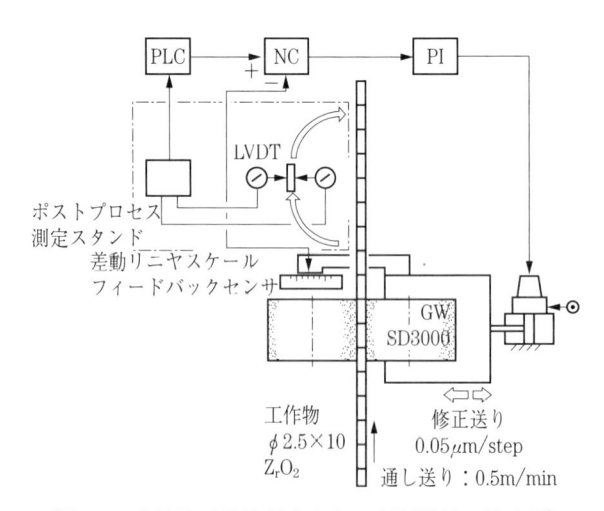

図9.8 寸法修正機能付き心なし研削機械の構成[9.1]

9. 超精密大量生産研削加工システムの試み

表9.2 実験条件

| 〈研削条件〉 | |
|---|---|
| 研削砥石 | SD3000B φ175×50mm |
| 調整砥石回転数 | 50min$^{-1}$ |
| 送り傾斜角 | 1° |
| 通し送り | 0.5m/min |
| 取りしろ（直径） | 3μm |
| 研削液 | 水溶性 |
| 〈ツーイング条件〉 | |
| ツルア | SD200B, φ100×5mm |
| 切り込み | 1μm/Pass |
| 研削液 | 水溶性 |
| 〈工作物〉 | |
| フェルール | φ2.5×10, ZrO$_2$ |
| ロットサイズ | 1,870 |

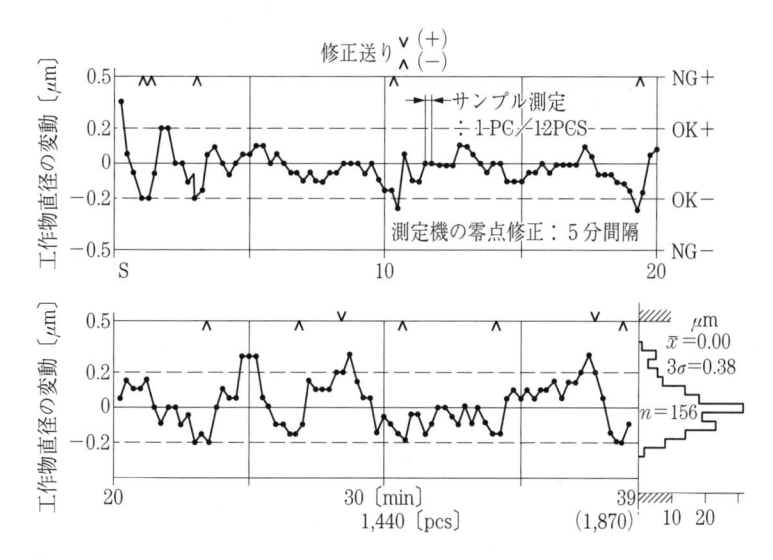

図9.9 ロットサイズ1,870のZrO$_2$フェルールを寸法修正機能付き心なし研削盤で連続通し送り研削したときのフェルール直径の変動記録と分散[9.1]

　以上の実験条件の下で，ロットサイズ1,870個のフェルールを寸法修正機能付き心なし研削盤で連続通し送り研削したときのフェルール直径の変動記録を図9.9に示す。所要時間は39分で，その間のフェルール平均直径のドリフトは零である。また，研削されたフェルール集団から任意に156個のサンプルを取り，直径のばらつきのヒストグラムを併記する。その結果，

$$3\sigma = 0.38\mu m$$

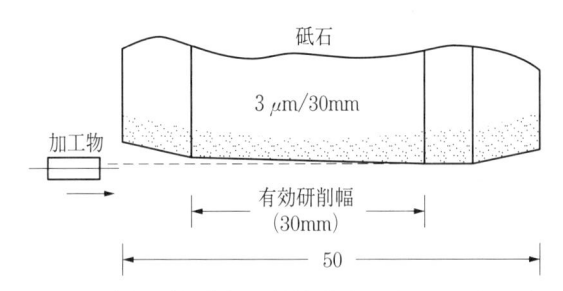

**図9.10** 通し送り心なし研削砥石のプロファイル−直径取りしろ3μm

**表9.3** 研削加工精度の目標値と実測値

| 加工精度 | 目標値 | 実測値 |
|---|---|---|
| 真円度 | <0.1 μm | 0.012～0.016 μm |
| 研削面粗さ | ≦0.01μm$R_a$ | ～0.01μm$R_a$ |
| 直径ばらつき | 3σ≦0.5 μm | 0.38μm |

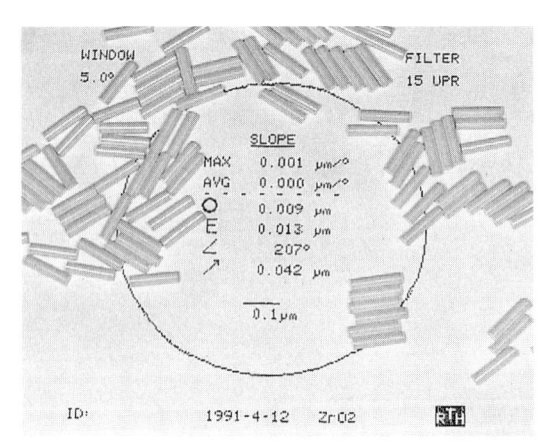

ダイヤモンド砥石による脆性材料のマイクロ研削
最新加工水準例：φ2.5ジルコニア外周研削
　　　　　　　表面粗さ　3nm$R_a$，真円度　9nm

**図9.11** ビトリファイドダイヤモンドホイールによる$ZrO_2$フェルールの研削精度の事例（日進機械製作所による）

なお，直径の修正記号は±0.2μmを超えたとき発信することと設定している。

通し送り心なし研削時の研削砥石プロファイルのツルーイングによる創成形状の代表例を図9.10に示す。工作物の入口から順次入口の逃げ，有効研削幅プロファイル，スパークアウトおよび出口の逃げで構成される。ここでは，有効研削幅を30mmとし，この間工作物直径を3μm研削するため，プロファイルの傾きは3μm/30mmとなる。

表9.2の研削条件から調整砥石の回転数 $n_r$ は,

$n_r$ = 0.84rps (50rpm)

したがって, 工作物回転数 $n_w$ は

$n_w$ = 73rps

工作物が有効研削幅30mmを通過するのに要する時間は3.6秒で, これを等価なプランジ送り研削に換算したときの工作物1回転当たりの砥石切り込み $d_w$ は,

$d_w$ = 3 $\mu$m/73 × 3.6rev

= 0.011 $\mu$m/rev

この条件は, 研削砥石が延性モードで摩耗し, かつ, $ZrO_2$ フェルールも延性モードで除去加工される条件を満している。

以上, 超精密大量生産研削加工システムとして具体的にフェルールの通し送り心なし研削加工を取り上げ, サンプルサイズ1,870個, ドレッシングすることなく連続研削時間39分を経た結果, 表9.3のように研削加工精度の目標値を満足する結果を得た。

なお, その後のビトリファイドボンドダイヤモンドホイールによる研削事例を図9.11に示す。

## 参 考 文 献

9.1) Kanai, A., Miyashita, M., Daito, M：Development of Massproductive Ultraprecision Grinding Technology for Brittle Material Devices.
ASPE 1996 Spring Topical Meeting in Annapolis.

9.2) Kanai, A., Sano, H., Yoshioka, J., Miyashita, M：Positioning of a 200kg carriage on Plain Bearing Guideways to Nanometer Accuracy with a Force-operated Linear Actuator. Nanotechnology 2 (1991) 43-51.

# 10. 超精密大量生産研削加工の事例が示す超精密研削の特性
## ―超精密高剛性心なし研削盤による研削事例―

## 10.1 VTRシャフトの超精密通し送り心なし研削特性

### 10.1.1 超精密研削領域の特性―目直し間寿命

$\phi 6 \times 24$，SUS420J2のVTRシャフトの通し送り心なし研削に関する事例から超精密研削領域における研削特性の1つである目つぶれ／目つまりの発生を抑制する機能について検討する。

研削条件を表10.1[10.1)]に示す，図10.1[10.1)]に，研削，調整両砥石に延性モードツールイングを施した直後から連続通し送り研削を12時間，工作物数量にして40,000個研削した経過における仕上げ面粗さの記録を示す。この間，通例の目つぶれ／目つまり対策としてのツルーイング／ドレッシングは実施していない。すなわち，目直し間寿命は認められない。

そこで，超精密研削領域を示す目安としての工作物1回転当たりの砥石切り込み$d_w$，材料除去率$Z'_w$および研削砥石の目直し間寿命の尺度となる累積材料除去量$V'_w$の具体的数値を以下に示す。

表10.1の条件に加え，通し送り研削の砥石の有効研削幅を200mm，通し送り傾斜角を1.5°（sin1.5°= 0.0262）と仮定すると，

$$\text{通し送り速度} = \pi D_r \cdot n_r \cdot \sin 1.5°$$
$$= 2.4\text{m/min（40mm/s）}$$

$D_r$：調整砥石直径，$n_r$：調整砥石回転数

**表10.1** VTRシャフトの通し送り心なし研削の条件[10.1)]

| 研削機械 | 超精密・高剛性心なし研削盤（日進機械製作所） |
|---|---|
| 研削砥石 | GC100KV，$\phi 510 \times 250$，2,700m/min |
| 調整砥石 | A150RR，$\phi 250 \times 250$ |
| 〈ツルーイング条件〉 | |
| 　ツルーイングホイール | SD200M，$\phi 100 \times 5,800$m/min |
| 　切り込み | 2μm/pass |
| 　工作物 | VTRシャフト，$\phi 6 \times 42$，SUS420J2，500HV |
| 〈通し送り条件〉 | |
| 　取りしろ | 30μm/pass |
| 　通し送り | 2.4m/min（40mm/s） |

## 10. 超精密大量生産研削加工の事例が示す超精密研削の特性

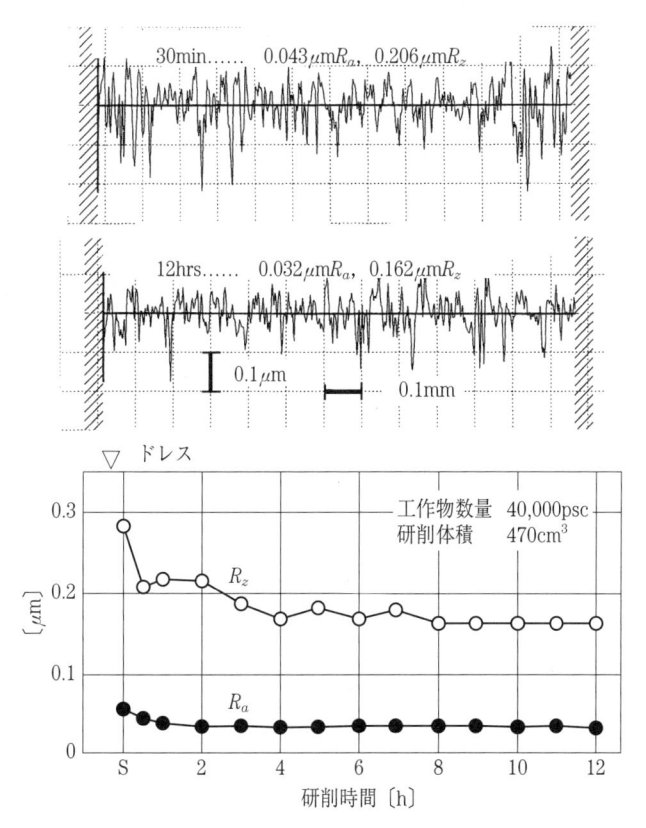

**図10.1** 表面粗さの推移—VTRシャフトのスルーフィード研削—[10.1]

の条件から，

$n_r$ = 1.94rev/s

$n_w$ = 80.8rev/s

工作物が砥石の有効研削幅200mmを通過する時間（200mm/40mm/s）は5秒，この間に工作物が回転する累積値は404回転（80.8×5），したがって，工作物1回転当たりの砥石切り込み$d_w$は，

$d_w$ = 0.074μm/rev （30μm/404回転）

砥石に加わる上述の研削負荷の下では，砥石は明らかに延性モード摩耗，すなわち，超精密研削領域にあると考えられる。また，このときの材料除去率$Z'_w$は，

$Z'_w$ = 0.113mm³/mm·s （= $\pi D_w \cdot n_w \cdot d_w$）

これは見掛け上従来の鏡面研削領域の境界に近い値である。ただし，通し送り心なし研削においては円筒プランジ研削と異なり，工作物の研削幅と研削砥石の研削幅とは一致せず，一般に，

通し送り心なし研削の砥石の有効利用幅
≫工作物の研削幅

のため，円筒プランジ研削の材料除去率$Z'_w$よりは，工作物1回転当たりの砥石切り込み$d_w$を材料除去率の目安として用いるのが合理的である。

さらに，上述の事例で，12時間，工作物数量で40,000個を連続研削しているが，これを従来の材料除去率$Z'_w$から累積研削量$V'_w$を算出すると，

$$V'_w = 4,665 \text{mm}^3/\text{mm} \ (= Z'_w \times 12\text{時間})$$

この間目直し間寿命の目安となる目つぶれ／目つまり現象が認められない。

### 10.1.2 寸法制御機能—運動転写分解能

同様のVTRシャフトを対象に，ポストプロセス測定スタンドによる工作物直径の補正機能を有する心なし研削盤（日進機械製作所）の寸法制御機能に関する実施例も図10.2に示す[10.2)]。この場合の研削条件も図10.1の場合と同様に工作物1回転当たり砥石切り込み$d_w$は$0.1\,\mu$m/revに比べて十分小さく，砥石の延性モード摩耗の条件を満たし，超精密研削領域に属していることを示している。

$\phi 6 \times 50$，SUS420J2のVTRシャフトを対象に，延性モードツルーイング直後から1.5時間，工作物数量で5,000個を連続通し送り心なし研削した結果である。寸法公差$\pm 0.25\,\mu$mに対して，計測結果が$\pm 0.08\,\mu$mを超えた場合に補正信号をNC制御信号に加える。このように研削された工作物5,000個の中から任意に100個を抜き取り，寸法のばらつきを測定した結果も図10.2に示す[10.2)]。このサンプル測定から，

$$6\sigma = 0.169\,\mu\text{m}$$

この値は，補正信号が出力する限界である$\pm 0.08\,\mu$mとほぼ一致する。このような高い寸法制御機能は，このシステムの工作物への運動転写機能の反映である。これを可能とする加工シ

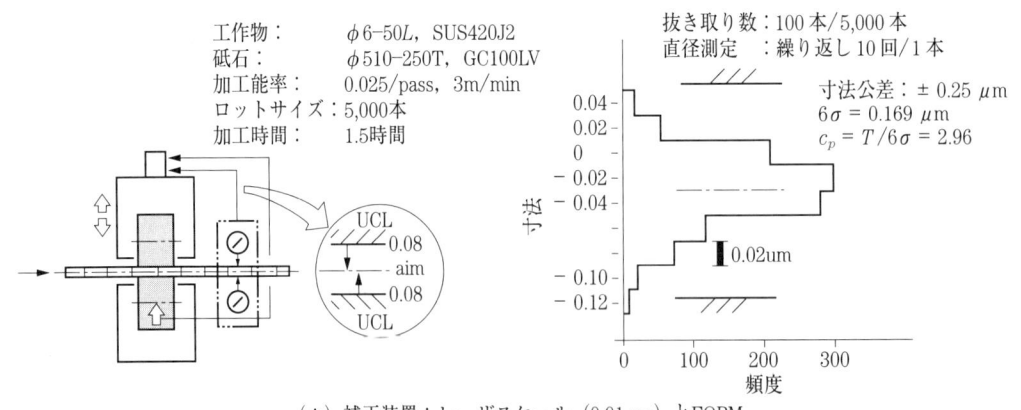

```
工作物：       φ6-50L, SUS420J2
砥石：         φ510-250T, GC100LV
加工能率：     0.025/pass, 3m/min
ロットサイズ： 5,000本
加工時間：     1.5時間

抜き取り数：100本/5,000本
直径測定：繰り返し10回/1本
寸法公差：±0.25 μm
6σ = 0.169 μm
cp = T/6σ = 2.96
```

(*) 補正装置：レーザスケール（0.01μm）とFOPM
　　　および研削負荷補償
　　ポストプロセスゲージ：特殊LVDT
(*) 砥石修正後連続加工開始，以後砥石再修正なし，
　　また，手動寸法補正なし

**図10.2** VTRシャフトの加工精度，数量5,000本[10.2)]

10. 超精密大量生産研削加工の事例が示す超精密研削の特性

ステムの特性は，図9.5および図9.6に示した位置決めサーボ系の高い位置決め分解能と静，動剛性の高さが事例の研削盤と共通していることを示す。

## 10.2 超精密研削領域における研削比と研削特性

### 10.2.1 低膨張鋳鉄製心なし研削盤によるニードルローラの通し送り研削—研削比

「暖気運転，さらには"捨て研削"を経て寸法変化の安定した状態」[10.2)]にある低膨張鋳鉄製心なし研削盤によるニードルローラの連続通し送り研削時の工作物の寸法の安定性と研削負荷の差による砥石減耗量の比較を示す大量生産研削の実施例を**図10.3**[10.2)]に示す。供試機の構造は基本的に図8.8に示した超精密高剛性心なし研削盤と同様である。

$\phi 2 \times 20$，SUS420J2のニードルローラを取りしろ$5\,\mu m/pass$と$50\,\mu m/pass$の場合について工作物寸法の変化過程を示す。

取りしろが$5\,\mu m/pass$の場合は，連続研削時間2時間の間に生ずる寸法変化量は$0.09\,\mu m$である。これには，砥石の減耗量および両砥石間の相対距離の変化がともに含まれており，両者がともにきわめて小さいことを示している。この結果を$50\,\mu m/pass$の取りしろのときの連続研削時間2時間後の寸法変化量約$1\,\mu m$は殆んど砥石の減耗量が占めていることが推測できる。このことを前提として研削比$G$を求めると次のようになる。ここで，砥石の有効研削幅を150mmとする。

$$\text{累積工作物除去量} = \pi D_w \times 20\text{mm}$$
$$\times 50\,\mu\text{m/pass} \times 20{,}600$$
$$= 129{,}368\text{mm}^3$$

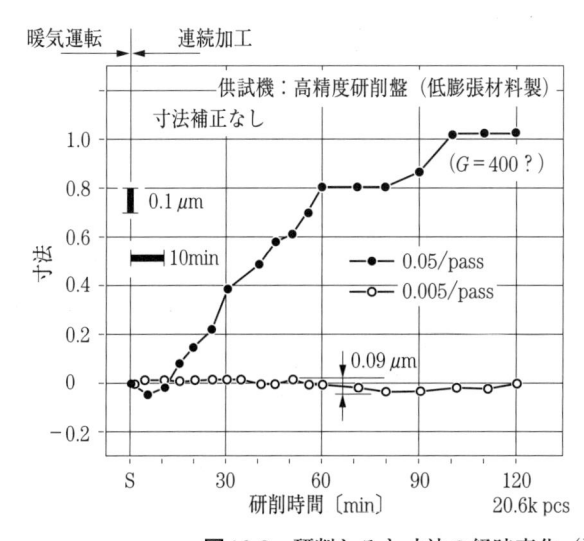

**図10.3** 研削しろと寸法の経時変化（連続加工20,000本）[10.2)]

$$累積砥石減耗量 = \pi D_s \times 150\text{mm} \times 0.001\text{mm}$$
$$= 164.85\text{mm}^3$$

したがって，$G = 129,368/164.85 = 785$

連続研削時間 2 時間にわたって自励びびり振動を生ずることなく，かつ，研削面粗さをほぼ一定に保ちながら研削比を自成発刃形研削加工の場合に比べ，1 桁以上増加した結果は，超精密研削領域の研削特性の 1 つと認めることができる。

### 10.2.2　円すいころ軸受内輪軌道面の総形プランジ研削—目直し間寿命と研削比

クラウンプロファイルを有する円すいころ軸受内輪軌道面を総形プランジ研削で創成するシュータイプ心なし研削盤（日進機械製作所）の構成を図10.4[10.1]に示す。研削ツルアーは，図に示す X, Y 2 軸，$0.1\mu\text{m/step}$ 送りの複合滑り案内スライド上に取り付けられ，所定のプロファイルを研削砥石に創成研削する。

図で示された条件の下で，$\phi70 \times 19-11°$ の内輪軌道を初期ツルーイング直後から 4 時間にわたって 960 個連続してプランジ研削し，その間の研削面粗さおよび真円度の測定記録を図10.5[10.1]に示す。この間，研削面粗さ，真円度ともにほぼ一定の水準にあることが認められる。

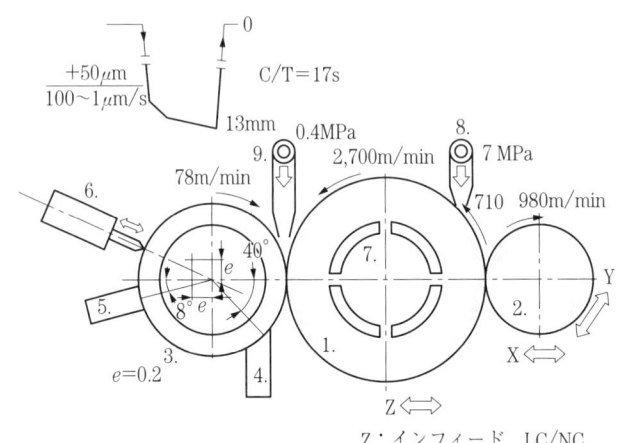

Z：インフィード，LC/NC
X-Y：ツルーイング，2NC/LC

1. 研削砥石　　　　　　$\phi510-21$, GC800MV
2. ツルーイングホイール　$\phi150-2T$, SDC200P100B
3. 工作物　　　　　　　$\phi70-19W-11°$，クラウンプロファイル
　　　　　　　　　　　　SUJ2, 62HRC, C/T=17sec
4. フロントシュ　　　　$\phi_1 = 40°$
5. リアシュー　　　　　$\gamma = 8°$
6. インプロセスゲージ
7. 砥石自動バランサ
8. 高圧クーラント　　　　7 MPa
9. メインクーラントW-3　0.4MPa

図10.4　研削レイアウト／内輪プロファイル研削[10.1]

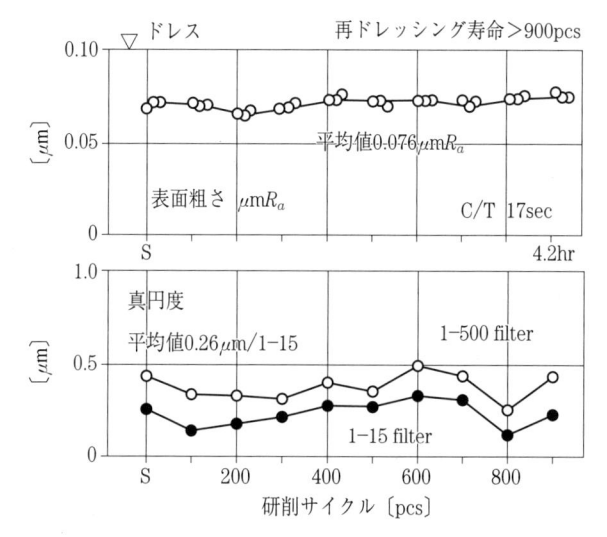

10. 超精密大量生産研削加工の事例が示す超精密研削の特性

**図10.5** 連続研削における表面粗さ，真円度の推移[10.1]

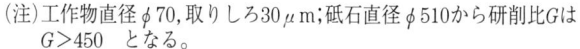

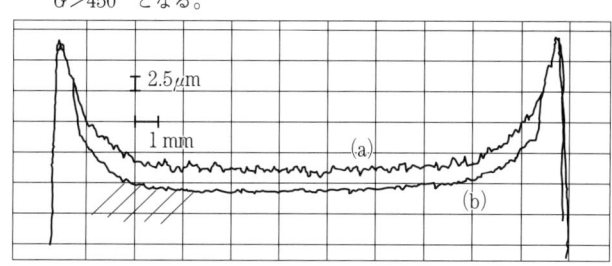

**図10.6** 砥石輪郭形状，(a)ドレッシング直後 (b)内輪960個研削後，摩耗深さ$4\mu m$[10.1]

このような安定した研削過程が大量生産工程で得られるためには，超精密研削領域内で研削を継続するための材料除去率$Z'_w$に限界を設ける必要がある。上記の研削条件に関して表現すると，

$$Z'_w < 0.1 \sim 0.2 \mathrm{mm}^3/\mathrm{mm \cdot s}$$

がこの場合の目安になっている。

図10.4が示す内輪軌道面を1回の延性モードツルーイングされた研削砥石で4時間，960個安定した精度水準で研削を継続し，砥石寿命を判定するトラブルを認めなかったことは，従来の自生発刃研削ではほとんど実現不可能な特性であり，超精密研削領域の研削特性の特長と考えられる。

図10.6[10.1]は，延性モードツルーイング直後の内輪軌道面を960個研削した後の砥石プロファイルの形状を，基準面を揃えて表示している。両者の比較から砥石の摩耗量はプランジ研削

幅全体にほぼ 4 μm である。したがって，

$$V'_w = 70\pi \times 0.03 \times 960 = 6{,}330 \text{mm}^3/\text{mm}$$
$$V'_s = 510\pi \times 0.004 = 6.4 \text{mm}^3/\text{mm}$$
$$G = V'_w/V'_s = 989$$

すなわち，$V'_w = 6{,}330\text{mm}^3/\text{mm}$ に達する連続した長時間の研削作業の中で，研削比 $G = 989$ という微細な砥石摩耗率の下で総形砥石プロファイルの形状を保持し，その結果としてこの間内輪軌道面の真円度，プロファイル形状精度および研削面粗さを許容値以内に安定的に保持するという大量生産方式を実現したこととなる。

以上の事例が示す長寿命で高い研削比を示す超精密研削領域の特性は，図8.18で示したこの領域における研削特性モデルとして"延性モード切れ刃持続形研削"と表現した妥当性を示している。従来の"自生発刃形研削"と対比するために研削砥石による"新しい研削特性"として区別したい。

参 考 文 献

10.1) 大東：高精度砥石修正による砥石の長寿命化，機械と工具（'03. 12月）103-107.
10.2) 大東：心なしスルーフィード研削，機械と工具（'04. 3月）101-103.

# 11. 精密研削加工における生産性の課題

## 11.1 研削砥石のメーカーとユーザー間の評価指数のギャップ

R. Keggによるアンケート結果[1,6)]にあるように，同一仕様の砥石を同一あるいは違うメーカーからの製品に拘らず購入した場合，その都度研削特性にばらつきが生じ，研削工程に支障が生ずるとの苦情が絶えない。この種のメーカーとユーザー間の砥石機能評価のギャップを解消するための作業プロジェクトの代表例として，光学ガラスのダイヤモンド研削用微粒ホイールを対象とする"研削機能表示形のダイヤモンドホイールの仕様のあり方"を探った論文がある[11.1)]。

現状では，

(a) 砥石ユーザーは，研削加工面の仕上げ面粗さ，加工変質層，形状精度，研削比，研削能率，研削技能およびコスト，

(b) 砥石メーカーは，ダイヤモンド砥粒，結合材，充填材，空隙率，集中度，工程およびコストにそれぞれ適当な重み係数を乗じた定性的評価指数を持っている。すなわち，

$$G^2_{user} = a_1(\text{rms})^2 + a_2(\text{SSD})^2 + a_3(\text{figure})^2 + a_4(\text{g} \cdot \text{ratio})^2 + a_5(\text{feedrate})^2 + a_6(\text{effort})^2 + a_7(\text{cost})^2$$

$$G^2_{maker} = b_1(\text{diamond})^2 + b_2(\text{bond})^2 + b_3(\text{filler})^2 + b_4(\text{porosity})^2 + b_5(\text{concentraton})^2 + b_6(\text{procedure}) + b_7(\text{cost})$$

両者の間を関係付ける共通の尺度が存在しない。このため，砥石の仕様の表示方法自身に問題があるとしている。その手始めとして砥石の結合度の表示に着目し，次の提案をしている。

結合度を評価する硬度計の圧子の半径を次の大，中，小の3段階に分類し，それぞれの力学的パラメータの与える影響因子として，

$R$100mm：砥石軸の運動（砥石の接触剛性）

$R$ 1 mm：ツルーイング誤差

$R$0.01mm：砥粒保持力

それぞれ運動転写精度に影響を与える力学的パラメータとしての結合度表示を提案する。たとえば，結合度$H$として，

$$H = 67/45/12$$

以上は，運動転写形研削盤のユーザーにとって研削精度を力学的モデルとして検討する場合

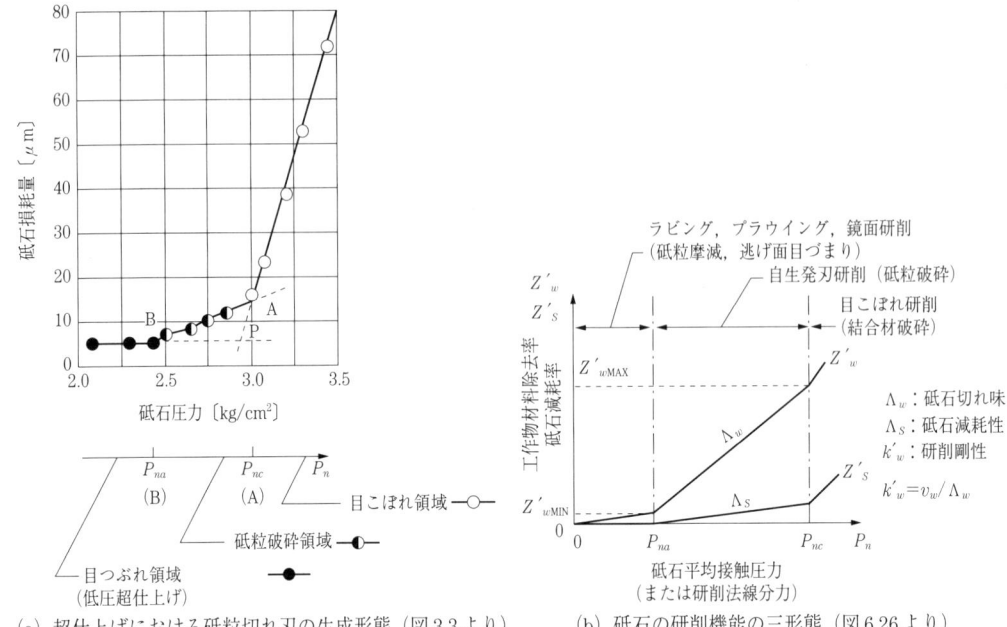

(a) 超仕上げにおける砥粒切れ刃の生成形態（図3.3より）　　(b) 砥石の研削機能の三形態（図6.26より）

**図11.1　砥石圧力と砥石減耗の三形態**

の砥石仕様表示として共通の理解に至る一歩と言える。

　同様に力学的立場から砥石の研削機能を論ずる加工法に超仕上げおよびR. Hahnらの提唱する力操作形研削加工がある。これらに共通する考え方は，砥石の研削機能を支配するのは砥粒切れ刃の再生機構にあり，砥石の減耗過程自身が研削作用を支配するとの考え方である。

　図8.20で例示した超仕上げと図6.26でモデル化した自生発刃形研削を中心とする砥石減耗の三形態とを比較して**図11.1**(a), (b)に示す。ここで共通の概念として，

(1)目こぼれ領域，

(2)砥粒破砕領域，

(3)目つぶれ領域（ラビング，プラウイングあるいは鏡面研削を含む），

がある。したがって，研削条件を設定する場合の共通のパラメータとして，目こぼれ開始圧力 $P_{nc}$（超仕上げの場合は臨界圧力 $P_c$）および砥粒破砕開始圧力 $P_{na}$ は研削砥石の研削機能を表示するパラメータとして砥石ユーザーにとって重要な評価指数である。

　超仕上げの研削条件を設定する場合基準となる臨界圧力 $P_c$ と砥石結合度との関係を松森ら[112)]が論じている。ここで得られた砥石の減耗過程の時間的変化の事例を**図11.2**に示す。砥石，工作物間の当たりが一様になるまでの過渡領域と，その後の定常領域から構成され，約5分後に定常域に達している。これは，個々の砥粒が工作物と接触した累積接触距離に換算すると約54mとなる。砥石減耗量が定常領域に入ったときの砥石圧力対砥石減耗量の関係を砥石圧力の関数として算出すると**図11.3**を得る。これから，$P_{nc} = 6.9\mathrm{kgf/cm^2}$ のときのこの実験で

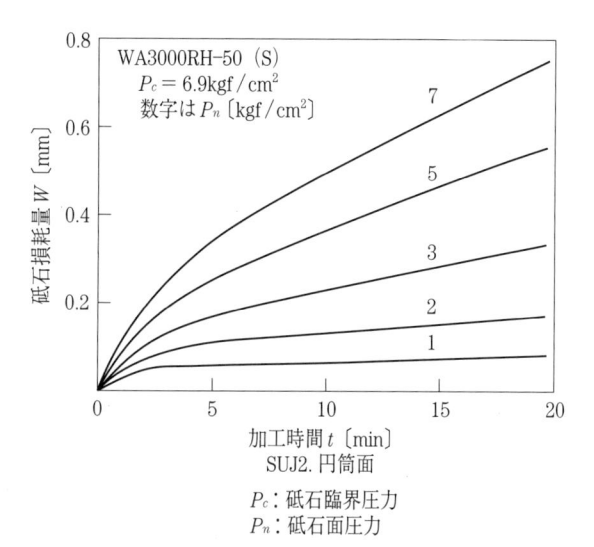

## 11. 精密研削加工における生産性の課題

**図11.2** 加工時間と砥石損耗量との関係の例[11.2)]

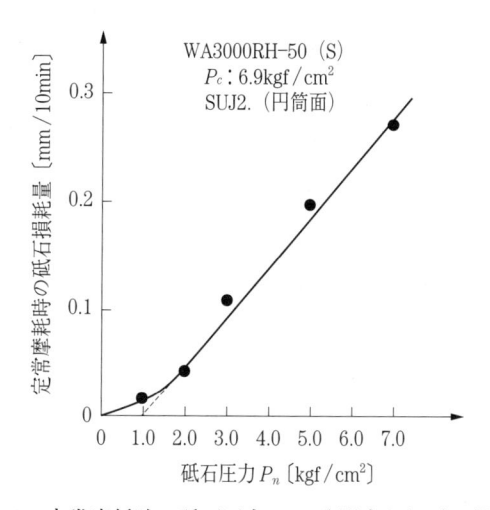

(グラフ: WA3000RH-50 (S), $P_c = 6.9\,\mathrm{kgf/cm^2}$, 数字は $P_n\,[\mathrm{kgf/cm^2}]$, SUJ2. 円筒面, $P_c$:砥石臨界圧力, $P_n$:砥石面圧力)

**図11.3** 定常摩耗時の砥石圧力の10分間当たり砥石損耗量

(グラフ: WA3000RH-50 (S), $P_c$:6.9kgf/cm², SUJ2.(円筒面))

**表11.1** 結合度を変化した供試砥石[11.2)]

| 砥　　石 | 組織〔%〕 | | |
|---|---|---|---|
| | $V_P$ | $V_G$ | $V_B$ |
| WA3000RH － 60 (S) | 53.6 | 39.9 | 6.5 |
| WA3000RH － 40 (S) | 52.2 | 39.8 | 8.0 |
| WA3000RH － 20 (S) | 51.3 | 39.9 | 8.8 |
| WA3000RH　　 0 (S) | 51.0 | 39.7 | 9.3 |
| WA3000RH　　20 (S) | 50.3 | 40.2 | 9.5 |
| WA3000RH　　40 (S) | 49.0 | 41.3 | 9.7 |
| WA3000RH　　70 (S) | 47.8 | 42.4 | 9.8 |

$V_P$:気孔容積割合, $V_G$:砥粒容積割合, $V_B$:結合剤容積割合

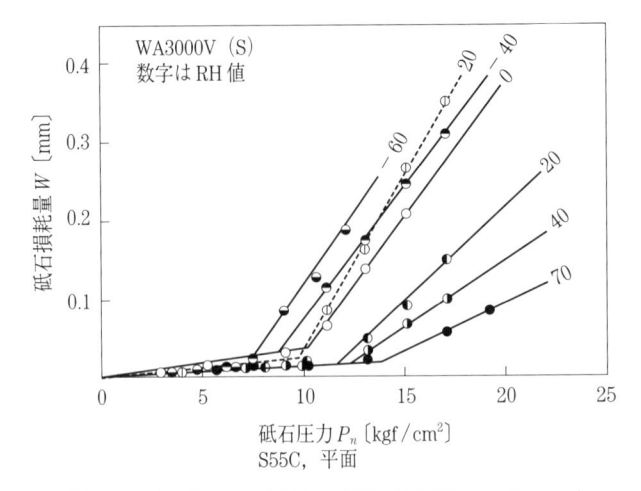

**図11.4** 砥石圧力―損耗量曲線と臨界圧力の決定[11.2]

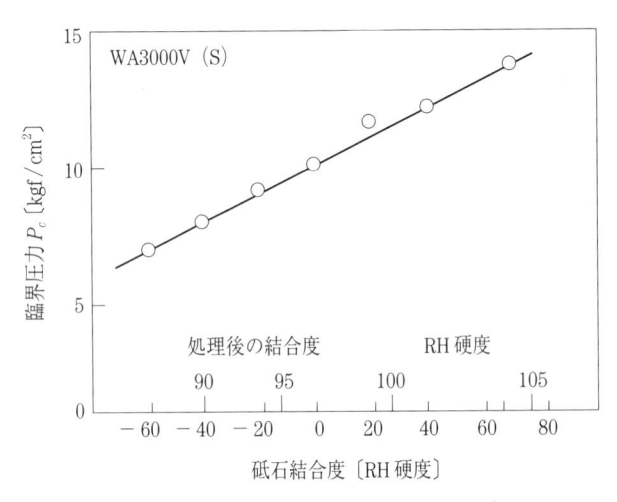

**図11.5** 結合度と臨界圧力との関係[11.2]

は，砥粒破砕開始圧力 $P_{na} \approx 1 \text{ kgf/cm}^2$ と推測される．

　松森らによる砥石結合度と臨界圧力との関係を示す一連の実験結果を**表11.1**，**図11.4**および**図11.5**に示す[11.2]．表11.1に示す組織の結合度RH-60，-40，-20，0，20，40および70の7段階からなる砥石試料を用意し，砥粒圧力による砥石損耗量の変化を求めた結果を図11.4に示す．ここで，(S)は硫黄処理した砥石を示す．図から求めた臨界圧力 $P_c$（$P_{nc}$）と砥石結合度との関係は図11.5となる．直径3.175mmの鋼球圧子によるロックウエル硬度計のHスケールによる硬度と，臨界圧力 $P_c$ との間に広い範囲にわたって比例関係にあることを示している．すなわち，臨界圧力 $P_c$ は砥石結合度が支配的事象と考えられる．ただし，粒度一定の条件とする．

　砥粒破砕形研削領域における砥石圧力対砥石減耗量の関係は，砥粒自身の減耗特性に依存す

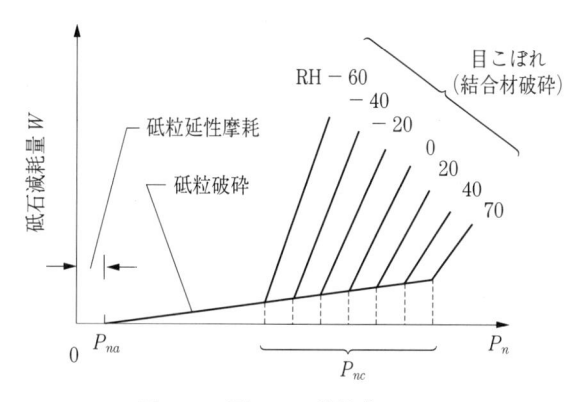

**図11.6** 図11.4の単純化モデル

る事象で、砥粒率一定の場合は結合度に依存しない。

このような考え方にしたがって図11.4をモデル化すると**図11.6**のように示すことができる。このようなモデル化が可能であれば、超仕上げの加工条件とこれによって得られる仕上げ面特性の関係を容易に論ずることができる。

R. Hahnらは、研削法線分力に対する砥石減耗率の関係から砥粒破砕形研削領域と結合材破砕形研削領域を定義し、研削比優先の考え方から砥粒破砕形研削を推賞している。この考え方を示す図11.1(b)の砥石減耗モデルにおいても、研削条件を定義する上で重要なパラメータは超仕上げの場合と同様、結合材破砕開始接触圧力$P_{nc}$と砥粒破砕開始圧力$P_{na}$である。

$P_{nc}$については、研削砥石A80K4V、A80M4VおよびA80P4Vに関する実験結果から、砥石結合度対$P_{nc}$の関係を求めた表5.4および図4.29が示すように、両者にほぼ比例関係があることを示した。しかし、この場合超仕上げと異なり、ツルーイング／ドレッシングの影響が残り、研削負荷のみによる砥石の減耗特性、すなわち、砥石結合度に支配されるべき$P_{nc}$の評価に疑問が残る。一般に普通砥石の場合、研削負荷のみに支配される減耗特性が得られるには、累積研削量$V_w \approx 500 \mathrm{mm}^3/\mathrm{mm}$が必要（図6.31参照）とされている。これを累積研削時間に換算すると、

$$Z'_w = 1.5 \mathrm{mm}^3/\mathrm{mm \cdot s} \text{ のとき } 500 \mathrm{mm}^3/\mathrm{mm} \div 1.5 \mathrm{mm}^3/\mathrm{mm \cdot s} = 330 \text{秒},$$

すなわち、約6分となる。

R. Hahnらの実験においては、たとえばA80P4Vによる工具鋼M4の研削時間は10秒以内に限定されるなど、ツルーイング／ドレッシング後の短時間の研削結果である。したがって、今後$P_{nc}$の定量的検討に当たってはツルーイング／ドレッシング、あるいは自励びびり振動の影響について考慮する必要がある。

また、砥粒破砕開始圧力$P_{na}$は、サブミクロンの砥石切り込みのような微細研削の場合経験される目つぶれ／目つまり現象、あるいは法線分力の小さな領域で急速に材料除去率が減小するラビング、プラウイングと呼ばれる現象は、自生発刃研削の考え方から定義すると何れも砥

粒破砕が切れ刃再生機能を開始する以前の事象を示している。恩地[3.5]が提唱する低圧超仕上げは砥石圧力が$P_{na}$以下の領域の加工を指すもので，図11.3に示す$P_{na} \approx 1 \text{ kgf/cm}^2$は妥当な値と推定できる。

## 11.2 研削砥石の目直し間寿命と生産性

R. Keggによるアンケート結果[1-6]の中で，加工能率を狙害する生産現場の課題として，
(1) びびり振動が発生するまでの累積材料除去量とそれを支配するパラメータは何か？
(2) SSDの悪化を伴わない範囲での最大材料除去率とは？
(3) 研削焼けを引き起こす要因とは？

を挙げている。

生産現場では上述のトラブルが発生した場合，研削を中断して改めてドレッシングを行ない，研削を再開する。このようにして繰り返えされるドレッシングの間隔を砥石の目直し間寿命と定義する。

J. Verkerk[11.3]は，ドレッシング条件と目直し間寿命の関係に注目し，微細ドレッシングのときと荒ドレッシングのときの目直し間寿命を決める要因を分類して**図11.7**のように示している。目直し間寿命を累積研削量$V_w'$で表示し，寿命を決定する要因として，
(1) $RL(\theta)$：研削焼けによる目直し間寿命
(2) $RL(r)$：研削面粗さ劣化による目直し間寿命
(3) $RL(c)$：自励びびり振動発生による目直し間寿命

を挙げ，これらの制約の中で研削可能な領域を累積研削量$V_w'$対材料除去率$Z_w'$の関係として表示している。

精密研削ではツルーイング／ドレッシングにおける切り込み$a_d$，送り$f_d$の何れも微細な量となるから，図11.7(a)の場合に相当する。すなわち，精密研削の領域では目直し間寿命を支配するのは自励びびり振動の発生となる。

そこで，発生した自励びびり振動の特徴について，現象面からF. Koenigsberger, J. Tlustyの著書[11.4]にしたがって以下に紹介する。

**図11.8**に平面研削加工面に生じた自励びびり振動によるうねりマークとその方向を示す。この場合工作物表面に生じたうねりが砥石切り込みの変化としてフィードバックし，振動を持続するエネルギー源となる。このように工作物表面のうねりとして現われる自励びびり振動を工作物再生形びびり振動と呼ぶ。この場合のびびり振動数は砥石支持系の固有振動数にほぼ等しいのがその特徴の1つである。

工作物再生形びびり振動とは別に，研削砥石外周にうねりが生じ，これが原因で自励振動が発達する場合があり，これを砥石再生形びびり振動と呼ぶ。この種のびびり振動は円筒研削盤による研削加工で生じる場合が多い。その発達過程の特性を**図11.9**に示す。砥石切り込み一

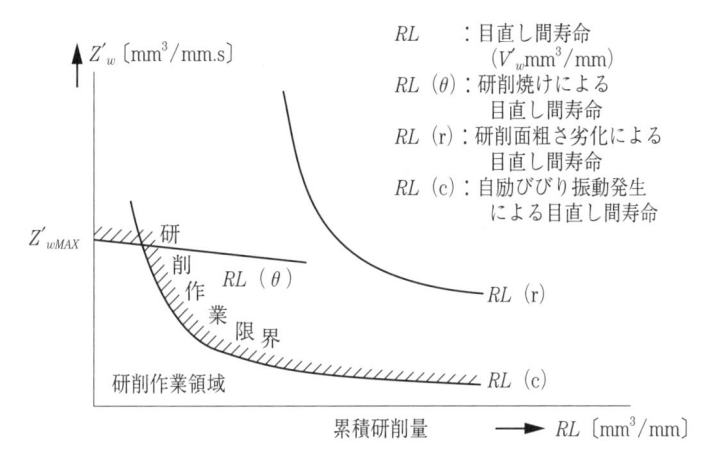

## 11. 精密研削加工における生産性の課題

$RL$ ：目直し間寿命 ($V_w'$ mm$^3$/mm)
$RL(\theta)$：研削焼けによる目直し間寿命
$RL(r)$：研削面粗さ劣化による目直し間寿命
$RL(c)$：自励びびり振動発生による目直し間寿命

(a) 微細ドレッシング時の目直し間寿命

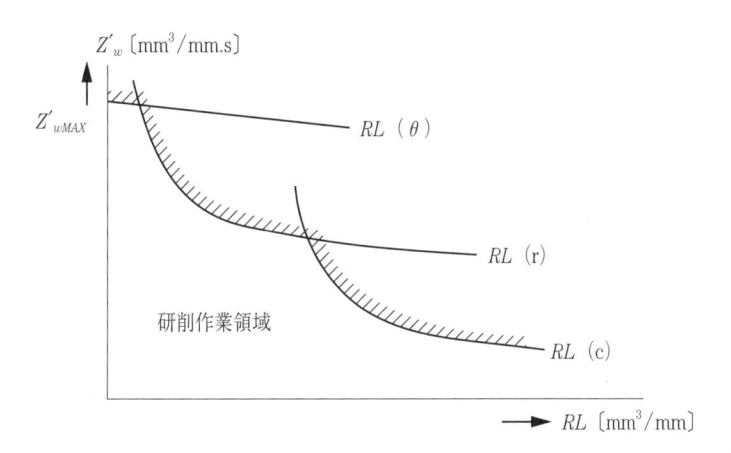

(b) 荒ドレッシング時の目直し間寿命

**図11.7** ドレッシング条件が研削作業領域に及ぼす影響[11.3)]

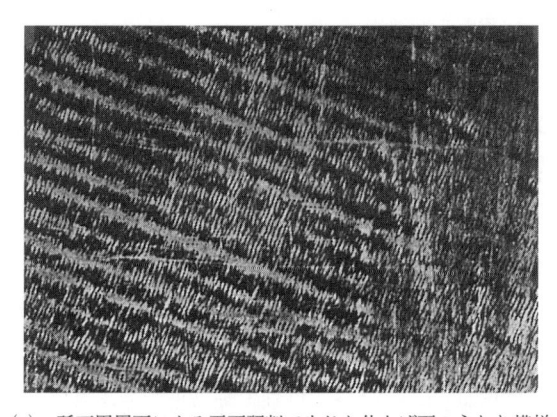

(a) 砥石円周面による平面研削で生じた仕上げ面のうねり模様

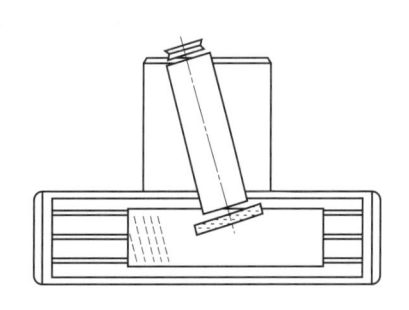

(b) 平面研削盤の砥石台を斜めにして研削した場合のうねりの方向

**図11.8** 平面研削における自励びびり振動の例[11.4)]

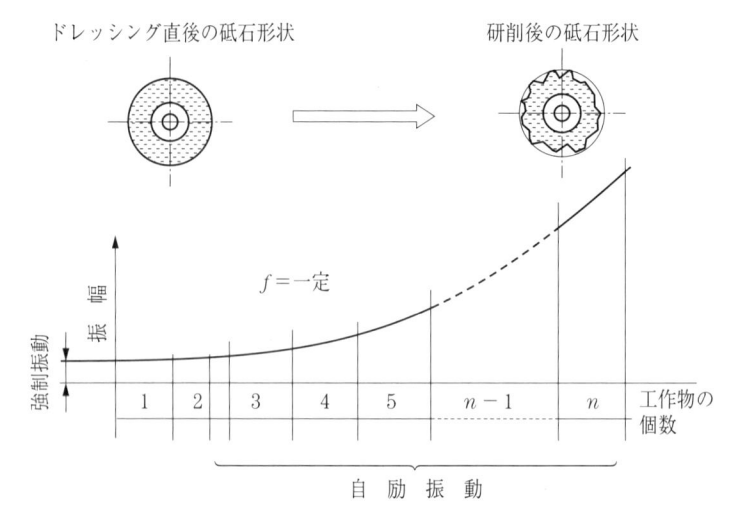

**図11.9** 研削におけるびびり振動特有の振幅の増加傾向[11.4]

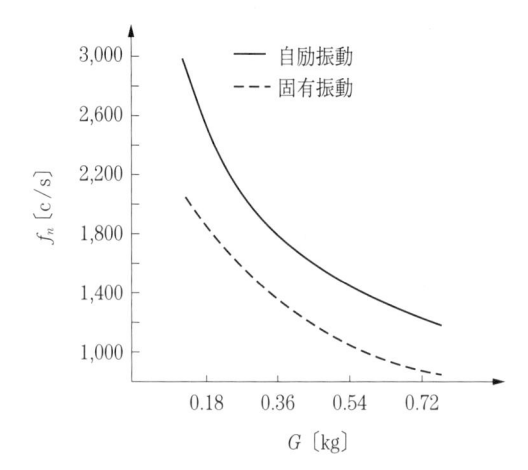

**図11.10** 工作物の重量と固有振動数（破線），びびり振動数（実線）の関係[11.4]

定のプランジ研削を継続した場合，当初はその振動成分は強制振動からスタートするが，研削を続行すると次第に特定の振動成分が目立ち始め，やがて典型的自励びびり振動を示すこととなる。この間，時間的には分オーダで発達するのが特徴である。したがって，作業者にとっては当初は振動の影響を感じないため，最初の数分は正常な研削が行なわれると認識される。この状態を図11.9は示している。そこで，自励振動発生までの累積研削量とは？　との質問が出てくる。工作物再生形自励振動との明らかな違いは自励振動数と研削盤の固有振動数との関係である。図11.10に示すように，砥石再生形振動においては，自励振動数は固有振動数に比べてかなり高い値を示す。ここでは工作物支持系の重量によって固有振動数が変化する場合について示している。

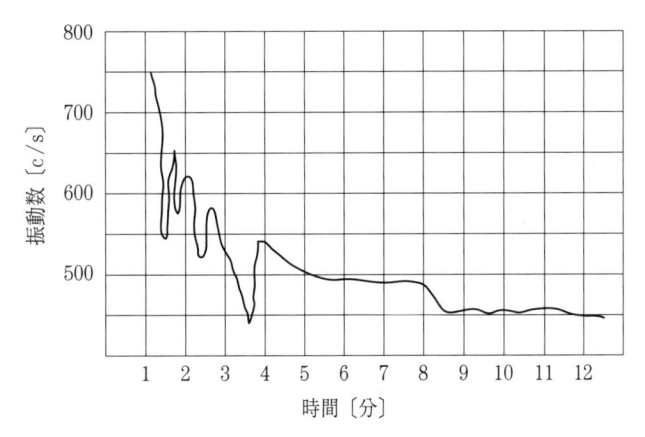

**図11.11** 研削時間の経過によるびびり振動数の変化（Snoeysによる）[11.4]

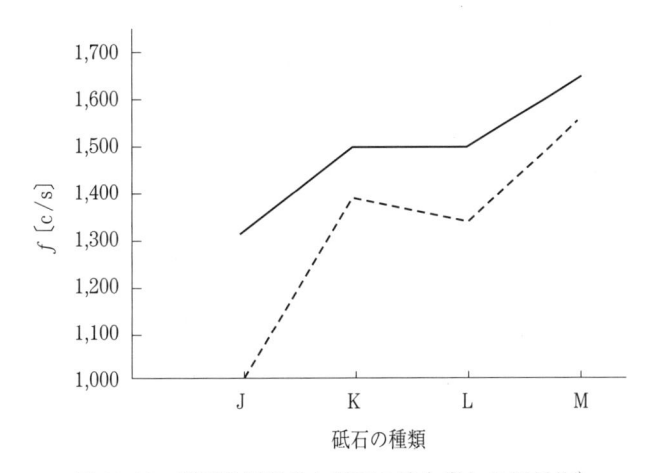

**図11.12** びびり振動数と砥石の結合度との関係 [11.4]

　砥石再生形びびり振動の場合，さらに複雑なのは研削時間とともにびびり振動数が複数となり，かつ，その値も除々に減小し，研削系の固有振動数の方向に推移する。**図11.11**はこの状態を示す。また，自励振動の発達過程は砥石結合度によっても変化し，結合度の高い砥石ほど振幅発達率が低くなり，かつ，自励振動数が上昇する傾向がある。このような関係を**図11.12**は示す。

　砥石再生形自励振動による砥石外周のうねり発生とこのときの工作物の真円度の具体例を**図11.13**(1)，(2)に示す。ツルーイング直後は(1)に示すように砥石形状，工作物形状ともに特定山数のうねりは認められない。しかし，この例では工作物を10個研削した後の自励振動が成長した両者の真円度を示す(2)においては，砥石外周面にほぼ一定ピッチのうねりが認められる。これに比べ，工作物の真円度（フィルタ15〜450）は約1/5と小さく，粗さに近い微細な高周波成分しか認められない。このことは，砥石外周面のうねりによる周期的切り込み変化が自励

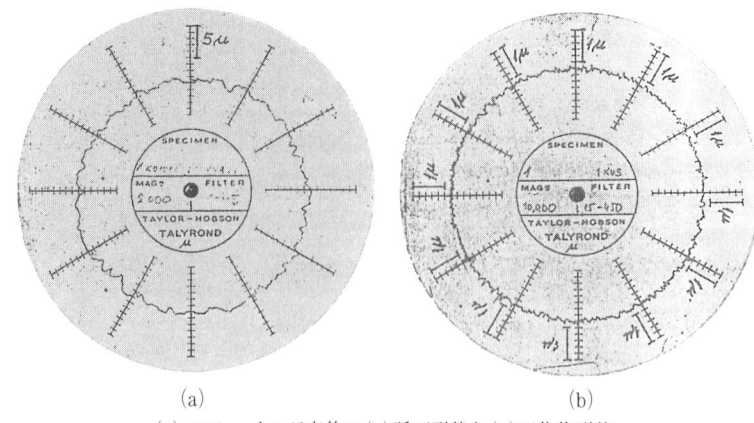

(a)          (b)
(1) ツルーイング直後の(a)砥石形状と(b)工作物形状

(a)          (b)
(2) (a)うねりのある砥石形状と(b)工作物形状

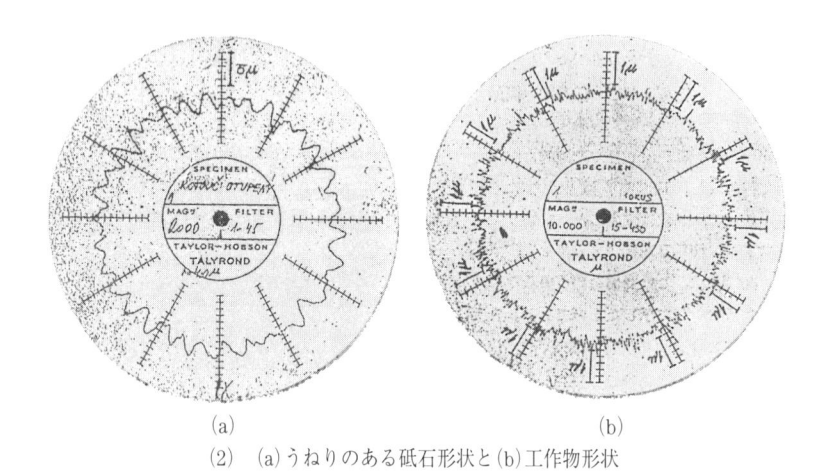

**図11.13** 砥石再生自励びびり振動の例[11.4)]

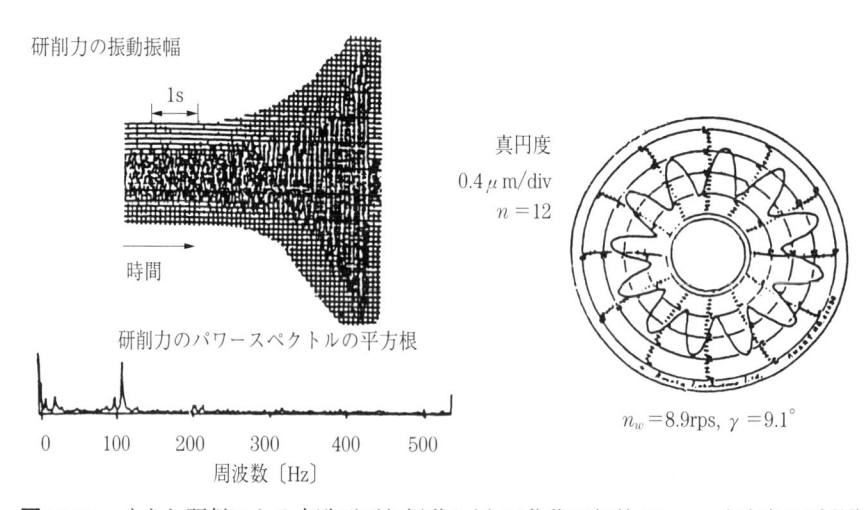

**図11.14** 心なし研削による自励びびり振動の例−工作物回転数8.9rps，心高角9.1°[11.5)]

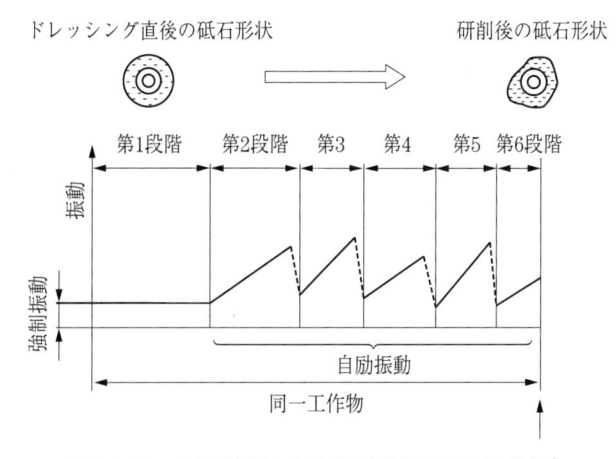

## 11. 精密研削加工における生産性の課題

図11.15 内面研削におけるびびり振幅の変動[11.4]

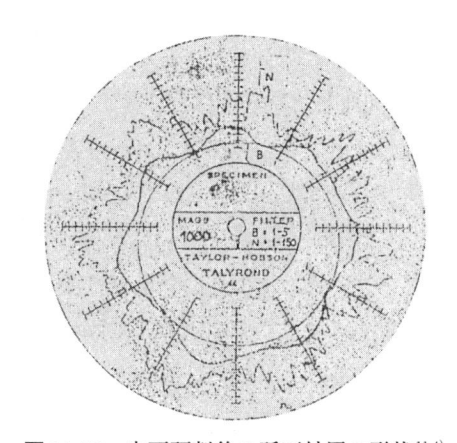

図11.16 内面研削後の砥石外周の形状[11.4]

振動発生の原因であることを示している。

研削盤の固有振動数に比べて工作物の回転数〔rev/sec〕が円筒研削盤に比べて著しく大きな心なし研削盤においては，工作物再生形自励びびり振動が発生する。具体例を図11.14に示す[11.5]。その特徴は，工作物ごとに研削後数秒間の間に研削力の振動振幅が急速に成長し，かつ，特定の周波数に集中する。この例では工作物外周に12山の明らかなうねりが生じ，これに工作物の回転数を乗じたびびり振動数は研削盤の固有振動数にほぼ等しい。また，この間砥石外周面のうねりは認められない。

内面研削加工の場合は，工作物の研削面に比べ砥石作業面の面積が小さいため砥石寸法が減り易く，一般には研削サイクルごとにツルーイング／ドレッシングを行なう。この場合も研削を続けると自励びびり振動が発生する。しかし，自励振動の発達過程は複雑である。

研削開始後の自励びびり振動の発達過程は，図11.15のようにモデル化される。すなわち，研削後数10秒で砥石軸に振動が生じ，その後びびり振動数の変化と振動振幅の周期的減少，

表11.2 砥石再生形，工作物再生形自励びびり振動の比較

|  | 砥石再生形<br>びびり振動 | 工作物再生形<br>びびり振動 |
|---|---|---|
| びびり振動数<br>$f_c$ | $f_c = n \cdot n_s$<br>$f_c > f_n$ | $f_c = n \cdot n_w$<br>$f_c \approx f_n$ |
| びびり振動数<br>の時間的変化 | 減少<br>$f_c \rightarrow f_n$ | $f_c = \text{const} \approx f_n$ |
| びびり振動の<br>発達速度 | 分単位 | 秒単位 |

$n$：うねり山数　　　　　　$n_w$：工作物回転数（r.p.s.）
$f_n$：研削盤の固有振動数　　$n_s$：砥石回転数（r.p.s.）

成長を繰り返す。そのときのびびり振動数は砥石，砥石軸系の固有振動数に比べやや大きく，砥石軸回転数の整数倍である。このときの砥石表面のうねりを図11.16に示す。このような過程の中でも工作物表面にうねりが同時に発生する。このような過程は，砥石作業面のうねりが数10秒で成長し，かつ，数秒で，顕著となる工作物再生形びびり振動が同時に進行したためと推測できる。砥石再生形と工作物再生形の混在はいずれの場合もびびり振動数が固有振動数に近いことにも現れている。図11.16の砥石表面が複数のうねり成分の合成と見られるのはこのためと考えられる。

　以上の事例から，研削加工にかける自励びびり振動現象の特徴を砥石再生形と工作物再生形に分類して示すと表11.2のようになる。すなわち，びびり振動数$f_c$と研削盤の固有振動数$f_n$の比較から見ると，砥石再生形びびり振動の場合は，固有振動数のたとえば1.3倍など，かなり大きな値になるのに反し，工作物再生形びびり振動においては固有振動数よりやや大きいが，ほぼこれに等しい。また，びびり振動数の時間的変化に着目すると，砥石再生形では，たとえば，$f_c = 1.3 f_n$であったものが時間とともに減小し，漸時固有振動数に近づく。これに反し，工作物再生形では固有振動数にほぼ等しく一定である。

## 参 考 文 献

11.1) Taylor, John. S., Piscotty, Mark. A., Blaedel, Kenneth. L,：Progress Toward a Performance-Based Specification for Diamond Grinding Wheels.Super Tech. '96 in Livermore.
11.2) 松森，山本：精密機械，Vol. 10, No. 10（1974），p852.
11.3) Verkerk, J.：The Influence of the Dressing Operation on Productivity in Precision Grinding, Ann, CIRP. Vol 28/2/1979. pp487-495.
11.4) F. Koenigsberger, J. Tlusty：Machine Tool Structures, Vol. 1（1970）., Pergamon Press 塩崎，中野訳：工作機械の力学，養賢堂（1972）
11.5) 森谷，金井，宮下：一般化心なし研削における成円作用の解析（第2報）．精密工学会誌 Vol. 68. No. 8（2002）p1083.

# 12. 研削精度と生産性を支配する研削盤の剛性とは

## 12.1 円筒プランジ研削における切り残し現象と自励びびり振動現象

　研削加工における研削盤の剛性と深く関わる現象として切り残し現象と自励びびり振動現象がある。

　ここで扱う具体的事象は，すべて**表12.1**および**表12.2**に示す円筒研削盤とその研削条件の下で供試研削砥石について円筒プランジ研削を行なった実験結果である。また，**図12.1**に供試工作物の形状とその研削点における支持剛性の実験結果を示す。両センタ支持の場合は工作物を回転駆動するためのケレが必要となる。さらに，主軸回転トルクを油圧モータとカップリングを通して加えているため，主軸・心押し軸静圧軸受ポケット部に内蔵する圧力センサには，研削力に加えケレとカップリングによるラジアル擾乱が加わる。このような擾乱外力の測定例と規則的擾乱外力を消去した出力信号の実験結果を**図12.2**に示す。**図12.3**は，これらの補正

表12.1　研削条件

| 円筒研削盤 | T-PG350，主軸，心押し軸は静圧支持 |
|---|---|
| 研削砥石 | $\phi 405 \times 40$，$2,280 \mathrm{min}^{-1}$，48m/s |
| 工作物 | SCM-3，生材 |
| | $\phi 100 \times 20$，$92 \mathrm{min}^{-1}$，0.48m/s |
| 砥石切り込み | 5 $\mu$m/rev，2 $\mu$m/rev |
| ドレッシング | 単石ドレッサ |
| | 切り込み：20$\mu$m×5回 |
| | 送り：0.1mm/rev |
| 研削液 | ユシローケン：SE603 |
| | ×50 |

表12.2　供試研削砥石と組織

|  | 空隙率$V_P$ | ボンド率$V_B$ | 砥粒率$V_G$ |
|---|---|---|---|
| WA60J8V | 42 | 12 | 46 |
| WA60L8V | 39 | 15 | 46 |
| WA60M8V | 37.5 | 16.5 | 46 |
| WA60L8B | — | — | — |

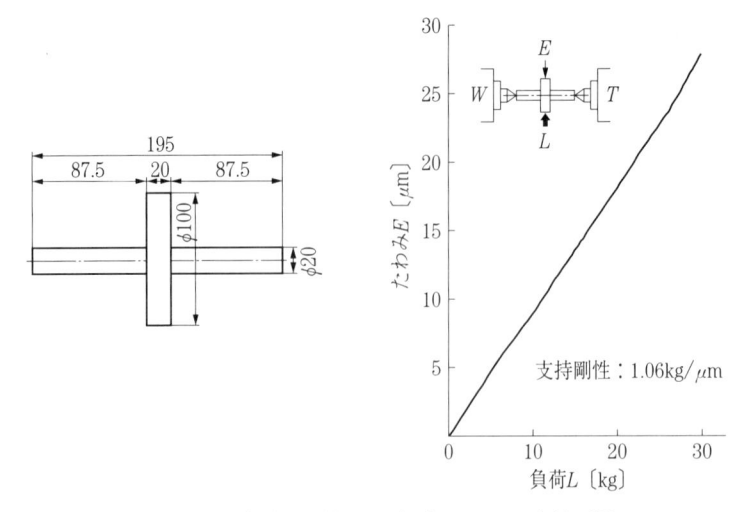

**図12.1** 工作物の形状と研削点における支持剛性

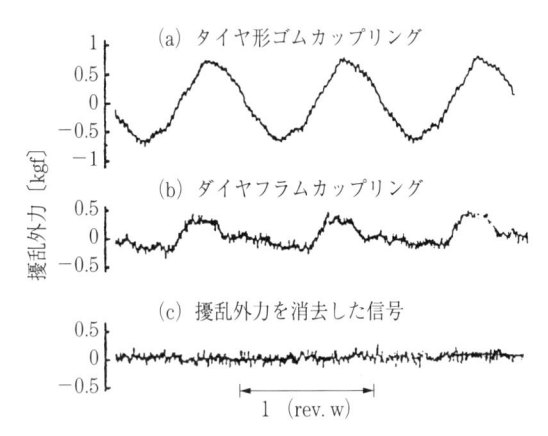

**図12.2** 工作物の回転駆動による擾乱外力と研削力の測定値から擾乱外力を消去した出力信号

を受けた研削力信号に至る配列を示す。

以上の条件の下で,同一の工作物の外径プランジ研削を約190秒間継続した場合の研削力の変化過程を**図12.4**に示す。

5 μm/revの切り込み開始後,約5〜6秒後は研削力は研削加工系の弾性変形のため徐々に増加し,定常に達する。この現象は,いわゆる切り残し現象といわれ,研削盤の剛性が低いと定常値に達する時間が長くなり,研削サイクルの生産性の障害になる。

次に,研削開始後,分オーダの時間で変化する研削力の振動現象に着目して図12.4を観察すると,研削時間とともに徐々にではあるが,ある特定の振動成分が成長して行き,振動が著しくなると振動数成分がある周期でモジュレートされ,複数の振動成分が複合的に成長していく過程を示している。

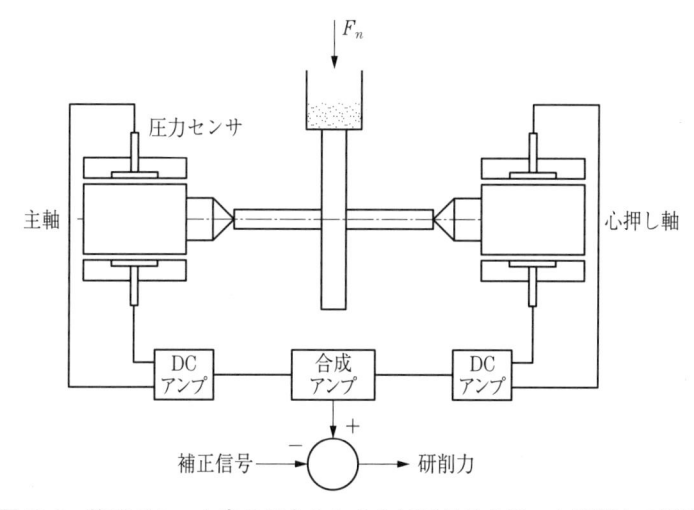

## 12. 研削精度と生産性を支配する研削盤の剛性とは

**図12.3** 静圧ポケット内の圧力センサと補正信号を用いた研削力の測定

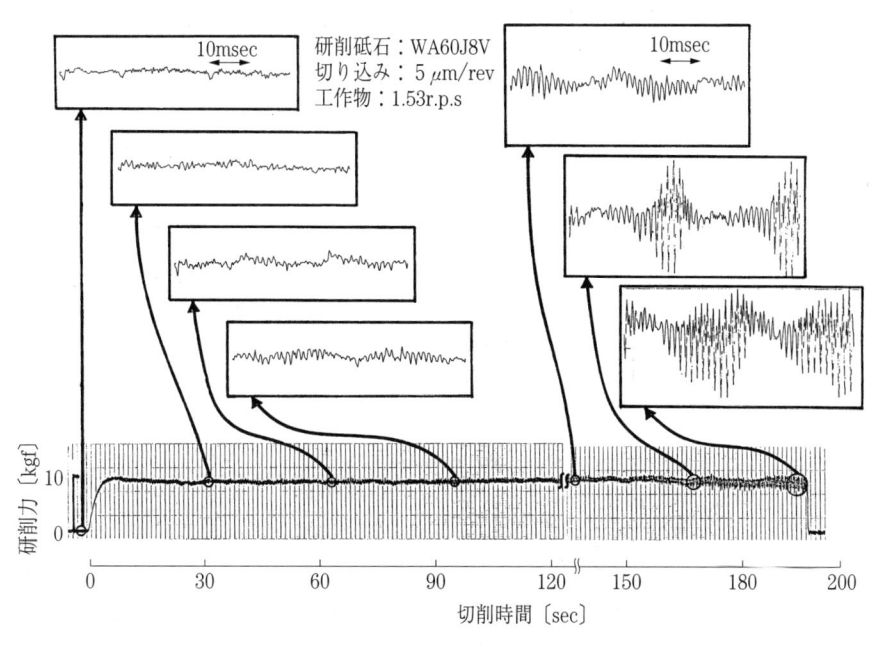

**図12.4** 円筒プランジ研削における研削力の時間的変化

　上記と同様に5 μm/rev送りで累積取りしろが1,000 μmに達するまでのプランジ研削力の変化を，DC〜100Hzのローパスフィルタを通した出力信号と500Hz〜1 kHzのバンドパスフィルタを通した出力信号で示した例を**図12.5**に示す。DC〜100Hzの研削力はほぼ定常値を保つが，500Hz〜1 kHzの振動成分は約30秒後に著しく成長する。ここで，研削力の立ち上がりの勾配はフィルタのバンド幅に影響されるため，切り残しに関する解析には適用できない。

　図12.4で示した連続プランジ研削完了後の砥石外周面のうねりの測定結果を**図12.6**に示す。

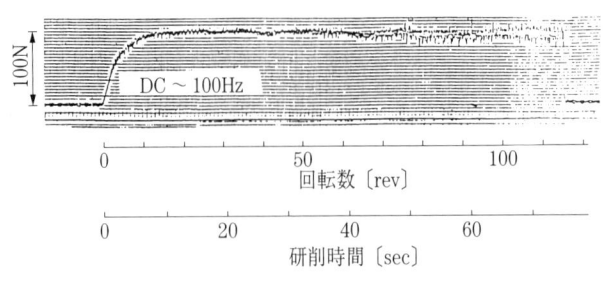

**図12.5** 研削力の振動数成分の時間的変化

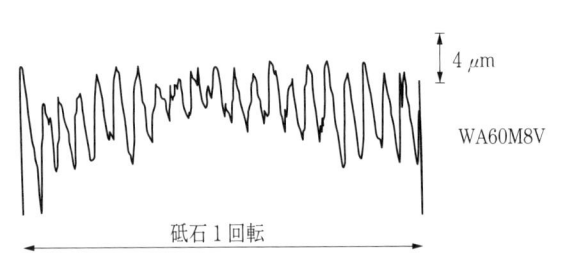

研削砥石：WA60J8V
切り込み：5 μm/rev
取りしろ：1,000 μm

**図12.6** 不安定（自励）びびり振動発生時の砥石外周面のうねり

11.2で示した自励びびり振動の分類によれば，これは典型的な砥石再生形びびり振動であることを示している．

## 12.2 研削系の静力学的パラメータと研削サイクルの設計

### 12.2.1 研削サイクルの単純化モデル

**図12.7**に示すように，砥石支持剛性$k_{ms}$，工作物支持剛性$k_{mw}$および砥石の工作物との接点における接触剛性$k_c$とした場合，研削点における工作物，砥石間の相対的変化に対する剛性を$k_{m,c}$，また研削盤のループ剛性を$k_m$と定義すると，

$$\left. \begin{array}{l} \dfrac{1}{k_{m,c}} = \dfrac{1}{k_{ms}} + \dfrac{1}{k_{mw}} + \dfrac{1}{k_c} \\ \text{または，} \dfrac{1}{k_{m,c}} = \dfrac{1}{k_m} + \dfrac{1}{k_c} \\ \text{ただし，} \dfrac{1}{k_m} = \dfrac{1}{k_{ms}} + \dfrac{1}{k_{mw}} \end{array} \right\} \quad (12.1)$$

## 12. 研削精度と生産性を支配する研削盤の剛性とは

$k_{ms}$：砥石支持剛性
$k_{mw}$：工作物支持剛性
$k_c$：砥石接触剛性
$k_{m,c}$：切削点ループ剛性

$$\frac{1}{k_{m,c}} = \frac{1}{k_{ms}} + \frac{1}{k_{mw}} + \frac{1}{k_c}$$

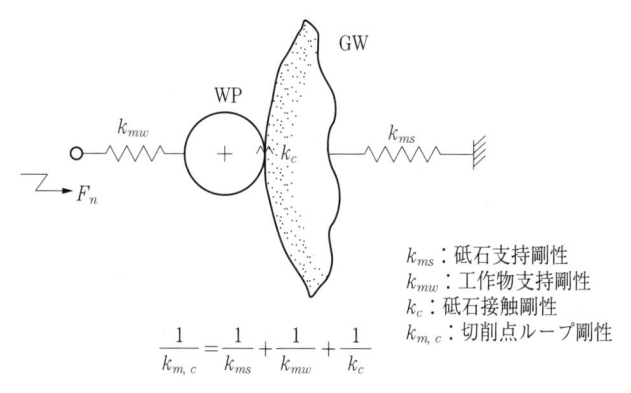

**図12.7** 研削系のループ剛性の定義

$d_{w0}$：設定切り込み
$d_w$：真の切り込み
$d_r$：切り残し（弾性変形）
$N$：工作物累積回転数

$d_{w0} = d_w + d_r$

$$d_w = \frac{F_n}{k_w}, \quad d_w = \frac{F_n}{k_{m,c}}$$

真実切り込み率：$\delta_w = \dfrac{d_w}{d_{w0}} = \dfrac{1}{1 + \dfrac{k_w}{k_{m,c}}}$

切り残し率：$\delta_r = \dfrac{d_r}{d_{w0}} = \dfrac{k_w/k_{m,c}}{1 + k_w/k_{m,c}}$

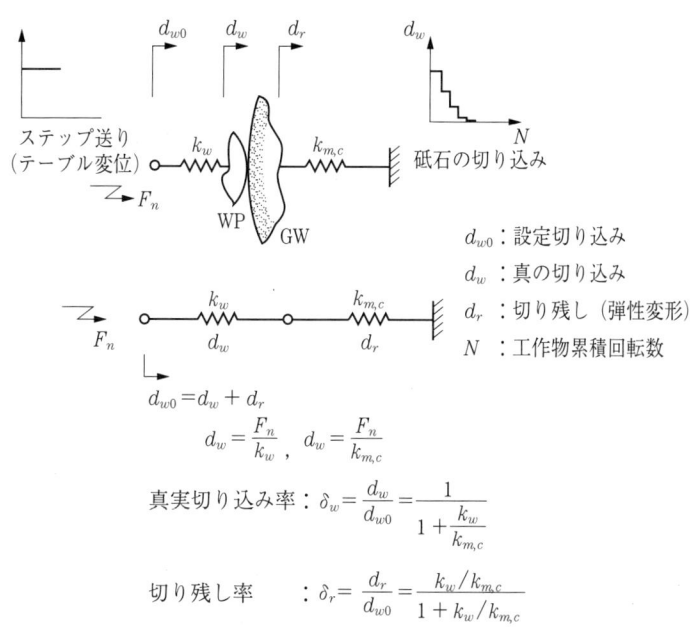

**図12.8** 研削系の真実切り込み率と切り残し率の単純化モデル

いま，砥石ヘッド基準面を固定し，ワークヘッドをステップ状に送り込み，その結果生ずる研削力 $F_n$ に伴う工作物，砥石間の干渉量，すなわち，砥石切り込み量を検討する。**図12.8**は，この場合の砥石の設定切り込み——ステップ送り——と，工作物の最初の1回転の間の真の砥石切り込みの関係を示す。

ワーク・ヘッドのステップ状送り $d_{w0}$ は，研削系のループ剛性 $k_{m,c}$ による弾性変形 $d_r$ および真の砥石切り込み $d_w$ の和となる。すなわち，

$$d_{w0} = d_w + d_r \tag{12.2}$$

ここで，$d_w = F_n/k_w$，$d_r = F_n/k_m$ (12.3)

設定切り込み $d_{w0}$ に対する真の切り込み $d_w$ の比を真実切り込み率 $\delta_w$，また切り残し率を $\delta_r$

とすると，

$$\delta_w = d_w/d_{w0} = \frac{1}{1+(k_w/k_{m,c})} \tag{12.4}$$

$$\delta_r = d_r/d_{w0} = \frac{k_w/k_{m,c}}{1+(k_w/k_{m,c})} \tag{12.5}$$

したがって，工作物が$N$回転したときの真の切り込み$d_w(N)$は，

$$d_w(N) = \left(\frac{1}{1+T_N}\right)^N \cdot d_{w0} \tag{12.6}$$

ただし，$k_w/k_{m,c} = T_N$

また，切り残し$d_r(N)$は，

$$d_r(N) = \frac{T_N}{1+T_N}\left(\frac{1}{1+T_N}\right)^{N-1} \cdot d_{w0} \tag{12.7}$$

**図12.9**は，切削加工のように切り残し零と考えてよい場合と比較して，繰り返し研削を重ねて切り残しを消去して行く過程を示す．その特徴は，(12.6)，(12.7) の両式が示すように指数関数的に減少する過程である．

このような解析には古典制御理論で一般的なブロック線図の利用が便利である．**図12.10**は単純化された研削サイクルのためのブロック線図である．

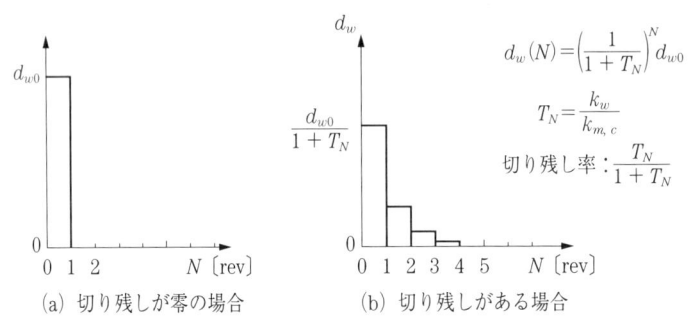

(a) 切り残しが零の場合  (b) 切り残しがある場合

**図12.9** 砥石の設定切り込みと真の切り込みの関係

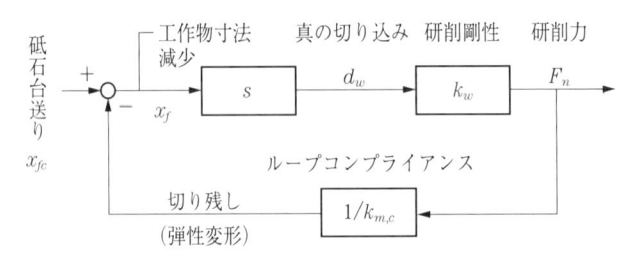

**図12.10** 研削サイクルのブロック線図表示

$s$：ラプラス演算子　$s$は時間軸の$d/dN$，すなわち工作物1回転当たりの半径減に相当

## 12. 研削精度と生産性を支配する研削盤の剛性とは

砥石台の送り $x_{f0}(N)$ によって生じた研削力 $F_n(N)$ が切り残し $d_r(N)$ を生ぜしめ，$x_{f0}(N)$ より差し引かれた残りが工作物の寸法減 $x_f(N)$ となる．1回転当たりの寸法減，すなわち $dx_f(N)/dN$ が真の切り込み $d_w(N)$ となり，このときの研削力 $F_n(N)$ が発生する．このような関係をラプラス演算子 $s$ で表わしたものが図12.10である．

たとえば，砥石台のステップ状送り $d_{w0}$ はラプラス変換で，

$$x_{f0}(s) = d_{w0}/s$$

このときの真の切り込み $d_w(s)$ は，

$$d_w(s) = \frac{1}{1+(k_w/k_{m,c})s} \cdot \frac{d_{w0}}{s}$$

または 
$$= \frac{1}{1+T_N} \cdot \frac{1}{s} \cdot d_{w0} \tag{12.8}$$

これを逆ラプラス変換すると，

$$d_w(N) = \frac{1}{T_N} \cdot e^{-\frac{N}{T_N}} \cdot d_{w0} \tag{12.9}$$

このようにして求めたステップ送りに伴う研削関係諸量の変化過程を**図12.11**に示す．ここで，$N$ は整数で，工作物の累積回転数が $N-1$ と $N$ の間における真の切り込みが $d_w(N)$ の意味である．

同様にして工作物の寸法減少過程 $x_f(N)$，研削力の変化過程 $F_n(N)$ および切り残しの変化過程 $d_r(N)$ は，

$$x_f(N) = (1-e^{-\frac{N}{T_N}}) \cdot d_{w0} \tag{12.10}$$

(a) 砥石台送り入力 $x_{f0}$ —ステップ送り
(b) 寸法減少過程
(c) 研削力の変化過程
(d) 砥石切り込みの変化
(e) 切り残しの変化

ただし，$N$＝整数

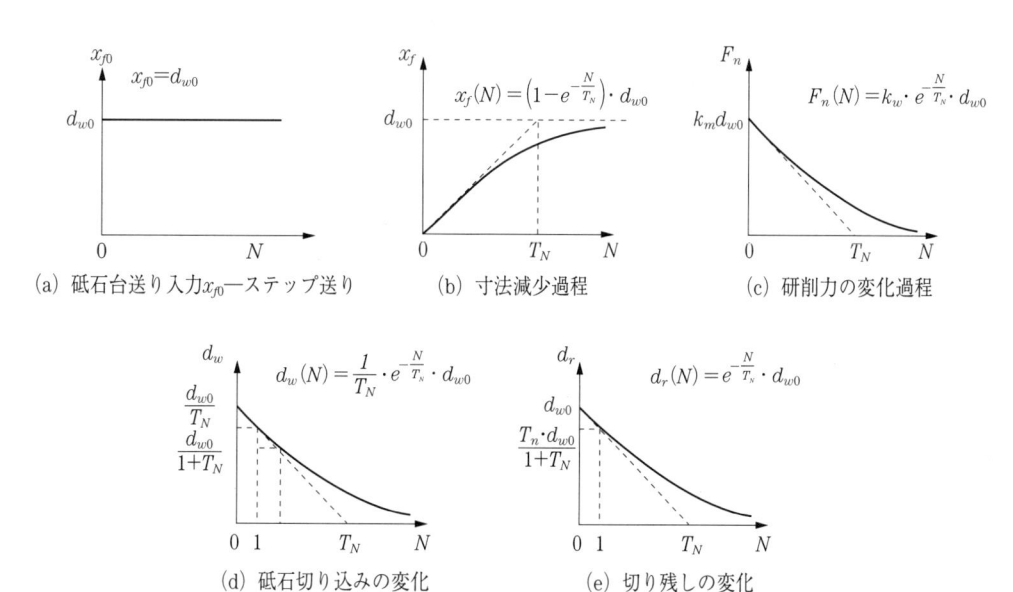

**図12.11** 研削台のステップ状送りの場合の研削サイクルモデル

(a) 砥石台のプランジ送り入力
(b) 寸法減少過程
(c) 研削力の変化過程
(d) 砥石切り込みの変化
(e) 切り残しの変化

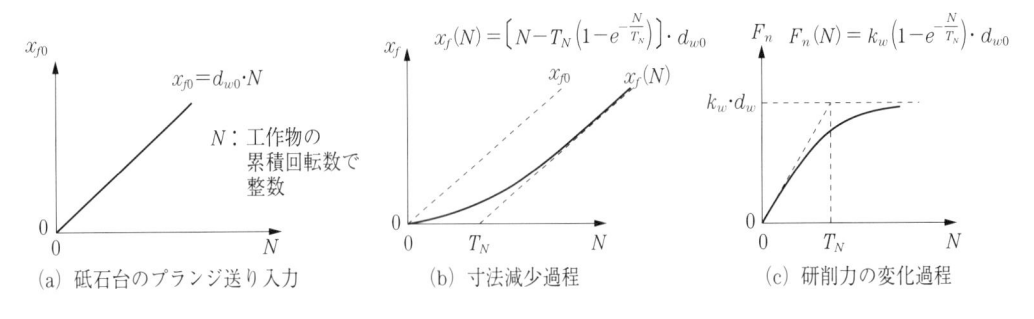

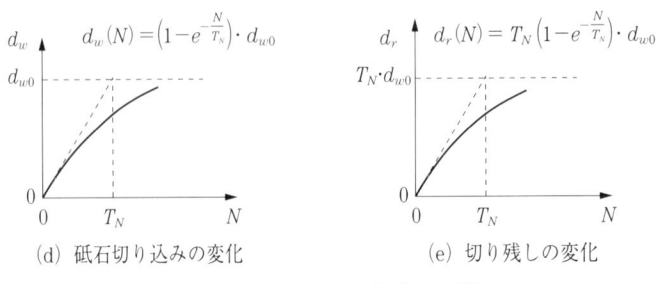

**図12.12** 砥石台のプランジ送りの場合の研削サイクルモデル

$$F_n(N) = k_w \cdot e^{-\frac{N}{T_N}} \cdot d_{w0} \tag{12.11}$$

$$d_r(N) = e^{-\frac{N}{T_N}} \cdot d_{w0} \tag{12.12}$$

**図12.12**は，プランジ送り研削，すなわち，

$$x_{f0}(N) = d_{w0} \cdot N \tag{12.13}$$

に対する研削諸量の変化過程を示す。

寸法減少： $x_f(N) = [N - T_n(1-e^{-\frac{N}{T_N}})] \cdot d_{w0}$ \hfill (12.14)

研削力： $F_n(N) = k_w(1-e^{-\frac{N}{T_N}}) \cdot d_{w0}$ \hfill (12.15)

真の切り込み： $d_w(N) = (1-e^{-\frac{N}{T_N}}) \cdot d_{w0}$ \hfill (12.16)

切り残し： $d_r(N) = T_N(1-e^{-\frac{N}{T_N}}) \cdot d_{w0}$ \hfill (12.17)

研削サイクルにおいてスパークアウト開始時の切り残しを $T_N \cdot d_{w0}$ および研削力を $k_w \, d_{w0}$ としたとき，工作物寸法および研削力の変化過程 $x_f(N_s)$, $F_n(N_s)$ は，

$$x_f(N_s) = T_N \cdot d_{w0} \cdot e^{-\frac{N_s}{T_N}} \tag{12.18}$$

$$F_n(N_s) = k_w \cdot d_{w0} \cdot e^{-\frac{N_s}{T_N}} \tag{12.19}$$

ただし，$N_s$ はスパークアウト時間〔rev〕

この関係を**図12.13**に示す。

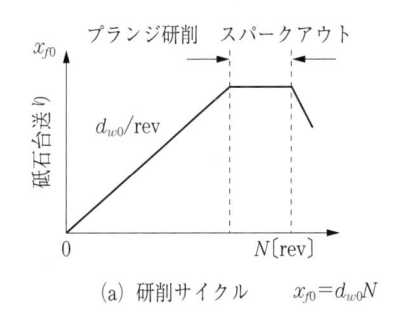

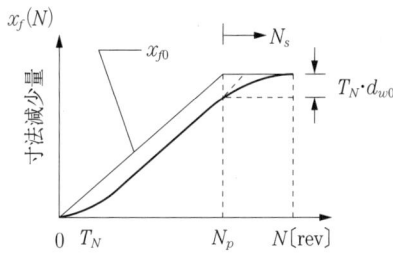

## 12. 研削精度と生産性を支配する研削盤の剛性とは

(a) 研削サイクル　　$x_{f0}=d_{w0}N$

スパークアウト時の寸法変化
$T_N \cdot d_{w0} \cdot e^{-\frac{N_S}{T_N}}$

$N_P$：プランジ送り時間〔rev〕
$N_S$：スパークアウト時間〔rev〕

(b) 研削サイクル中の寸法減少過程

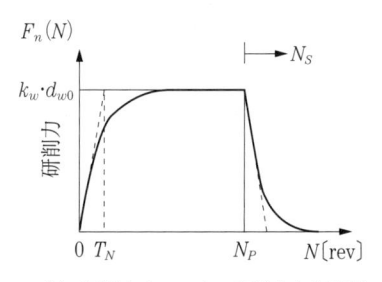

スパークアウトの研削力変化
$k_w \cdot d_{w0} \cdot e^{-\frac{N_S}{T_N}}$

(c) 研削サイクル中の研削力変化過程

**図12.13** 研削サイクル中の工作物寸法および研削力の変化過程

### 12.2.2 研削サイクルのためのパラメータの同定

**図12.14**に円筒プランジ送り研削実験における研削力の変化過程を示す。

ここでは主軸の回転駆動系によるラジアル擾乱が研削力に重畳しているが，フィルタは用いていない。工作物1回転当たりの研削力の脈動は外部擾乱である。

この結果から図12.12で示した研削サイクルモデルに必要なパラメータを求める過程を以下に示す。

(1) ループ剛性 $k_m$〔kgf/$\mu$m〕

砥石支持系の研削点における支持剛性 $k_{ms}$ を，　　：$k_{ms}$ = 4 kgf/$\mu$m，
工作物の支持剛性 $k_{mw}$ を図12.1から，　　：$k_{mw}$ = 1.0 kgf/$\mu$m，
工作物との接点における砥石の接触剛性 $k_c$ を，　　：$k_c$ = 4.5 kgf/$\mu$m，
とおくと，(12.1) 式からループ剛性 $k_{m,c}$ は，　　：$k_{m,c}$ = 0.68 kgf/$\mu$m

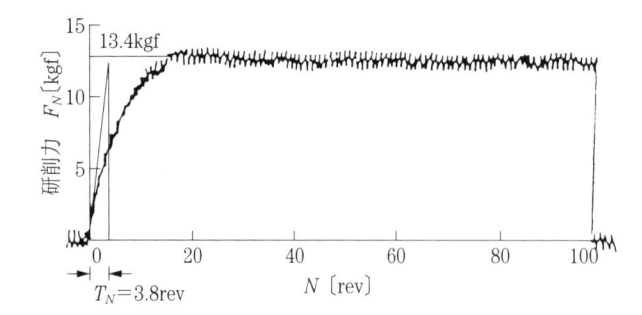

**図12.14** 円筒プランジ送り研削実験における研削力（図3.16より）

〈研削条件〉
研削砥石：WA60L8V, $\phi 405 \times 40$, 48.3m/s, 2,280min$^{-1}$
工作物：SCM（生）, $\phi 94.5 \times 20$, 0.47m/s, 95min$^{-1}$
周速比：$q=103$
取りしろ，切り込み：510$\mu$m, $d_w=5.21\mu$m/rev
定常研削力：$F_n=13.4$kgf

(2) 研削剛性 $k_w$〔kgf/$\mu$m〕および $k'_w$〔kgf/$\mu$m・cm〕

| | |
|---|---|
| 砥石切り込み $d_{w0}$ | ：$d_{w0}=5\,\mu$m/rev |
| 定常研削力 $F_n$ | ：$F_n=13.4$kgf |
| 研削幅 $b$ | ：$b=2$ cm |
| 研削剛性 $k_w=F_n/d_{w0}$ | ：$k_w=2.68$kgf/$\mu$m |
| $k'_w=k_w/b$ | ：$k'_w=1.34$kgf/$\mu$m・cm |

(3) 研削時定数 $T_N$〔rev〕

$T_N=k_w/k_{m,c}$ から求める計算値は，　　　：$T_N=3.9$rev$\approx 4$ rev

図12.14の実験値から求める研削時定数は，　：$T_N=3.8$rev$\approx 4$ rev

図12.14の場合は，$T_N$ を整数として考えた場合，計算値と実験値は一致する。同様の具体例として図12.4のプランジ研削開始直後の研削力を拡大して**図12.15**に示す。これについてのパラメータを以下に求める。

(1) ループ剛性

WA60L8Vの場合と同様と考え，　　　　　　：$k_{m,c}=0.68$kgf/$\mu$m

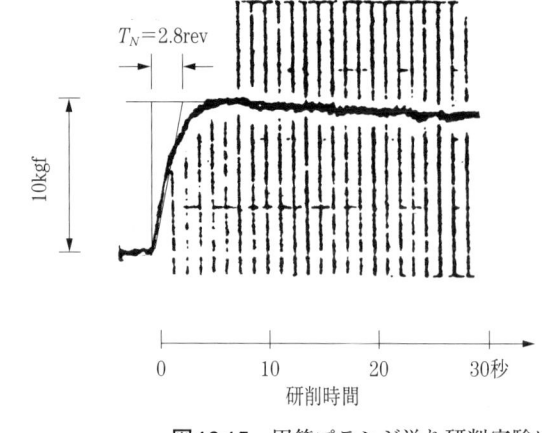

〈研削条件〉
研削砥石：WA60J8V, $\phi 405 \times 40$, 48m/s, 2,280min$^{-1}$
工作物：SCM（生）, $\phi 94.5 \times 20$, 0.48m/s, 92min$^{-1}$
砥石切り込み：5$\mu$m/rev

**図12.15** 円筒プランジ送り研削実験における研削力（図12.4より）

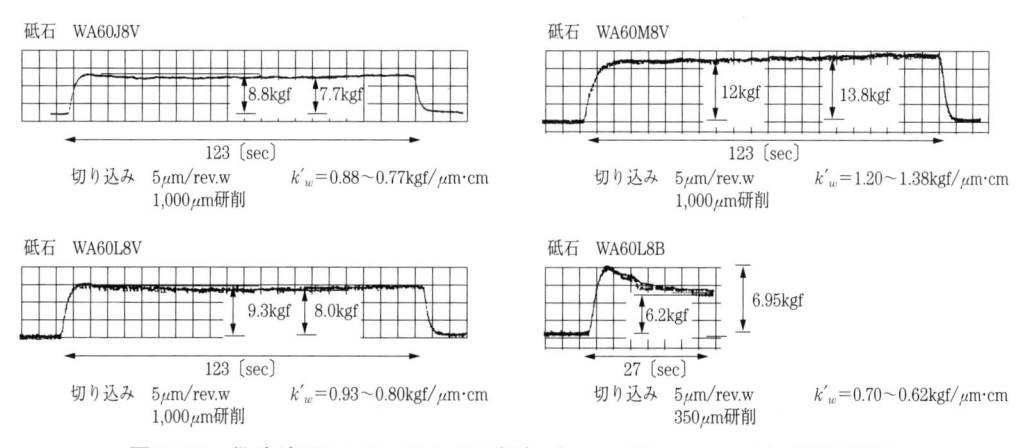

12. 研削精度と生産性を支配する研削盤の剛性とは

図12.16 供試砥石によるプランジ研削力（DC～100Hzフィルタ）と研削剛性

(2) 研削剛性 $k_w$, $k'_w$

$d_{w0}$ = 5 $\mu$m/rev, $F_n$ = 10kgf, $b$ = 2 cmから，

$\quad : k_w = 2.0$kgf/$\mu$m

$\quad k'_w = 1.0$kgf/$\mu$m・cm

(3) 研削時定数 $T_N$

計算値は $T_N = k_w/k_{m,c}$ より，　　　　　　　　: $T_N = 2.94$rev $\approx$ 3 rev

図12.15の実験値から，　　　　　　　　　　　　: $T_N = 2.8$rev $\approx$ 3 rev

この場合も両者は一致する。

しかし，研削剛性 $k_w$ は実際の研削においてはツルーイング／ドレッシング条件，累積研削量 $V'_w$ などにより同一研削条件の下でも変化するのが一般で，砥石の接触剛性 $k_c$ も含め同定することは容易でない面がある。

4種類の供試砥石による研削剛性に関する実験結果を図12.16に示す。ここで，研削力はDC～100Hzフィルタを経た低周波成分のみの記録である。

WA60J8VとWA60L8Vでは，研削開始後研削力がいったん減少する傾向があるが，WA60M8Vでは徐々に増加する。WA60L8Bでは自励びびり振動が早期に発生し，研削力はむしろ減少する。ビトリファイド砥石の場合は，いずれも1分前後から自励振動の影響を考えなければならない。

この実験例ではビトリファイド砥石については10～11％の研削剛性の変化が見られる。

### 12.2.3　研削サイクルの設計と加工精度—数値計算例

砥石切り込みの設定値 $d_{w0}$〔$\mu$m/rev〕と真の切り込み $d_w(N)$ の差が，たとえば，5％以下になるための工作物の累積回転数 $N_p$ は（12.16）式および表12.3を用いて，

$\qquad N_p \geq 3\, T_N$ （12.19）

表12.3　指数関数の数値例

| $N/T_N$ | 1 | 2 | 3 | 4 | 5 |
|---|---|---|---|---|---|
| $e^{-\frac{N}{T_N}}$ | 0.368 | 0.135 | 0.050 | 0.018 | 0.007 |

これは砥石切り込み$d_w$が定常値に達する目安となる。

次に，スパークアウト時間$N_s$を決める場合には切り残しが寸法誤差である。したがって，切り残しの許容値を$x_f(N_s)$としたときのスパークアウト時間$N_s$は（12.18）式より，

$$N_s = -T_N \cdot l_n \frac{x_f(N_s)}{T_N \cdot d_{w0}} \tag{12.20}$$

または，
$$= T_N \cdot \log_{10} \frac{x_f(N_s)}{T_N \cdot d_{w0}} / \log_{10} e \tag{12.20}'$$

なお，総取りしろ$x_{f0}$，プランジ研削時間$N_p$およびスパークアウト時間$N_s$は，研削系の時定数$T_N$を単位として表示する。

研削サイクルの全時間$N_c$を一定としたとき，プランジ送り時間$N_p$とスパークアウト時間$N_s$の配分をいかにしたら加工誤差は最小となるか？

$$N_c = N_p + N_s = 一定$$

（12.17），（12.18）の両式から$N_p N_s$によって生ずる切り残し$d_r(N_p, N_s)$は，

$$d_r(N_p, N_s) = T_N \cdot d_{w0}(1 - e^{-\frac{N_p}{T_N}}) \cdot e^{-\frac{N_s}{T_N}}$$

上式から$d_r(N_p, N_s)$を最小とする$N_p$，$N_s$の組み合わせは**図12.17**から，

$$N_p = 1$$

すなわち，総取りしろをステップ状に切り込み，その後，スパークアウトすることになる。したがって，研削時間が一定の場合，切り込み$d_{w0}$をできるだけ大きくとり，残る時間をスパークアウトに当てると寸法誤差はより小さくなる。

以下は具体的課題についての数値計算例を示す。

〈数値計算例1〉

条件：

$k_w = 3$ kgf/$\mu$m

$k_{m,c} = 1$ kgf/$\mu$m

$x_{f0} = 105 \mu$m

$d_{w0} = 5 \mu$m/rev

$N_s = 9$ rev

$T_N = 3$ rev

上の条件の下で寸法誤差$x_f(N_s)$は？

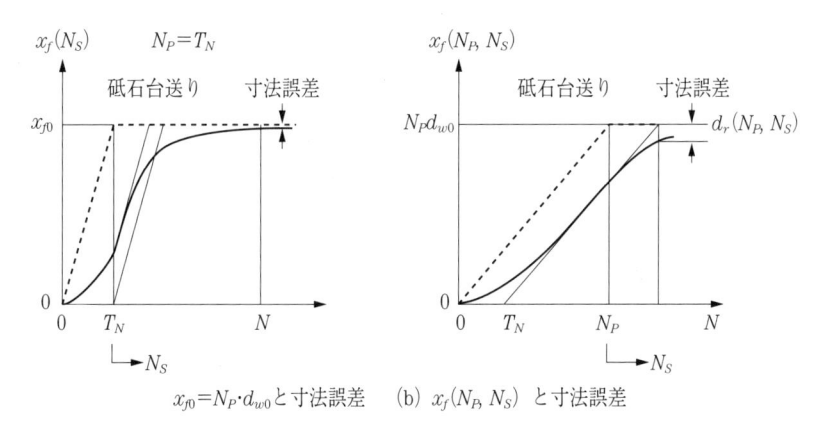

## 12. 研削精度と生産性を支配する研削盤の剛性とは

**図12.17** $N_p + N_s = $ 一定のときの $N_p$, $N_s$ の配分による寸法誤差の比較

(a) $x_{f0} = N_P \cdot d_{w0}$ と寸法誤差　(b) $x_f(N_P, N_S)$ と寸法誤差

プランジ送り時間 $N_p$ は，$N_p = 21\text{rev} > 3\,T_N$

したがって，スパークアウト時間の切り残しは，$T_N \cdot d_{w0} = 15\,\mu\text{m}$

寸法誤差 $x_f(N_s)$ は，

$$x_f(9) = 15 \cdot e^{-\frac{9}{3}} \mu\text{m}$$
$$= 0.75\,\mu\text{m}$$

〈数値計算例 2〉

条件：

$$k_w = 5\ \text{kgf}/\mu\text{m}$$
$$k_{m,c} = 1\ \text{kgf}/\mu\text{m}$$
$$T_N = 5\ \text{rev}$$
$$x_{f0} = 50\,\mu\text{m}$$
$$d_{w0} = 2\ \mu\text{m/rev}$$
$$d_r(N_s) \leq 1.0\,\mu\text{m}$$

上記の条件の下でスパークアウト時間 $N_s$ は？

プランジ送り時間 $N_p$ は，

$$N_p = 25\text{rev} > 3\,T_N$$

であるからスパークアウト開始時の切り残しは，

$$d_{w0}\,T_N = 10\,\mu\text{m}$$

したがって（12.20）式より，

$$N_s = -5 l_n \frac{1}{10} = 12\text{rev}$$

$$N_s \geq 12\text{rev}$$

〈数値計算例 3〉

図12.17において，$N_p = T_N$ と $N_p = 3\,T_N$ の場合のスパークアウト後の寸法誤差を求める。た

だし，$N_p + N_s = 4\,T_N$ は一定とする。

条件：
$$k_w = 3 \text{ kgf}/\mu\text{m}$$
$$k_{m,c} = 1 \text{ kgf}/\mu\text{m}$$
$$T_N = 3 \text{ rev}$$
$$x_{f0} = 21\,\mu\text{m}$$

$N_p = T_N$ のとき，$d_r(N_p) = 21(1 - e^{-1}) = 13.2\,\mu\text{m}$

$N = 4\,T_N$ のときの寸法誤差 $d_r(4T_N)$ は，
$$d_r(4\,T_N) = 13.2 e^{-3} = 0.66\,\mu\text{m}$$

$N_p = 3\,T_N$ のとき，

$N = 4\,T_N$ のときの寸法誤差 $d_r(3\,T_N,\,T_N)$ は，
$$d_r(3\,T_N,\,T_N) = 21 e^{-1} = 7.7\,\mu\text{m}$$

〈数値計算例 4〉

条件：
$$k_w = 3 \text{ kgf}/\mu\text{m}$$
$$k_{m,c} = 1 \text{ kgf}/\mu\text{m}$$
$$T_N = 3 \text{ rev}$$
$$x_{f0} = 45\,\mu\text{m}$$
$$d_{w0} = 5\,\mu\text{m}$$
$$N_s = 3\,T_N = 9 \text{ rev}$$

上記の条件のとき真円誤差 $d_r(3\,T_N)$ は？

図12.18に示すようにプランジ送りで切り込みが定常化した場合，真円誤差 $d_r = d_{w0}$ が残る。これをスパークアウトで消去する。

$N_s = 3\,T_N = 9 \text{ rev}$ のとき，

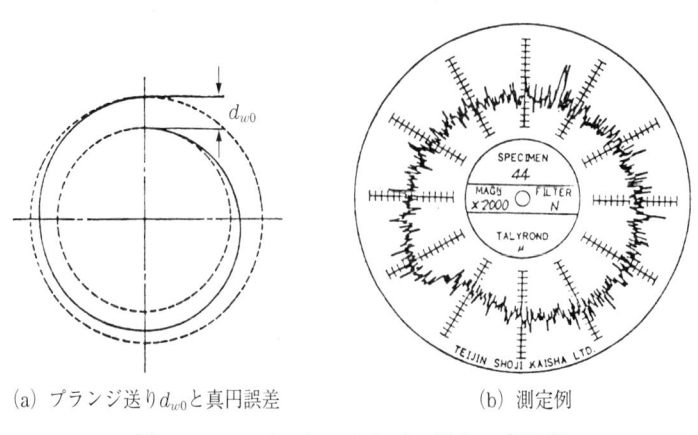

(a) プランジ送り $d_{w0}$ と真円誤差　　　(b) 測定例

**図12.18** スパークアウト零の場合の真円度

$d_r(N_s) = 5\ e^{-3} = 0.25\,\mu\mathrm{m}$

### 12.2.4　工作物支持剛性向上による研削時定数の抑制——研削力補償形ワークレストの効果——

研削力に対応する位置にあるワークレストから研削力に相当する反力を加えることにより工作物回転中心の変位を最小に抑え，等価的に工作物支持剛性を向上する目的で開発したのが力補償形ワークレストである[4),5)]。その構造については4.3.2で述べた。

これを用いた場合と用いない場合のプランジ研削における研削時定数の違いを比較した実験結果を図12.19に示す。得られた研削剛性$k_w$，研削時定数$T_N$の実験値およびこれから算出される研削盤のループ剛性$k_m$の比較を表12.4に示す。ワークレスト有りの場合は，研削時定数が約1/2.5に，また，ループ剛性は2.5倍になっている。このような結果は，ループ剛性を決めるパラメータ，すなわち，砥石支持剛性，砥石接触剛性および工作物支持剛性の中で前二者は関係なく，工作物の支持剛性のみが強化されたことを示す。そこで，上記で求められたループ剛性の計算値から算出される工作物支持剛性$k_{mw}$と実際に測定した実験値の比較を表12.5に示す。

上述の結果を真実切り込み率$\delta_w$で比較すると，

ワークレスト無し：$\delta_w = 1/(1 + T_N) = 0.23$

ワークレスト有り：$\delta_w = 0.43$

実際の研削サイクルの生産性を検討する場合，工作物支持系の剛性改善策はきわめて有効であることを示している。

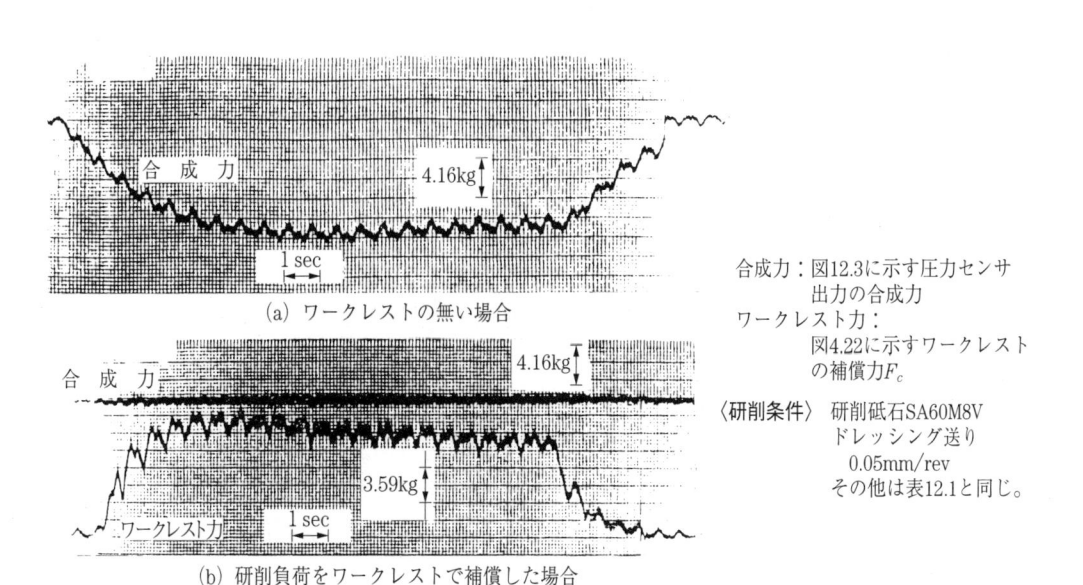

**図12.19**　ワークレスト補償力の有無による研削時定数の変化

**表12.4** 研削剛性，研削時定数の実験値とループ剛性の計算値

| ワークレスト | 研削力$F_n$ | 研削剛性$k_w$ | 研削時定数$T_N$ | ループ剛性$k_{m,c}$の計算値$k_w/T_N$ |
|---|---|---|---|---|
| 無し | 11.4kgf | 2.30kgf/$\mu$m | 3.29rev | 0.64kgf/$\mu$m |
| 有り | 10.8kgf | 2.16kgf/$\mu$m | 1.33rev | 1.62kgf/$\mu$m |

**表12.5** ループ剛性の計算値から求めた工作物支持剛性と実験値の比較

| ワークレスト | 砥石支持剛性$k_{ms}$ | 砥石接触剛性$k_c$ | ループ剛性計算値$k_{m,c}$ | ループ剛性$k_{m,c}$からの$k_{mw}$の計算値 | 工作物支持剛性の実測値$k_{mw}$ |
|---|---|---|---|---|---|
| 無し | 4.0kgf/$\mu$m | 4.5kgf/$\mu$m | 0.64kgf/$\mu$m | 0.92kgf/$\mu$m | 1.0kgf/$\mu$m |
| 有り | 4.0kgf/$\mu$m | 4.5kgf/$\mu$m | 1.62kgf/$\mu$m | 6.7kgf/$\mu$m | |

### 12.2.5 自生発刃形研削領域における研削サイクルの精度限界

図6.26で，研削砥石の減耗形態の分類にしたがって研削領域を自生発刃形研削領域と，砥石の目つぶれ／目つまり現象を伴う従来の鏡面研削あるいはラビング・プラウイングと呼称される摩滅・摩耗形研削領域に分類した。

これら二つの領域の中で，それぞれの研削剛性を比較すると，以下の通りである。

武野の鏡面研削では，図4.35から，

0.94kgf/$\mu$m・cm vs 7.35kgf/$\mu$m・cm。

R. Hahnの切れ味$\Lambda_w$の比較では，図4.9から，6 mm$^3$/s・kgf vs 0.12mm$^3$/s・kgf。

すなわち，鏡面研削では研削剛性が約8倍，ラビング・プラウイング領域では研削剛性に換算して5倍に増加している。

したがって，プランジ研削では自生発刃研削領域で研削サイクルを終了することが生産性の立場から合理的である。

そこで目安となるのが図6.26で示した材料除去率$Z'_w$の下限値$Z'_{w\,min}$である。また，これに対応する砥石切り込み$d_{w\,min}$は$d_{w\,min} = Z'_{w\,min}/v_w$である。

加工精度を重視する仕上げ研削においては，砥石周速30m/sとして，

$$Z'_{w\,min} \approx 0.1\text{mm}^3/\text{mm}\cdot\text{s}$$

が一般的と考えられている。工作物周速$v_w$ = 0.3m/sとすると，

$d_{w\,min}$ = 0.35$\mu$m/revとなり，この値は武野の鏡面研削の条件に相当する。

このような制約を考慮すると研削サイクルの設計においてスパークアウトによる切り残し解消の過程で切り残し$d_r(N_s)$が$d_{w\,min}$に達するとほとんど材料除去が進行しない。したがって，その後のスパークアウトは無意味となる。

具体的には次の数値例で示す。

## 12. 研削精度と生産性を支配する研削盤の剛性とは

スパークアウト開始時の切り残し
$$: d_r(0) = 10\,\mu\text{m}$$

研削系の時定数 　　　　　: $T_N = 3$ rev

最小切り残し 　　　　　　: $d_r(N_{so}) = d_{w\,min} = 0.35\,\mu\text{m}$

有効スパークアウト時間 : $N_{so}$

$$N_{so} = -T_n \ln \frac{d_w(N_{so})}{d_r(0)} \tag{12.20}$$

$$N_{so} = -3 \times \ln \frac{0.35}{10}$$
$$= 11\,\text{rev}$$

# 13. 研削加工で自励びびり振動は何故起きるのか？

## 13.1 研削加工系の動力学的モデルと自励びびり振動の発生

プランジ研削加工において，研削系の切り残し現象のため工作物と砥石間では，複数回の繰り返し加工が行なわれる。いま，自励振動が一旦発生すると，工作物あるいは砥石作業面に生じたうねりのため，$N-1$回転目と$N$回転目の間に周期的切り込み変化が生じる。この関係を**図13.1**(a)に示す。ここで，切り込みが最大になるのは，うねりの最大振幅値から90°位相が遅れた時点である。すなわち，点1から90°遅れた点2においてびびり振動を加速する。この関係は図13.1(b)に示すブランコを漕いで加速するタイミングと同じである。すなわち，最大振幅点1から位相90°遅れた点2において身体の重心を下げて加速する漕ぎ方である。

上述のように，工作物あるいは砥石作業面にびびり振動に対応するうねりが一旦生ずると，砥石の切り込みが周期的に変動し，これによる研削力の変化がびびり振動を加速する構造にある。このような作用を工作物あるいは砥石うねりの再生効果と呼ぶ。

再生効果も砥石，工作物間の相対的振動数がある値を超えると，両者の幾何学的干渉のため，相対的振動振幅に比例した研削力の変化として振動を加速することはない。この関係を**図13.2**に示す。図13.2(a)に示すように，工作物あるいは砥石作業面の相対的運動周期が十分長い場合は，全振幅$2a$に対して新たに生ずるうねりの全振幅も$2a$となり，再生効果が発生する。しかし，周期がある値を超えて短くなると，図13.2(b)に示すように幾何学的干渉のため工作物あるいは砥石作業面のうねりはカスプ状（尖状）に変化し，その振幅は急速に減少し，再生

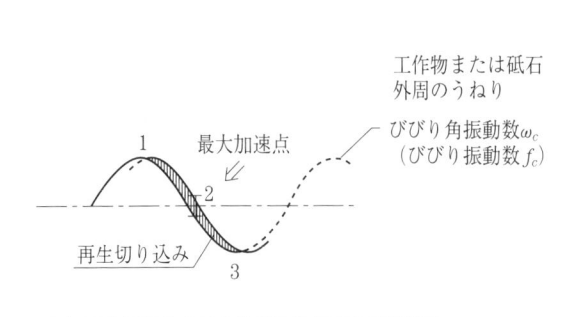

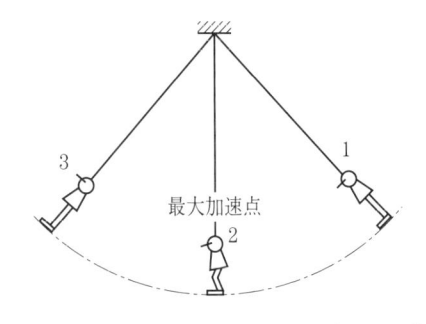

(a) 再生切り込みによるびびり振動の加速作用　　(b) ブランコの漕ぎ方と再生切り込み作用の比較

**図13.1** 工作物または砥石作業面の作用の比較

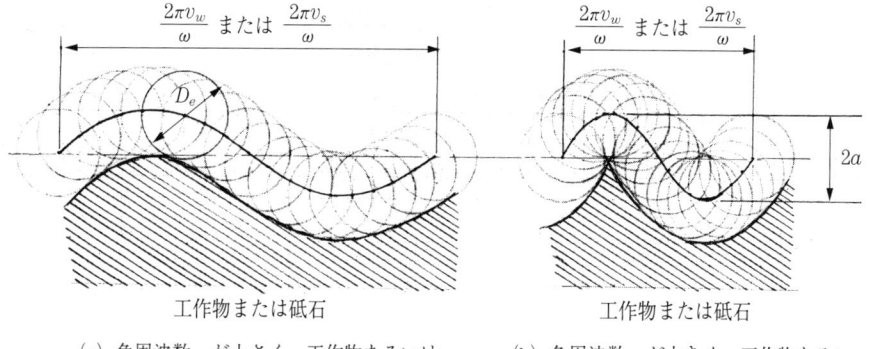

## 13. 研削加工で自励びびり振動は何故起きるのか？

(a) 角周波数ωが小さく，工作物あるいは砥石にうねりが生ずる再生形

(b) 角周波数ωが大きく，工作物あるいは砥石のうねりがカスプ状（尖状）で小さく，非再生形

**図13.2** 工作物あるいは砥石作業面に生ずるうねりが自励びびり振動の原因となるびびり振動数の限界

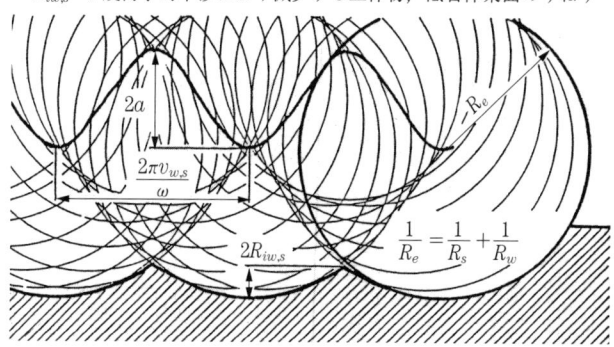

$v_{w,s}$ : $v_w$または$v_s$
$R_{iw,s}$ : $R_{iw}$または$R_{is}$
$a$ : 工作物，砥石間の相対変位振幅
$R_{iw,s}$ : 幾何学的干渉により減少する工作物，砥石作業面のうねり

$$\frac{1}{R_e}=\frac{1}{R_s}+\frac{1}{R_w}$$

**図13.3** 砥石，工作物間の幾何学的干渉と，これによって生ずる工作物あるいは砥石作業面に生ずるうねり[13.1]

効果は認められなくなる。これらの量的関係を示したのが**図13.3**[13.1]である。

工作物，砥石面間の相対的変位振幅$a$が，両者の幾何学的干渉のため，これによって生ずる工作物あるいは砥石作業面に生ずる振幅$R_{iw,s}$が減少する関係を示す。

上記振幅$a$と幾何学的干渉によって減少するうねり振幅$R_{iw,s}$の関係を無次元化伝達関数のゲイン特性，位相特性として示したものを**図13.4**[13.1]に示す。

ここで，$\omega_B$はこの値を超えて角振動数$\omega$が増加すると，工作物，砥石作業面のうねりとして伝達しない限界角振動数を示している。

工作物，砥石両面間の幾何学的干渉によるうねりの無次元化伝達関数$R_{iw,s}/a$は，

$$\frac{R_{iw,s}}{a}=1/\sqrt{1+(\omega/\omega_B)^4} \tag{13.1}$$ [13.1]

$$\frac{R_{iw,s}}{a} = \frac{1}{\sqrt{1+(\omega/\omega_B)^4}}$$

$$\omega_B = \frac{\pi v_{w,s}}{2\sqrt{R_e a}}$$

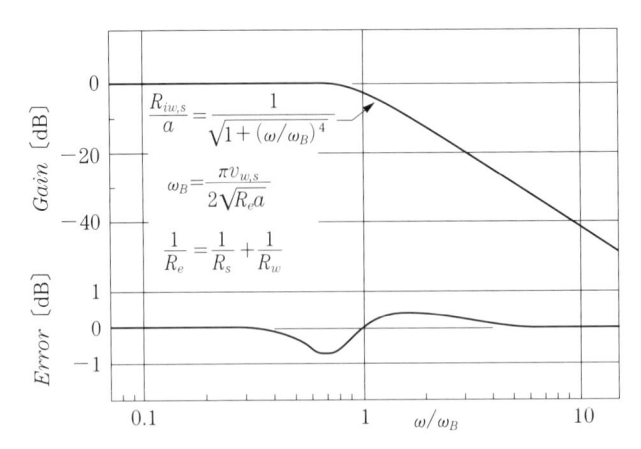

$$\frac{1}{R_e} = \frac{1}{R_s} + \frac{1}{R_w}$$

**図13.4** 工作物, 砥石間の幾何学的干渉によって生ずるうねりの無次元化伝達関数のゲイン特性[13.1]

また, 再生効果の限界角振動数 $\omega_B$ は,

$$\omega_B = \frac{\pi v_{w,s}}{2\sqrt{R_e \cdot a}} \tag{13.2}[13.1]$$

ここで, $R_{iw,s}$ : $R_{iw}$ または $R_{is}$, $v_{w,s}$ : $v_w$ または $v_s$

また, 以下の記号を用いる。

$\omega_{Bs}$ : 研削砥石の再生限界角振動数 [rad/s]

$\omega_{Bw}$ : 工作物の再生限界角振動数 [rad/s]

$f_{Bs}$ : $\omega_{Bs}/2\pi$ [Hz]

$f_{Bw}$ : $\omega_{Bw}/2\pi$ [Hz]

$f_{Bs}/n_s$ : 砥石の再生限界うねり山数 [rev$^{-1}$]

$f_{Bw}/n_w$ : 工作物の再生限界うねり山数 [rev$^{-1}$]

**〈数値計算例〉**

$a = 0.005$mm, $v_w = 0.47$m/s

$D_e = 80$mm, $n_w = 1.58$r.p.s.

$R_e = 40$mm, 研削条件表12.1と同じ

$v_s = 48.3$m/s,

$n_s = 38$r.p.s.

上記の条件の下で,

$$\omega_{Bs} = \frac{\pi v_s}{2\sqrt{R_e \cdot a}} = \frac{3.14 \times 48.3 \times 10^3}{2\sqrt{0.005 \times 40}}$$

$$= 169.7 \times 10^3 \text{rad/s}$$

$f_{Bs} = \omega_{Bs}/2\pi = 27$kHz

砥石の再生限界うねり山数

$$= f_{Bs}/n_s = 710 \text{rev}^{-1}$$

$$\omega_{Bw} = \omega_{Bs} \cdot \frac{v_w}{v_s} = \omega_{Bs} \times \frac{1}{103} = 1,648 \text{rad/s}$$

$$f_{Bw} = 1,648/2\pi = 262 \text{Hz}$$

工作物の再生限界うねり山数

$$= f_{Bw}/n_w = 166 \text{rev}^{-1}$$

上記計算例と同じ表12.1の条件の下で，発生した砥石再生形びびり振動の結果生じた砥石外周面のうねり図12.6について上記計算結果と以下に対比する。

再生びびり振動数を$f_c$とすると，砥石うねり山数21山から，

$$f_c = 21 \times 38 = 798 \text{Hz}$$

上述の計算値$f_{Bs} = 27 \text{kHz}$と比較して，

$$f_c < f_{Bs}$$

したがって，砥石再生形びびり振動条件を満足する。

また，このときの工作物のうねり山数$f_c/n_w$は：$f_c/n_w = 798/1.58 = 505 \text{rev}^{-1}$となり，工作物の再生限界うねり山数$166 \text{rev}^{-1}$を超え，再生作用は認められない。

つぎに，工作物再生形振動の具体例として示した図11.4においては，うねり山数は$12 \text{rev}^{-1}$で，明らかに工作物再生形山数であり，また，工作物回転数$n_w = 8.9 \text{r.p.s.}$であるから，工作物再生形びびり振動数$f_c$は，

$$f_c = 12 \times 8.9 = 106 \text{Hz}$$

これは，観測したパワースペクトルの値と一致する。また，このときの砥石回転数$n_s = 22 \text{r.p.s.}$であり，砥石外周のうねり山数に換算すると約$5 \text{rev}^{-1}$となり，砥石再生作用は生じ難い。

一般に，円筒研削盤においては心なし研削盤に比べ固有振動数が高く，また，工作物回転数$n_w$も低い。このため，円筒研削盤においては多くの場合工作物再生条件を満足しない。

以上の数値計算例の検討から自励びびり振動が砥石再生形か工作物再生形かの判別式として次の関係を得る：

Ⅰ．$f_{Bs} > f_c$で，かつ，$f_{Bw} < f_c$のとき，砥石再生形びびり振動が生ずる。

　　　また，工作物の再生形振動は生じない。　　　　　　　　　　　　　　　(13.3)

Ⅱ．$f_{Bw} > f_c$のとき，工作物再生形びびり振動が生ずる。

　　　また，このとき砥石のうねりは無視できる。　　　　　　　　　　　　　(13.4)

以上の関係と工作物のうねりが再生効果として研削力で加速される過程をブロック線図の形で**図13.5**に示す。

工作物および砥石の再生効果を含む自励びびり振動現象を表わす円筒プランジ研削系の動力学的モデルのブロック線図を**図13.6**に示す。

なお，砥石再生形びびり振動数が研削盤の固有振動数に比べ，その発生初期に1.3～1.5倍

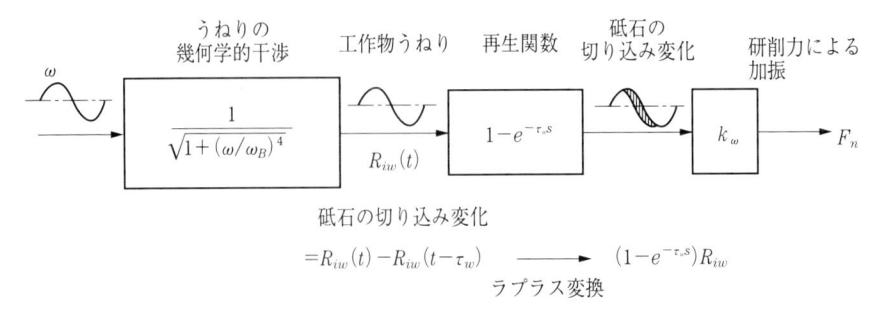

**図13.5** 工作物のうねりが再生効果で研削力で加振される過程のブロック線図

$k_{ms}$：砥石支持系剛性　〔kgf/μm〕
$k_{mw}$：工作物支持系剛性　〔kgf/μm〕
$k'_w$：単位幅当たり研削剛性　〔kgf/μm·cm〕
$k'_c$：単位幅当たり砥石接触剛性〔kgf/μm·cm〕
$k'_s$：単位幅当たり砥石減耗剛性〔kgf/μm·cm〕

$G_{ms}(s)$：砥石支持系無次元化コンプライアンス
$G_{mw}(s)$：工作物支持系無次元化コンプライアンス
$\tau_w$：工作物1回転当たり時間　〔s〕
$\tau_s$：砥石1回転当たり時間　〔s〕
$b$：研削幅〔cm〕

**図13.6** 円筒プランジ研削系の再生形びびり振動の動力学的モデル

（図11.10参照）と高く，また，工作物再生形びびり振動数が（心なし研削の場合）数％高くなる．この関係から両者を振動数の領域毎に分離して示したブロック線図毎に検討することができる．

**図13.7**および**図13.8**は，それぞれ工作物再生形自励びびり振動および砥石再生形自励びびり振動の発生機構を示すブロック線図である．

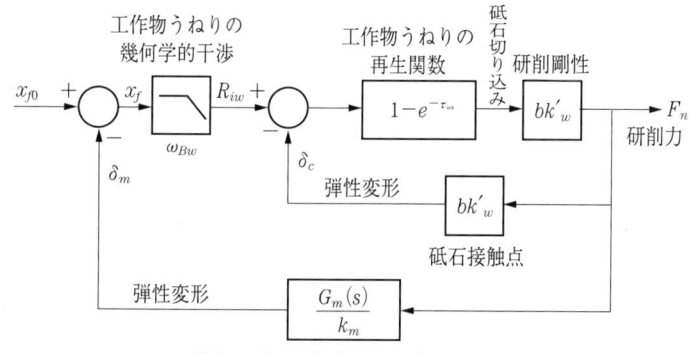

**図13.7** 工作物再生形びびり振動の動力学的モデル

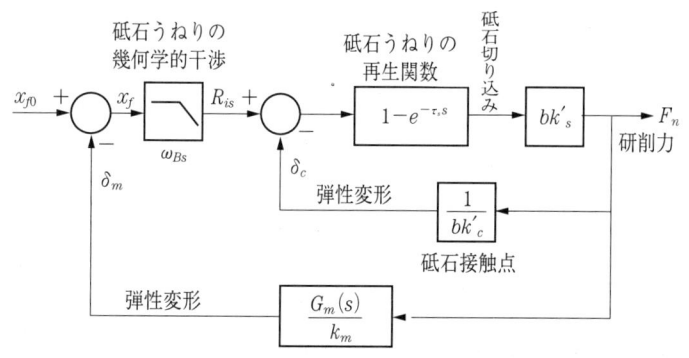

**図13.8** 砥石再生形びびり振動の動力学的モデル

## 13.2 工作物再生形自励びびり振動と砥石再生形びびり振動の動力学的モデルの解法と再生形びびり振動特性の比較

図13.7および図13.8において幾何学的干渉の生じない振動数領域における特性方程式を求めると,

工作物再生形の場合は:

$$1-bk'_w(1-e^{-\tau_w s})\left(\frac{1}{bk'_c}+\frac{1}{k_m}G_m(s)\right)=0 \tag{13.5}^{13.1)}$$

これを変形して,

$$\frac{1}{bk'_w}\cdot\frac{1}{1-e^{-\tau_w s}}=\frac{1}{bk'_c}+\frac{1}{k_m}G_m(s) \tag{13.6}$$

無次元化すると,

$$\frac{k_m}{bk'_w} \cdot \frac{1}{1-e^{-\tau_w s}} = \frac{k_m}{bk'_c} + G_m(s) \tag{13.6}′$$

また，砥石再生形の場合は同様にして，

$$1-bk'_s(1-e^{-\tau_s s})\left(\frac{1}{bk'_c}+\frac{1}{k_m}G_m(s)\right)=0 \tag{13.7}$$

$$\frac{1}{bk'_s} \cdot \frac{1}{1-e^{-\tau_s s}} = \frac{1}{bk'_c} + \frac{1}{k_m}G_m(s) \tag{13.8}$$

$$\frac{k_m}{bk'_s} \cdot \frac{1}{1-e^{-\tau_s s}} = \frac{k_m}{bk'_c} + G_m(s) \tag{13.8}′$$

ここで，$k'_s$：砥石の減耗剛性〔kgf/μm・cm〕

上式から特性根 $s=\alpha+j\omega$ を求めることができれば，時間領域の解は $e^{\alpha t}\cdot e^{j\omega t}$ という振動形式となる。ここで，$\alpha>0$ のときは**図13.9**に示すように振動系が発散，すなわち，不安定振動根であることを示す。

以下不安定振動根のみを対象とするため，特性根は $\alpha>0$ の場合のみについて求めることとする。

特性方程式（13.6）または（13.6）′あるいは（13.8），（13.8）′式の解を求めるには，それぞれの式の左辺および右辺の複素平面上のベクトル表示を求め，両者の交点から両者が一致する根 $s=\alpha_c+j\omega_c$ を求める。$\alpha_c$ および $\omega_c$ は発生するびびり振動の発達率および角振動数となる。このような解法を一般的には図式合致法[13.1)]という。

そこで，上式右辺に共通な1自由度2次系で近似される無次元化振動系のコンプライアンス，

$$G_m(j\omega)=\frac{1}{1-\left(\frac{\omega}{\omega_n}\right)^2+2j\zeta\left(\frac{\omega}{\omega_n}\right)} \tag{13.9}$$

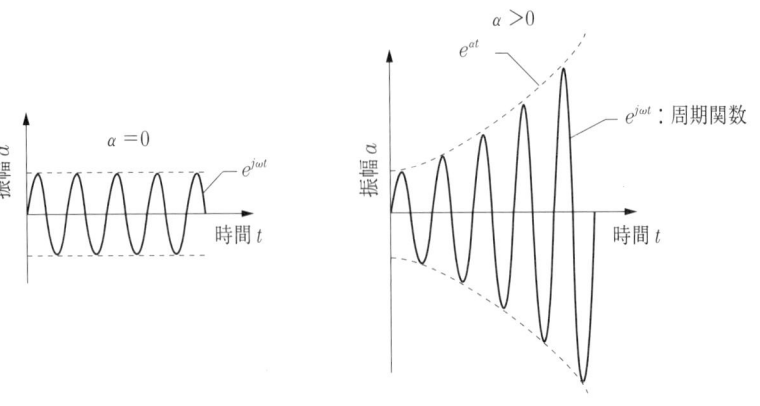

(a) $\alpha=0$，安定限界　　(b) $\alpha>0$，不安定限界

**図13.9** 特性根 $s=\alpha+j\omega$ の時間軸の特性

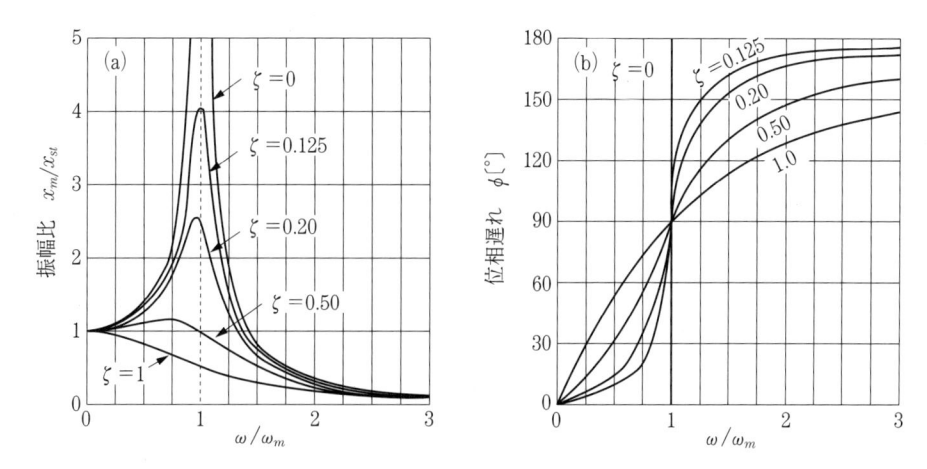

13. 研削加工で自励びびり振動は何故起きるのか？

**図13.10** 無次元化変位応答およびその位相の周波数応答[13.2]

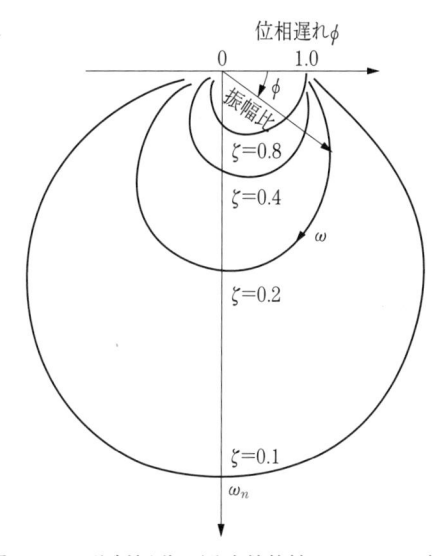

**図13.11** 強制振動の周波数特性のベクトル表示

のベクトル表示について検討する。ここで，$\alpha$の影響は無視できる。

(13.9)式による振幅特性および位相おくれ特性を分離して示すと，**図13.10**の数値例のようになる[13.2]。これをベクトル表示に換算したものが**図13.11**である。図から減衰比$\zeta$が小さくなるほど円形に近くなり，最大振幅は$1/2\zeta$に近づく。今日の研削盤のもつ減衰比の多くは0.05〜0.07の範囲に入ることを考えると，無次元化振動系のベクトル表示は**図13.12**(a)に示すように円で近似できる。

半径$1/4\zeta$で，位相遅れが45°および135°のときの角振動数は，それぞれ$(1-\zeta)\omega_n$および$(1+\zeta)\omega_n$となる。この関係を振幅特性，および位相遅れ特性の上で示すと図13.12(b)および(c)となる。

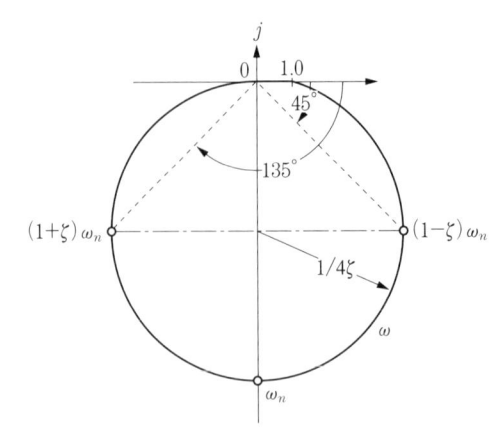

(a) 周波数特性のベクトル表示

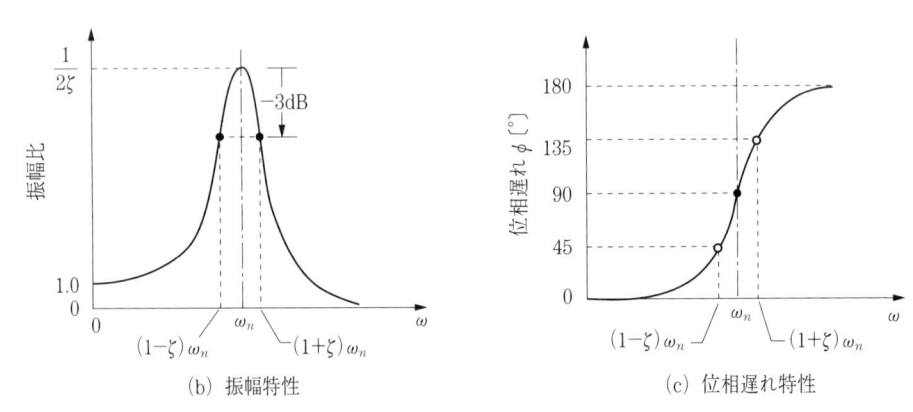

(b) 振幅特性

(c) 位相遅れ特性

**図13.12** 1自由度2次系の振動特性の表示

つぎに特性方程式左辺に共通な項として$1-e^{-s}$および$1/(1-e^{-s})$がある。これについて$s=\alpha+j\omega$に対するベクトル表示を**図13.13**(a),(b)に示す。$\alpha=0$の場合は**図13.13**(a)に示すように$1-e^{-j\omega}$は単位円で示され、$\omega$の増加する方向は反時計廻りとなる。$\omega=2\pi\times$偶数のときは$1-e^{-j\omega}=0$となり、その逆数は無限大で、$\omega$の方向は上方から下方に向う。また、$\omega=\pi\times$奇数のときは$1-e^{-j\omega}=2$で、その逆数は0.5で位相は負となる。したがって、$1/(1-e^{-j\omega})$のベクトルは$-0.5$を通る$j$軸に並行な直線となる。また、$\alpha>0$の場合は、図13.13(b)のベクトル表示となる。$1-e^{-(\alpha+j\omega)}$は、半径が$e^{-\alpha}$で中心が1.0の同心円の円軌跡で表わされ、これら円軌跡の逆数は、位相が逆相の円軌跡となる。これは、実軸上の$-\dfrac{1}{1+e^{-\alpha}}$と$-\dfrac{1}{1-e^{-\alpha}}$を通る円で、円の中心は、

$$-\frac{1}{2}\left(\frac{1}{1-e^{-\alpha}}+\frac{1}{1+e^{-\alpha}}\right) \tag{13.10}$$

半径は、

$$\frac{1}{2}\left(\frac{1}{1-e^{-\alpha}}-\frac{1}{1+e^{-\alpha}}\right) \tag{13.11}$$

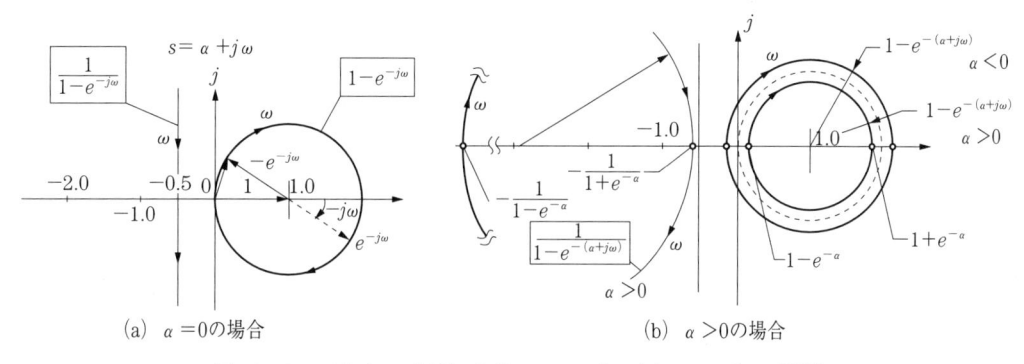

**図13.13** ベクトル表示による $1-e^{-s}$ と $1/(1-e^{-s})$ の関係

(a) $\alpha=0$ の場合　　(b) $\alpha>0$ の場合

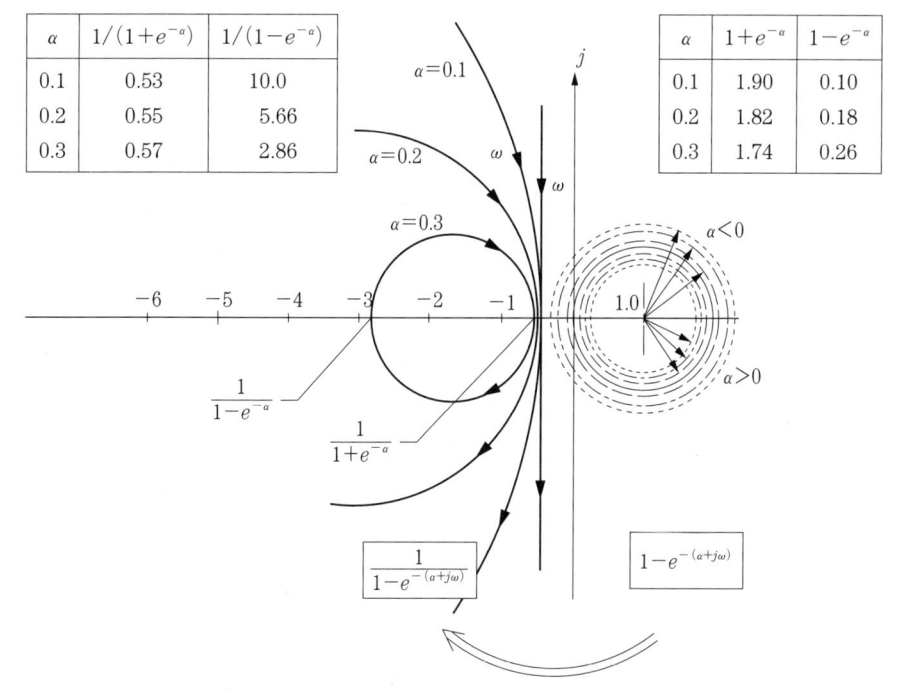

| $\alpha$ | $1/(1+e^{-\alpha})$ | $1/(1-e^{-\alpha})$ |
|---|---|---|
| 0.1 | 0.53 | 10.0 |
| 0.2 | 0.55 | 5.66 |
| 0.3 | 0.57 | 2.86 |

| $\alpha$ | $1+e^{-\alpha}$ | $1-e^{-\alpha}$ |
|---|---|---|
| 0.1 | 1.90 | 0.10 |
| 0.2 | 1.82 | 0.18 |
| 0.3 | 1.74 | 0.26 |

**図13.14** 再生関数のベクトル表示の数値計算例

$\omega$ の方向は時計廻りとなる。

したがって，振幅発達率 $\alpha$ が大きくなるほど円の中心は $-0.5$ に近寄り，半径は小さくなる。逆に $\alpha=0$ の場合は半径が無限大で $-0.5$ を通過する。

上記の関係を具体的に示す数値計算例を**図13.14**に示す。

以上，特性方程式の特性根 $s=\alpha+j\omega$ の右辺および左辺を複素平面上でベクトル軌跡として表現できることを示した。

**図13.15**は，無次元化特性方程式 (13.6)′ 式および (16.8)′ 式を用い，図式合致法により両式のベクトル軌跡が接する点，すなわち，特性根を求める手法と，工作物再生形びびり振動と

— 243 —

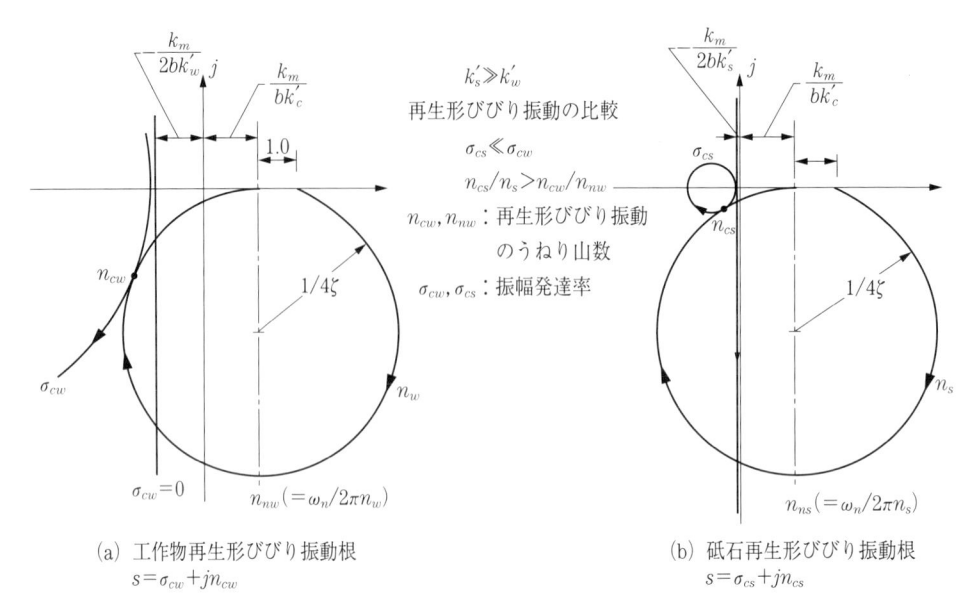

(a) 工作物再生形びびり振動根
$s = \sigma_{cw} + jn_{cw}$

(b) 砥石再生形びびり振動根
$s = \sigma_{cs} + jn_{cs}$

**図13.15** 再生形自励びびり振動根の求め方と工作物再生形,砥石再生形びびり振動の比較

砥石再生形びびり振動の特性の比較を示している。

ここで,これまでの $1 - e^{-(a+j\omega)}$ に代わり,$1 - e^{-\tau_w(a+j\omega)}$ または $1 - e^{-\tau_s(a+j\omega)}$ のベクトル線図を求めるため,$a$ および $\omega$ の記号をつぎのように変換する。

$$s = \sigma_{w,s} + jn_{w,s}$$

$$\sigma_{w,s} = \tau_{w,s}\alpha/2\pi \text{ または } \alpha/2\pi n_{w,s} \tag{13.12}$$

$$n_{w,s} = \tau_{w,s}\omega/2\pi \text{ または } \omega/2\pi n_{w,s} \tag{13.13}$$

$n = n_0 + \nu$,うねり山数　　$n_0$：$n$ の整数部分　　$\nu$：端数部分 $1.0 > \nu > 0$

上記のように変換した場合の再生関数のベクトル軌跡は**図13.16**となる。すなわち,ベクトル軌跡を $x + jy$ とすると,

$$x + jy = -\frac{1}{1-e^{-\tau_w s(a+j\omega)}} = -\frac{1}{1-e^{2\pi(\sigma+jn)}}$$

$$x = \frac{-(1-e^{-2\pi\sigma}\cdot\cos 2\pi\nu)}{1-2e^{-2\pi\sigma}\cdot\cos 2\pi\nu + e^{-4\pi\sigma}}$$

$$y = \frac{e^{-2\pi\nu}\cdot\sin 2\pi\nu}{1-2e^{-2\pi\nu}\cdot\cos 2\pi\nu + e^{-4\pi\nu}}$$

両式から $\nu$ を消去して等 $\sigma$ 線図を,また,$\sigma$ を消去して等 $\nu$ 線図を得る。

等 $\sigma$ 線図は,

$$\left(x + \frac{1}{1-e^{-4\pi\sigma}}\right)^2 + y^2 = \left(\frac{e^{-2\pi\sigma}}{1-e^{-4\pi\sigma}}\right)^2 \tag{13.14}$$

等 $\nu$ 線図は,

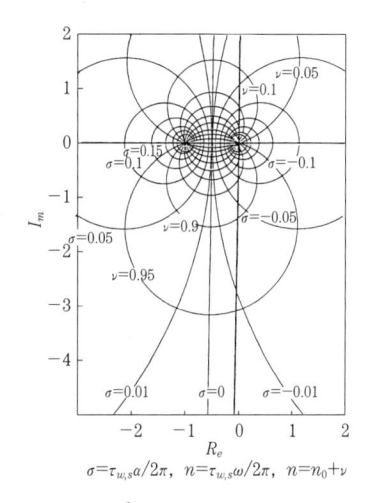

**図13.16** $\dfrac{1}{1-e^{-(\sigma+jn)}}$ の等 $\sigma$ 線図と等 $\nu$ 線図

$\sigma=\tau_{w,s}a/2\pi,\ n=\tau_{w,s}\omega/2\pi,\ n=n_0+\nu$

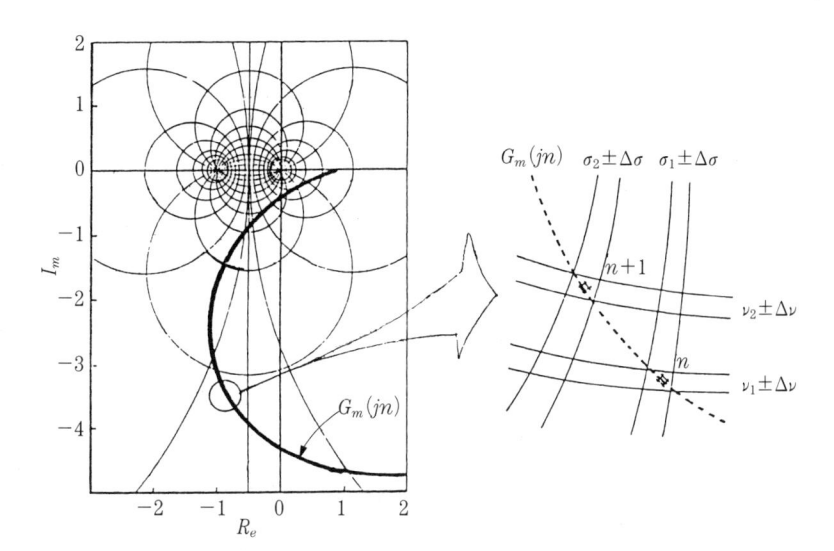

**図13.17** $G(jn)$ のベクトル軌跡上のうねり山数 $n$, $n+1$ を等 $\sigma$ 線図群,等 $\sigma$ 線図群が囲む関係

$$\left(x+\frac{1}{2}\right)^2+\left(y+\frac{1}{2\tan 2\pi\nu}\right)^2=\left(\frac{1}{2\sin 2\pi\nu}\right)^2 \tag{13.15}$$

また，特性方程式 (13.6)′, (13.8)′ 両式の左辺および右辺のベクトル軌跡の交差点を拡大すると，**図13.17**に示すように $G_m(jn)$ のベクトル軌跡上にある $n$ および $n+1$ を等 $\sigma$ 線群と等 $\nu$ 線群が囲む状態にある。このことから，$\nu$ が1.0に近い近傍のうねり山数 $n$ が整数山数 $n_0$ になることを示す。

したがって，特性方程式の特性根は複数存在し，左辺と右辺の軌跡の外接点の発達率はこれらの根の中に最大値を示すこととなる。

(13.6)′および (13.8)′の両式の右辺は共通で，研削盤のループ剛性と砥石の接触剛性の比，$k_m/bk'_c$ および研削盤の無次元化コンプライアンスで示される。これに対して，左辺の $\sigma=0$ のときの $-k_m/2bk'_w$ および $-k_m/2bk'_s$ を通り j 軸に並行なそれぞれの直線のベクトル軌跡が右辺のベクトル軌跡と交わるため，工作物再生形および砥石再生形の不安定振動が発生することを示している。ただし，(13.3) および (13.4) 式で示した条件を同時に満足するものとする。

図13.15の示す不安定振動発生条件は，それぞれ，

$$\frac{k_m}{2bk'_w} < \frac{1}{4\zeta} - \frac{k_m}{bk'_c} \tag{13.16}$$

$$\frac{k_m}{2bk'_s} < \frac{1}{4\zeta} - \frac{k_m}{bk'_c} \tag{13.17}$$

(13.14)式および (13.15)式にしたがって $\sigma=$ 一定の曲線群の中から右辺のベトクル軌跡に接する曲線を選び，その接点が右辺および左辺に共通する $s=\sigma+jn$，すなわち，特性根となる（このときの発達率は最大値）。

図13.15(a)の場合，特性根は図に示すように，

$$s = \sigma_{cw} + jn_{cw} \tag{13.18}$$

図13.15(b)では，

$$s = \sigma_{cs} + jn_{cs} \tag{13.19}$$

ただし，

$\sigma_{cw}$, $\sigma_{cs}$：工作物および砥石の再生びびり振動の発達率

$n_{cw}$, $n_{cs}$：工作物および砥石の再生びびり振動のうねり山数

ここで，左辺のベクトル軌跡を工作物再生形と砥石再生形とで比較すると，研削剛性 $k'_w$ に比べ砥石の減耗剛性は桁違いに大きく，これによる振幅発達率および再生びびりの山数 $n_{cw,s}$ を比較すると，

$$\sigma_{cw} \gg \sigma_{cs} \tag{13.20}$$
$$n_{cw} < n_{cs} \tag{13.21}$$

の関係を定性的に示している。

工作物再生形自励びびり振動について具体的パラメータを前提とする数値計算例を**図13.18**に示す。図式合致法から得られるびびり振動の特性は，

$n_{cw} = 1.1 n_{nw}$

$\sigma_{cw} = 0.1$

これは，表11.2で示した工作物再生形自励びびり振動の特長である。

(1) びびり角振動数 $\omega_{cw}$ は研削盤の固有角振動数 $\omega_n$ に近い，

(2) びびり振動は短時間で急成長する，

の特性を反映している。

また，砥石再生形自励びびり振動のベクトル軌跡の合致点の近傍を拡大して示した数値計算

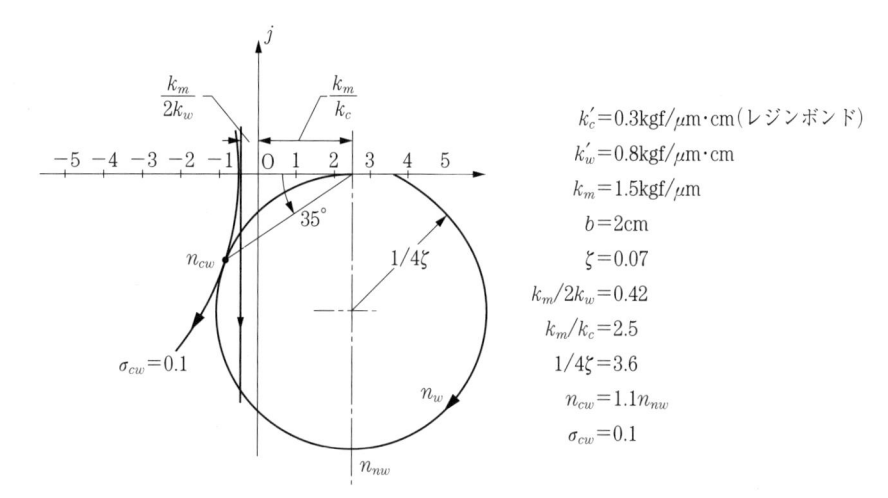

## 13. 研削加工で自励びびり振動は何故起きるのか？

**図13.18** 工作物再生形びびり振動根の数値計算例

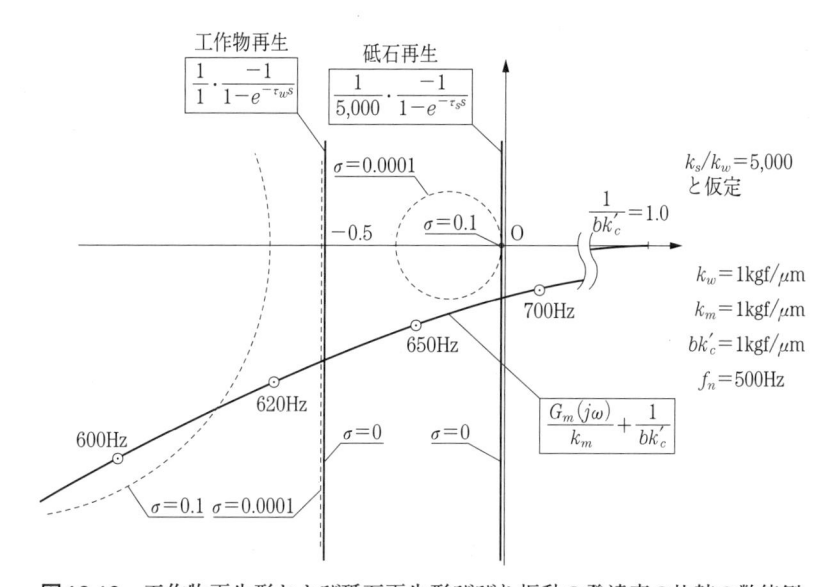

$k'_c = 0.3\text{kgf}/\mu\text{m}\cdot\text{cm}$（レジンボンド）
$k'_w = 0.8\text{kgf}/\mu\text{m}\cdot\text{cm}$
$k_m = 1.5\text{kgf}/\mu\text{m}$
$b = 2\text{cm}$
$\zeta = 0.07$
$k_m/2k_w = 0.42$
$k_m/k_c = 2.5$
$1/4\zeta = 3.6$
$n_{cw} = 1.1 n_{nw}$
$\sigma_{cw} = 0.1$

**図13.19** 工作物再生形および砥石再生形びびり振動の発達率の比較の数値例

$k_s/k_w = 5{,}000$ と仮定
$k_w = 1\text{kgf}/\mu\text{m}$
$k_m = 1\text{kgf}/\mu\text{m}$
$bk'_c = 1\text{kgf}/\mu\text{m}$
$f_n = 500\text{Hz}$

例を図13.19に示す．砥石の減耗剛性$k'_s$と研削剛性$k'_w$の比を5,000として計算した結果，びびり振動の山数$n_{cs}$は，びびり振動数$f_{cs} = 650$Hzから，

$n_{cs} \approx 1.3 n_{ns}$

$\sigma_{cs} \approx 0.0001$

このような計算例から，表11.2で示した砥石再生形自励びびり振動の特徴としての，

(1) びびり角振動数は固有角振動数$\omega_n$に比べかなり高い，

(2) 振動発達率はきわめて小さく，徐々に発達する，

の特性を反映している．

図13.20 砥石再生形びびり振動と同期した場合の工作物真円誤差測定例

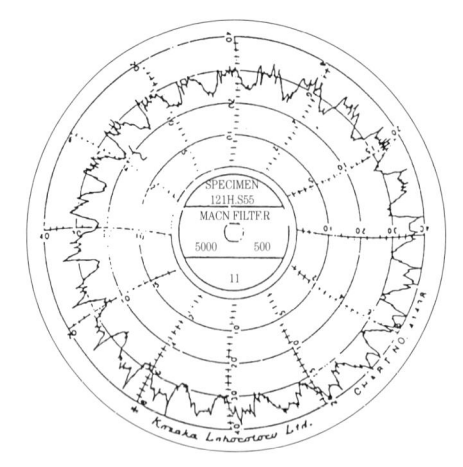

研削砥石：WA60J8V, $n_s=2,280\text{min}^{-1}$
工作物　：SCM3(生), $n_w=95\text{min}^{-1}$
$n_s/n_w=24$

砥石再生形びびり振動の場合，工作物真円度にその影響が直接転写されないのが一般であるが，その例外もある。その例を図13.20に示す。これは図12.6で示した砥石外周面のうねりが影響したものである。これは，砥石，工作物の回転数比$n_s/n_w=24$で同期したもので，砥石外周の包絡線が転写したものである。

上述の不安定振動を示す特性根の解析から，びびり振動の発生あるいは振幅発達率の抑制対策の一般的原則としてつぎの項目が挙げられる。

(1) 研削剛性と研削盤のループ剛性の比—$k_m/bk'_w$—を大きくする。
(2) 砥石の接触剛性と研削盤のループ剛性の比—$k_m/bk'_s$—を大きくする。
(3) $1/4\zeta$が小さくなるほど振幅発達率$\sigma$が小さくなるから，研削盤の減衰比$\zeta$を大きく設計する。
(4) 研削盤の使用に当たっては研削幅$b$に制約があることを考える。

以上の対策は研削盤の静的・動的剛性を高く設計し，研削砥石は接触剛性に配慮することである。

参　考　文　献

13.1) F. Hashimoto, A. Kanai, M. Miyashita：Growing Mechanism of Chatter Vibration in Grinding Processes and Chatter Stabilization Index of Grinding Wheels, Ann. CIRP. Vol 83/1/1984. pp. 259〜263
13.2) 高橋利衛：機械振動とその防止，オーム社（昭30年）

# 14. 砥石再生形自励びびり振動特性を支配するパラメータと振幅発達率の抑制対策[13.1),14.1)]

## 14.1 砥石再生形自励びびり振動根の求め方とその支配的パラメータの考察[13.1),14.1)]

砥石再生形自励びびり振動の特性方程式（13.8）′式を変形して，

$$\frac{k_m}{bk'_s} \cdot \frac{1}{1-e^{-\tau_s s}} - \frac{k_m}{bk'_c} = G_m(s) \tag{14.1}$$

上式左辺のベクトル軌跡の実部および虚部を分離するため，

$$x + jy = \frac{k_m}{bk'_s} \cdot \frac{1}{1-e^{-\tau_s s}} - \frac{k_m}{bk'_c} \tag{14.2}$$

とおくと，

$$x = -\frac{k_m}{bk'_s} \cdot \frac{-e^{-2\pi\sigma}\cos 2\pi\nu}{1-2e^{-2\pi\sigma}\cos 2\pi\nu + e^{-4\pi\sigma}} - \frac{k_m}{bk'_c} \tag{14.3}$$

$$y = -\frac{k_m}{bk'_s} \cdot \frac{e^{-2\pi\sigma}\sin 2\pi\nu}{1-2e^{-2\pi\sigma}\cos 2\pi\nu + e^{-4\pi\sigma}} \tag{14.4}$$

（13.24），（13.25）両式より$\nu$を消去すると等$\sigma$線図は次式で示される。

$$\left(x + \frac{k_m/bk'_s}{1-e^{-4\pi\sigma}} + \frac{k_m}{bk'_c}\right)^2 + y^2 = \left(\frac{\frac{k_m}{bk'_s}e^{-2\pi\sigma}}{1-e^{-4\pi\sigma}}\right)^2 \tag{14.5}$$

上式より，特性方程式（14.1）左辺のベクトル軌跡上の任意の点$(x, y)$を通過する等$\sigma$線図群の$\sigma$の値は，

$$\sigma = -\frac{1}{4\pi}ln\left\{1 + \frac{(k_m/bk'_s)^2 + 2(k_m/bk'_s)(x+k_m/bk'_c)}{(x+k_m/bk'_c)^2 + y^2}\right\} \tag{14.6}$$

次に（13.22）式右辺のベクトル軌跡の実部および虚部を分離するため，

$$x + jy = G_m(ju) \tag{14.7}$$

ただし，$u = \omega/\omega_n$ \tag{14.8}

とおくと（13.9）式より，

$$x = \frac{1-u^2}{(1-u^2)^2 - 4\zeta^2 \cdot u^2} \tag{14.9}$$

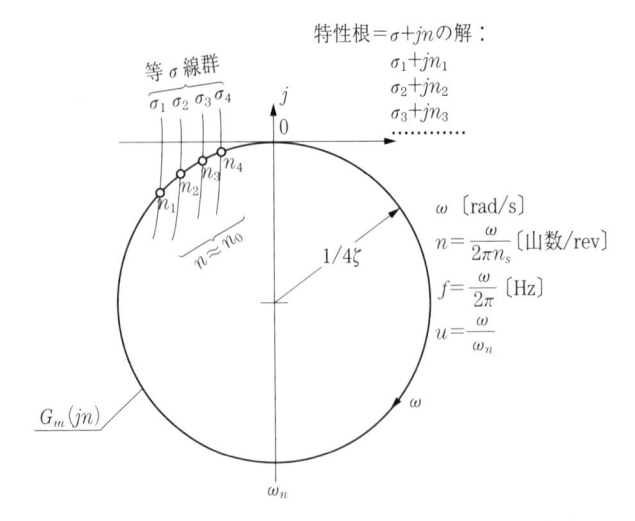

**図14.1** 整数うねり山数に近い無次元化動特性 $G_m(jn)$ ベクトル軌跡点 $n_1, n_2 \cdots$ を通る等 $\sigma$ 線群から求められる特性根 $s = \sigma + jn$

$$y = -\frac{2\zeta u}{(1-u^2)^2 - 4\zeta^2 \cdot u^2} \tag{14.10}$$

いま,図14.1に示すように(14.1)式の右辺のベクトル軌跡 $G_m(jn)$ 上に,整数 $n_0$ に近い点 $n_1(x_1, y_1)$, $n_2(x_2, y_2)$ ……を選び,これらの点を通過する等 $\sigma$ 線群 $\sigma_1$, $\sigma_2$ ……を(14.6)式にしたがって求めることができる。すなわち,特性根, $s_1 = \sigma_1 + jn_1$, $s_2 = \sigma_2 + jn_2$ ……を得る。このような計算のフローチャートを図14.2に示す。

研削加工においては,工作物を除去加工すると同時に砥石自身も減耗し,同時に切れ刃を再生するという特性があり,このため両者の体積比を研削比 $G$ と定義し,重要な因子である。

砥石の減耗量と研削負荷の比から定義される砥石の減耗剛性 $k'_s$ 〔kgf/$\mu$m·cm〕を研削剛性 $k'_w$ 〔kgf/$\mu$m·cm〕と比べると,次の関係がある。

$$k'_s / k'_w = G \cdot q \tag{14.11}$$

ただし, $q = v_s / v_w$ \tag{14.12}

いま,研削比 $G$ の具体例として,

$$G = 10 \sim 50$$

また, $q = 50 \sim 100$

とおくと,

$$k'_s / k'_w = 500 \sim 5{,}000$$

**図14.3**は, $k'_s/k'_w = 5{,}000$ とした場合に図14.2のフローチャートにしたがって求めた振動根の配列を示す。ここで,特性根の山数は $v_s/2\pi R_s$ 間隔,すなわち,砥石1回転当たり1山ずつずれた振動根が複数個存在する。このことは,不安定振動根が十分発達すると一種の唸り現象,あるいは変調現象となって現われることを示している。

14. 砥石再生形自励びびり振動特性を支配するパラメータと振幅発達率の抑制対策

$-\dfrac{k_m}{bk'_s} \cdot \dfrac{1}{1-e^{-\tau_s s}} - \dfrac{k_m}{bk'_c}$ のベクトル線図

$\boxed{G_m(s)}$ のベクトル線図

$$\sigma = -\dfrac{1}{4\pi} \ln\left\{1 + \dfrac{(k_m/bk'_s)^2 + 2(k_m/bk'_s)(x+k_m/bk'_c)}{(x+k_m/bk'_c)^2 + y^2}\right\}$$

$$x = \dfrac{1-u^2}{(1-u)^2 - 4\zeta u^2}$$
$$y = \dfrac{2\zeta u}{(1-u)^2 - 4\zeta^2 u^2}$$

$s = \sigma + ju$

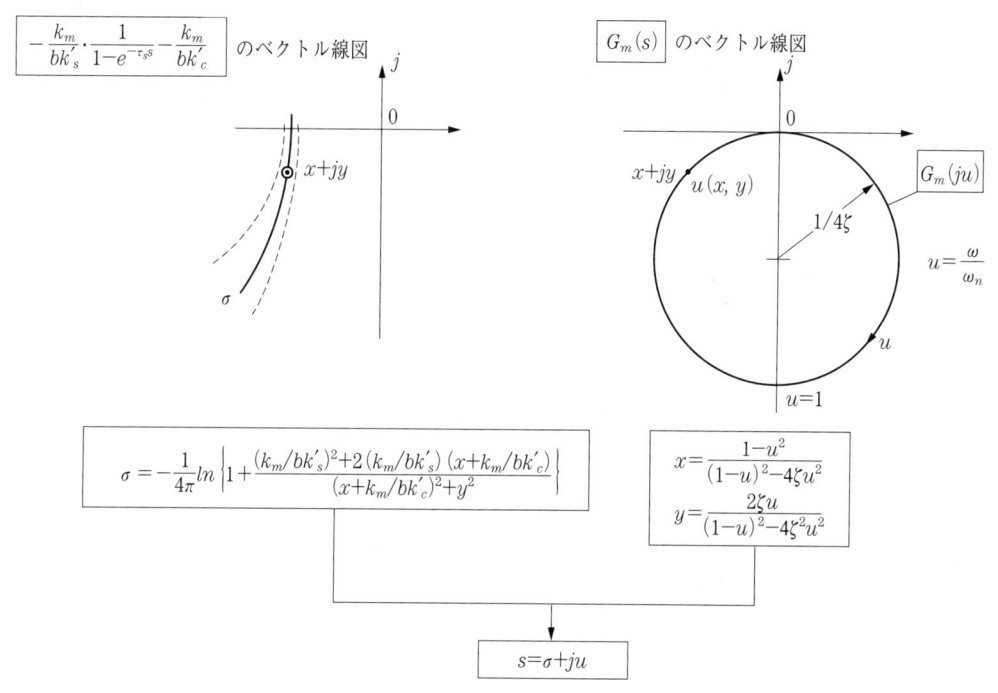

**図14.2** 砥石再生形びびり振動根の図式合致法による解法のフローチャート

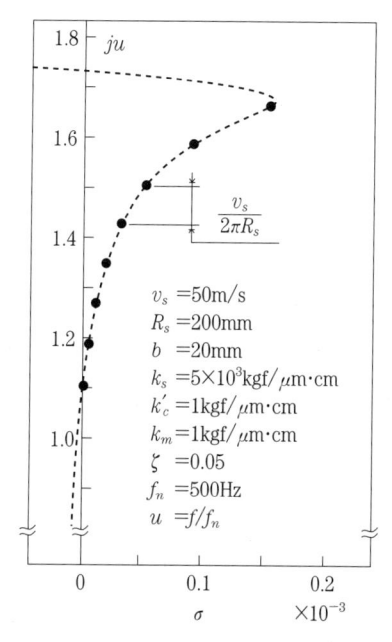

$v_s = 50$ m/s
$R_s = 200$ mm
$b = 20$ mm
$k_s = 5 \times 10^3$ kgf/μm·cm
$k'_c = 1$ kgf/μm·cm
$k_m = 1$ kgf/μm·cm
$\zeta = 0.05$
$f_n = 500$ Hz
$u = f/f_n$

**図14.3** 砥石再生形びびり振動の特性根の配置

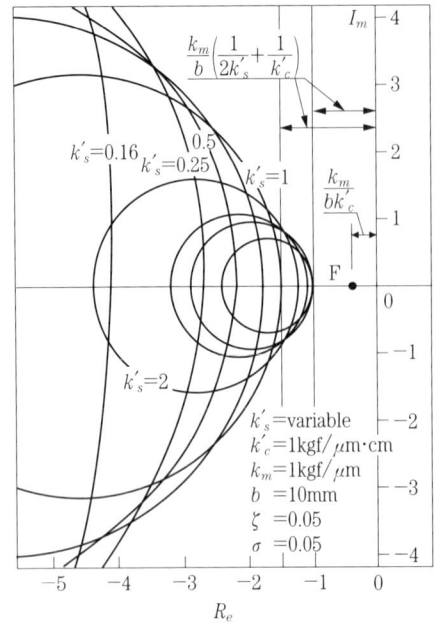

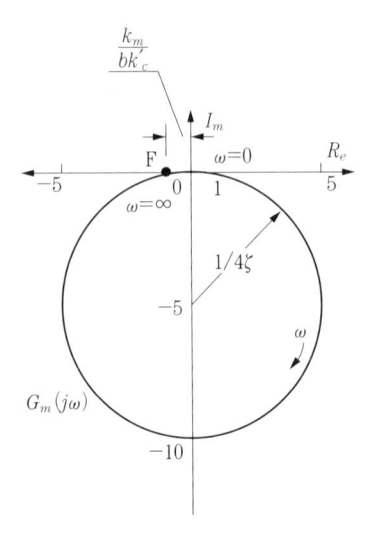

(a) 減耗剛性$k'_s$を変化させたときの
等σ線図の変化—収束点 $F\left(-\dfrac{k_m}{bk'_c},\ 0\right)$

(b) 研削盤コンプライアンス$G_m(j\omega)$
のベクトル軌跡

**図14.4** 減耗剛性$k'_s$が増大すると等σ線図が収束点 $F\left(-\dfrac{k_m}{bk'_c},\ 0\right)$ に向い，不安定振動根が消滅する限界の可能性を示す概念図

また，上述のように減耗剛性$k'_s$が著しく大きな値を示す場合に等σ線図がどのように変化するかを見るための数値計算例を**図14.4**に示す。$\sigma=0.05$の線図について$k'_s$が大きくなるに従い，等σ線図の半径が減少し，かつ，その中心が原点の方向に移動し，$k'_c=\infty$になると，点 $F(-k_m/bk'_c,\ 0)$ に収束する関係を示す。このとき，図14.4(b)に示すように研削盤のコンプライアンス$G_m(j\omega)$のベクトル軌跡の外側に位置するため等σ線図と交差せず，減耗剛性$k'_s$がある値より大きくなると，不安定振動根が消滅する可能性を示している。このことは(14.3)，(14.4)式からも直接求められる。

**図14.5**は，減耗剛性$k'_s$が2,000kgf/μm·cmから10,000kgf/μm·cmまで増加したときの振幅発達率σの変化の数値計算例である。最大振幅発達率$\sigma_{\max}$に注目すると，$k'_s$が2,000〜5,000kgf/μm·cmでは反比例的に減少するが，10,000kgf/μm·cmまでは減少割合が低下する。

**図14.6**および**図14.7**は，それぞれ研削盤の減衰比ζおよびループ剛性と研削幅の比$k_m/b$が振幅発達率σに及ぼす影響の数値計算例を示す。何れも最大振幅発達率$\sigma_{\max}$と研削盤の減衰比ζおよび$k_m/b$との間にはそれぞれ反比例的に減少する関係を示している。

14. 砥石再生形自励びびり振動特性を支配するパラメータと振幅発達率の抑制対策

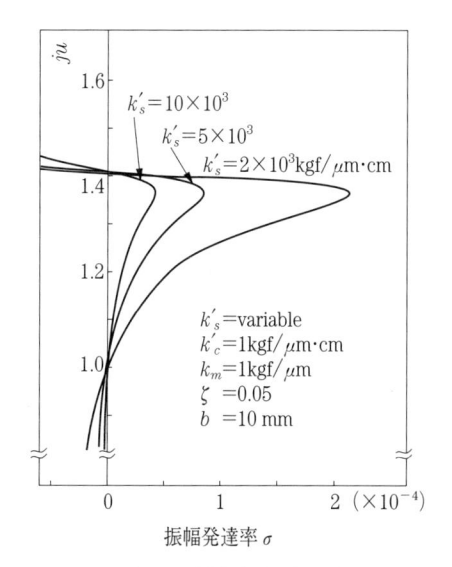

**図14.5** 砥石の減耗剛性$k'_s$が砥石再生形びびり振動根の配置に及ぼす影響

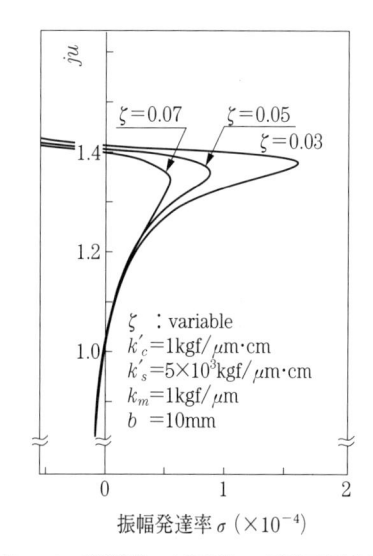

**図14.6** 研削盤の減衰比$\zeta$が砥石再生形びびり振動根の配置に及ぼす影響

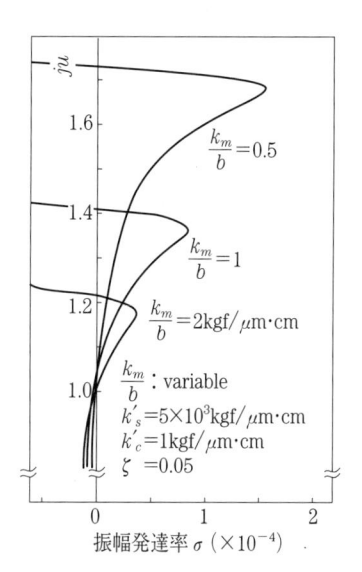

**図14.7** 研削盤のループ剛性と研削幅の比$k_m/b$が再生形びびり振動根の配置に及ぼす影響

## 14.2 最大振幅発達率とその抑制対策[13.1)] ―砥石のびびり安定化指数の提案―

図14.8に振幅発達率が最大値 $\sigma_{max}$ となるときの（14.1）式の両辺のベクトル軌跡の外接点の配置を示す。

ここで，点Aの座標は $\left(-\dfrac{k_m/bk_s'}{1-e^{-4\pi\sigma}}-\dfrac{k_m}{bk_s'},\ 0\right)$

点Cの座標は $(0,\ -1/4\zeta)$

また，等 $\sigma$ 線図の半径 $R_a$ は，

$$R_a = \frac{k_m/bk_s' \cdot e^{-2\pi\sigma}}{1-e^{-4\pi\sigma}}$$

$R_g$ は， $R_g = 1/4\zeta$

図14.8の配置から，

$$\overline{AC}^2 = \overline{OA}^2 + \overline{OC}^2 \tag{14.13}$$

$$\overline{AC} = \overline{AB} + \overline{BC} \tag{14.14}$$

したがって，

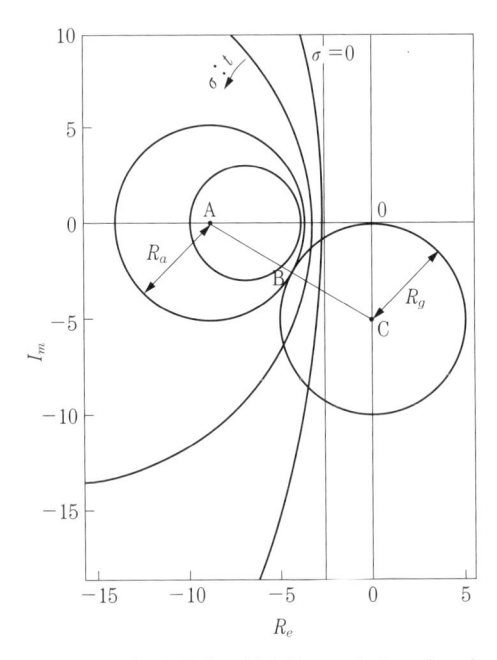

**図14.8** 振幅発達率が最大値 $\sigma_{max}$ となる（14.1）式の両辺のベクトル軌跡の外接点の配置

## 14. 砥石再生形自励びびり振動特性を支配するパラメータと振幅発達率の抑制対策

$$\frac{\left(\frac{k_m}{bk_c'}\right)^2(1-e^{-4\pi\sigma})+\left(\frac{k_m}{bk_c'}\right)^2(1-e^{-4\pi\sigma})+2\cdot\frac{k_m^2}{b^2\cdot k_s'\cdot k_c'}(1-e^{-4\pi\sigma})}{(1-e^{-4\pi\sigma})^2}-\frac{\left(\frac{k_m}{bk_c'}\right)+e^{-2\pi\sigma}}{2\zeta(1-e^{-4\pi\sigma})}=0$$

上式より,

$$\sigma_{\max}=-\frac{1}{2\pi}ln\frac{-\frac{1}{4\zeta}\cdot\frac{k_m}{bk_s'}+\sqrt{\frac{1}{16\zeta^2}\left(\frac{k_m}{bk_c'}\right)^2+\frac{k_m^2}{b^2}\left(\frac{k_m}{bk_c'}\right)^2\left(\frac{1}{k_s'}+\frac{1}{k_c'}\right)^2}}{\left(\frac{k_m}{bk_c'}\right)^2} \tag{14.15}$$

変形すると,

$$\sigma_{\max}=-\frac{1}{2\pi}\left\{ln\frac{b}{k_m}\cdot\frac{k_c'^2}{k_s'}+ln\left(-\frac{1}{4\zeta}+\sqrt{\frac{1}{16\zeta^2}+\frac{k_m^2}{b^2}\left(\frac{1}{k_c'}+\frac{k_s'}{k_c'^2}\right)^2}\right)\right\} \tag{14.16}$$

上式において砥石に関するパラメータ接触剛性 $k_c'$ および減耗剛性 $k_s'$ に着目し,これらのパラメータが最大振幅発達率 $\sigma_{\max}$ に及ぼす影響を数値計算例から検討した結果を**図14.9**および**図14.10**に示す。

図14.9から砥石の接触剛性 $k_c'$ が減少すると振幅発達率が急速に減少する傾向を示す。図14.10は砥石の減耗剛性 $k_s'$ の増加とともに最大振幅発達率は減少するが,同時に砥石の接触剛性の減少によってその傾向が加速されることを示している。

そこで,(14.16)式で主要なパラメータの1つである $k_s'/k_c'^2$ に着目し,接触剛性 $k_c'$ をパラメータとして最大振幅発達率 $\sigma_{\max}$ と $k_s'/k_c'^2$ の関係を示すと**図14.11**を得る。接触剛性 $k_c'$ が1 kgf/μm・cmを超えると両者の関係に殆ど変化がなくなる。そして, $\sigma_{\max}$ は $k_s'/k_c'^2$ に対して $-20$dB/decで減少する。さらに,図14.6および図14.7に示すように, $\sigma_{\max}$ は $\zeta$ および $k_m/b$ 〔kgf/μm・cm〕の逆数に比例する関係にあることを考慮し, $\sigma_{\max}$ の近似値として,

$$\widetilde{\sigma}_{\max}=0.318\frac{b}{\zeta k_m}\cdot\frac{k_c'^2}{k_s'} \tag{14.17}$$

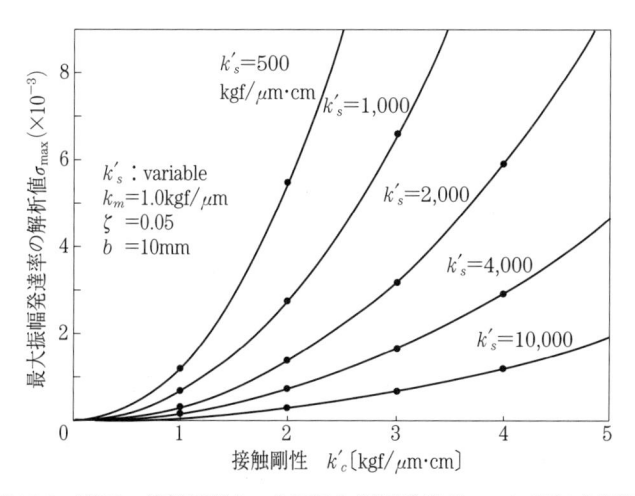

**図14.9** 砥石の接触剛性と $k_c'$ が最大振幅発達率 $\sigma_{\max}$ に及ぼす影響

(12.1) 式から,

$$T_N = \frac{bk'_w}{k_{m,c}} = \frac{bk'_w}{k_m} + \frac{k'_w}{k'_c}$$

ここで, $T_m = \dfrac{bk'_w}{k_m}$, $T_c = \dfrac{k'_w}{k'_c}$ (14.18)

とおくと, $T_N = T_m + T_c$ (14.19)

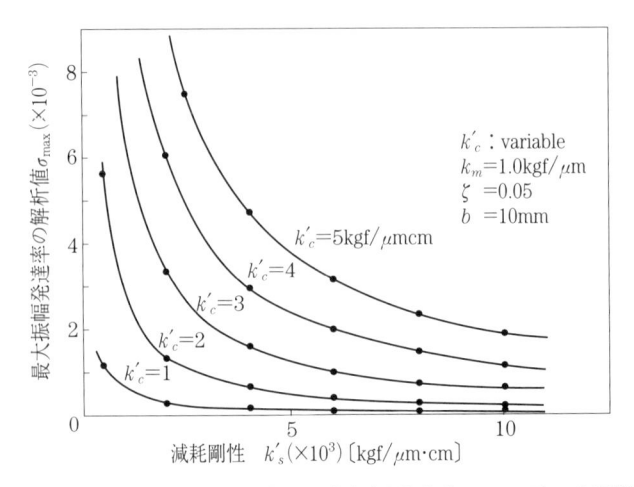

**図14.10** 砥石の減耗剛性 $k'_s$ が最大振幅発達率 $\sigma_{max}$ に及ぼす影響

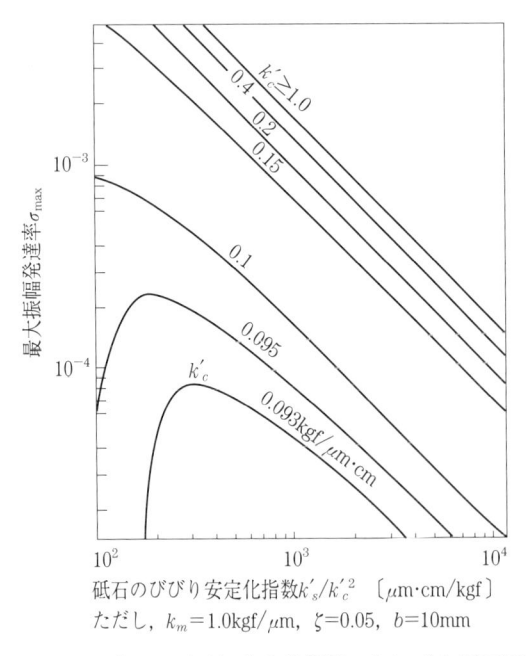

**図14.11** 砥石のびびり安定化指数 $k'_s/k'^2_c$ と砥石再生形びびり振動の最大振幅発達率 $\sigma_{max}$ の関係

## 14. 砥石再生形自励びびり振動特性を支配するパラメータと振幅発達率の抑制対策

(14.1) 式を用いて上式を変形すると，

$$T_m = \frac{b}{G \cdot q} \cdot \frac{k'_s}{k_m} \tag{14.20}$$

$$T_c = \frac{b}{G \cdot q} \cdot \frac{k'_s}{k'_c} \tag{14.21}$$

したがって，(14.17) 式を上式を用いて表現すると，

$$\widetilde{\sigma}_{\max} = 0.318 \frac{1}{\zeta G q} \cdot \frac{T_m}{T_c^2} \tag{14.22}$$

図14.12に (14.16) 式で求めた解析解 $\sigma_{\max}$ と (14.17) 式で求めた近似解 $\widetilde{\sigma}_{\max}$ の比較を示す。実際上その誤差は無視できるほど微少である。

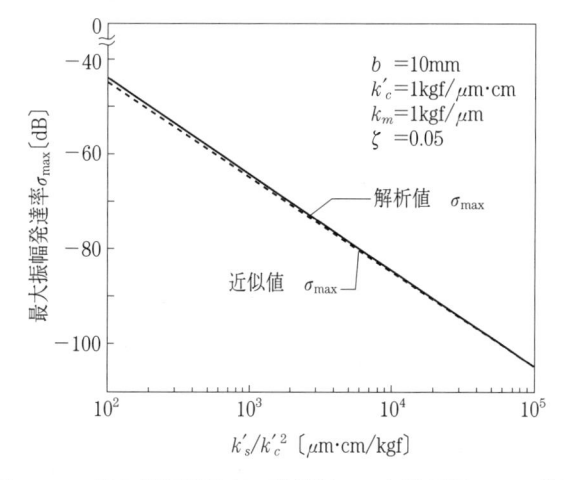

図14.12 最大振幅発達率の解析解 $\sigma_{\max}$ と近似解 $\widetilde{\sigma}_{\max}$ の比較

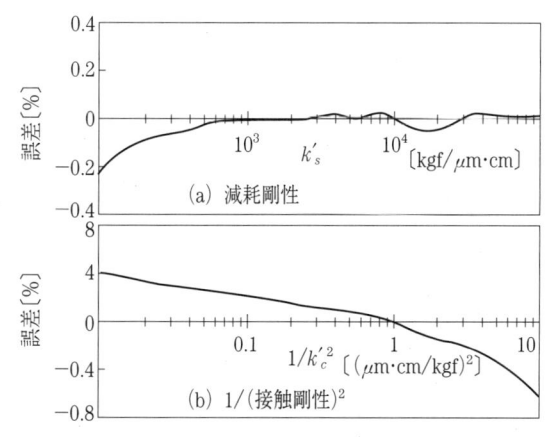

図14.13 パラメータ $k'_s$ および $1/k'^2_c$ の変化による最大振幅発達率近似解 $\widetilde{\sigma}_{\max}$ の誤差

また，減耗剛性$k'_s$および接触剛性$k'_c$の3桁の変化の中で（14.17）式の解析解からの誤差を計算した結果を**図14.13**に示す。この範囲の中で数%の誤差内に留まる。

なお，（14.15）式を時定数$T_m$，$T_c$および研削比$G$を用いて表現すると，

$$\sigma_{\max} = -\frac{1}{2\pi} ln \frac{-\frac{1}{4\zeta Gq} + \sqrt{\left(\frac{1}{4\zeta Gq}\right)^2 + \left(\frac{T_c}{T_m}\right)^2 \left(\frac{1}{Gq} + T_c\right)^2}}{\frac{T_c^2}{T_m}} \tag{14.23}$$

変形すると，

$$\sigma_{\max} = -\frac{1}{2\pi} \left\{ ln \frac{T_c^2}{T_m} + ln \left( -\frac{1}{4\zeta Gq} + \sqrt{\left(\frac{1}{4\zeta Gq}\right)^2 + \left(\frac{T_c^2}{T_m}\right)\left(\frac{1}{Gq} + T_c\right)^2} \right) \right\} \tag{14.24}$$

上式から研削比$G$がほぼ一定の領域では，時定数$T_m$および$T_c$のみで最大振幅発達率$\sigma_{\max}$を推定することができる。

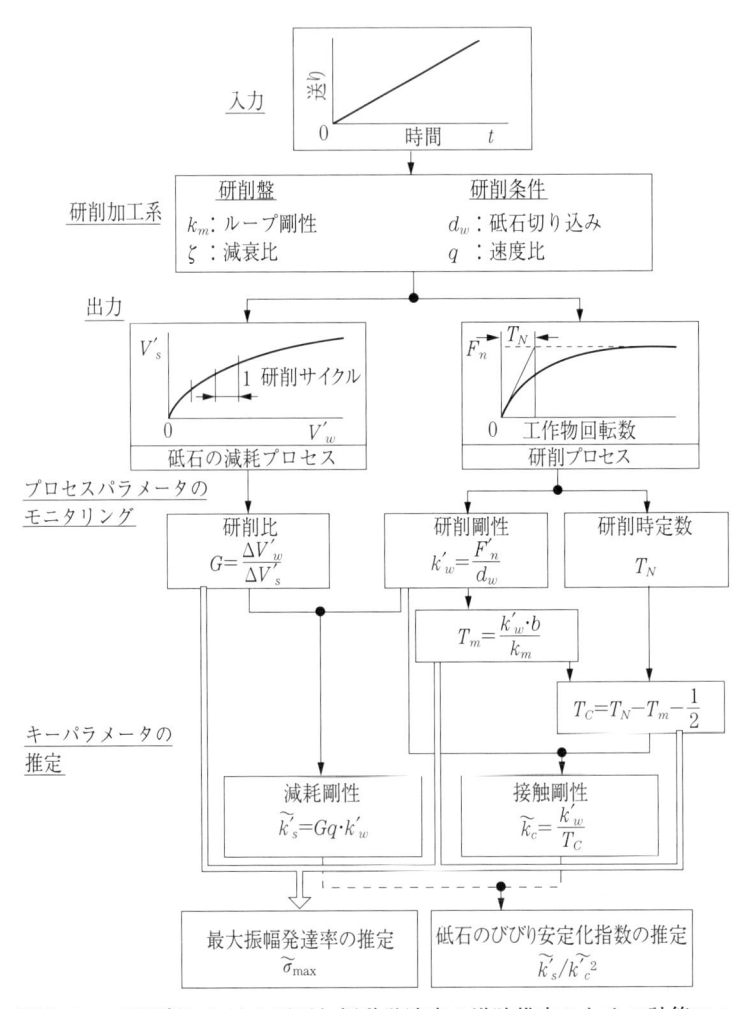

**図14.14** 円筒プランジ研削におけるびびり振動発達率の遂時推定のための計算フローチャート

## 14. 砥石再生形自励びびり振動特性を支配するパラメータと振幅発達率の抑制対策

以上の関係式を用いると，円筒プランジ研削中モニタリングした各種状態量からインプロセスで遂次最大振幅発達率$\tilde{\sigma}_{max}$の推定が可能である。すなわち，研削サイクルを継続する過程で得られる砥石の減耗量および研削力の計測結果を用いて研削比$G$，研削剛性$k'_w$，研削時定数$T_N$を算出し，$\tilde{\sigma}_{max}$をインプロセスで推定できる。そのフローチャートを図**14.14**に示す。

（14.17）式に示す項$k'^2_c/k'_s$は，研削砥石に固有なパラメータ$k'_c$，$k'_s$からなり，かつ，この逆数が増大すると$\tilde{\sigma}_{max}$を減少させる作用があることから，

$$砥石のびびり安定化指数 = \frac{k'_s}{k'^2_c} \tag{14.25}$$

と定義し，砥石再生形びびり振動対策としての砥石の選択基準としてこの指数を提案する。また，同様に（14.17）式から，

$$研削盤のびびり安定化指数 = \zeta \cdot \frac{k_m}{b} \tag{14.26}$$

と定義すると，びびり振動対策として$\tilde{\sigma}_{max}$の抑制に寄与する研削盤側の役割りと研削砥石側の役割りの共同作業の物指しとなるのではなかろうか。

### 参 考 文 献

14.1) F. Hashimoto, J. Yoshioka, M. Miyashita.：Sequential Estimation of Growth Rate of Chatter Vibration in Grinding Processes.
Ann. CIRP. Vol. 34/1/1985. pp271〜275

# 15. 砥石再生形自励びびり振動に関する研削実験と解析モデルの検討[14.1)]
## ―最大振幅発達率の推定と砥石のびびり安定化指数の妥当性―

14で示した砥石再生形自励びびり振動根の求め方に従い，実験過程で得られたパラメータを適用して得られたびびり振動発達率の推定値と実験値の比較から上述の解析モデルの妥当性および解析結果から提案された砥石のびびり安定化指数に基づく砥石選択指針の有効性について以下検討する。

表15.1は一連のびびり振動実験のための研削条件を示す。また，連続した研削サイクルに用いた条件を図5.1に示す。試料1個当たりの累積研削量 $V'_w \approx 30\mathrm{mm}^3/\mathrm{mm}$ で，累積工作物回転数 $\approx 20\mathrm{rev}$，また，テーブル送り時間は約13秒，その後切り残しを除くスパークアウトを実施する。

図15.2(a)，(b)，(c)および(d)は，逐次研削サイクル継続中の研削力および研削系時定数の変化過程を示す。あわせて，びびり振動の発達過程を示すため，バンドパスフィルタ400～1,400Hzを通した研削力の高周波成分を併記する。図15.2(a)に示すWA60J8Vの場合には，試料の12本目，すなわち，$V'_w \approx 360\mathrm{mm}^3/\mathrm{mm}$ でびびり振動の発生が認められる。図15.2(b)，(c)のWA60L8VおよびWA60M8Vにおいては，$V'_w \approx 500 \sim 600\mathrm{mm}^3/\mathrm{mm}$ 近傍でびびり振動が発生し，WA60J8Vに比べ目直し間寿命が明らかに長いことが認められる。これに反し，図15.2(d)のWA60L8Bの場合には，最初の1本目の試料からびびり振動が発生し始めており，レジンボンド砥石はこの場合不適格であることを示している。上述の試料の解析には後述のように研削力のスペトクル解析の結果から検討すべきである。

次に，解析モデルの重要なパラメータである砥石の接触剛性 $k'_c$ の実測結果について検討する。

表15.1 びびり振動に関する研削条件

| 研削砥石 | WA60J8V | −L8V | −M8V | −L8B |
|---|---|---|---|---|
| 砥石直径〔mm〕 | 390 | 405 | 405 | 405 |
| 砥石回転数〔min⁻¹〕 | 2,280 | 2,280 | 2,280 | 2,280 |
| 工作物直径〔mm〕 | 93.55 | 97.48 | 97.57 | 93.58 |
| 工作物回転数〔min⁻¹〕 | 95 | 95 | 95 | 95 |
| 周速比 | 100 | 100 | 100 | 100 |
| 砥石切り込み〔$\mu$m/rev〕 | 5 | 5 | 5 | 5 |
| 研削盤の主な固有振動数〔Hz〕 | 500 | | | |

## 15. 砥石再生形自励びびり振動に関する研削実験と解析モデルの検討

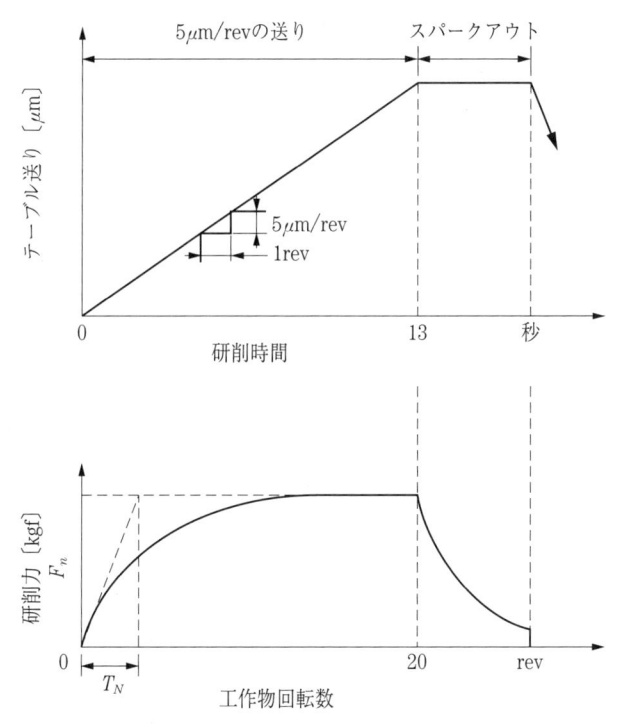

**図15.1** 実験に用いた研削サイクル

　図15.3は，砥石再生形自励びびり振動によって生じた砥石作業面のうねりの凸部Ⓐ，凹部Ⓒおよびその中間部Ⓑの接触剛性の実測値を示す。ここで，累積研削量は668mm³/mmで，Ⓑ点およびⒸ点近傍で部分的に切屑の付着が認められたがⒶ点近傍では認められない。切屑の認められるⒷ，ⒸではⒶに比べ明らかに接触剛性が高い。

　また，砥石の接触剛性はドレッシング直後から累積研削量の増加とともに変化する。その代表例としてWA60M8Vについて**図15.4**に，WA60L8Bについて**図15.5**に示す。ビトリファイドボンドの場合には累積研削取りしろが20～30μmまではドレッシング直後から接触剛性が増加し，その後減少するが，300～600μm辺りから反転して増加する傾向を示す。図15.2(c)の結果と比較すると，$V'_w$ = 500～600mm³/mmでびびり振動が認められると同時に接触剛性が増加に転ずるものと考えられる。レジノイドボンドの場合は，試料1本目までは接触剛性は増加し，その後急速に減少し，ドレッシング直後よりも低下する。このことは，びびり振動発生後砥粒の脱落が顕著になるためと考えられる。

　以上，砥石の接触剛性はいくつかの条件に支配され，その因果律は複雑である。そこで，ドレッシング直後の接触剛性を静的接触剛性と定義し，自励びびり振動解析に必要なパラメータとして以下に使用する。これを**図15.6**に示す。

　びびり振動の最大振幅発達率$\sigma_{max}$を示す（14.15）または（14.16）式の主要なパラメータの1つである砥石の減耗特性に関する実験結果を**図15.7**に示す。ビトリファイド砥石の場合は，

(a) WA60J8Vによる研削力とその高周波成分および研削系時定数の変化

(b) WA60L8Vによる研削力とその高周波成分および研削系時定数の変化

(c) WA60M8Vによる研削力とその高周波成分および研削系時定数の変化

(d) WA60L8Bによる研削力とその高周波成分および研削系時定数の変化

試料1本当たり研削サイクル時間約13秒,累積取りしろ$V'w \approx 30$ mm³/mm(研削サイクル時間にスパークアウト時間を含まず)

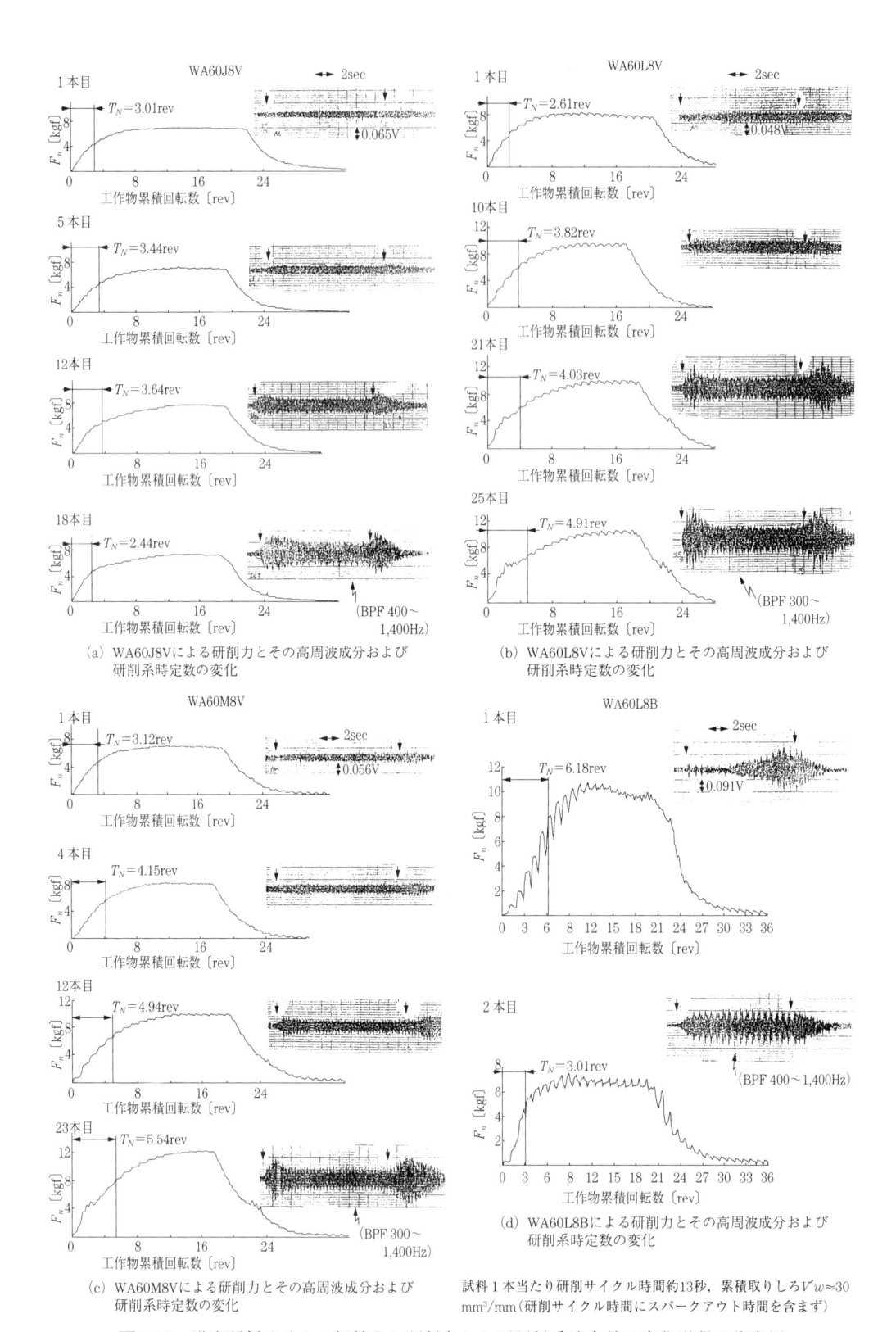

**図15.2** 逐次研削サイクル継続中の研削力および研削系時定数の変化過程の代表例

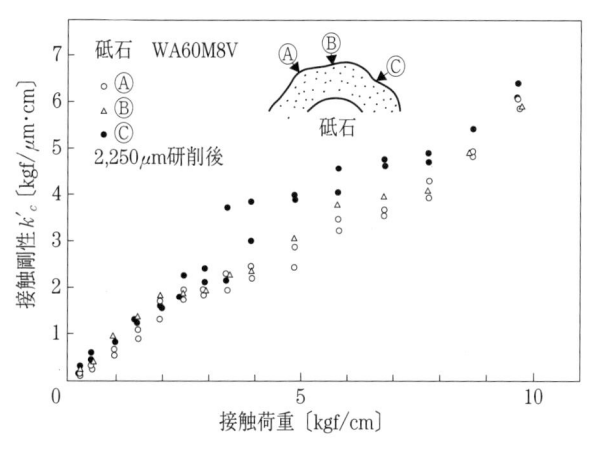

**図15.3** 砥石作業面のうねりに沿った接触剛性の変化

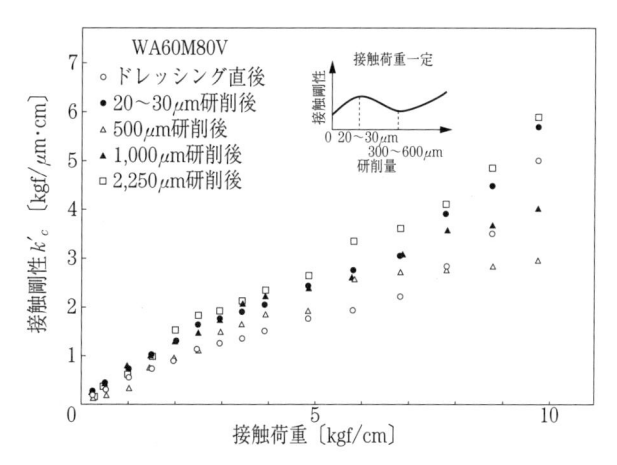

**図15.4** 累積研削量 $V'_w$ による砥石の接触剛性の変化—WA60M8V

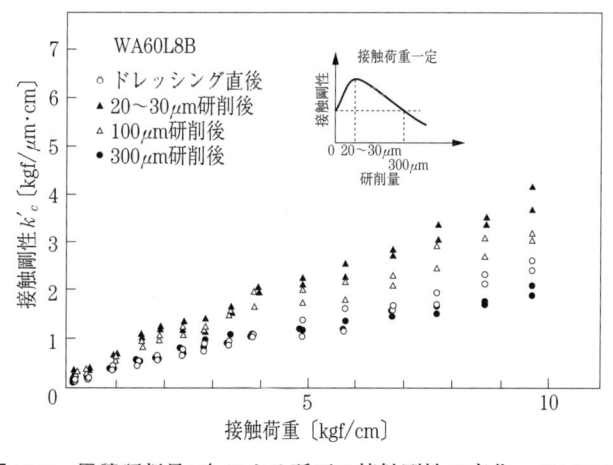

**図15.5** 累積研削量 $V'_w$ による砥石の接触剛性の変化—WA60L8B

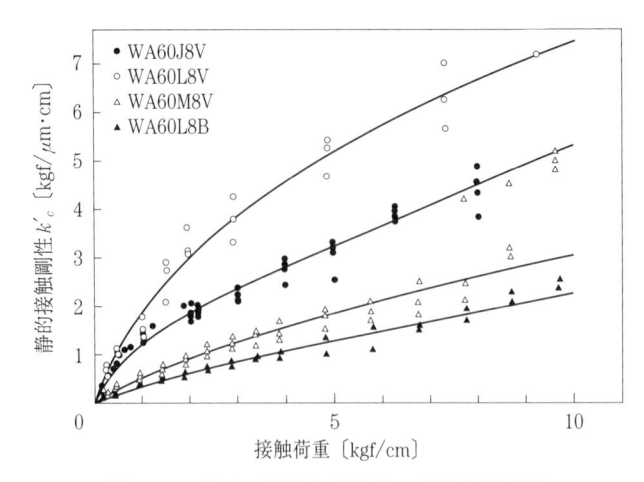

**図15.6** 砥石の接触変形特性―静的接触剛性

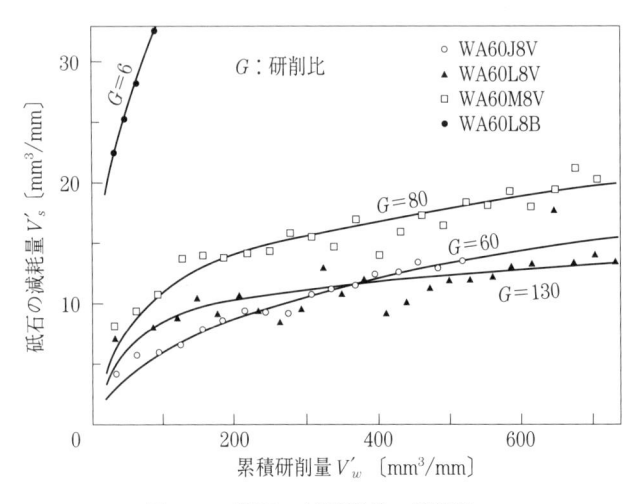

**図15.7** 砥石の減耗特性―研削比 $G$

累積研削量 $V'_w$ がほぼ300mm³/mm近傍から定常的研削比を示している。ただし,レジノイドボンド砥石では当初から目こぼれ状態となり,研削比はきわめて低い。以下は,図15.2の実験結果を用い,図14.14に示したフローチャートにしたがって各種砥石ごとに砥石再生形自励びびり振動根のびびり振動数,振幅発達率を求めた過程と,砥石選択指針としてのびびり安定化指数 $k'_s/k'^2_c$ の有効性について検討する。

図15.8は,各砥石について連続研削サイクルにおける研削系時定数 $T_N$ の変化過程を示す。WA60J8Vでは,研削時間200秒または累積研削量 $V'_w$ = 300mm³/mm まではほぼ一定,その後は若干減少傾向にある。WA60L8VおよびWA60M8Vでは,ドレッシング直後は急増するが,$V'_w$ ≈ 30〜40mm³/mm より後は漸増する傾向を示す。また,WA60L8Bは試料2本目で時定数が半減する。これらは砥粒切れ刃再生機構の反映である。

## 15. 砥石再生形自励びびり振動に関する研削実験と解析モデルの検討

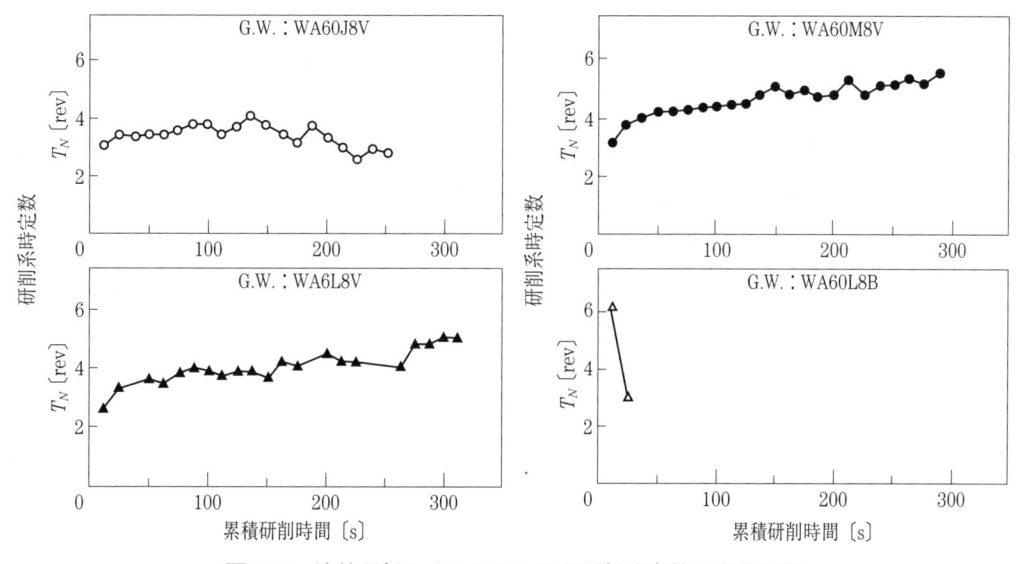

**図15.8** 連続研削サイクルにおける研削時定数の変化過程

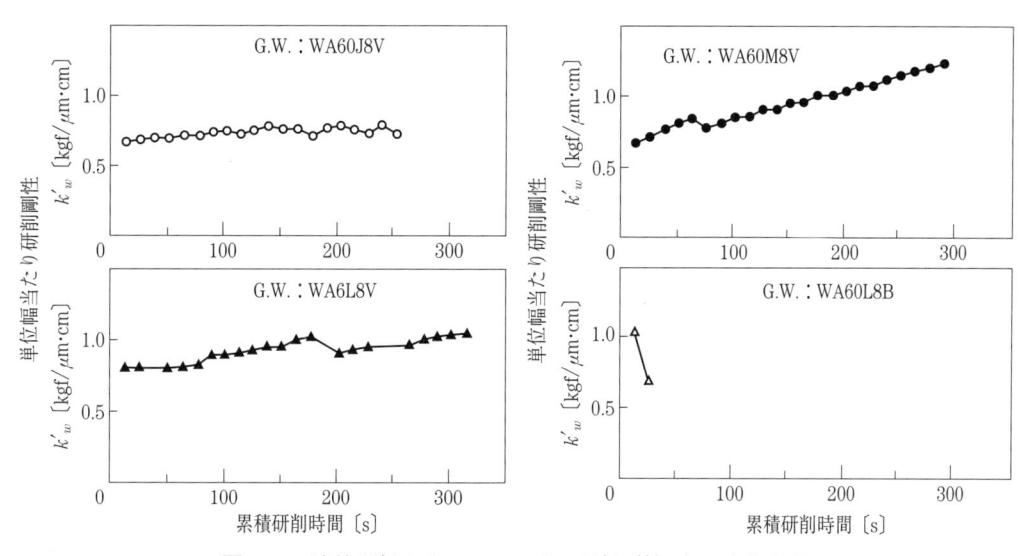

**図15.9** 連続研削サイクルにおける研削剛性 $k'_w$ の変化過程

**図15.9**は，各砥石毎の研削剛性 $k'_w$ の変化過程を示す。WA60J8Vでは実験範囲内で研削剛性はほぼ一定であり，いわゆる自生発刃現象と考えれるが，WA60L8Vではドレッシング直後より約40％，WA60M8Vでは約80％増加し，切れ刃の鈍化が見られる。

**図15.10**は，（14.18）および（14.19）式で定義された研削系時定数 $T_N$ の成分時定数 $T_m$ および $T_c$ を上述の研削剛性 $k'_w$ および研削盤のループ剛性 $k_m$ を用いて逐次算出した結果の変化過程を示す。すなわち，

$$T_c = T_N - T_m, \quad T_m = bk'_w/k_m$$

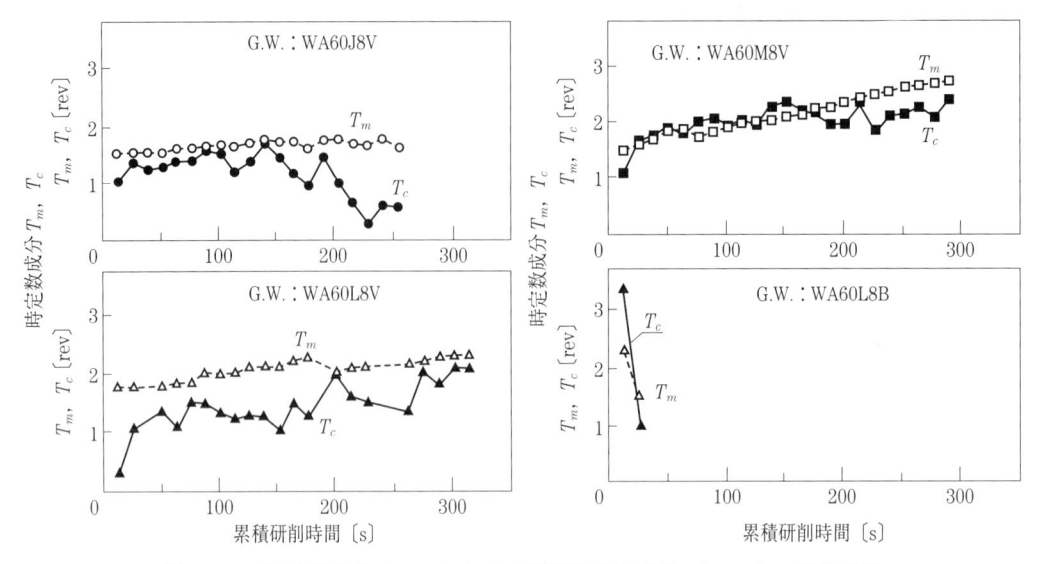

**図15.10** 連続研削サイクルにおける研削時定数成分 $T'_m$, $T'_c$ の変化過程

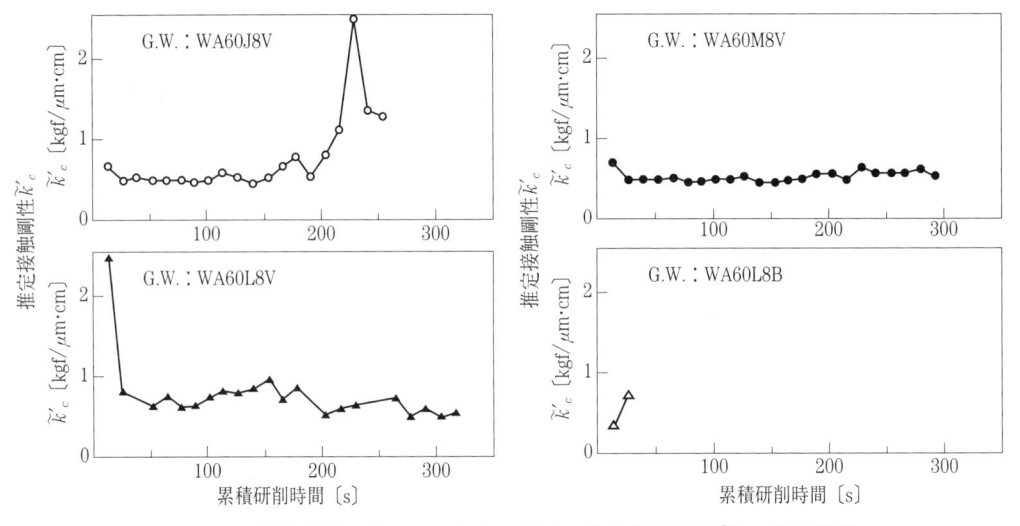

**図15.11** 連続研削サイクルにおける砥石の推定接触剛性 $\widetilde{k}'_c$ の変化過程

から算出した $T_m$ および $T_c$ の変化の過程である。

このようにして求めた $T_c$ から研削加工中の砥石の実質的な接触剛性を推定すると，

$$\widetilde{k}'_c = k'_w / T_c \tag{15.1}$$

ここで，$\widetilde{k}'_c$：砥石の推定接触剛性〔kgf/μm·cm〕

**図15.11** は，各砥石に関する研削中の推定接触剛性 $\widetilde{k}'_c$ の変化過程を示す。ここで求められた推定接触剛性 $\widetilde{k}'_c$ をさきに求めた図15.6における接触荷重約 5 kgf/cm のときの静的接触剛性 $k'_c$ と比較すると**表15.2**となる。ただし，$\widetilde{k}'_c$ は推定値の平均値を示す。WA60L8Bの場合を除

## 15. 砥石再生形自励びびり振動に関する研削実験と解析モデルの検討

表15.2 砥石の接触剛性の実測値と推定値の比較

| 接触剛性＼研削砥石 | WA60J8V | －60L8V | －60M8V | 60L8B |
|---|---|---|---|---|
| 静的接触剛性 $k'_c$ 〔kgf/$\mu$m・cm〕 接触荷重≈5kgf/cm | 2.5 | 4.2 | 2.2 | 0.70 |
| 遂次推定接触剛性 $\tilde{k}'_c$ 〔kgf/$\mu$m・cm〕 | 0.58 | 0.70 | 0.44 | 0.51 |

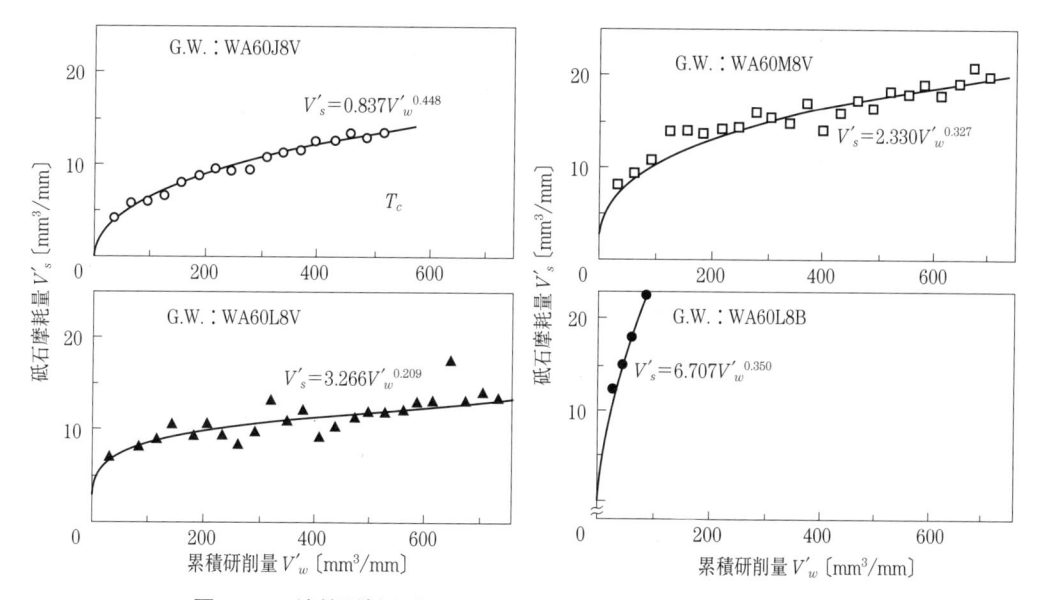

G.W.：WA60J8V　　$V'_s = 0.837 V'^{0.448}_w$　　$T_c$

G.W.：WA60M8V　　$V'_s = 2.330 V'^{0.327}_w$

G.W.：WA60L8V　　$V'_s = 3.266 V'^{0.209}_w$

G.W.：WA60L8B　　$V'_s = 6.707 V'^{0.350}_w$

図15.12 連続研削サイクルにおける砥石減耗量の変化と減耗関数

き，推定接触剛性と静的接触剛性の間にはほぼ5倍の差が生じている．このことは，砥石の静的接触変形に与かる砥粒の数と推定接触剛性に寄与する研削中の作用砥粒数の差によるものと考えられる．すなわち，後者においては研削に与かる実質的砥粒数が前者に比べ著しく少ないためである．このような考え方から推定接触剛性を動的接触剛性と呼び，静的接触剛性と区別する必要がある．

(14.15) または (14.16) 式で示した最大振幅発達率 $\sigma_{max}$ を求めるためには，砥石の減耗剛性 $k'_s$〔kgf/$\mu$m・cm〕を知らねばならない．このために必要な砥石の特性はその減耗特性である．図15.12は，連続研削サイクルにおける砥石の減耗量 $V'_s$ の変化とこれより求めた減耗関数を示す．

表15.3は，減耗関数から求めた $V'_w = 200$ mm³/mm のときの研削比と図15.7で示した研削比の定常値の比較である．

このようにして研削比 $G$ が求まると，(14.11) 式に示した関係から砥石の減耗剛性 $k'_s$ が求

表15.3 $G = \Delta V'_w/\Delta V'_s$と定常的研削比の比較

| 研削比 \ 研削砥石 | WA60J8V | 60L8V | 60M8V | 60L8B |
|---|---|---|---|---|
| $V'_w=200\text{mm}^3/\text{mm}$のときの研削比$G$ | 50 | 97 | 36 | — |
| 定常的研削比$G$ | 60 | 130 | 80 | 6 |

表15.4 各種条件下の砥石の減耗剛性の比較—$k'_s = G \cdot q \cdot k'_w$—

| 研削砥石 | WA60J8V | −60L8V | −60M8V | −60L8B |
|---|---|---|---|---|
| $V'_w=200\text{mm}^3/\text{mm}$のときの研削剛性$k'_w$〔kgf/$\mu$m・cm〕 | 0.75 | 0.90 | 1.0 | — |
| 定常的研削剛性$k'_w$ | 0.80 | 0.90 | 1.1 | — |
| $V'_w=200\text{mm}^3/\text{mm}$のときの砥石の減耗剛性$k'_s$〔kgf/$\mu$m・cm〕 | 3,750 | 8,730 | 3,600 | — |
| $V'_w=300\text{mm}^3/\text{mm}$のときの砥石の減耗剛性$k'_s$ | 4,800 | 11,700 | 8,800 | — |
| 定常的減耗剛性$k'_s$ | 6,000 | 13,000 | 8,000 | 600 |

まる。すなわち,

$$k'_s = G \cdot q \cdot k'_w$$

そこで,研削剛性$k'_w$として,$V'_w = 200\text{mm}^3/\text{mm}$および定常状態のときの値を,また,研削比$G$として$V'_w = 200\text{mm}^3/\text{mm}$,$300\text{mm}^3/\text{mm}$および定常状態のときの値をそれぞれ採用した場合の減耗剛性を表15.4に示す。

砥石再生形自励びびり振動の発達過程における振幅発達率$\sigma$の実験値は,図12.4で示した同様の実験で研削力のスペクトル波形の変化過程から求めることができる。図15.13は,各種砥石ごとの研削力のスペクトル波形からびびり振動の発達過程を示す。

遂次研削サイクルにおけるびびり振動の発達率の実験値も同様の方法で求めている。図15.14は,動力学的モデルに基づき,研削比として定常値を用い一定とした場合,また,砥石の減耗関数から遂次求めた研削比を用いた場合の最大幅発達率$\sigma_{\text{max}}$をそれぞれ研削サイクルごとに求めた結果と実験値の比較を示す。

これらの中から遂次研削サイクルごとの研削比を用いた振幅発達率の推定値を各種砥石間でその変化過程を比較したものを図15.15に示す。これに対応する実験値を図15.16に示す。両者を比較し,図15.15において推定値の比較的安定な累積研削時間60〜200秒間の推定振幅発達率の平均値と,図15.16の実験値の平均値を比較すると表15.5となる。両者は個々の推定値

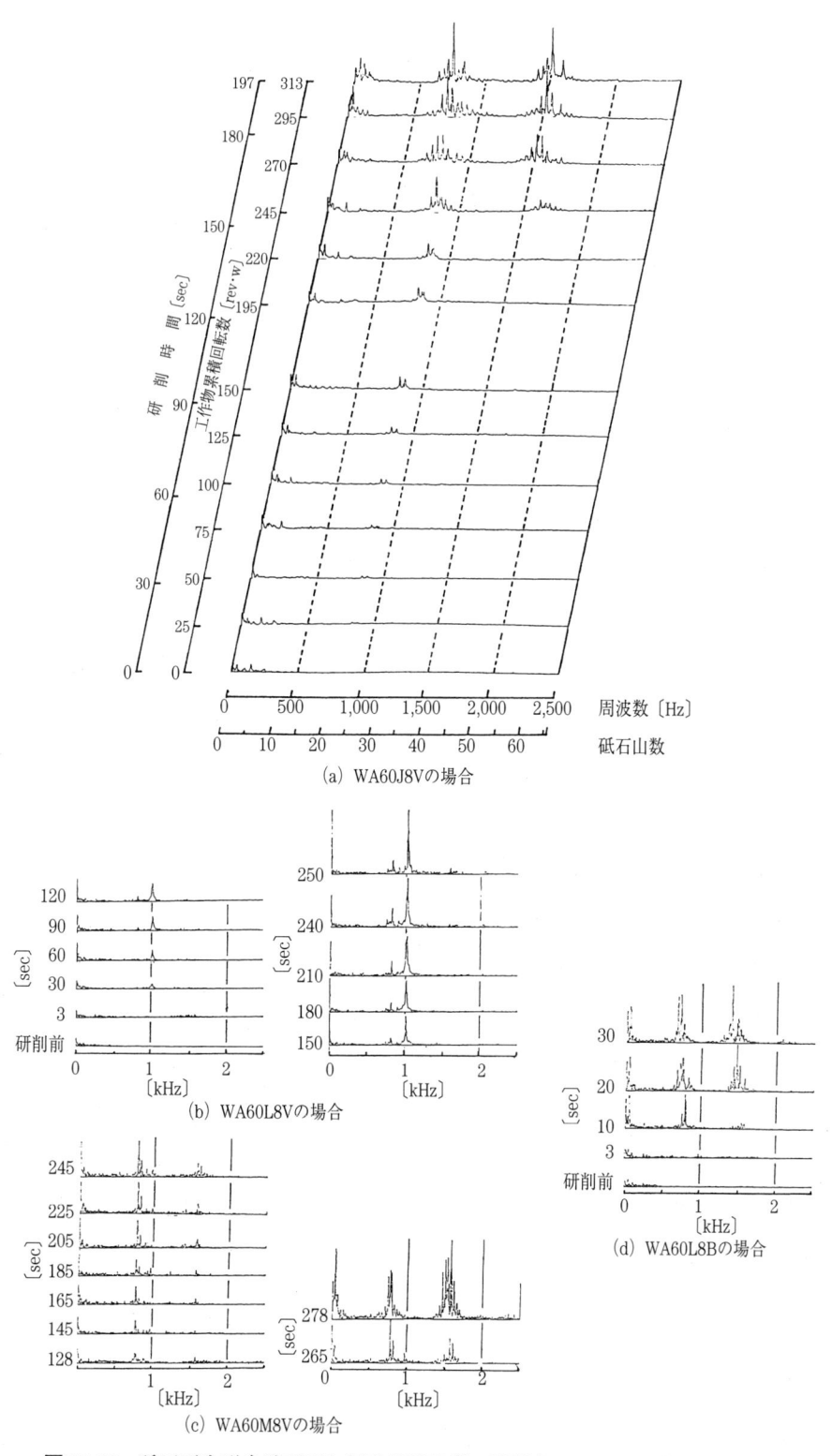

15. 砥石再生形自励びびり振動に関する研削実験と解析モデルの検討

(a) WA60J8Vの場合

(b) WA60L8Vの場合

(c) WA60M8Vの場合

(d) WA60L8Bの場合

**図15.13** 砥石再生形自励びびり振動発達過程の研削力スペクトル波形の実測値

— 269 —

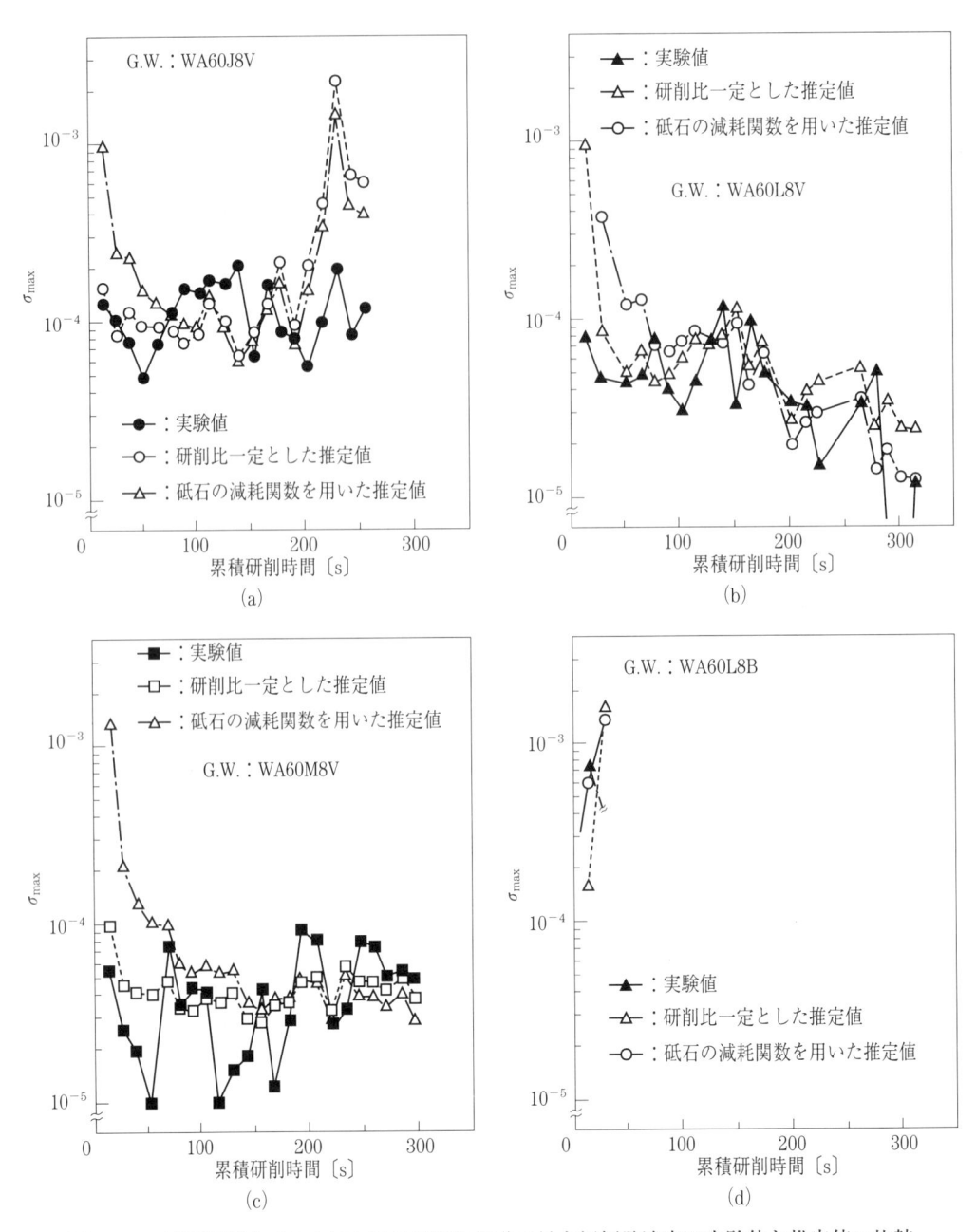

図15.14 連続研削サイクルにおけるびびり振動の最大振幅発達率の実験値と推定値の比較

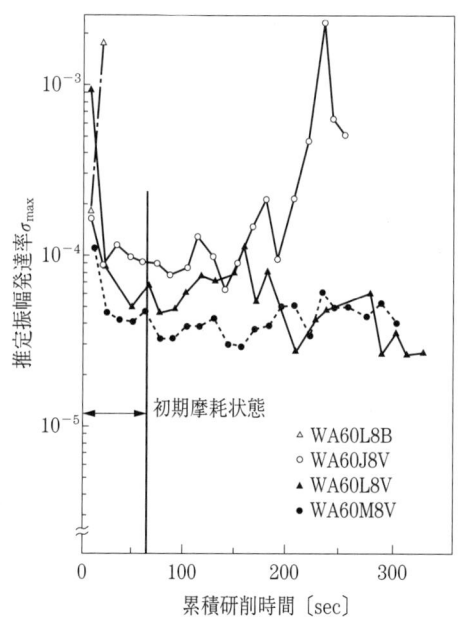

## 15. 砥石再生形自励びびり振動に関する研削実験と解析モデルの検討

**図15.15** 遂次研削サイクルにおける振幅発達率の推定値

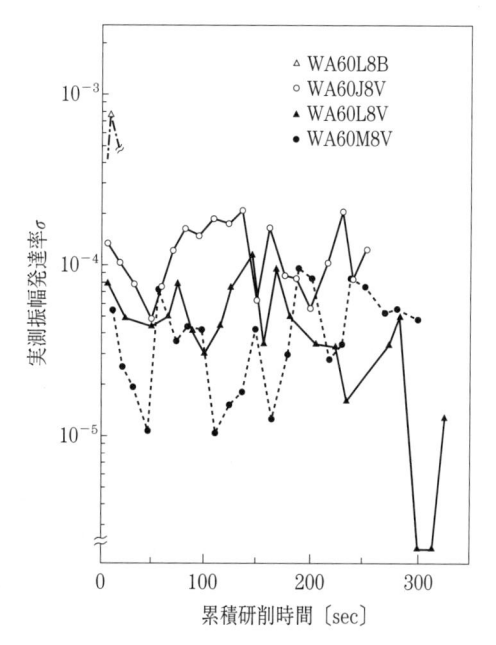

**図15.16** 遂次研削サイクルにおける振幅発達率の実測値

**表15.5** 時定数から遂次推定した振幅発達率と実測値の比較

| 振幅発達率 \ 砥石 | WA60J8V | WA60L8V | WA60M8V | WA60L8B |
|---|---|---|---|---|
| 推定値 $\sigma_{max}$ | $1.0 \times 10^{-4}$ | $6.3 \times 10^{-5}$ | $4.1 \times 10^{-5}$ | $9.4 \times 10^{-4}$ |
| 実測値 $\sigma$ | $1.1 \times 10^{-4}$ | $6.0 \times 10^{-5}$ | $4.1 \times 10^{-5}$ | $7.6 \times 10^{-4}$ |

ただし, 推定値 $\sigma_{max}$ は累積研削時間60秒〜200秒間の平均値。

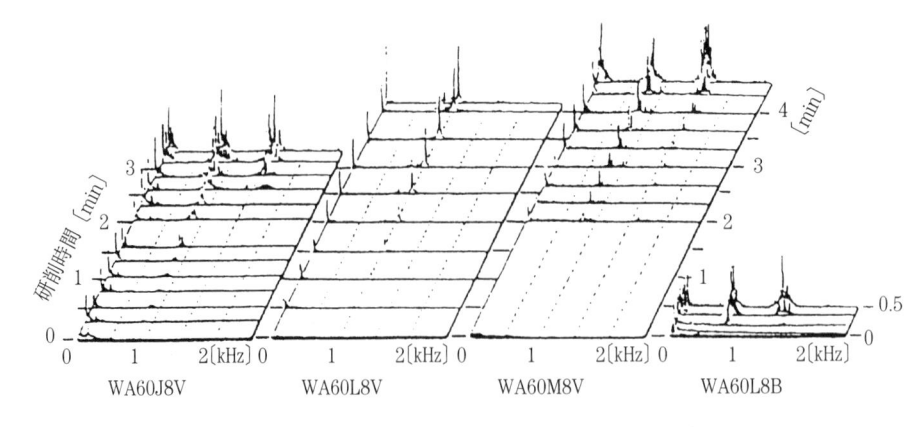

(a) 逐次研削サイクルにおけるびびり振動のスペクトル解析

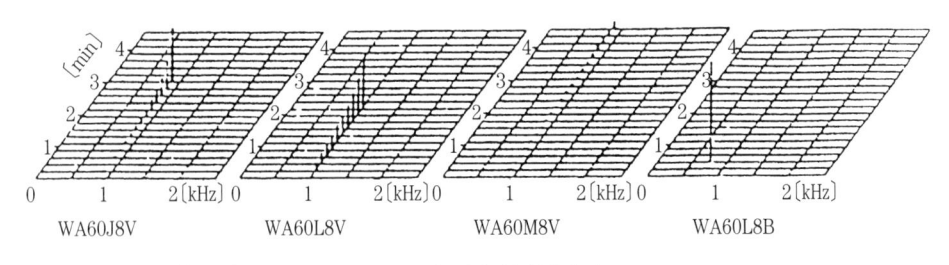

(b) 逐次研削サイクルにおける主要びびり振動発達のシミュレーション

**図15.17** びびり振動発達の研削実験と最大振幅発達率 $\sigma_{max}$ を用いたシミュレーションの比較

のばらつきに比べよく一致する。

表15.5に示した推定振幅発達率を用い，初期振幅 $0.1\mu m$ として求めたびびり振動発達のシミュレーション結果を遂次研削サイクルの振幅発達率の実験値と比較して**図15.17**に示す。

表15.2で示した砥石の静的接触剛性 $k'_c$ と動的接触剛性ともいうべき推定接触剛性 $\tilde{k}'_c$ をそれぞれ用いた場合の砥石再生形自励びびり振動根の解析結果を**図15.18**に示す。これらの振動根の配置から振幅発達率 $\sigma_{max}$ についての比較を**表15.6**に，また，びびり振動数についての比較および実験値を**表15.7**に示す。

何れの比較においても砥石の接触剛性の評価に関しては時定数から推定した接触剛性 $\tilde{k}'_c$ の方が，最大振幅発達率 $\sigma_{max}$ および，びびり振動数 $f_c$ について何れも実験値にきわめて近い結果を示している。

今後，砥石の研削加工中の実質的な接触剛性の評価方法について砥石作業面の個々の有効切れ刃と関連づけた解明が期待される。

最後に，14.2で提案した砥石のびびり安定化指数 $k'_s/k'^2_c$ と振幅発達率 $\sigma$ との相関性について検討する。研削系の時定数などを援用して求めた砥石の減耗剛性 $k'_s$ および砥石の推定接触剛性 $\tilde{k}'_c$ を用いたびびり安定化指数 $k'_s/\tilde{k}'^2_c$ と振幅発達率の実験値の比較を**図15.19**に示す。図14.11で示した解析解の $k'_c = 0.4\text{kgf}/\mu m\cdot cm$ の直線からの実験値 $\sigma$ のばらつきが大きいが，こ

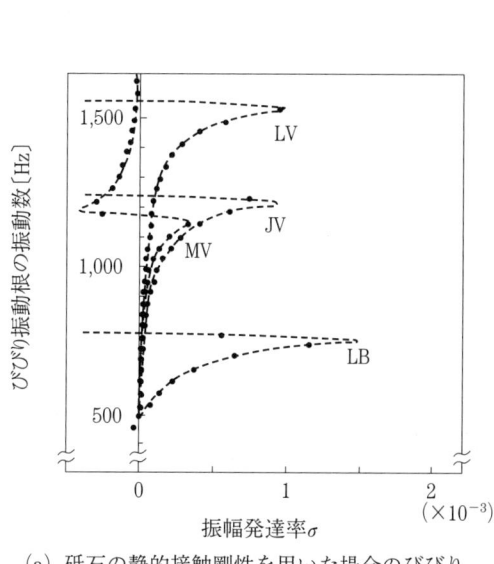

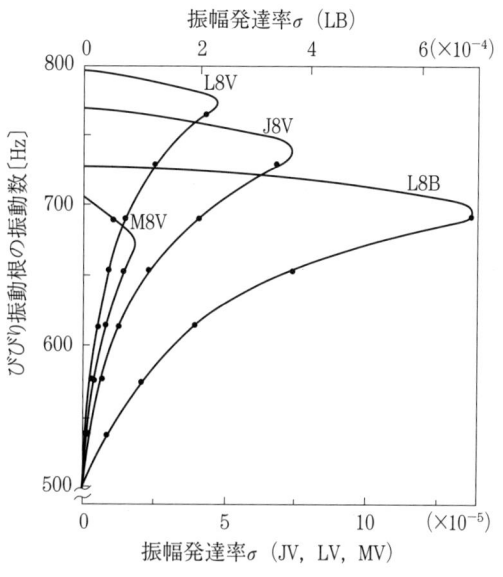

## 15. 砥石再生形自励びびり振動に関する研削実験と解析モデルの検討

(a) 砥石の静的接触剛性を用いた場合のびびり振動根の配置

(b) 砥石の推定接触剛性を用いた場合のびびり振動根の配置

**図15.18** 砥石の静的接触剛性と推定接触剛性を用いた場合のびびり振動根の配置の比較

**表15.6** 静的接触剛性および推定接触剛性を用いた場合のびびり振動発達率の解析解の比較

| 振幅発達率 \ 砥石 | WA60J8V | WA60L8V | WA60M8V | WA60L8B |
|---|---|---|---|---|
| 静的接触剛性を用いた振幅発達率 | $0.8 \times 10^{-3}$ | $1 \times 10^{-3}$ | $0.3 \times 10^{-3}$ | $1.2 \times 10^{-3}$ |
| 推定接触剛性を用いた振幅発達率 | $7 \times 10^{-5}$ | $4 \times 10^{-5}$ | $1.2 \times 10^{-5}$ | $6.6 \times 10^{-4}$ |

**表15.7** 静的接触剛性および推定接触剛性を用いた場合の主要びびり振動数解析解と実験値の比較

| 砥石 | 静的接触剛性$k'_c$による振動数 | 推定値$\tilde{k}'_c$による振動数 | 実験値 |
|---|---|---|---|
| WA60J8V | 1,222Hz | 739Hz | 795Hz |
| WA60L8V | 1,528Hz | 771Hz | 1,031Hz |
| WA60M8V | 1,146Hz | 672Hz | 794Hz |
| WA60L8B | 726Hz | 692Hz | 720Hz |

れは砥石減耗機構として砥粒および結合材の脆性破壊を前提とする現在の研削加工法の宿命とも考えられる。

それでも目直し間寿命の長さで砥石の機能を比較すると,

　　　WA60L8B＜WA60J8V＜WA60L8V＜WA60M8V

となり,この順序は砥石のびびり安定化指数$k'_s/\tilde{k}'^2_c$の順序によく現れている。

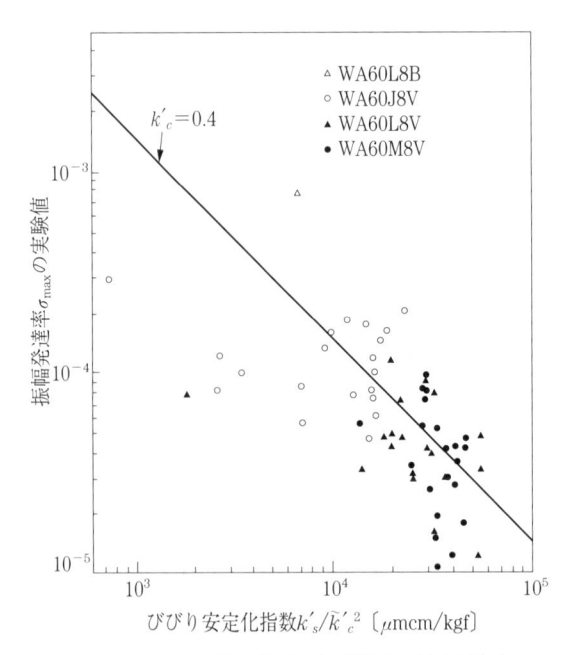

**図15.19** びびり安定化指数 $k'_s/\tilde{k}'^2_c$ と振幅発達率 $\sigma_{max}$ の実験値の比較

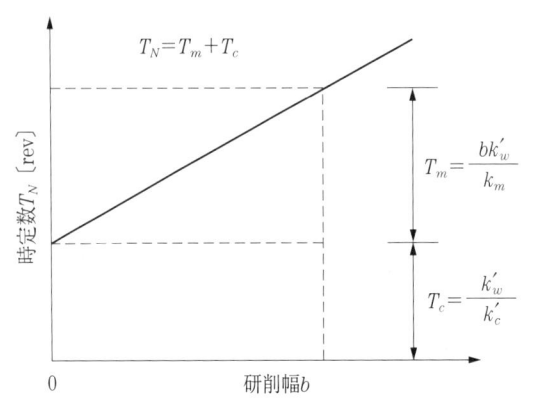

**図15.20** 研削幅の関数としての時定数 $T_N$ から研削盤のループ剛性および研削中の接触剛性を求める方法

なお，砥石の研削中の接触剛性 $k'_c$ の評価については，

$$T_N = \frac{bk'_w}{k_m} + \frac{k'_w}{k'_c}$$

の関係から $T_N$ を研削幅 $b$ の関数として表示すると**図15.20**となる．したがって，予め研削剛性 $k'_w$ を求めておけば，研削盤のループ剛性 $k_m$ および研削中の接触剛性 $k'_c$ を上式から求めることができる．

# 16. 超砥粒ホイールによる高速研削の生産性と工作物再生形自励びびり振動発生条件の検討
― 動力学的モデルに基づく推論 ―

## 16.1 超砥粒の物性と超砥粒ホイールに期待される新しい研削機能の開拓分野

従来の研削砥石に用いられる砥粒と比べた超砥粒,すなわち,cBN砥粒,ダイヤモンド砥粒の物性を図16.1に示す。これらの砥粒は何れも,(1)高硬度,(2)高圧壊度,(3)高熱伝導度および(4)耐摩耗性を示しており,材料除去加工用工具としてきわめて優れた砥材である。ただし,コスト面できわめて高価であり,砥石として用いられる場合は超砥粒を含む数mmの厚さの砥石層を金属基板上に接着した構成となっている。

これらの特性から得られる超砥粒ホイールの新しい研削機能として,

(1) 高負荷研削,
(2) 高速研削,
(3) セラミックス,光学ガラス,半導体結晶などの硬脆材料の研削,

が挙げられる。

上記(1),(2)の特性は,これまでにない高い材料除去機能であり,研削加工の生産性の飛躍的向上への期待となる。他方,(3)の硬脆材料の研削加工は,従来の研削砥石では不可能であった新しい研削機能を示すもので,ラッピング,ポリッシングなど,遊離砥粒による除去加工の分野への適用可能性を示す。図16.2は,材料除去率(MRR)$Z'_w$〔mm$^3$/mm・s〕を尺度として従来の研削加工の対象領域と比較して超砥粒ホイールの新しい研削機能の開拓分野を示す。

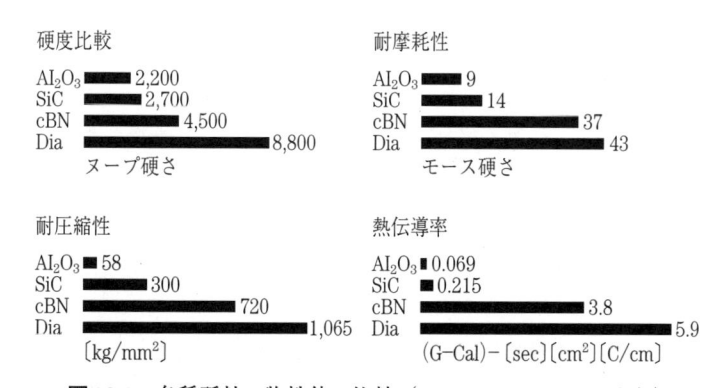

硬度比較
Al$_2$O$_3$ 2,200
SiC 2,700
cBN 4,500
Dia 8,800
ヌープ硬さ

耐摩耗性
Al$_2$O$_3$ 9
SiC 14
cBN 37
Dia 43
モース硬さ

耐圧縮性
Al$_2$O$_3$ 58
SiC 300
cBN 720
Dia 1,065
〔kg/mm$^2$〕

熱伝導率
Al$_2$O$_3$ 0.069
SiC 0.215
cBN 3.8
Dia 5.9
(G-Cal)−〔sec〕〔cm$^2$〕〔C/cm〕

**図16.1** 各種砥粒の物性値の比較(Winterthurカタログより)

材料除去率$Z'_w$-MRR〔mm³/mm・s〕

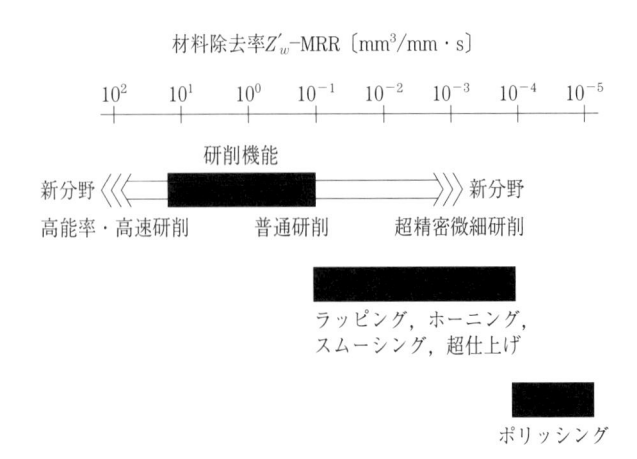

図16.2 超砥粒ホイールによる研削機能の新しい開拓分野[16.1]

　高速，重研削を特長とする高能率研削の新しい分野では，従来の砥石による重研削の目安を $Z'_w = 10\text{mm}^3/\text{mm·s}$ とすると，Edgetekは1997年当時砥石周速120m/sで工具鋼を対象に $Z'_w = 100\text{mm}^3/\text{mm·s}$ を実現し，フライス加工に代わる可能性があると評価されたのは代表例である。

　他方，ラッピング，ポリッシングの領域への適用が期待されるのは，いわゆる，超精密研削と呼ばれる新しい分野で，谷口が提唱した精密除去加工の尺度とされる加工単位の微細化の課題である。個々の砥粒の切り込みをいかに一様，かつ微細化するかの技術の開発である。その結果としての $Z'_w$ 値を従来の精密研削の仕上げ工程における $Z'_w = 0.1 \sim 0.2 \text{mm}^3/\text{mm·s}$ を× $10^{-2} \sim 10^{-3}$ へと微細化するのが目標となる。

## 16.2 研削サイクル時間の短縮

　研削サイクル時間設計の基本は研削系の時定数〔rev〕の評価である。すなわち，工作物の回転数で表わした時定数 $T_N$ は，(14.18)，(14.19) 式で示したように，

$$T_N = T_m + T_c \text{ 〔rev〕}$$
$$T_m = bk'_w/k_m, \quad T_c = k'_w/k'_c \text{ 〔rev〕}$$

工作物の回転速度 $n_w$〔r.p.s〕とすると，研削サイクル時間の時定数 $T$ は，

$$T = T_N/n_w \text{ 〔sec〕}$$

したがって，研削サイクル時間の算定に必要なパラメータは，

　　　研削剛性：$k'_w$〔kgf/μm·cm〕
　　　砥石の接触剛性：$k'_c$〔kgf/μm·cm〕
　　　単位研削幅当たり研削盤のループ剛性：$k_m/b$〔kgf/μm·cm〕
　　　研削盤のループ剛性：$k_m$〔kgf/μm〕

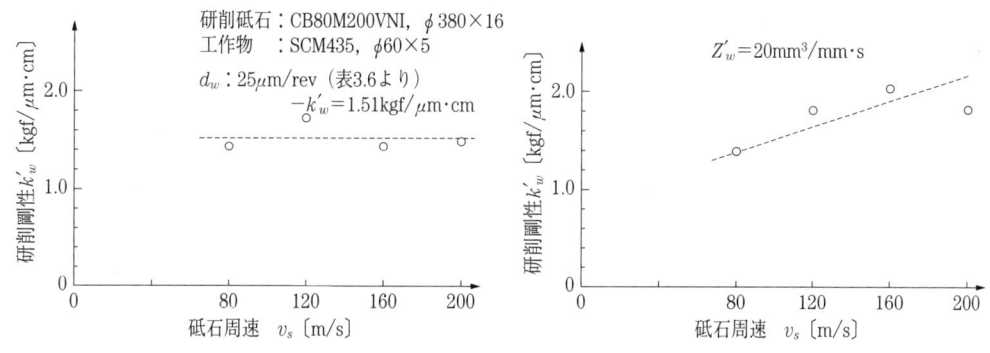

## 16. 超砥粒ホイールによる高速研削の生産性と工作物再生形自励びびり振動発生条件の検討

(a) 砥石周速と研削剛性の実験例（表3.6より）－$d_w$＝一定

(b) 砥石周速と研削剛性の実験例（表3.5より）－$Z'_w$＝一定

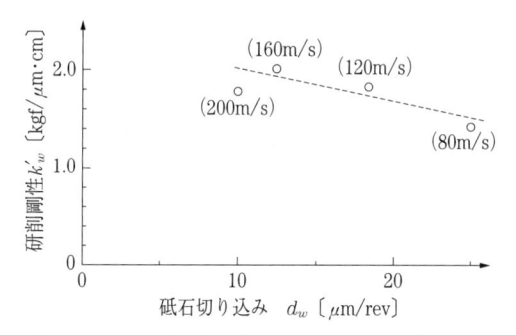

(c) 砥石切り込みと研削剛性の実験例（表3.5より）－$Z'_w$＝一定

**図16.3** 研削剛性から見た超砥粒ホイールの高速研削特性の実験例[3.7]

研削幅：$b$〔cm〕

これらのパラメータの評価を，一例としてノリタケ技報の資料[3.7]を用いて以下に示す。**図16.3**は，研削剛性から見た超砥粒ホイールの高速研削特性を示す。図16.3(a)は，砥石切り込み$d_w$＝25μm/revで一定のとき研削剛性$k'_w$は砥石周速80～200m/sの範囲ではほぼ一定で，砥石周速の影響は認められない。これに比べ図16.3(b)では一見砥石周速とともに研削剛性$k'_w$が増加するように見えるが，砥石の切り込みの関数として換算すると，図16.3(c)に示すように，研削剛性は砥石周速の影響でなく，砥石切り込みの変化の影響が支配的と考えられる。この現象については砥粒切れ刃の破砕機構との関係を論じた解明が望まれる。

つぎに，砥石の接触剛性$k'_c$については，動的接触剛性の推定値としてビトリファイド砥石について，

$$k'_c = 0.7 \text{kgf}/\mu\text{m·cm}$$

また，単位研削幅当たり研削盤のループ剛性$k_m/b$〔kgf/μm·cm〕の推定値を，

$$k_m/b = 1.5 \text{kgf}/\mu\text{m} \div 2 \text{cm}$$
$$= 0.75 \text{kgf}/\mu\text{m·cm}$$

とおくと，

$$T_m = 2 \text{ rev}, \quad T_c = 2.1 \text{rev}$$

したがって,

$T_N$ = 4.1rev

研削系の時定数を工作物の回転数$T_N$で表わした場合,上記資料の範囲内では,高速研削による大きな変化は認められない。

しかし,研削サイクル時間の基礎パラメータである研削時定数時間$T$〔sec〕の値は,たとえば200m/sのとき工作物回転速度$n_w$は10r.p.sで,

$T$ = 4.1rev/10r.p.s = 0.41sec

したがって,研削サイクルを時間単位で表わすと工作物の回転数$n_w$の高速化に逆比例して短縮されることとなる。

## 16.3 砥石再生形自励びびり振動現象から見た超砥粒ホイールの生産性

精密研削における生産性を支配するパラメータとして11.2で目直し間寿命の課題を挙げた。その具体的指標が砥石再生形自励びびり振動の発達率$\sigma_{max}$である。そして,振幅発達率$\sigma_{max}$を支配する砥石選択の指標として14.2でびびり安定化指数$k'_s/k'^2_c$を提案し,実験的にもその妥当性を15.において検討した。

この立場から,超砥粒ホイールに期待される砥石再生形自励びびり振動の抑制効果を以下に検討する。

砥石の接触剛性$k'_c$は,ビトリファイド砥石で粒度,結合度が共通であれば砥粒の物性値と関係なく共通であると仮定する。したがって,砥石のびびり安定化指数は,その減耗剛性$k'_s$に支配される。また,(14.11)式より$k'_s = G \cdot q \cdot k'_w$であるから,超砥粒ホイールが示す研削比の実験値が重要である。ノリタケ技報[3.7]で示された研削比$G$が定常値であると仮定すると,砥石切り込み$d_w$ = 25$\mu$m/revで一定の場合,研削比は砥石周速の増加とともに著しく増大する。この関係を**図16.4**(a)に示す。さきに図16.3(a)で示した研削剛性$k'_w$と砥石周速との関係に比べると著しく異なる。砥石周速80m/sと200m/sとの間で研削剛性はほぼ一定であるのに,研削比は約2倍に増加している。R.Hahnらの実験で[4.4],研削剛性がほぼ一定になる領域では研削比も一定となり,これを研削加工の最適領域であると定義しているのに比べると,上述の現象は明らかに相違する。このことは,cBN砥粒の研削負荷による自生発刃,すなわち,破砕機構には普通砥粒とは違った特性を持っているためではないかと考えられる。

さらに,図16.4(b)では砥石切り込みが80m/sの場合に比べ,約1/2となる200m/sでは研削比が著しく増大し,前者の場合に比べ約4.3倍となっている。この結果も超砥粒の減耗機構が普通砥粒と異なることの反映と考えられる。

200m/sの場合は砥石切り込みは10$\mu$m/revで研削比$G$が17,400を示していることから,精密研削の場合は少なくとも研削比は$10^4$オーダと考えられる。したがって,$k'_w$ = 1.5kgf/$\mu$m・

16. 超砥粒ホイールによる高速研削の生産性と工作物再生形自励びびり振動発生条件の検討

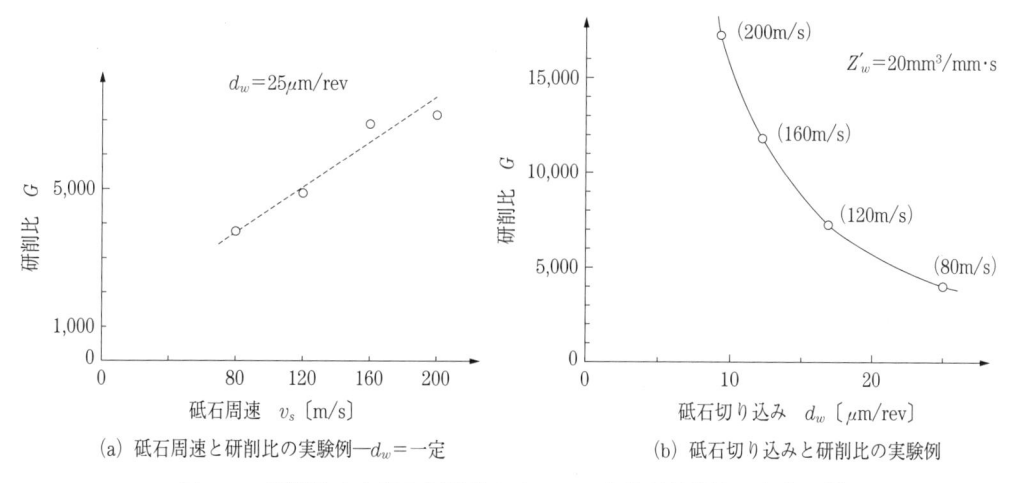

**図16.4** 研削比から見た超砥粒ホイールの高速研削特性の実験例[3.7]

(a) 砥石周速と研削比の実験例—$d_w$=一定

(b) 砥石切り込みと研削比の実験例

cm, $q=100$ とすると,

$$k'_s = 10^4 \times 10^2 \times 1.5 \text{kgf}/\mu\text{m}\cdot\text{cm}$$

超砥粒ホイールの減耗剛性は普通砥石に比べ $\times 10^2$ と大きく, $k'_c$ 値に大差がないと判断すると超砥粒ホイールのびびり安定化指数は普通砥石の100倍と大きくなる。これを図15.19で示した最大振幅発達率 $\sigma_{max}$ とびびり安定化指数の関係に適用すると, $\sigma_{max}$ は100分の1のオーダとなる。したがって, 超砥粒ホイールによる高速研削においては, 事実上目直し間寿命の制約を考えなくてもよいものと推測できる。

## 16.4 高速研削加工における工作物再生形自励びびり振動の発生 —研削サイクル時間の制約—

工作物再生形自励びびり振動の特性方程式およびこれから求められる特性根に関する関係式は, 砥石再生形自励びびり振動に関して求められた (14.1) 式から (14.6) 式までと (14.15) 式の砥石の減耗剛性 $k'_s$ を研削剛性 $k'_w$ に, また, 再生関数の時間遅れ $\tau_s$ を $\tau_w$ に置き換えて得られる。すなわち,

$$\frac{k_m}{b \cdot k'_w} \cdot \frac{1}{1-e^{-\tau_w s}} - \frac{k_m}{bk'_c} = G_m(s) \tag{16.1}$$

$$x+jy = \frac{k_m}{bk'_w} \cdot \frac{1}{1-e^{-\tau_w s}} - \frac{k_m}{bk'_c} \tag{16.2}$$

$$x = -\frac{k_m}{bk'_w} \cdot \frac{1-e^{-2\pi\sigma}\cos 2\pi\nu}{1-2e^{-2\pi\sigma}\cos 2\pi\nu + e^{-4\pi\sigma}} \tag{16.3}$$

$$y = -\frac{k_m}{bk'_w} \cdot \frac{e^{-2\pi\sigma}\sin 2\pi\nu}{1-2e^{-2\pi\sigma}\cos 2\pi\nu + e^{-4\pi\sigma}} \tag{16.4}$$

$$\left(x+\frac{\frac{k_m}{b\cdot k'_w}}{1-e^{-4\pi\sigma}}+\frac{k_m}{bk'_c}\right)^2+y^2=\left(\frac{\frac{k_m}{bk'_w}\cdot e^{-2\pi\sigma}}{1-e^{-4\pi\sigma}}\right)^2 \qquad (16.5)$$

$$\sigma=-\frac{1}{4\pi}\ln\left\{1+\frac{(k_m/bk'_w)^2+2(k_m/bk'_w)(x+k_m/bk'_c)}{(x+k_m/bk'_c)^2+y^2}\right\} \qquad (16.6)$$

$$\sigma_{\max}=-\frac{1}{2\pi}\ln\frac{-\frac{1}{4\zeta}\frac{k_m}{bk'_w}+\sqrt{\frac{1}{16\zeta^2}\left(\frac{k_m}{bk'_w}\right)^2+\frac{k_m^2}{b^2}\left(\frac{k_m}{bk'_c}\right)^2\left(\frac{1}{k'_w}+\frac{1}{k'_c}\right)^2}}{(k_m/bk'_c)^2} \qquad (16.7)$$

いま，文献[3.7]の資料を参照して，砥石切り込み $d_w=25\,\mu\text{m/rev}$，砥石周速200m/s，周速比 $q=100$ の条件下で，下記のパラメータを前提として工作物再生形自励びびり振動の特性根を上式にしたがって計算する。

研削剛性：$k'_w=1.5\text{kgf}/\mu\text{m}\cdot\text{cm}$，研削盤の固有振動数：$f_n=300\text{Hz}$，研削幅：$b=2\text{cm}$，砥石回転数：$n_s=168\text{r.p.s}$（200m/s），砥石の接触剛性：$k'_c=0.7\text{kgf}/\mu\text{m}\cdot\text{cm}$，研削盤のループ剛性：$k_m=1.5\text{kgf}/\mu\text{m}$，工作物回転数：$n_w=10\text{r.p.s}$（2 m/s），減衰比：$\zeta=0.05$

したがって，

$$\frac{k_m}{b\cdot k'_w}=\frac{1.5}{2\times 1.5}=0.5$$

$$\frac{k_m}{b\cdot k'_c}=\frac{1.5}{2\times 0.7}=1.07$$

$$\frac{1}{k'_w}+\frac{1}{k'_c}=2.1\ [\mu\text{m}\cdot\text{cm/kgf}]$$

これらを（16.7）式に代入すると，

$\sigma_{\max}=0.129$

この関係を研削盤のコンプライアンス $G_m(jn)$ のベクトル軌跡上に表示すると図**16.5**となる。上述の $\sigma_{\max}=0.129$ のときのびびり振動数 $f_c$ は320Hz，工作物のうねり山数 $n_l$ は32rev$^{-1}$ となる。ここで，$\sigma_{\max}=0.129$ の場合のびびり振動数 $f_c=320\text{Hz}$ は次のように求められる。

図**16.6**において $\sigma_{\max}=0.129$ のとき，

$R_a=\overline{\text{AB}}=\dfrac{(k_m/bk'_c)\cdot e^{-2\pi\sigma}}{1-e^{-4\pi\sigma}}=12.4$

$\overline{\text{BC}}=1/4\zeta=5$

$\sin^{-1}\dfrac{\overline{\text{OC}}}{\overline{\text{AC}}}=\sin^{-1}\dfrac{5}{17.4}=16°$

∴ ∠AOB = 37°

$\tan 37°=2\zeta u/(1-u^2)=0.754$ より，

$u=1.068,\ f_c=320\text{Hz}$

## 16. 超砥粒ホイールによる高速研削の生産性と工作物再生形自励びびり振動発生条件の検討

研削パラメータ：
- 研削盤のループ剛性　$k_m = 1.5\,\text{kgf}/\mu\text{m}$
- 研削幅　$b = 2\,\text{cm}$
- 研削剛性　$k'_w = 1.5\,\text{kgf}/\mu\text{m}\cdot\text{cm}$
- 砥石の接触剛性　$k'_c = 0.7\,\text{kgf}/\mu\text{m}\cdot\text{cm}$
- 工作物回転数　$n_w = 10\,\text{r.p.s}\ (v_w = 10\,\text{m/s})$
- 砥石回転数　$n_s = 168\,\text{r.p.s}\ (v_s = 200\,\text{m/s})$

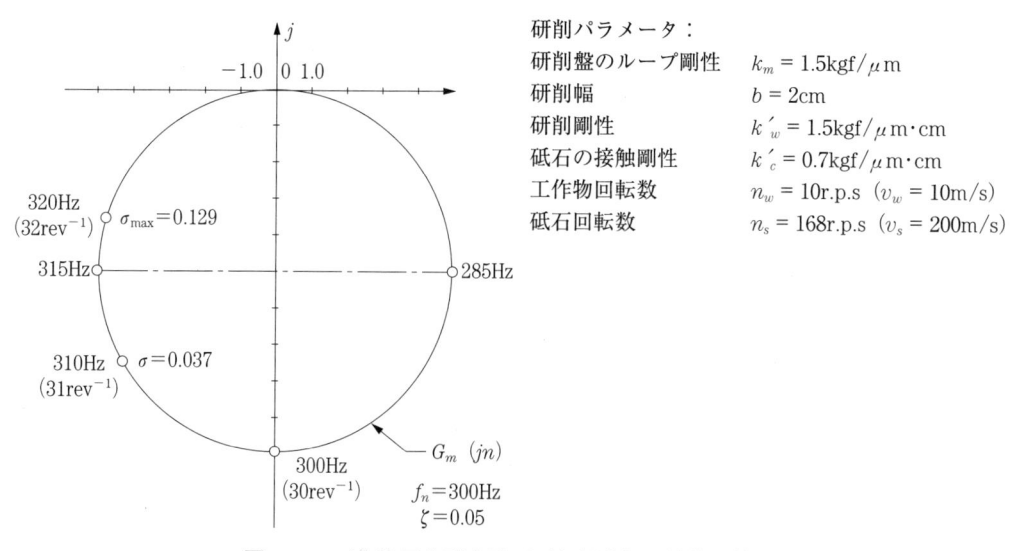

**図16.5**　工作物再生形自励びびり振動根の数値計算例

$$R_a = \frac{\dfrac{k_m}{bk'_c}\cdot e^{-2\pi\sigma}}{1-e^{-4\pi\sigma}}$$

$R_g = 1/4\zeta,\quad \sigma_{\max} = 0.129$

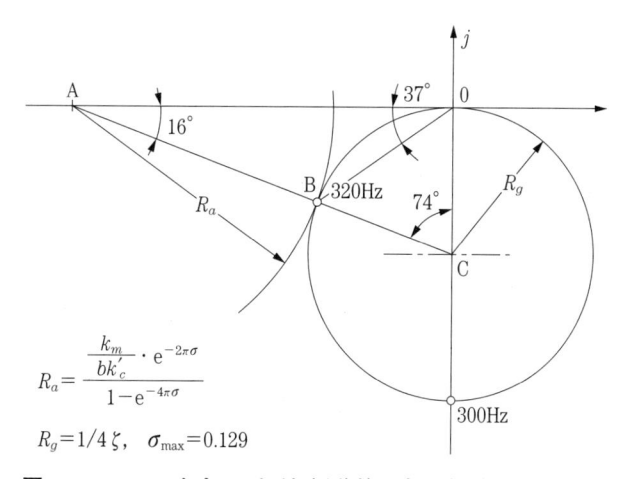

**図16.6**　$\sigma_{\max}$ のときのびびり振動数の求め方（図14.8参照）

また，うねり山数 $n_l = 31\,\text{rev}^{-1}$ のときの振幅発達率を (16.6) 式によって求めると，

$$\sigma = 0.037$$

この特性根の位置を加えて図16.5に示す。

一般的には，$\sigma_{\max}$ の特性根を挟んで振幅発達率のより小さな特性根がいくつか分布する。

$\sigma_{\max} = 0.129$ で，初期振幅 $0.1\,\mu\text{m}$ と仮定すると，びびり振動が指数関数的に増大し，20回転後には振幅は約10倍の $1\,\mu\text{m}$ ほどに増幅する。

高速研削によって新しい課題となる工作物再生形自励びびり振動の発生は，砥石周速および工作物回転数の高速化は実現できても，研削系を構成する研削盤の主要な固有振動数が高速化に比例して向上していないことに原因がある。すなわち，高速化に際してこれに比例する研削

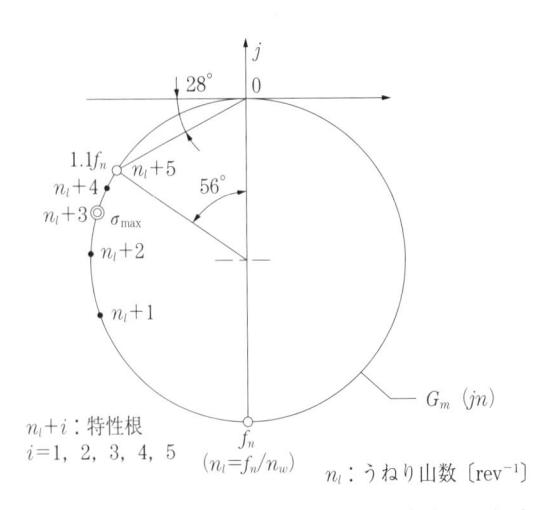

**図16.7** $f_n \sim 1.1f_n$ の間に特性根が5個存在する場合

盤自身の剛性向上が可能であれば工作物再生形ではなく，砥石再生形自励びびり振動のみが課題となり，超砥粒ホイールの採用によってこの課題の解消も可能となる。

そこで，どのような条件の下で工作物再生形びびり振動が顕著になるかの判定基準があれば，高速研削化の場合の制約の設定に役立つものと考えられる。

図16.5で示した数値計算例から推定されるように，研削盤のコンプライアンス$G_m(jn)$のベクトル軌跡上で振動根のうねり山数$n_l = f_c/n_w$が$\sigma_{max}$のときの$n_l = 32\text{rev}^{-1}$を中心に複数分布しており，$n_l$が$32\text{rev}^{-1}$より離れるほど振幅発達率$\sigma$が急速に減少する。いま，びびり振動根が研削盤の主要固有振動数$f_n$と$1.1f_n$との間に存在するものにのみ着目し，ほかは無視してもよいと仮定する。

影響の大きい振動根として，たとえば，図16.5で$\sigma_{max} = 0.129$となる振動根320Hzを中心に特性根が高振動数側に2個，低振動数側に2個配列した状態を考える。この配列を**図16.7**に示す。ここで，びびり振動数$f_c$のもっとも高い特性根が$1.1f_n$，または，その近傍に，ほかは低振動数側に位置する。図16.5で例示した数値計算例から，$\sigma_{max}$を示す振動根を中心に，$f_n$および$1.1f_n$の間に存在する振動根が少ない程振幅発達率$\sigma_{max}$が大きく，工作物再生形自励びびり振動が顕著となる。そこで，工作物再生形自励びびり振動が顕著となる条件を単純化して示すことを提案する。"振動数$f_n$と$1.1f_n$の間に存在する振動根の数が5個以内のとき工作物再生形びびり振動が顕著になる"。

これを数式化すると，

$$\frac{0.1f_n}{n_w} \leq 5 \tag{16.8}$$

または，

16. 超砥粒ホイールによる高速研削の生産性と工作物再生形自励びびり振動発生条件の検討

$$n_w \geq \frac{0.1 f_n}{5} \qquad (16.8)'$$

たとえば,

  $f_n = 300\text{Hz}$ のとき,

  $n_w \geq 6$ r.p.s

のように工作物回転数が高速化するとびびり振動が顕著に現われる。高速研削の利点は研削サイクル時間の短縮であり, その効果は工作物回転数の高速化とともに大きい。したがって, 図16.5で示した $\sigma_{max} = 0.129$ の場合であっても研削サイクル時間が10秒以内であれば, 初期振幅 $0.1 \mu$m が研削サイクル終了時に $0.34 \mu$m に留まり, 加工精度上問題のない場合が多い。

ただし, びびり振動の放置は研削作業上危険を伴う現象であるため, 1個当たり研削サイクル時間の制約は守らなければならない。

参 考 文 献

16.1) Kanai. A, Miyashita, M., Inaba, F., Sato, M., Yokotsuka, T., Kato, R.：Control of Grain Depth of Cut in Ductile Mode Grinding of Brittle Materials and Practical Application., ASPE 1997 in Norfolk.

# 17. 大量生産超精密研削技術の概念とその特性

## 17.1 因果律の向上—Deterministic Process としての研削加工

　超精密研削による加工領域は，図16.2で示したように，材料除去率$Z'_w$の尺度で表現すると，$Z'_w<0.1\sim0.2\mathrm{mm}^3/\mathrm{mm}\cdot\mathrm{s}$の領域である。この領域は，概念的には従来R.Hahnらのいうラビング，プラウイングと呼ぶ領域，あるいは"鏡面研削"と呼ばれる砥石切り込みが$0.2\sim0.3$ $\mu\mathrm{m}/\mathrm{rev}$程度の微細な研削領域であり，図8.18で示した理由から大量生産方式とはなり得ず，"熟練技能者の技"として1部行なわれるに過ぎなかった。他方，砥石の自生発刃原理の考え方に従い，かつ，研削比が最大となる研削負荷$F'_n$の範囲をR.Hahnらは"効率的研削領域"と定義し，大量生産方式の研削条件として推奨している。その結果，ラビング，プラウイング領域と考えられた微小研削の領域の検討を除外している。

　また，砥石のドレッシング／ツルーイングおよび"効率的研削領域"における，研削負荷による砥粒破砕に伴う切れ刃の再生機構は，何れも砥石の脆性破壊の特性に依存しており，かつ，ドレッシング／ツルーイング，研削負荷それぞれによる脆性破壊による砥粒切れ刃の分布の間に相関性は乏しい。その結果，砥粒切れ刃の分布を反映する研削面粗さ（$R_a$），切れ刃再生機構を反映する砥石の切れ味（$\Lambda_w$）および砥石の耐減耗性（$\Lambda_s$）の3元素を砥石の機能を表わす状態量（$R_a$, $\Lambda_w$, $\Lambda_s$）として表現すると，図6.30で示したように，ドレッシング／ツルーイング直後から砥石の研削機能は累積研削量$V'_w$とともに**図17.1**のように変化して行く。

　これらは何れも砥粒，結合材を含む砥石の脆性破壊機構を反映しているため，ドレッシング／ツルーイングおよび研削条件から予め研削機能の結果を予測することは困難で，制御性がきわめて低いと言わねばならない。

　この研削加工技術における因果律の低さが砥石および研削条件の選択，評価の信頼性の欠如となり，R.KeggによるCIRPへの報告[1,6]に現われ，研削技術を"black art"と極言されることとなっている。

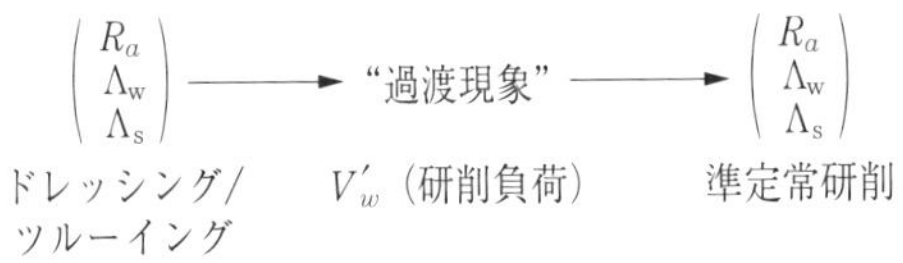

$$\begin{pmatrix}R_a\\ \Lambda_w\\ \Lambda_s\end{pmatrix} \longrightarrow \text{"過渡現象"} \longrightarrow \begin{pmatrix}R_a\\ \Lambda_w\\ \Lambda_s\end{pmatrix}$$

ドレッシング／ツルーイング　　$V'_w$（研削負荷）　　準定常研削

**図17.1** $R_a$, $\Lambda_w$, $\Lambda_s$の変化

## 17. 大量生産超精密研削技術の概念とその特性

|     | 研削機能 | 物性的原因 |
| --- | --- | --- |
| (1) | 研削面粗さ $R_a$ <br> 研削剛性 $k'_w$ ）の制御性の限界 <br> 減摩剛性 $k'_s$ | 自生発刃 |
| (2) | 研削砥石切り込み微細化の限界 | 自生発刃開始のための <br> 最小研削負荷 $F'_n$ |
| (3) | 砥石の形状創成精度の限界 | 脆性破壊 |

**図17.2** 制御性の限界の原因と研削機能状態量

大形超精密ダイヤモンド旋盤（LODTM）の開発で金字塔を立てたLLNLのリーダの１人であるJ.Bryanは，その開発の哲学として"The Power of Deterministic Thinking"を挙げている。すなわち，因果律―Causality―はトラブルシューティングの指標であり，この考えの下で"Error Budget"を作成し，目標精度達成のプログラムを設計している。

この観点に立てば，今日の自生発刃原理による研削加工技術はその部分的改良，改善の努力では到底"超精密"の領域に入ることは不可能である。これを脱却する糸口は6.4で述べた"研削砥石の研削機能の制御性の限界"にある。ここで，砥石の切れ味$\Lambda_w$，耐摩耗性$\Lambda_s$に代えて研削剛性$k'_w$，減耗剛性$k'_s$で研削機能の状態量を表わし，制御性の限界の原因とともに示すと，図17.2のようになる。

これら制御性の限界の原因は，砥石の形状創成，切れ刃再生の何れの面もすべて脆性破壊現象の利用にある。

以上，３つの限界を"脆性破壊"から"延性破壊"へとその利用技術を切り換え，その制御性，つまり因果律の向上へと変換する考え方を図8.17で示した。その具体例として，延性モードツルーイングされた砥石による研削面粗さが研削過程でほとんど変化せず一定の関係を図10.1に，また，砥石減耗量も過渡現象を示すことなく一定の割り合いで進行する関係を図10.3は示しており，制御性の向上が明らかに認められる。

## 17.2 超精密研削における砥石再生形自励びびり振動の制御効果の検討

砥石のびびり安定化指数$k'_s/k'^2_c$の尺度にしたがって超精密研削加工における砥石再生形自励びびり振動による目直し間寿命の制約について検討する。

超精密研削における砥石の減耗機構は延性モードであるため，物性上脆性モードの場合に比べ，研削比は2桁程増加するものと期待できる。大量生産，超精密研削の事例として示した10.の実施例においても研削比は$10^3$に近い値を示している。

また，延性モードツルーイングされた砥石の作業面では，切れ刃高さが一様で切れ刃密度も高くなるため，砥石，工作物間の干渉部分に寄与する砥粒数が増加し，このため普通研削に比べ研削剛性，接触剛性がともに高くなる。このことを考慮し，研削パラメータを以下の通り仮

定する.

　　研削剛性：$k'_w = 7.5\text{kgf}/\mu\text{m}\cdot\text{cm}$，研削盤のループ剛性：$k_m = 1.5\text{kgf}/\mu\text{m}$，接触剛性：$k'_c = 3.5\text{kgf}/\mu\text{m}\cdot\text{cm}$，研削幅：$b = 2\text{cm}$，研削比：$G = 10^3$，周速比：$q = 10^2$

したがって，$k'_s = G\cdot q\cdot k'_w = 10^5 \times 7.5\text{kgf}/\mu\text{m}\cdot\text{cm}$

　　びびり安定化指数：

$$\frac{k'_s}{k'^2_c} = \frac{10^5 \times 7.5}{3.5^2} = 0.61 \times 10^5 \quad \mu\text{m}\cdot\text{cm/kgf}$$

図14.11に従えば，$\sigma_{\max} \approx 10^{-5}$

したがって，超精密円筒プランジ研削においては，従来の自生発刃形円筒プランジ研削に比べ砥石再生形自励びびり振動発生の危険は低く，目直し間寿命の制約は著しく減少すると考えられる.

## 17.3 超精密研削における材料除去分解能の検討—砥石切り込みが100nm/rev以下の世界—

超精密研削における材料分解能を検討するために，2つの事例について砥石切り込み $d_w$ および材料除去率 $Z'_w$ を以下に要約する.

〔事例1〕表8.5で示した軸受鋼の研削事例

　　研削砥石：GC100L7V, $\phi 350 \times 150$

　　工作物：SUJ2, $\phi 10 \times 10$

　　通し送り：44mm/s

　　取りしろ：$5\mu\text{m}$/pass

この条件の下で，

　　砥石切り込み：$d_w = 0.04\mu\text{m}$/rev

　　材料除去率：$Z'_w = 0.068\text{mm}^3/\text{mm}\cdot\text{s}$

〔事例2〕9.4で示したフェルールの研削事例

　　研削砥石：SD3000B, $\phi 175 \times 50$

　　調整砥石：$\phi 175 \times 50$, $50\text{min}^{-1}$

　　工作物：$Z_rO_2$, $\phi 2.5 \times 10$

　　周速比：$q = 65$

　　工作物回転数：$n_w = 73\text{sec}^{-1}$

　　有効研削幅：30mm

　　有効研削時間：3.6sec/1個当たり

この条件の下で，

　　砥石切り込み：$d_w = 0.011\mu\text{m}$/rev

材料除去率：$Z'_w = 0.005 \mathrm{mm^3/mm}\cdot$

なお，上記の実験研削機械の精度水準は，

砥石作業面の振れ　　～0.1 $\mu$m
位置決め分解能　　0.01 $\mu$m/step
運動転写分解能　　～0.05 $\mu$m

である。

　以上2つの事例では，砥石切り込みは何れも 10nm/rev のオーダで，かつ，大量生産方式である。図16.2で示した超精密微細研削の領域の中で $10^{-3} \mathrm{mm^3/mm\cdot s}$ のオーダに達している。

　今後さらに遊離砥粒による除去加工の領域へとより微量の砥石切り込みの研削加工の可能性を論ずるには，研削砥石の仕様とその機能の関係をより近いものに検討し直す必要がある。そのためには，「砥粒率」「空隙率」「ボンド率」の平均値表示のみでは，今後の開発のガイドラインとしては不十分である。個々の砥粒の働きと結びつける構造的表現に進化することが期待される。

## 17.4　Good Physics to Support High Precision and High Productivity Grinding Technology, and Good Technology to Meet It.

　超精密・大量生産研削技術を従来の精密研削技術の改善，改良ではなく，新しい発想の下で開拓するには表題のスローガンは明快な概念を与えてくれる。これは David J. Whitehouse が物理学と工学の正しい連繋を表現したものである[17.1]。

　工具形状および砥粒切れ刃の創成の基本となるツルーイング／ドレッシングおよび砥石減耗過程で生ずる砥粒切れ刃の再生現象の何れにおいても"砥石／砥粒の脆性破壊現象"を利用して成り立つのが従来の自生発刃形研削技術である。すなわち，この場合の Good Physics は"脆性破壊現象"である。しかし，この前提の下で避け難い研削機能の限界とその物性的原因を表示したのが図17.2である。このような研削加工精度の限界を破り，さらに高精度の実現を求めるためには，脆性破壊現象の制約はもはや Bad Physics と云わねばならない。これに代わる Good Physics とは何であろうか？

　本書では，超精密研削技術のための Good Physics とは砥石／砥粒の切れ刃創成および切れ刃再生過程における"延性破壊現象"であり，この現象を活用する超精密研削技術の開発が Good Technology と考えている。

　このようにして確立される研削工程における因果律は，一層の加工精度の追求と大量生産における安定性に結びつくものと考えられる。

## 参 考 文 献

17.1) David J. Whitehouse との私信, 2001.

## 記号表

- $A_c$ ：砥石接触面積
- $a$ ：砥粒連続切れ刃間隔
  工作物・砥石間相対振幅
- $a_d$ ：ドレッサ切り込み
- $b$ ：研削幅
- $C_p$ ：Prestonの式の比例定数　$MRR = C_p \cdot p \cdot v$
- $D_e$ ：等価砥石直径
- $D_r$ ：調整車直径
- $D_s$ ：砥石直径
- $D_w$ ：工作物直径
- $d_c$ ：延性・脆性遷移切り取り厚さ
- $d_d$ ：ドレッサ実切り込み
- $d_{do}$ ：ドレッサ設定切り込み
- $d_g$ ：砥粒切り取り厚さ
- $d_r$ ：切り残し
- $d_s$ ：平均切り屑厚さ
- $d_w$ ：砥石切り込み
- $d_{we}$ ：砥石の弾性変位量
- $d_{wMIN}$ ：砥粒破砕形研削領域の最少切り込み
- $d_{wMAX}$ ：砥粒破砕形研削領域の最大切り込み
- $E$ ：ヤング率
- $F_n$ ：研削力法線分力
- $F'_n$ ：単位研削幅当り研削法線分力
- $F_t$ ：研削力接線分力
- $f_B$ ：再生効果の限界周波数
- $f_{Bw}$ ：工作物再生効果の限界周波数
- $f_{Bs}$ ：砥石再生効果の限界周波数
- $f_c$ ：再生びびり振動数
- $f_d$ ：ドレッサ送り
- $f_n$ ：固有振動数
- $G$ ：研削比
- $G_m(s)$ ：研削系無次元化コンプライアンス，$G_m(s) = x + jy$
- $G_{mw}(s)$ ：工作物支持系無次元化コンプライアンス

$G_{ms}(s)$ ：砥石支持系無次元化コンプライアンス
$H$ ：硬さ
$h$ ：砥粒切れ刃高さ
$\Delta h$ ：砥粒切れ刃高さの不規則ばらつき
$K_c$ ：破壊靱性
$k_c$ ：砥石接触剛性
$k'_c$ ：単位幅当り砥石接触剛性
$k_d$ ：ドレッシング剛性
$k_{m,c}$ ：工作物，砥石間のループ剛性
$k_{md}$ ：ドレッサ支持剛性
$k_{ms}$ ：砥石系支持剛性
$k_{mw}$ ：工作物系支持剛性
$k_s$ ：砥石減耗剛性
$k'_s$ ：単位幅当り砥石減耗剛性
$k_w$ ：研削剛性
$k'_w$ ：単位幅当り研削剛性
$l_{cs}$ ：砥石を剛体としたときの工作物との接触弧長さ
$l_{cse}$ ：砥石を弾性体としたときの工作物との接触弧長さ
$N$ ：工作物の累積回転数
$N_p$ ：プランジ送り時間（rev.）
$N_s$ ：スパークアウト時間（rev.）
$n$ ：うねり山数
$n_{cs}$ ：砥石うねり山数
$n_{cw}$ ：工作物うねり山数
$n_s$ ：砥石回転数
   または $n_s = n_{cs}$
$n_w$ ：工作物回転数
   または $n_w = n_{cw}$
$P_c$ ：臨界圧力
$P_n$ ：砥石を剛体としたときの工作物接触圧力
$P_{na}$ ：砥粒破砕開始圧力
$P_{ne}$ ：砥石を弾性体としたときの工作物接触圧力
$P_{nc}$ ：結合材破砕開始圧力
$p$ ：面圧
$q$ ：工作物，砥石間の周速比

$R_e$ ：等価砥石半径

$R_s$ ：砥石半径

$R_w$ ：工作物半径

$s$ ：ラプラス演算子

$T_c$ ：単粒切削時間
       または $T_c = k'_w/k'_c$

$T_m$ ：$bk'_w/k_m$

$T_N$ ：研削系時定数

$T_n$ ：固有周期

$u$ ：$\omega/\omega_n$

$v_r$ ：調整車周速

$v_s$ ：砥石周速

$v_w$ ：工作物周速

$x_f$ ：プランジ送り

$x_{fo}$ ：設定プランジ送り

$Z'$ ：工作物材料除去率 (mm³/mm·s)

$Z'_s$ ：砥石の減耗率 (mm³/mm·s)

$Z'_w$ ：$Z'_w = Z'$

$Z'_{wMAX}$ ：砥粒破砕形研削領域の最大材料除去率

$Z'_{wMIN}$ ：砥粒破砕形研削領域の最少材料除去率

$\alpha$ ：$s = \alpha + j\omega$

$\Delta_{wMIN}$ ：砥粒破砕形研削領域における最少設定切り込み

$\delta_c$ ：砥石接触点における弾性変形量

$\delta_s$ ：砥石支持系の弾性変位量

$\delta_w$ ：工作物支持系の弾性変位量

$\zeta$ ：振動系の減衰比

$\zeta_r$ ：切り残し率

$\zeta_w$ ：実切り込み率

$\eta_d$ ：ドレッシング比

$\Lambda_s$ ：砥石減耗度 (mm³/s·kgf)

$\Lambda_w$ ：砥石切れ味 (mm³/s·kgf)

$\sigma$ ：$s = \sigma + jn$

$\sigma_{cs}$ ：砥石再生形びびり振動発達率

$\sigma_{cw}$ ：工作物再生形びびり振動発達率

$\sigma_{max}$ ：最大振幅発達率

$\sigma_s$ : s = $\sigma_s + jn_s$

$\sigma_w$ : s = $\sigma_w + jn_w$

$\tau_s$ : 砥石1回転当り時間

$\tau_w$ : 工作物1回転当り時間

$\omega$ : s = $\alpha + j\omega$

$\omega_B$ : 再生効果の限界角振動数

$\omega_{Bs}$ : 砥石再生効果の限界角振動数

$\omega_{Bw}$ : 工作物再生効果の限界角振動数

ナノテック研究所　宮下政和
―――――――――――――――――

〈著者略歴〉

| | |
|---|---|
| 1951 | 東京大学工学部精密工学科卒業 |
| 1951–1954 | 日本精工 |
| 1954–1959 | 東京大学生産技術研究所 |
| 1959–1961 | 日立製作所中央研究所 |
| 1961–1964 | Bell & Howell/日本（日本映画機械） |
| 1964–1982 | 東京都立大学工学部機械工学科 |
| 1982–1986 | シチズン時計，日進機械製作所，Taylor Hobson Ltd. 顧問 |
| 1986–1997 | 足利工業大学機械工学科 |
| 1997– | ナノテック研究所 |
| 1991 | SPIE Fellow（Int. Soc. for Optical Engineering）U. S. A. |
| 1992 | 精密工学会名誉会員 |
| 1995 | 砥粒加工学会名誉会員 |

**自生発刃形研削技術の加工精度限界と超精密研削技術への道** （定価はカバーに表示してあります）

2006年9月15日　初版第1刷発行　　　著　者　宮下　政和

検印廃止

落丁・乱丁はおとりかえいたします

発行所　ナノテック研究所
（〒185-0022）東京都国分寺市東元町1-13-5
TEL 042-325-1035
FAX 042-321-1003

印刷・製本　美研プリンティング株式会社

―――――――――――――――――
Ⓒ Masakazu Miyashita, 2006 Printed in Japan

本書の無断複写は，著作権法上での例外を除き，禁じられています。本書からの複写を希望される場合は，弊社（電話042-325-1035）にご連絡下さい。

ISBN 978-4-339-08394-1 C3053
発売元
株式会社コロナ社
TEL03-3941-3131